高职高专土建类专业“十二五”规划教材

建筑工程计量与计价

（第二版）

JIANZHU GONGCHENG JILIANG YU JIJIA

主编　代学灵　崔秀琴

郑州大学出版社
郑州

内容简介

本教材主要内容分为三个模块:模块一为建筑工程计量与计价基础知识,包括建筑工程计价概述、工程建设费用构成、建筑工程造价计价依据;模块二为定额计价模式,包括建筑工程工程量计算及定额计价、装饰工程工程量计算及定额计价、建筑与装饰工程定额计价实例;模块三为工程量清单计价模式,包括建筑工程工程量清单编制及清单计价、装饰工程工程量清单编制及清单计价、建筑与装饰工程工程量清单计价实例。本教材按90学时编写。讲课时,可结合本地区情况进行取舍。为方便教学,每章最后附有思考题或习题供学生练习,以加深对内容的理解和掌握。

本书可作为高职高专院校建筑工程管理专业、工程造价专业、建筑工程技术专业及相关专业的教学用书,也可作为工程造价专业人员的参考书。

图书在版编目(CIP)数据

建筑工程计量与计价/代学灵,崔秀琴主编.—2版.—郑州:郑州大学出版社,2012.8
高职高专土建类专业"十二五"规划教材
ISBN 978-7-5645-0812-8

Ⅰ.①建… Ⅱ.①代…②崔… Ⅲ.①建筑工程-计量-高等职业教育-教材②建筑造价-高等职业教育-教材 Ⅳ.①TU723.3

中国版本图书馆CIP数据核字(2012)第108430号

郑州大学出版社出版发行
郑州市大学路40号　　邮政编码:450052
出版人:王　锋　　发行电话:0371-66966070
全国新华书店经销
郑州文华印务有限公司印制
开本:787 mm×1 092 mm　1/16
印张:26
字数:619千字
版次:2012年8月第2版　　印次:2012年8月第2次印刷

书号:ISBN 978-7-5645-0812-8　　定价:45.00元

编写指导委员会

本书作者

主　　编　代学灵　崔秀琴

副主编　何玉红　黄　慧　吴　蓉

编　　委　（以姓氏笔画为序）

代学灵　白香鸽　杜兴亮

吴　蓉　何玉红　娄艳华

黄　慧　崔秀琴

再版说明

2006年以来，国家实施了“高等学校本科教学质量与教学改革工程”、“国家示范性高等职业院校建设计划”等项目，进一步明确提高质量是高等教育发展的核心任务；提高质量的核心是大力提升人才培养水平；提高质量的关键是明确人才培养目标，加快专业改革与建设步伐，加大课程改革与建设的力度。几年来，各院校在专业建设、课程建设方面取得了丰硕的成果，而教材既是教育教学成果的直接体现，也是深化教学内容和改革教学方法的重要推动力，为此，教育部要求加强新教材和立体化教材建设，提倡和鼓励根据教学需要编写适应不同层次、不同类型院校，具有不同风格和特点的高质量教材。

为更好地贯彻落实《国家中长期教育改革和发展规划纲要(2010-2020年)》和推进高等职业教育改革与发展，总结各校高等职业教育教学成果，服务高等教育事业，在2006年第一版的基础上，我们分专业多次召开了教育教学研讨和教材编写会议，组织学术水平高、教学经验丰富的一线教师，编写了本版教材。

希望本版教材的出版对高等职业教育土建类专业教育教学改革和教学质量提高起到更大的推动作用，也希望使用本版教材的师生多提意见和建议，以便修订完善。

2011年8月

序

近年来，我国高等教育事业快速发展，取得了举世瞩目的成就。随着高等教育改革的不断深入，高等教育工作重心正在由规模发展向提高质量转移，教育部实施了高等学校教学质量与教学改革工程，进一步确立了人才培养是高等学校的根本任务，质量是高等学校的生命线，教学工作是高等学校各项工作的中心的指导思想，把深化教育教学改革，全面提高高等教育教学质量放在了更加突出的位置。

教材是体现教学内容和教学要求的知识载体，是进行教学的基本工具，是提高教学质量的重要保证。教材建设是教学质量与教学改革工程的重要组成部分。为加强教材建设，教育部提倡和鼓励学术水平高、教学经验丰富的教师，根据教学需要编写适应不同层次、不同类型院校，具有不同风格和特点的高质量教材。郑州大学出版社按照这样的要求和精神，组织土建学科专家，在全国范围内，对土木工程、建筑工程技术等专业的培养目标、规格标准、培养模式、课程体系、教学内容、教学大纲等，进行了广泛而深入的调研，在此基础上，分专业召开了教育教学研讨会、教材编写论证会、教学大纲审定会和主编人会议，确定了教材编写的指导思想、原则和要求。按照以培养目标和就业为导向，以素质教育和能力培养为根本的编写指导思想，科学性、先进性、系统性和适用性的编写原则，组织包括郑州大学在内的五十余所学校的学术水平高、教学经验丰富的一线教师，吸收了近年来土建教育教学经验和成果，编写了本、专科系列教材。

教育教学改革是一个不断深化的过程，教材建设是一个不断推陈出新、反复锤炼的过程，希望这些教材的出版对土建教育教学改革和提高教育教学质量起到积极的推动作用，也希望使用教材的师生多提意见和建议，以便及时修订、不断完善。

王光远

再版前言

《建筑工程计量与计价》是高职高专教育土建类专业"十二五"规划统编教材之一，本教材按照《建设工程工程量清单计价规范》(GB 50500—2008)、《河南省建设工程工程量清单综合单价》(2008 建筑工程、装饰装修工程)、《混凝土结构设计规范》(GB 50010—2010)、11G101—1 混凝土结构施工图平面整体表示方法制图规则和构造详图(现浇混凝土框架、剪力墙、梁、板)、11G101—2 混凝土结构施工图平面整体表示方法制图规则和构造详图(现浇混凝土板式楼梯)、11G101—3 混凝土结构施工图平面整体表示方法制图规则和构造详图(独立基础、条形基础、筏形基础及桩基承台)及河南省工程建设标准设计图集(05YJ)等有关新规范、新标准编写。编写过程中，结合高职高专的特点，强调适用性和实用性，对理论内容的推导作了适当删减，理论联系实际，以实用为重点。

参加本教材编写的人员均具有多年的实践经验。本教材由焦作大学代学灵和崔秀琴担任主编，濮阳职业技术学院何玉红、黄慧和河南省建筑科学研究院有限公司吴蓉担任副主编。其中，第1章、第9.2节由焦作大学崔秀琴编写，第2章、第4.10节至第4.14节由河南财政税务高等专科学校杜兴亮编写，第3章由河南工程技术学校白香鸽编写，第4.1节至第4.6节由焦作大学代学灵编写，第4.7节至第4.9节由黄淮学院马俊编写，第5章、第8.1节至第8.3节由濮阳职业技术学院何玉红编写，第6章、第9.1节由河南省建筑科学研究院有限公司吴蓉编写，第7章由濮阳职业技术学院黄慧编写，第8.4节至第8.7节由濮阳职业技术学院娄艳华编写。

本教材在编写过程中得到了焦作市宏博房屋建筑设计有限责任公司、广联达软件股份有限公司河南工程教育事业部工作人员的大力支持，同时参考了一些公开出版和发表的文献，在此一并表示感谢。

限于编者的理论水平和实践经验，加之时间仓促，教材中难免有不当之处，恳请读者批评指正。

编者

2012年4月

第一版前言

本书是高职高专建筑工程技术专业"十一五"规划教材。我们在总结多年教学经验的基础上，为适应高职高专建筑工程技术等相关专业的需要，参考全国高职高专教育土建类专业教学指导委员会土建施工类专业指导委员会编制的《高等职业教育建筑工程技术专业教育标准和培养方案及主干课程教学大纲》，在听取各方面的建议和参阅国内同类优秀教材的基础上编写了本书。全书共八章，主要内容为建筑工程计量与计价基础，工程概预算定额，施工图预算与工程量清单计价费用的构成，工程量计算原理及方法，施工图预算编制的原则、依据、步骤和方法，建筑工程清单计价，工程量清单计价的基本方法与程序，工程量清单编制的方法。本书的主要特点如下：

1. 本书介绍的内容基本包括了工程造价体系的主要内涵，并与我国规定的基本建设程序密切相关。建设工程计价和管理是一个复杂的系统工程，在学习概预算计价及工程量清单计价方法时，必须理论联系实际，并以系统思维的方法去阅读本书的内容。

2. 本教材为应用型高职高专教材，以能力培养为根本，遵循科学性、先进性和教与学适用性的原则来编写。教材内容的取舍以应用为目的，以必需、够用为原则，在编写时突出对书中概念进行概括和总结，便于学生理解和自学。

3. 本教材密切结合工程实际，在实例选编方面，均以实际工程中的应用问题为例题，并附有常用的计算规则、数据及各种应用表格，以供学生在学习过程中理论联系实际，增强学习效果。

本书共分八章，由代学灵、林家农担任主编，崔秀琴担任副主编。

本书在编写过程中参考了许多文献资料，在此对其作者表示衷心的诚谢。

由于编者水平有限，加之编写时间短促。书中一定存在不足之处，诚请读者和专家批评指正。

编者

2007年3月

目录

模块一　建筑工程计量与计价基础知识

模块二　定额计价模式

模块三 工程量清单计价模式

模块一

建筑工程计量与计价基础知识

第1章 建筑工程计价概述

学习要求 了解基本建设的概念，了解基本建设的分类，了解基本建设项目的划分，熟悉基本建设造价文件的分类，掌握建筑工程造价计价方法。

1.1 基本建设概述

1.1.1 基本建设的概念

基本建设是指国民经济各部门以扩大生产能力和工程效益等为目的的新建、改建、扩建工程的固定资产投资及其相关管理活动。它是通过建筑业的生产活动和其他部门的经济活动，把大量资金、建筑材料、机械设备等，经过购置、建筑及安装调试等施工活动形成新的生产能力或使用效益的过程。因此，基本建设是一种特殊的综合性经济活动。

1.1.2 基本建设的分类

基本建设按其建设形式、建设规模、建设过程及资金来源渠道等的不同大致可以分类如下。

1.1.2.1 按建设形式的不同分类

(1)新建项目　是指新开始建设的基本建设项目，或在原有固定资产的基础上扩大3倍以上规模的建设项目。这是基本建设的一种主要形式。

(2)扩建项目　是指企业、事业单位在原有固定资产的基础上扩大3倍以内规模的建设项目。这也是基本建设的一种主要形式。其建设目的是为了扩大原有产品的生产能力或效益。

(3)改建项目　是指企业为了提高生产效率或使用效率，对原有设备、工程进行改造的建设项目。这是基本建设的一种补充形式。

(4)迁建项目　是指由于各种原因迁移到另外的地方建设的项目。这也是基本建设的一种补充形式。

(5)恢复项目(又称重建项目)　是指因遭受自然灾害或战争使得建筑物全部报废而投资重新恢复建设的项目。

1.1.2.2　按建设规模的不同分类

基本建设按建设规模的不同,分为大型、中型、小型建设项目。一般是按产品的设计能力或全部投资额来划分。具体划分标准按国家划分标准执行。

1.1.2.3　按建设过程的不同分类

(1)筹建项目　是指在计划年度内正准备建设但还未正式开工的项目。

(2)施工项目　是指已开工且正在施工的项目。

(3)投产项目　是指建设项目已经竣工验收,且投产并交付使用的项目。

(4)收尾项目　是指已经竣工验收并投产或交付使用,但还有少量扫尾工作的建设项目。

1.1.2.4　按资金来源渠道的不同分类

(1)国家投资项目　是指国家预算计划内直接安排的建设项目。

(2)自筹建设项目　是指国家预算以外的投资项目。自筹建设项目又分地方自筹项目和企业自筹项目。

1.1.3　基本建设项目的内容

1.1.3.1　建筑工程

建筑工程是指永久性与临时性的建筑物或构筑物的土建、设备基础、给水排水、照明、采暖、通风、动力、电信管线的敷设,建筑场地的清理、平整、排水及竣工后的整理和绿化,铁路、公路、桥梁涵洞、隧道、水利、电力线路、防空设施等的建设。

1.1.3.2　设备安装工程

设备安装工程包括各种电器设备、机械设备的安装,与设备相连的工作台、梯子等的安装;附属于被安装设备的管线敷设和设备的绝缘、保温、油漆等,为测定安装质量而对单个设备进行试运转等工作。

1.1.3.3　设备、工具、器具的购置

设备、工具、器具的购置,是指医院、学校、实验室、车间、车站等所应配备的各种设备、工具、器具、实验仪器和生产家具的购置。

1.1.3.4　其他基本建设工作

这是指上述各类工作以外的各项基本建设工作,如筹建机构、征用土地、工程设计、工程监理、勘察设计、人员培训及其他生产准备工作等。它包括地质、地形测量及工程设计等方面的工作。

基本建设所形成的固定资产,按其形成方式可分为两类:一类是购置后即可直接使用的,如火车、飞机及各种机械设备;另一类是通过一定的生产过程才能形成的,如学校、工

厂、医院、住宅、飞机场、铁路等建筑物、构筑物。因此,基本建设在商品经济条件下是一种购买行为,是购买其他产业部门(包括建筑业)提供的产品作为固定资产使用。

1.1.4 基本建设项目的划分

根据基本建设管理及合理确定工程造价的需要,基本建设项目可划分为建设项目、单项工程、单位工程、分部工程、分项工程等五个基本层次。

1.1.4.1 建设项目

建设项目是指有经过有关部门批准的立项文件和设计任务书,经济上实行统一核算,行政上具有独立的组织形式,实行统一管理的建设工程总体。

一个建设单位就是一个建设项目,在一个总体设计或初步设计范围内,由一个或若干个互相有内在联系的单项工程所组成。例如,工业建设中一个化工厂、一个铝厂或一个水泥厂等,在民用建设中一所中学、一所大学或一所医院等,都是一个建设项目。

1.1.4.2 单项工程

单项工程又称工程项目,是建设项目的组成部分。它是具有独立的设计文件,建成后能独立发挥生产能力或效益的工程。如一所医院的门诊楼、住院楼、办公楼、宿舍楼、餐厅、锅炉房等,一所大学的教学楼、实验楼、办公楼、餐厅、宿舍楼等,一个工厂的生产车间、办公楼、餐厅、宿舍等,都是单项工程。一个单项工程由多个单位工程组成。

1.1.4.3 单位工程

单位工程是指具有独立的设计文件,可以独立施工组织和进行单体核对,但竣工后不能独立发挥生产能力和效益的工程。单位工程是单项工程的组成部分。

通常按照单项工程所包含的不同性质的工程内容,根据能否独立施工组织的要求,将一个单项工程划分为若干个单位工程。如一个生产车间是由建筑工程、装饰工程、电气照明工程、给水排水工程、工业管道安装、机械设备安装、电气设备安装等单位工程组成,民用建筑由建筑工程、装饰工程、给水排水工程、电气照明工程、采暖工程、通风工程等单位工程组成。一个单位工程由多个分部工程组成。

1.1.4.4 分部工程

分部工程是指按工程部位、结构形式、使用的材料、设备的种类及型号、工种等的不同来划分的工程项目。如建筑工程分为土(石)方工程、桩与地基基础工程、砌筑工程、混凝土及钢筋混凝土工程、厂库房大门特种门及木结构工程、金属结构工程、屋面及防水工程、防腐隔热保温工程、室外工程、零星拆除及构件加固工程等多个分部工程。装饰工程分为楼地面工程、墙柱面工程、天棚工程、门窗工程、油漆涂料裱糊工程、其他工程等多个分部工程。

分部工程是单位工程的组成部分。一个分部工程由多个分项工程组成。

1.1.4.5 分项工程

分项工程是分部工程的组成部分。根据不同的工种、施工方法、不同的材料、不同的构造及规格,可将一个分部工程分解为若干个分项工程。如砌筑工程可划分为砖基础、砖砌体、砖构筑物、砌块砌体、石砌体等多个分项工程。

分项工程是可用适当的计量单位计算和估价的建筑或安装工程产品，是便于测定或计算的工程基本构造要素，是工程划分的基本单元。因此，工程量均按分项工程计算。

图 1.1 所示为××学校建设项目划分图。从图中可以看出建设项目、单项工程、单位工程、分部工程和分项工程之间的关系。

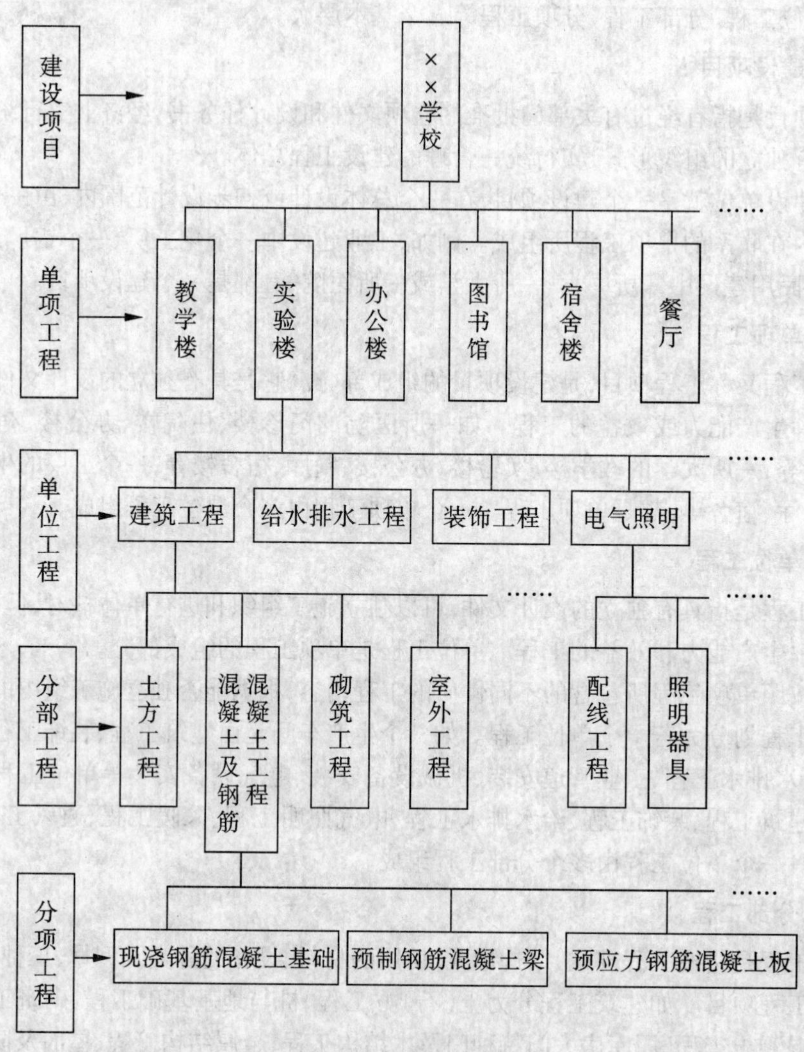

图 1.1 建设项目划分图

1.2 基本建设造价文件

基本建设造价文件按照建设阶段可分为投资估算、设计概算、修正概算、施工图预算、标底及标价（合同价）、工程结算（结算价）、竣工决算等，如图 1.2 所示。

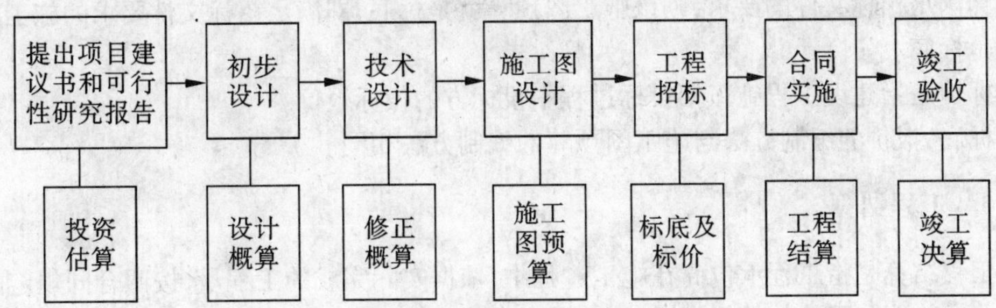

图1.2 基本建设造价文件按建设阶段分类图

1.2.1 投资估算

投资估算,是指建设项目在可行性研究、立项阶段由建设单位或可行性研究单位估计计算,用以确定建设项目投资控制额的工程建设的计价文件。

投资估算一般比较粗略,仅作投资估算控制用,其方法是根据建设规模结合估算指标进行估算,一般根据立方米指标、平方米指标或产量等指标进行估算。

1.2.2 设计概算

设计概算是在初步设计或扩大初步设计阶段编制的计价文件,是在投资估算的控制下由设计单位根据初步设计图纸及说明、概算定额(或概算指标)、各项费用定额或取费标准、设备、材料预算价格和建设地点的自然技术经济条件等资料,用科学的方法计算、编制和确定的建设项目从筹建至竣工交付使用所需全部费用的文件。采用两阶段设计的建设项目,初步设计阶段必需编制设计概算。

设计概算编制的方法有三种:根据概算指标编制概算,根据概算定额编制概算,根据类似工程预算编制概算。

1.2.3 修正概算

当采用三阶段设计时,在技术设计阶段,随着对初步设计内容的深化,对建设规模、结构性质、设备类型等方面可能进行必要的修改和变动,由设计单位对初步设计总概算作出相应调整和变动,即形成修正概算。修正概算是设计概算的延伸,属设计概算范畴。

1.2.4 施工图预算

施工图预算是在施工图设计完成并经过图纸会审之后,工程开工之前,根据施工图纸、图纸会审记录、预算定额、计价规范、费用定额、各项取费标准,以及工程所在地的设备、人工、材料、施工机械台班等预算价格,编制和确定的单位工程全部建设费用的建筑安装工程造价文件。施工图预算确定的工程造价更接近工程实际造价。

1.2.5 标底、标价

标底是指建设工程发包方为施工招标选取工程承包方而编制的标底价格,如果施工图预算满足招标文件的要求，则该施工图预算就是标底，即满足招标文件要求的施工图预算就是标底。

标价是指建设工程施工招投标过程中投标方的投标报价。

标底、报价的编制方法与施工图预算的编制方法相同。

1.2.6 工程结算

工程结算是指工程承包商在施工过程中，依据实际完成的工程量，按照合同规定的程序向业主收取工程价款的经济活动。

工程结算可采用按月结算、分段结算、竣工后一次结算（即竣工结算）和双方约定的其他结算方式。

竣工结算是在一个单项工程或单位工程全部竣工，经验收质量合格，并符合合同要求之后，在交付生产或使用前，由施工企业根据合同价格和实际发生的费用增减变化等情况进行编制，并经发包方签认的，表达承包商在建筑安装工程中所花费的全部费用，向建设单位办理最终结算的技术经济文件。

1.2.7 竣工决算

竣工决算是指业主在工程建设项目竣工验收后，由业主组织有关部门，以竣工结算等资料为依据进行投资控制的经济技术文件。竣工决算真实地反映了业主从筹建到竣工交付使用为止的全部建设费用，是业主进行投资效益分析的依据。

可以看出，竣工结算与竣工决算有很大的区别。竣工结算是由承包商编制的，它反映承包商在建筑安装工程中所花费的全部费用，是承包商与业主办理工程价款最终结算的依据，也是业主编制竣工决算的主要资料。

1.3 建筑工程造价计价

1.3.1 建筑工程造价计价的概念

建筑工程造价就是建筑工程产品的价格，建筑工程计价是对建筑工程产品价格的计算。建筑工程产品的价格由成本、利润和税金组成，这与一般工业产品的价格组成是相同的。建筑产品具有价值高、体积大、建设地点的固定性、施工的流动性、产品的单件性、涉及部门广、施工周期长以及交易在先生产在后等特点，因此，建筑工程产品的价格形成过程和机制与其他商品不同，建筑产品价格必须用特殊的计价方式确定，即每个建筑产品必须单独定价。

1.3.2 建筑工程造价计价的特点

建筑工程作为一种特殊商品，其计价特点具有单件性、组合性和多次性等。

1.3.2.1 计价的单件性

建设的每个项目都有特定的用途和目的，有不同的结构形式、造型及装饰，建设施工时可采用不同的工艺设备、建筑材料和施工方案,因此每个建设项目一般只能单独设计、单独建造。建筑工程产品的的个体差别决定了每项工程都必须单独计算造价。

1.3.2.2　计价的组合性

工程造价的计算是分部组合而成,这一特征和建设项目的组合性有关。工程建设项目根据投资规模大小可划分为大型、中型、小型项目,而每个建设项目又可分解为单项工程、单位工程、分部工程和分项工程。建设项目的组合性决定了工程造价计价的过程是一个逐步组合的过程。其计算过程和计算顺序是:分部分项工程单价→单位工程造价→单项工程造价→建设项目总造价。

1.3.2.3　计价的多次性

工程项目建设过程是一个造价高、物耗多、周期长、规模大的投资生产活动,必须按照规定的建设程序分阶段进行建设,才能按时、保质、有效地完成建设项目。相应地也要在不同阶段多次计价以保证工程造价计算的准确性和控制的有效性。多次计价是个逐步深化、细化和接近实际造价的过程。对于大型建设项目,其计价过程如图1.2所示。

1.3.3　影响工程造价的因素

影响工程造价的因素很多,主要有政策法规性因素、地区性与市场性因素、设计因素、施工因素和人员素质因素等五个方面。

1.3.3.1　政策法规性因素

在整个基本建设过程中,国家和地方主管部门对于基本建设项目的审查、基本建设程序、投资费用的构成及计取都有严格而明确的规定,具有强制的政策法规性。概预算的编制必须严格遵循国家及地方主管部门的有关政策、法规和制度,按规定的程序进行。

1.3.3.2　地区性与市场性因素

存在于不同地域空间的建筑产品,其产品价格必然受到所在地区时间、空间、自然条件和市场环境的影响。第一,不同地区的物资供应、交通运输、技术协作、现场施工等条件有所不同,反映到概预算定额的基价中,使得各地定额水平不同。也就是说,各地编制概预算所采用的定额不尽相同。第二,各地区的地形地貌、地质条件不同,也会给概预算费用带来较大的影响,即使是同一套设计图纸的建筑物或构筑物,由于建造地区的不同,至少会在现场条件处理和基础工程费用上产生较大的差异,使得工程造价不同。第三,构成建筑实体的各种建筑材料价格经常发生变化,使得建筑产品的价格也随之变化。

1.3.3.3　设计因素

编制概预算的基本依据之一是设计图纸。因此,影响建设项目投资的关键就在于设计。有资料表明,影响建设项目投资最大的阶段,是技术设计结束前的工作阶段。在初步设计阶段,对地理位置、占地面积、建设标准、建设规模、工艺设备水平,以及建筑结构选型和装饰标准等的确定,对工程费用影响的可能性为75%～95%。在技术设计阶段,影响工程造价的可能性为35%～75%。在施工图设计阶段,影响工程造价的可能性为5%～35%。设计是否经济合理,对工程造价会带来很大影响。

1.3.3.4 施工因素

在编制概预算过程中，施工组织设计和施工技术措施等，同施工图纸一样，是编制工程概预算的重要依据之一，因此，在施工中合理布置施工现场，减少运输总量，采用先进的施工技术，合理运用新的施工工艺，采用新技术、新材料等，对节约投资有显著的作用。但就目前所采用的概预算方法而言，在节约投资方面施工因素没有设计因素影响突出。

1.3.3.5 人员素质因素

工程概预算的编制，是一项十分复杂而细致的工作，在工作中稍有疏忽就会错算、漏算或重算，因此要求编制人员具有强烈的责任感和认真细致的工作作风。要想编制一份准确的概预算，除了要熟练掌握概预算定额、费用定额、计价规范等使用方法外，还要熟悉有关概预算编制的政策、法规、制度和与定额、计价规范有关的动态信息。编制概预算涉及的知识面很宽，因此要求编制人员具有较全面的专业理论和业务知识，如工程识图、建筑构造、建筑结构、建筑施工、建筑材料、建筑设备以及相应的实践经验，还要有建筑经济学、投资经济学等方面的理论知识，只有这样，才能准确无误地编制概预算。另外，概预算编制人员政策观念要强，编制概预算要本着公平、公正、实事求是的原则，不能为了某一方利益，高估冒算，要严格遵守行业道德规范。

1.3.4 建设工程造价计价方法

现阶段，我国建设工程造价计价方式有两种：一种是传统的定额计价法，另一种是工程量清单计价法。不论那一种计价方法，都是先计算工程量，再计算工程价格。

1.3.4.1 定额计价法的概念

定额计价法方式是我国传统的计价方式，在招投标时，不论作为招标标底，还是投标报价，其招标人和投标人首先都需要按国家规定的统一工程量计算规则计算工程量，然后按建设行政主管部门颁发的预算定额计算人工费、材料费、机械费，再按有关费用标准计取其他费用，最后汇总得到工程造价。其整个计价过程中的计价依据是固定的，即法定的“定额”。定额是计划经济时代的产物，在特定的历史条件下，起到了确定和衡量工程造价标准的作用，规范了建筑市场，是专业人士确定工程计价的依据。但定额指令性过强，反映在具体表现形式上，就是施工手段消耗部分统得过死，把企业的技术装备、施工手段、管理水平等本属于竞争内容的活跃因素固定化了，不利于竞争机制的发挥。

定额计价法建筑安装工程费用由直接费、间接费、利润、税金组成。

1.3.4.2 建设工程工程量清单计价法

为了适应目前工程招投标竞争中由市场形成工程造价的需要，对传统的定额计价模式进行改革势在必行。因此，《建设工程工程量清单计价规范》(GB 50500—2003)中强调：从 2003 年 7 月 1 日起“全部使用国有资金投资或国有资金投资为主的大中型建设工程应执行本规范”，即在招投标活动中，必须采用工程量清单计价。《建设工程工程量清单计价规范》(GB 50500—2008)中强调：从 2008 年 12 月 1 日起全部使用国有资金投资或国有资金投资为主的工程建设项目，必须采用工程量清单计价。

工程量清单计价方式，是指由招标人按照国家统一规定的工程量计算规则计算工程数量和招标控制价，由投标人按照企业自身的实力，根据招标人提供的工程数量，自主报价的一种模式。由于“工程数量”由招标人提供，增大了招标市场的透明度，为投标企业提供了一个公平合理的基础和环境，真正体现了建设工程交易市场的公平、公正。工程价格由投标人“自主报价”，即定额不再作为计价的唯一依据，政府不再作任何参与，而是企业根据自身技术专长、材料采购渠道和管理水平等，制定企业自己的报价定额，自主报价。

工程量清单计价费用由分部分项工程费、措施项目费、其他项目费、规费、税金组成。

1.3.4.3　定额计价法与工程量清单计价法的区别

定额计价法与工程量清单计价法的区别主要表现在以下方面：

(1)编制的依据不同　定额计价方式是依据图纸，人工、材料、机械台班消耗量依据建设行政主管部门颁发的预算定额，人工、材料、机械台班单价依据工程造价管理部门发布的价格信息进行计算；工程量清单计价的编制根据招标文件中的工程量清单和有关要求、施工现场情况、合理的施工方法以及按建设行政主管部门编制的有关工程造价计价办法编制，企业的投标报价则根据企业定额和市场计价信息，或参照建设行政主管部门发布的社会平均消耗定额编制。

(2)项目编码不同　定额计价方式采用预算定额项目编码，全国各省市采用不同的定额子目；工程量清单计价方式采用全国统一编码，项目编码采用12位阿拉伯数字表示，1~9位为统一编码，10~12位为清单项目名称顺序码，前9位不能变动，后3位由清单编制人根据设置的清单项目编制(详见3.4节)。

(3)表现形式不同　定额计价方式一般采用总价形式；工程量清单计价方式采用综合单价形式，且单价相对固定，工程量发生变化时单价一般不变。

(4)费用的组成不同　定额计价方式工程造价由直接费、间接费、利润、税金组成。工程量清单计价方式工程造价包括分部分项工程费、措施项目费、其他项目费、规费、税金。

(5)编制工程量的单位不同　定额计价方式的工程量分别由招标单位和投标单位按图纸计算；工程量清单计价方式的工程量由招标单位统一计算或委托具有相应资质的中介机构进行编制。

(6)编制工程量清单的时间不同　定额计价方式是在发出招标文件后编制；工程量清单计价方式必须在发出招标文件前编制。

(7)分部分项工程所包含的内容不同　定额计价方式的预算定额，其项目一般是按施工工序进行设置的，包括的工序一般是单一的，据此规定了相应的工程量计算规则；工程量清单项目的划分，一般是以一个“综合实体”考虑的，一般包括多项工程内容，据此规定了相应的工程量计算规则。二者的工程量计算规则是有区别的。

(8)合同价调整方式不同　定额计价方式合同价调整方式有变更签证、定额解释、政策性调整；工程量清单计价方式的合同价调整方式主要是索赔。

(9)评标采用的办法不同　定额计价方式招标一般采用百分制评分法；工程量清单招标一般采用合理低报价中标法，既要对总价进行评分，还要对综合单价进行分析评分。

1.4 建筑工程施工图预算编制方法与步骤

建筑工程施工图预算的编制方法主要有定额计价法和工程量清单计价法两种。其方法和步骤各有不同。

1.4.1 定额计价法编制建筑工程施工图预算的方法和步骤

定额计价法编制建筑工程施工图预算的方法主要有单价法和实物法两种。

1.4.1.1 单价法编制施工图预算的方法

单价法分为工料单价法和综合单价法。单价法编制施工图预算,就是利用定额中的各分项工程综合单价,乘以相应的各分项工程的工程量并汇总,得到单位工程的人工费、材料费、机械使用费之和,再加上按规定程序计算出来的措施费、间接费、利润和税金,即可得到单位工程的施工图预算。

单价法编制施工图预算,其中直接工程费按下式计算:

$$\text{单位工程直接工程费} = \sum(\text{工程量} \times \text{预算定额分项工程综合单价}) \tag{1.1}$$

1.4.1.2 单价法编制施工图预算的步骤

单价法编制施工图预算的步骤如图 1.3 所示。

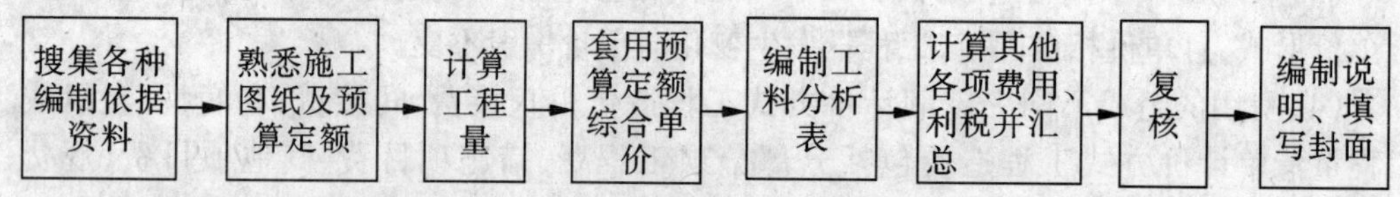

图 1.3 单价法编制施工图预算的步骤

单价法编制施工图预算的具体步骤如下:

第一,搜集各种编制依据资料。各种编制依据资料包括施工图纸及设计说明、图纸会审记录、设计变更通知、施工组织设计或施工方案、现行建筑安装工程预算定额、取费标准、统一的工程量计算规则、预算工作手册,以及工程所在地区的人工、材料、机械台班预算价格与调价规定等。

第二,熟悉施工图纸及预算定额。编制施工图预算前,应对施工图及设计说明书和预算定额有全面详细的了解,这样才能全面准确地计算出工程量,进而合理地编制出施工图预算造价。

第三,计算工程量。工程量是预算的主要数据,它的准确与否又直接影响预算的准确性。因此,必须在工程量计算上狠下工夫,才能保证预算的质量。

计算工程量一般步骤:首先,根据施工图示的工程内容和定额项目,列出计算工程量分部分项工程;其次,根据一定的计算顺序和计算规则,列出计算式;然后,根据施工图纸上的设计尺寸及有关数据,代入计算式进行数值计算;最后,对计算结果的计量单位根据定额中的分部分项工程的计量单位进行调整,使之与定额中的计量单位保持一致。

第四,套用预算定额综合单价。工程量计算完毕,经反复核对确定无误后,用所得到的各分部分项工程量与定额中的对应分项工程的综合单价相乘,并把各相乘的结果相加,求得单位工程的人工费、材料费和机械使用费之和。

第五,编制工料分析表。施工图预算工料分析的内容主要包括分部分项工程工料分析表、单位工程工料分析汇总表和有关文字说明。施工图预算工料分析是根据各分部分项工程项目的实物工程量和相应定额中项目所列的人工、材料、机械台班的数量,计算出各分部分项工程所需的人工、材料、机械台班数量,进行汇总计算后,即得出该单位工程所需的各类人工、各类材料及机械台班的总消耗数量。

第六,计算其他各项费用、利税并汇总。根据建筑安装单位工程造价构成规定的费用项目、费率和相应的计费基础,分别计算措施费、间接费、利润和税金。把上述费用相加,并与前面套用综合基价算出的人工费、材料费和机械使用费进行汇总而求得单位工程的预算造价。即:

$$\text{单位工程造价}=\text{直接费}(\text{直接工程费}+\text{措施费})+\text{间接费}+\text{利润}+\text{税金} \tag{1.2}$$

第七,复核。单位工程预算编制后,应由有关人员对单位工程预算进行复核,以便及时发现差错,及时修改以利于提高预算质量。复核时应对项目填列、工程量计算公式和结果、套用综合基价、各项费用的取费费率及计算基础和计算结果、材料和人工预算价格及其价格调整等方面是否正确进行全面复核。

第八,编制说明、填写封面。编制说明指编制者向审核者交代编制方面有关情况,包括编制依据、工程性质、工程范围、设计图纸号、所用预算定额编制年份、承包方式、有关部门现行的调价文件号、套用单价或补充单位估价表方面的情况及其他需要说明的问题。

封面填写应写明工程名称、工程编号、工程量(建筑面积)、预算总造价及单方造价、编制单位名称及负责人和编制日期、审查单位名称及负责人和审核日期等。

总之,单价法是目前国内编制施工图预算的主要方法,采用了各地区、各部门统一制定的综合单价,具有计算简单、工作量小和编制速度快、便于工程造价管理部门集中统一管理的优点,但由于是采用事先编制好的统一的单位综合单价,其价格水平只能反映定额编制年份的价格水平。在市场价格波动较大的情况下,单价法的计算结果往往与实际价格水平有偏离,虽然可调价,但调价系数和指数从测定到颁布较滞后且计算也较繁琐。

1.4.1.3 实物法编制施工图预算的方法

实物法是首先根据施工图纸分别计算出各分项工程的实物工程量,然后套用相应定额计算人工、材料、机械台班的定额用量,再分别乘以工程所在地当时的人工、材料、机械台班的实际单价,求出单位工程的人工费、材料费和施工机械使用费,并汇总求和,进而求得直接工程费,然后按规定计取其他各项费用,汇总就可得出单位工程施工图预算造价。

实物造价法编制施工预算,其中直接工程费按下式计算:

$$\begin{aligned}\text{单位工程直接工程费} = &\sum(\text{工程量}\times\text{人工预算定额用量}\times\text{当时当地人工费单价}) + \\ &\sum(\text{工程量}\times\text{材料预算定额用量}\times\text{当时当地材料费单价}) +\end{aligned}$$

$$\sum(\text{工程量} \times \text{机械预算定额用量} \times \text{当时当地机械费单价}) \tag{1.3}$$

1.4.1.4 实物法编制施工图预算的步骤

实物法编制施工图预算的首尾步骤与单价法是相同的。实物法和单价法在编制步骤中最大的区别在于中间步骤,也就是计算人工费、材料费和施工机械使用费及汇总三者费用之和的方法不同。

实物法编制施工图预算的具体步骤如下:

第一,搜集各种编制依据及编制资料。针对实物法的特点,在此阶段中需要全面地搜集各种人工、材料、机械台班当时当地的实际价格。获得的各种实际价格要求全面、系统、真实、可靠。

第二,熟悉施工图纸和定额。参照单价法。

第三,计算工程量。本步骤的内容与单价法相同。

第四,套用定额计算人工、材料、机械台班定额用量。

第五,计算单位工程所需的各类人工工日的消耗量、材料消耗量、机械台班消耗量并汇总。根据定额求出各分项工程人工、材料、机械台班消耗的数量并汇总单位工程所需各类人工工日、材料、机械台班的消耗量。各分项工程人工、材料、机械台班消耗数量由分项工程的工程量分别乘以预算人工定额用量、材料定额用量、机械台班定额用量而得出,最后汇总便可得出单位工程各类人工、材料、机械台班的消耗量。

第六,根据当时当地人工、材料和机械台班单价,汇总人工费、材料费和机械使用费。在市场经济条件下,人工、材料和机械台班单价是随市场供求情况而变化的,而且它们是影响工程造价最活跃、最主要的因素。因此,为能较好地反映实际价格水平,可采用工程所在地的当时人工、材料、施工机械台班的价格。用此人工、材料、机械台班单价乘以相应的人工、材料、机械台班消耗量,即可得出单位工程人工费、材料费和机械使用费。

第七,计算其他各项费用,汇总造价。

第八,复核。要求认真仔细检查人工、材料、机械台班的消耗量计算是否准确无误。其内容可参考单价法相应步骤的介绍。

第九,编制说明、填写封面。本步骤的内容与单价法相同,这里不再重复。

总之,采用实物法编制施工图预算,由于所用的人工、材料、机械台班的单价都是当时当地的实际价格,所以编制出的预算能比较准确地反映实际水平,误差较小。这种方法适合于市场经济条件下价格波动较大的情况。因此,实物法是与市场经济体制相适应的预算编制方法,更符合价值规律。

1.4.2 工程量清单计价法编制建筑工程施工图预算的方法和步骤

1.4.2.1 工程量清单计价法编制施工图预算的方法

工程量清单计价法编制施工图预算的方法,是在统一的工程量计算规则的基础上,设置工程量项目名称、项目特征,根据具体工程的施工图纸计算出各个清单项目的工程量,再根据各种渠道所获得工程造价信息和经验数据计算得到工程造价。

其编制过程可分为两个阶段:工程量清单的编制阶段和利用工程量清单投标报价阶段。业主编制工程量清单,投标报价是在业主提供的工程量清单基础上,根据企业自身所需要掌握的各种信息、资料,结合企业定额进行报价。

1.4.2.2 工程量清单计价法编制施工图预算的步骤

工程量清单计价法编制施工图预算的步骤如下。

第一,搜集各种编制依据资料。各种编制依据资料包括施工图纸及设计说明、图纸会审记录、设计变更通知、施工组织设计或施工方案、现行建设工程工程量清单计价规范、现行建筑安装工程预算定额、取费标准、统一的工程量计算规则。

第二,熟悉施工图纸、清单规范、预算定额、施工组织设计等资料。全面、系统地阅读图纸,是准确计算工程造价的重要基础。工程量清单是计算工程造价最重要的依据,应熟悉工程量清单计价规范及预算定额,了解分项工程项目编码、项目名称设置、单位、计算规则、项目特征等,以便在计量、计价时不漏项,不重复计算。

施工组织设计或施工方案是施工单位的技术部门针对具体工程编制的施工作业的指导性文件,其中对施工技术措施、安全措施、施工机械配置、是否增加辅助项目等,都应在工程计价的过程中予以注意。

工程招标文件的有关条款、合同要求等条件,是工程量清单计价的重要依据。在招标文件中对有关承包发包工程范围、内容、期限、工程材料、设备采购及供应方法等都有具体规定,只有在计价时按规定进行,才能保证计价的有效性。因此,投标单位拿到招标文件后,根据招标文件的要求,要对照图纸,对招标文件提供的工程量清单进行复查和复核。

熟悉加工订货的有关情况。明确建设、施工单位双方在加工订货方面的分工。对需要进行委托加工订货的设备、材料零件等,提出委托加工计划,并落实加工单位及加工产品的价格。

明确主材和设备的来源情况。主材和设备的型号、规格、数量、材质、品牌等对工程计价影响很大,因此招标人需要对主材和设备的采购范围及有关内容予以明确,必要时注明产地和厂家。

第三,计算工程量。工程量计算分两种情况:一种是招标方计算的清单工程量,是投标报价的依据;另一种情况是投标方计算的工程量,包括对清单工程量的核算和组价中的工程量计算。

第四,组合综合单价(简称组价)。综合单价是指完成工程量清单中一个规定计量单位项目所需的全费用,综合单价的费用内容包括人工费、材料费、机械费、管理费、利润,并适当考虑风险因素。计算综合单价时将工程主体项目及其组合的辅助项目汇总,填入分部综合单价分析表。综合单价是报价和调价的主要依据。分部分项工程综合单价计算公式如下:

$$分部分项工程综合单价=人工费+材料费+机械费+管理费+利润组成+风险因素 \tag{1.4}$$

措施项目综合单价计算公式如下:

$$措施项目综合单价=人工费+材料费+机械费+管理费+利润组成+风险因素 \tag{1.5}$$

第五,计算分部分项工程费。分部分项工程组价完成后,根据分部分项工程量清单及综合单价,以单位工程为对象计算分部分项工程费用。分部分项工程费计算公式如下:

$$分部分项工程费 = \sum 分部分项工程量清单数量 \times 分部分项工程综合单价 \quad (1.6)$$

第六,计算措施项目费。措施项目费计算公式如下:

$$措施项目费 = \sum 措施项目工程量 \times 措施项目综合单价 \quad (1.7)$$

第七,计算其他项目费。其他项目费用计算公式如下:

$$其他项目费用 = 暂列金额 + 材料暂估价 + 专业暂估价 + 记日工 + 总承包服务费 \quad (1.8)$$

第八,计算规费、税金。规费、税金按照规定费率计算。

第九,计算单位工程费。将分部分项工程费、措施项目费、其他项目费、规费和税金汇总即形成单位工程费。单位工程工程费计算公式如下:

$$单位工程费 = 分部分项工程费 + 措施项目费 + 其他项目费 + 规费 + 税金 \quad (1.9)$$

第十,计算单项工程费。将单项工程中各单位工程费汇总即形成单项工程费。单项工程造价计算公式如下:

$$单项工程费 = \sum 单位工程费 \quad (1.10)$$

第十一,计算工程项目总造价。将工程项目中各单项工程费汇总即形成工程项目总造价。建设项目总造价计算公式如下:

$$建设项目总造价 = \sum 单项工程费 \quad (1.11)$$

总之,采用工程量清单计价法编制施工图预算,由于所用的人工、材料、机械的单价都是当时当地的实际价格,所以编制出的预算能比较准确地反映实际水平,误差较小,竣工结算比较简单。因此,工程量清单计价法是与市场经济体制相适应的预算编制方法,更符合价值规律。

思考题

1. 什么是基本建设,它有什么作用?
2. 简述基本建设项目的划分。
3. 简述基本建设项目的分类和内容。
4. 基本建设造价文件按照建设阶段如何划分?
5. 定额计价法与清单计价法的区别是什么?
6. 影响工程造价的因素有哪些?
7. 简述施工图预算编制的方法和步骤。

第2章 工程建设费用构成

学习要求 了解建设项目总投资构成中有关费用的计算，熟悉建设项目总投资的费用构成，掌握建筑安装工程造价的确定及工程造价计价程序。

2.1 基本建设费用构成

2.1.1 建设项目总投资构成

建设项目总投资指进行某项工程建设花费的全部费用，即该工程项目有计划地进行固定资产投资和流动资金投资的一次性费用总和。

建设项目总投资由固定资产投资（工程造价）和流动资产投资（流动资金）两部分组成。建设工程总投资中的固定资产投资与建设工程造价在量上是相等的关系。

固定资产投资（工程造价）指按照确定的建设内容、建设规模、建设标准、功能要求和使用要求等全部建成并验收合格交付使用所需的全部费用。

流动资产投资（流动资金）指生产经营性项目投产后，用于购买原材料、燃料、备品备件，保证生产经营和产品销售所需要的周转资金。

固定资产投资（工程造价）的构成划分为建筑安装工程费、设备及工器具购置费、工程建设其他费用、预备费、建设期贷款利息和固定资产投资方向调节税六大部分。具体构成见图2.1。

2.1.2 设备及工器具购置费

设备及工器具购置费由设备购置费用、工器具及生产家具购置费用组成。

2.1.2.1 设备购置费

设备购置费指为建设项目购置或自制的达到固定资产标准的各种国产或进口设备、

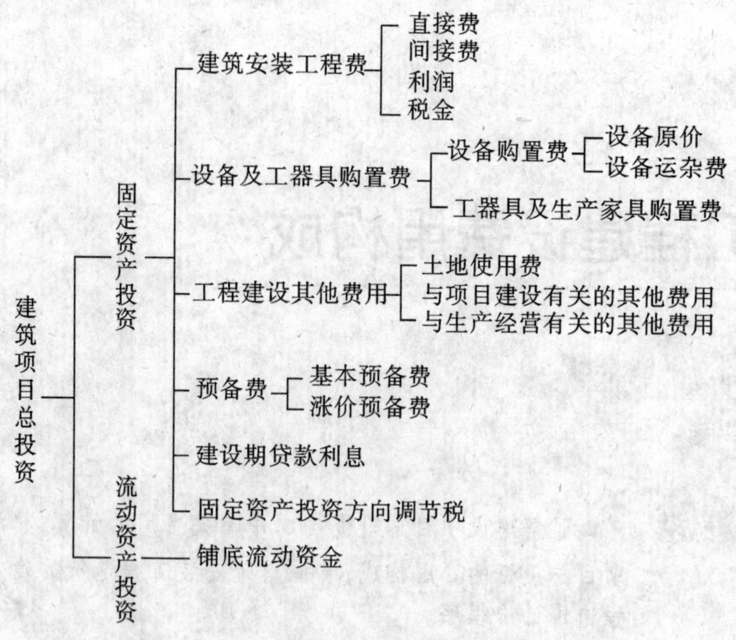

图 2.1 建设项目总投资的构成

工具、器具的购置费用，由设备原价和设备运杂费构成。

$$设备购置费=设备原价或进口设备抵岸价+设备运杂费 \tag{2.1}$$

(1)国产设备原价的构成及计算　国产设备原价：设备制造厂的交货价或订货合同价。分为国产标准设备原价、国产非标准设备原价。

1)国产标准设备原价　指按照主管部门颁布的标准图纸和技术要求，由生产厂批量生产的符合国家质量检测的设备。也可指设备制造厂的交货价，即出厂价。国产设备一般按带有备件的原价计算。

2)国产非标准设备原价　指国家尚无定型标准，各设备生产厂不可能采用批量生产，只能按一次订货，并根据具体的设计图纸制造的设备。

(2)进口设备原价的构成及计算　进口设备的原价是进口设备的抵岸价。抵岸价即抵达买方边境口岸或边境车站，且交完关税等税费后形成的价格。

1)进口设备交货方式的分类　进口设备交货方式可分为内陆交货、目的地交货、装运港交货。

①内陆交货：卖方在出口国内陆的某个地点完成交货任务。卖方风险小，买方风险大。

②目的地交货：卖方要在进口国的港口或内陆交货。卖方风险大，买方风险小。

③装运港交货：卖方在出口国装运港完成交货任务。买卖双方风险平均。

2)装运港交货方式进口设备抵岸价的构成　我国进口设备多采用装运港船上交货价(FOB)。

$$进口设备抵岸价=货价+国际运费+运输保险费+银行财务费+外贸手续费+关税+消费税+增值税+海关监管手续费+车辆购置附加税 \quad (2.2)$$

①货价:指装运港船上交货价,即离岸价(FOB价),分为原币货价(美元)、人民币货价。

②国际运费:指从装运港(站)到达我国抵达港(站)的运费。

$$国际运费(海、陆、空)=原币货价(FOB)\times运费率 \quad (2.3)$$

$$国际运费(海、陆、空)=运量\times单位运价 \quad (2.4)$$

③运输保险费:指对外贸易货物运输保险是由保险人(保险公司)与被保险人(出口人或进口人)订立保险契约,在被保险人交付议定的保险费后,保险人根据保险契约的规定对货物在运输过程中发生的承包责任范围内的损失给予经济上的补偿。这是一种经济补偿。

$$运输保险费=\frac{原币货价(FOB)+国外运费}{1-保险费率}\times保险费率 \quad (2.5)$$

④银行财务费:指中国银行手续费。

$$银行财务费=人民币货价(FOB)\times银行财务费率 \quad (2.6)$$

⑤外贸手续费:指委托具有外贸经营权的经贸公司采购而发生的外贸手续费率计取的费用。

$$外贸手续费=到岸价(CIF)\times人民币外汇牌价\times外贸手续费率 \quad (2.7)$$

$$到岸价(CIF)=离岸价(FOB)+国际运费+运输保险费 \quad (2.8)$$

外贸手续费率一般为1.5%。

⑥关税:由海关对进出国境或关境的货物和物品征收的一种税。

$$关税=到岸价(CIF)\times人民币外汇牌价\times进口关税税率 \quad (2.9)$$

⑦消费税:对部分进口产品(汽车、摩托车等)征收的税种。

$$消费税=\frac{到岸价(CIF)\times人民币外汇牌价+关税}{1-消费税率}\times消费税率 \quad (2.10)$$

⑧增值税:我国对从事进口贸易的单位和个人,在进口商品报关后征收的税种。

$$进口商品增值税额=组成计税价格\times增值税率 \quad (2.11)$$

$$组成计税价格=关税完税价格+关税+消费税 \quad (2.12)$$

⑨海关监管手续费:指海关对进口减税、免税、保税货物实施监督、管理、提供服务的费用。对于全额征收进口关税的货物不计海关监管手续费。

$$海关监管手续费=到岸价(CIF)\times人民币外汇牌价\times海关监管手续费率 \quad (2.13)$$

海关监管手续费率一般为0.3%。

⑩车辆购置附加费:对进口车辆需缴纳进口车辆购置附加费用。

车辆购置附加费=[到岸价(CIF)×人民币外汇牌价+关税+消费税+增值税]×进口车辆购置附加费率 (2.14)

3)运杂费的构成与计算　运杂费由运费和装卸费、包装费(指运输包装)、设备供销部门手续费、采购与仓库保管费组成。

设备运杂费=设备原价×设备运杂费率 (2.15)

例 2.1　某项目进口一批机械设备500 t,离岸价(FOB)为100万美元,人民币兑美元的汇率为6.8∶1。该批进口设备的国际运费为300美元/t,国内运杂费率为3%,保险公司规定的保险费率为0.3%,银行财务费率为0.5%,外贸手续费率为1.5%,关税税率为22%,增值税税率为17%,该批设备无消费税、海关监管手续费。试对该批设备进行估价。

解　进口设备购置费=进口设备抵岸价+进口设备国内运杂费

(1)进口设备抵岸价

①人民币货价=100万美元×6.8=680万元人民币

②国际运费=500 t×300美元/t=15万美元

③国际运输保险费=(100万美元+15万美元)×0.3%/(1-0.3%)= 0.35万美元

④银行财务费=680万元人民币×0.5%=3.4万元人民币

⑤外贸手续费=(100万美元+15万美元+0.35万美元)×6.8×1.5%
=11.77万元人民币

⑥关税=(100万美元+15万美元+0.35万美元)×6.8×22%=172.56万元人民币

⑦增值税=[(100万美元+15万美元+0.35万美元)×6.8+172.56万元人民币]×17%
=162.68万元人民币

⑧进口设备抵岸价=(100万美元+15万美元+0.35万美元)×6.8+3.4万元人民币+11.77万元人民币+172.56万元人民币+162.68万元人民币
=1134.79万元人民币

(2)进口设备国内运杂费

进口设备抵岸价×3%=1134.79万元人民币×3%=34.04万元人民币

(3)设备到达建设现场的价格

1134.79万元人民币+34.04万元人民币=1168.83万元人民币

2.1.2.2　工器具与生产家具购置费

工器具与生产家具购置费:指新建或扩建项目初步设计规定的,保证初期正常生产必须购置的但没有达到固定资产标准的所有工具、器具及生产家具等的购置费用。

工器具与生产家具购置费=设备购置费×定额费率 (2.16)

2.1.3　工程建设其他费用

工程建设其他费用分为三类:土地使用费、与项目建设有关的其他费用、与未来企业生产经营有关的其他费用。

2.1.3.1 土地使用费

土地使用费包括两种方式:通过划拨方式取得无限期的土地使用权而支付的土地征用及拆迁补偿费,或者通过土地使用权出让方式取得有限期的土地使用权而支付的土地使用权出让金。

(1)土地征用及拆迁补偿费 土地征用及拆迁补偿费指建设项目通过划拨方式取得无限期的土地使用权而支付的土地征用及拆迁补偿费。包括:①土地补偿费,为该耕地被征用前三年平均年产值的6~10倍。②地上附属物和青苗补偿费,指对被征用土地上的房屋、水井、树木等附属物和青苗的补偿。③安置补偿费,按照需要安置的农业人口数计算。需要安置的农业人口数,按照被征用的耕地数量除以征地前被征用单位平均每人占有耕地的数量计算。每一个需要安置的农村人口的安置补偿费标准,为该耕地被征用前三年平均年产值的4~6倍。但是,每公顷被征用土地的安置补偿费,最高不得超过被征用前三年平均年产值的15倍。④缴纳的耕地占用税或城镇土地使用税,土地登记及征地管理费等。⑤征地动迁费(城市)。⑥水利水电工程水库淹没处理补偿费。

(2)土地使用权出让金 土地使用权出让金指建设项目通过土地使用权出让方式,取得有限期的土地使用权,依照国家有关规定,支付的土地使用权出让金。

土地使用权出让采取的方式如下:

1)协议方式 适用于市政工程、公益事业用地,以及需要减免地价的机关、部队用地和需要重点扶持的、优先发展的产业用地。

2)招标方式 适用于一般工程建设用地。

3)公开拍卖 适用于盈利高的行业用地。

2.1.3.2 与项目建设有关的其他费用

(1)建设单位管理费 建设单位管理费指建设项目从立项、筹建、建设、联合试运转、竣工验收、交付使用及后评估等全过程管理所需的费用。包括:①建设单位开办费;②建设单位经费。建设单位管理费的计取以单项工程费用之和(包括建筑安装工程费和设备工器具购置费)乘以建设单位管理费率计算。

(2)勘察设计费 勘察设计费指为本建设项目提供项目建议书、可行性研究报告及设计文件等所需费用。

(3)研究试验费 研究试验费指为建设项目提供和验证设计参数、数据、资料等所进行的必要的试验费用以及设计规定在施工中必须进行试验、验证所需费用。

(4)建设单位临时设施费 建设单位临时设施费指建设期间建设单位所需临时设施的搭设、维修、摊销费用或租赁费用。

(5)工程监理费 工程监理费指建设单位委托工程监理单位对工程实施监理工作所需费用。

(6)工程保险费 工程保险费指建设项目在建设期间根据需要实施工程保险所需的费用。以建筑安装工程费乘以建筑、安装工程保险费率计算。

(7)供电贴费 供电贴费指建设项目按照国家规定应缴付的供电工程贴费、施工临时用电贴费,是解决电力建设资金不足的临时对策。此项费用已停止征收。

(8)施工机构迁移费　施工机构迁移费指施工机构根据建设任务的需要,经有关部门决定由原驻地迁移到另一地区的一次性搬迁费用。此项费用已停止征收。

(9)引进技术和进口设备其他费用　对引进技术和进口设备也要按相关规定征收费用。

(10)工程承包费　工程承包费指具有总承包条件的工程公司,对工程建设项目从开始建设至竣工投产全过程的总承包所需的管理费用。不实行工程总承包的项目不计算本费用。

2.1.3.3　与生产经营有关的其他费用

(1)联合试运转费　联合试运转费指新建企业或新增生产能力的扩建企业在竣工验收前,进行整个车间的负荷试运转发生的费用大于试运转收入的部分。

(2)生产准备费　生产准备费指新建企业或新增生产能力的企业,为保证竣工交付使用进行必要的生产准备所发生的费用。包括:①生产人员培训费;②生产单位提前进厂发生的费用。

(3)办公及生活家具购置费　办公及生活家具购置费指为保证新建、改建、扩建项目初期正常生产、使用、管理所需购置的办公和生活家居、用具的费用。这项费用按设计定员人数乘以综合指标计算。

2.1.4　预备费

预备费包括基本预备费和涨价预备费。

2.1.4.1　基本预备费

基本预备费指初步设计及概算难以预料的费用。包括:①在批准的初步设计范围内,技术设计、施工图设计及施工过程中所增加的工程费用;实际变更、局部地基处理等增加的费用。②一般自然灾害造成的损失和预防自然灾害所采取的措施费用。实行工程保险的工程项目应适当降低。③竣工验收时为鉴定工程质量,对隐蔽工程进行必要的挖掘和修复费用。

基本预备费以建筑安装工程费、设备及工器具购置费、工程建设其他费用三者之和为计算基数。

基本预备费=(建筑安装工程费+设备及工器具购置费+工程建设其他费用)×
基本预备费率　(2.17)

基本预备费率一般取5%。

2.1.4.2　涨价预备费

涨价预备费指建设期间由于价格等原因引起工程造价变化的预留费用。

涨价预备费测算采用复利方法计算:

$$PF = \sum_{t=0}^{n} I_t[(1+f)^t - 1] \tag{2.18}$$

式中　PF——涨价预备费；

N——建设期年分数；

F——年投资价格上涨率；

I_t——建设期第 t 年的投资计划额，包括建筑安装工程费、设备及工器具购置费、工程建设其他费用和基本预备费。

例 2.2　某建设项目，建设期初预计建筑安装工程费和设备工器具购置费为 8000 万元，工程建设其他费用为 600 万元。基本预备费费率为 10%，项目建设周期为 3 年，投资分年使用比例为：第一年 30%，第二年 50%，第三年 20%。建设期内预计年平均价格水平上涨率为 5%。试计算项目的预备费。

解　(1)基本预备费

(8000 万元+600 万元)×10% = 860 万元

(2)涨价预备费

①投资计划总额

8000 万元+600 万元+860 万元 = 9460 万元

②第一年末涨价预备费

9460 万元×30%×$[(1+0.05)^1-1]$ = 141.90 万元

第二年末涨价预备费

9460 万元×50%×$[(1+0.05)^2-1]$ = 484.825 万元

第三年末涨价预备费

9460 万元×20%×$[(1+0.05)^3-1]$ = 298.227 万元

涨价预备费

141.90 万元+484.825 万元+298.227 万元 = 924.952 万元

(3)预备费

860 万元+924.952 万元 = 1784.952 万元

2.1.5　建设期贷款利息

建设期贷款利息包括向国内银行和其他非银行金融机构、出口信贷、外国政府、国际商业银行贷款以及在境外发行债券等在建设期间内应偿还的借款利息。

当贷款在年初一次性贷出且利率固定时，建设期贷款利息按下式计算：

$$I = P(1+i)^n - P \tag{2.19}$$

式中　P——一次性贷款数额；

i——年利率；

n——计息期；

I——贷款利息。

当总贷款为分年均衡发放时，建设期利息的计算可按当年借款在年中发支用考虑，即当年贷款按半年计息，上年贷款按全年计息。计算公式为：

$$q_j = (P_{j-1} + \frac{1}{2}A_j) \times i \tag{2.20}$$

式中 q_j ——建设期第 j 年应计利息；

P_{j-1} ——建设期第(j-1)年末贷款累计金额与利息累计金额之和；

A_j ——建设期第 j 年贷款金额；

i——年利率。

例 2.3 某新建项目，建设期为3年，第一年贷款500万元，第二年贷款800万元，第三年贷款300万元，贷款年利率为10%，每年贷款按均衡发放，计算建设期贷款利息。

解 (1)各年贷款利息

第一年贷款利息：(0.5×500)×10%=25(万元)

第二年贷款利息：(500+25+0.5×800)×10%=92.5(万元)

第三年贷款利息：(500+25+800+92.5+0.5×300)×10%=156.75(万元)

(2)建设期贷款利息=25万元+92.5万元+156.75万元=274.25(万元)

2.1.6 固定资产投资方向调节税

为贯彻国家产业政策，控制投资规模，引导投资方向，调整投资结构，加强重点建设，促进国民经济持续、稳定、协调发展，对在我国境内进行固定资产投资的单位和个人征收固定资产投资方向调节税。

固定资产投资方向调节税自2000年1月1日暂停征收，但该税种并未取消。

例 2.4 某建设项目的建筑安装工程费构成为：主要生产项目9000万元，辅助生产项目5000万元，环境保护工程80万元，总运输工程50万元，厂外工程100万元。该项目设备及工器具购置费为4000万元。工程建设其他费用为100万元。基本预备费率为10%，建设期价格上涨率为5%，建设期为2年，第一年投资使用比例为45%，第二年投资使用比例为55%，第一年贷款500万元，第二年贷款400万元，贷款年利率为13%，固定资产投资方向调节税税率为5%。试求该项目总投资。

解 (1)建筑安装工程费

9000+5000+80+50+100=14230(万元)

(2)设备及工器具购置费4000万元

(3)工程建设其他费用100万元

(4)建筑安装工程费+设备及工器具购置费+工程建设其他费用=18330(万元)

(5)预备费

①基本预备费=18330×10%=1833(万元)

②涨价预备费

第一年涨价预备费：20163×45%×$[(1+0.05)^1-1]$=453.668(万元)

第二年涨价预备费：20163×55%×$[(1+0.05)^2-1]$=1136.689(万元)

涨价预备费：453.668万元+1136.689万元=1590.357(万元)

③预备费：基本预备费+涨价预备费=1833.0+1590.357=3423.357(万元)

(6)建设期贷款利息

①第一年：(0.5+500)×13%＝32.5(万元)

②第二年：(500+32.5+0.5+400)×13%＝95.225(万元)

建设期贷款利息：32.5+95.225＝127.725(万元)

(7)项目总投资：(1)+(2)+(3)+(4)+(5)+(6)＝21881.082(万元)

2.2　定额计价法建筑安装工程费用构成

按照2004年1月1日起实施的建设部、财政部建标[2003]206号文件《关于印发〈建筑安装工程费用项目组成〉的通知》规定，建筑安装工程费由直接费、间接费、利润和税金组成，见图2.2。

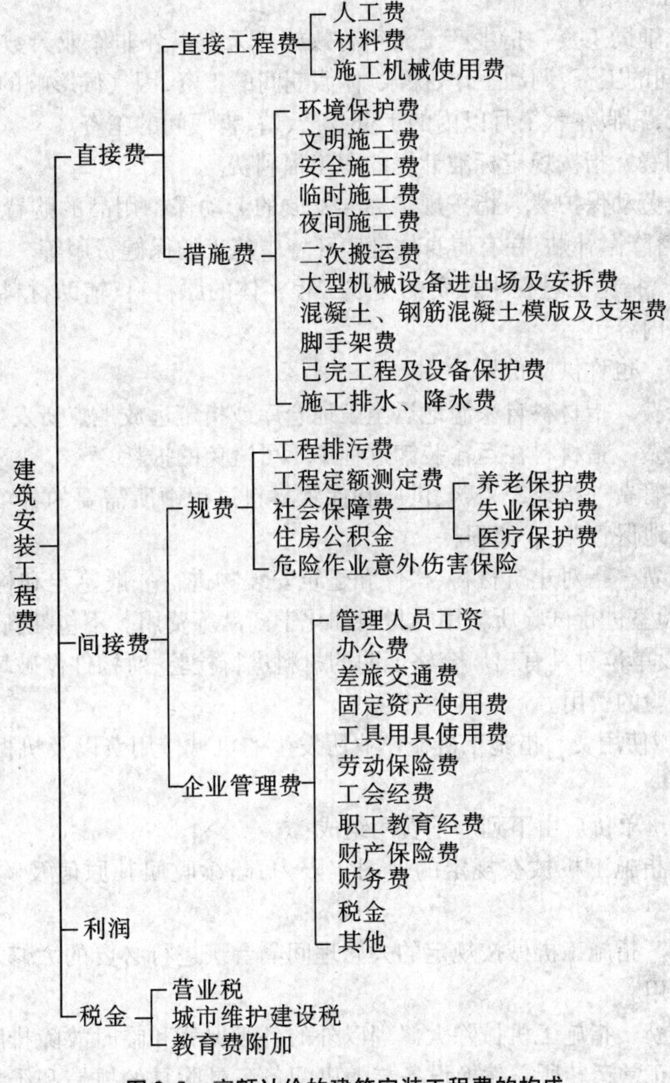

图2.2　定额计价的建筑安装工程费的构成

2.2.1 直接费

直接费由直接工程费和措施费组成。

2.2.1.1 直接工程费

直接工程费是指施工过程中耗费的构成工程实体的各项费用。包括人工费、材料费、施工机械使用费。

(1)人工费　指为直接从事建筑安装工程施工的生产工人开支的各项费用。内容包括:

1)基本工资　指发放给生产工人的基本工资。

2)工资性补贴　指按规定标准发放的物价补贴,煤、燃气补贴,交通补贴,住房补贴,流动施工津贴等。

3)生产工人辅助工资　指生产工人年有效施工天数以外非作业天数的工资,包括职工学习、培训期间的工资,调动工作、探亲、休假期间的工资,因气候影响的停工工资,女工哺乳期间的工资,病假在六个月以内的工资及产、婚、丧假间的工资。

4)职工福利费　指按规定标准计提的职工福利费。

5)生产工人劳动保护费　指按规定标准发放的劳动保护用品的购置费及修理费、徒工服装补贴、防暑降温补贴、在有碍身体健康环境中施工的保健费用等。

(2)材料费　指施工过程中耗费的构成工程实体的原材料、辅助材料、构配件、零件、半成品的费用。内容包括:

1)材料原价　也称供应价格。

2)材料运杂费　指材料自来源地运至工地仓库或指定远放地点所发生的全部费用。

3)运输损耗费　指材料在运输装卸过程中不可避免的损耗。

4)采购及保管费　指组织采购、供应和保管材料过程中所需要的各项费用。包括采购费、仓储费、工地保管费、仓储损耗。

5)检验试验费　指对建筑材料、构件和建筑安装物进行一般鉴定和检查所发生的费用,包括自设试验室进行试验所耗用的材料和化学药品等费用。不包括新结构、新材料的试验费,以及建设单位对具有出厂合格证明的材料进行检验、对构件做破坏性试验和其他特殊要求检验试验的费用。

(3)施工机械使用费　指施工机械作业所发生的机械使用费以及机械安拆费和场外运费。

施工机械台班单价应由下列七项费用组成:

1)折旧费　指施工机械在规定的使用年限内,陆续收回其原值及购置资金的时间价值。

2)大修理费　指施工机械按规定的大修理间隔台班进行必要的大修理,以恢复其正常功能所需的费用。

3)经常修理费　指施工机械除大修理以外的各级保养和临时故障排除所需的费用。包括为保障机械正常运转所需替换设备与随机配备工具附具的摊销和维护费用、机械运转中日常保养所需润滑与擦拭的材料费用及机械停滞期间的维护和保养费用等。

4)安拆费及场外运费　安拆费指施工机械在现场进行安装与拆卸所需的人工、材料、机械和试运转费用以及机械辅助设施的折旧、搭设、拆除等费用;场外运费指施工机械整体或分体自停放地点运至施工现场或由一施工地点运至另一施工地点的运输、装卸、辅助材料及架线等费用。(塔吊、打桩机等大型机械安拆费及场外运费不包括在内)

5)人工费　指机上司机(司炉)和其他操作人员的工作日人工费及上述人员在施工机械规定的年工作台班以外的人工费。

6)燃料动力费　指施工机械在运转作业中所消耗的固体燃料(煤、木柴)、液体燃料(汽油、柴油)及水、电等。

7)车船使用费　指施工机械按照国家规定和有关部门规定应缴纳的车船使用税、保险费及年检费等。

2.2.1.2　措施费

措施费是指为完成工用项目施工,发生于该工程施工前和施工过程中非工程实体项目的费用。包括:

(1)环境保护费　指施工现场为达到环保部门要求所需要的各项费用。

(2)文明施工费　指施工现场文明施工所需要的各项费用。

(3)安全施工费　指施工现场安全施工所需要的各项费用。

(4)临时设施费　指施工企业为进行建筑工程施工所必须搭设的生活和生产用的临时建筑物、构筑物和其他临时设施费用等。

临时设施包括:临时宿舍、文化福利及公用事业房屋与构筑物、仓库、办公室、加工厂以及规定范围内道路、水、电、管线等临时设施和小型临时设施。

临时设施费由以下三部分组成:周转使用临建(如活动房屋)、一次性使用临建(如简易建筑)、其他临时设施(如临时管线)。

其他临时设施在临时设施费中所占比例可由各地区造价管理部门依据典型施工企业的成本资料经分析后综合测定。

(5)夜间施工费　指因夜间施工所发生的夜班补助费、夜间施工降效、夜间施工照明设备摊销及照明用电等费用。

(6)二次搬运费　指因施工场地狭小等特殊情况而发生的二次搬运费用。

(7)大型机械设备进出场及安拆费　指机械整体或分体自停放场地运至施工现场或由一个施工地点运至另一个施工地点,所发生的机械进出场运输转移费用及机械在施工现场进行安装和拆卸所需的人工费、材料费、机械费、试运转费和安装所需的辅助设施的费用。

(8)混凝土、钢筋混凝土模板及支架费　指混凝土施工过程中需要的各种钢模板、木模板、支架等的支、拆、运输费用,以及模板、支架的摊销(或租赁)费用。

(9)脚手架费　指施工需要的各种脚手架搭、拆、运输费用及脚手架的摊销(或租赁)费用。

(10)已完工程及设备保护费　指竣工验收前,对已完工程及设备进行保护所需费用。

(11)施工排水、降水费　指为确保工程在正常条件下的施工,采取各种排水、降水措施所发生的各种费用。

2.2.2 间接费

间接费由规费、企业管理费组成。

2.2.2.1 规费

规费是指政府和有关主管部门规定必须缴纳的费用。包括：

(1)工程排污费　指施工现场按规定缴纳的工程排污费。

(2)工程定额测定费　指按规定支付工程造价(定额)管理部门的定额测定费。

(3)社会保障费

1)养老保险费　指企业按规定标准为职工缴纳的基本养老保险费。

2)失业保险费　指企业按照国家规定标准为职工缴纳的失业保险费。

3)医疗保险费　指企业按照规定标准为职工缴纳的基本医疗保保险费。

(4)住房公积金　指企业按规定标准为职工缴纳的住房公积金。

(5)危险作业意外伤害保险　指按照建筑法规定，企业为从事危险作业的建筑安装施工人员支付的意外伤害保险费。

2.2.2.2 企业管理费

企业管理费是指建筑安装企业组织施工生产和经营管理所需费用。包括：

(1)管理人员工资　指管理人员的基本工资、工资性补贴、职工福利费、劳动保护费等。

(2)办公费　指企业管理办公用的文具、纸张、账表、印刷、邮电、书报、会议、水电、烧水和集体取暖(包括现场临时宿舍取暖)用煤等费用。

(3)差旅交通费　指职工因公出差、调动工作的差旅费、住勤补助费、市内交通费和误餐补助费、职工探亲路费、劳动力招费、职工离退休及退职一次性路费、工伤人员就医路费、工地转移费，以及管理部门使用交通工具的油料、燃料、养路费及牌照费。

(4)固定资产使用费　指管理和试验部门及附属生产单位使用的属于固定资产的房屋、设备仪器等折旧、大修、维修或租赁费。

(5)工具用具使用费　指管理使用的不属于固定资产的生产工具、器具、家具、交通工具和检验、试验、测绘、消防、用具等的购置、维修和摊销费。

(6)劳动保险费　指由企业支付离退休职工的易地安家补助费、职工退职金、六个月以上的病假人员工资、职工死亡丧葬补助费、按规定支付给离退休干部的各项经费。

(7)工会经费　指企业按职工工资总额计提的工会计费。

(8)职工教育经费　指企业为职工学习先进技术和提高文化水平，按职工工资总额计提的费用。

(9)财产保险费　指施工管理用财产、车辆保险。

(10)财务费　指企业为筹集资金而发生的各种费用。

(11)税金　指企业按规定缴纳的房产税、车船使用税、土地使用税、印花税等。

(12)其他　包括技术转让费、技术开发费、业务招待费、绿化费、广告费、公证费、法律顾问费、审计费、咨询费等。

2.2.3 利润

利润指施工企业完成所承包工程获得的盈利。利润计算公式见建筑安装工程计价程序。

2.2.4 税金

税金指国家税法规定的应计入建筑安装工程造价内的营业税、城市维护建设税及教育费附加。

2.3 工程量清单计价模式下综合单价的费用构成和使用

按《建设工程工程量清单计价规范》的规定:建筑安装工程费用包括分部分项工程费、措施项目费、其他项目费和规费、税金,具体费用项目构成如图2.3所示。

工程量清单计价模式下的费用构成内容本质上符合建标[2003]206号文《建筑安装工程费用项目组成》的规定,但配合工程量清单的统一格式,费用构成的名称及划分发生了变化。工程量清单计价下的费用构成中,将反映工程实体消耗的费用项目和措施性消耗费的费用项目分解开来,分别按两个费用项目表现,即分部分项工程项目费、措施项目费,并且将企业管理费、利润纳入各费用项目中。

2.3.1 分部分项工程费

分部分项工程费指完成工程量清单列出的分部分项清单工程量所需的费用。分部分项工程费用即为形成实体的各项目费用。该费用是用各项目的工程量乘以定额相应子目综合单价的费用。

综合单价指完成一定计量单位的工程项目所需的人工费、材料费、施工机械使用费和企业管理费与利润,以及一定范围内的风险费用。其中:

(1)人工费 指为直接从事建筑安装工程施工的生产工人开支的各项费用。

(2)材料费 指施工过程中耗费的构成工程实体的原材料、辅助材料、构配件、零件、半成品的费用。

(3)施工机械使用费(机械费) 指使用施工机械作业所发生的费用。

(4)管理费 指建筑安装企业组织施工生产和经营管理所需的费用。

(5)利润 指按企业经营管理水平和市场竞争能力,完成工程量清单中各个分项工程应获得并计入清单项目中的利润。

人工费、材料费、机械使用费、管理费、利润的含义与定额计价模式下的含义相同,其计算方法也与定额计价模式下相同,只是所采用的计价性定额是企业定额。

分部分项工程费用中,还应考虑由施工方承担的风险因素,计算风险费用。风险费用指投标企业在确定综合单价时,因客观上可能产生的误差,以及在施工过程中遇到施工现场条件复杂、恶劣的自然条件,施工中意外事故,物价暴涨以及其他风险因素所发生的费用。

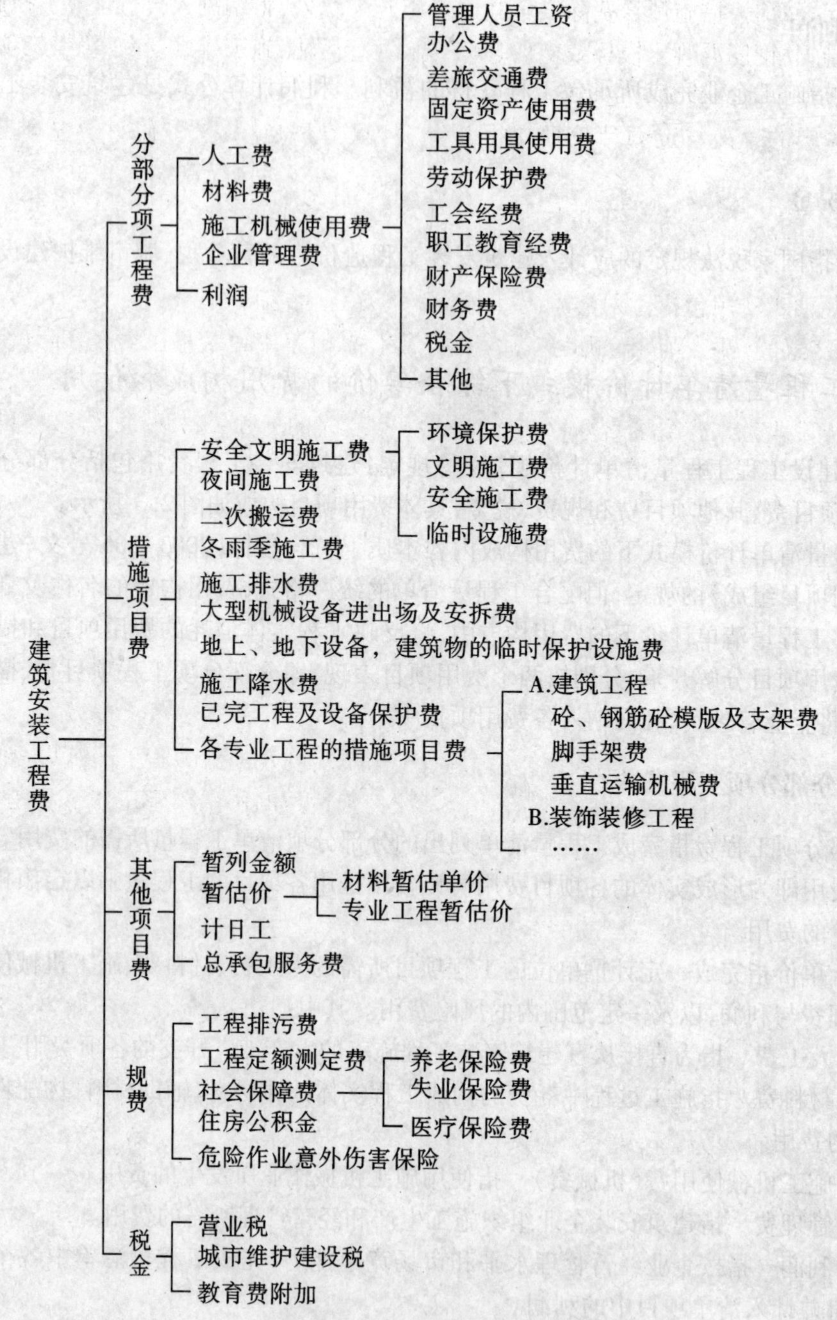

图 2.3 工程量清单计价的建筑安装工程费的构成

2.3.2 措施项目费

措施项目费指施工企业为完成工程项目施工,应发生于该工程施工前和施工过程中生产、生活、安全等方面的非工程实体费用。结算需要调整的,必须在招标文件或合同中明确。

投标报价时，措施项目费除安全文明措施施工费外，由编制人自行计算。措施项目费中的混凝土、钢筋混凝土模板或支架、脚手架、垂直运输、施工排水、降水等措施项目费，由投标人根据企业的情况自主报价，可高可低。

各内容的含义与定额计价模式下相同，计算方法也一样，只是计算基础选取的不一样。

2.3.3 其他项目费

其他项目费用包括暂列金额、暂估价、计日工、总承包服务费。

(1)暂列金额　暂列金额是指招标人在工程量清单中暂定并包括在合同价款中的一笔款项。用于施工合同签订时尚未确定或者不可预见的所需材料、设备、服务的采购，施工中可能发生的工程变更、合同约定调整因素出现时的工程价款调整以及发生的索赔、现场签证确认等的费用。

(2)暂估价　暂估价是指招标人在工程量清单中提供的用于支付必然发生但暂时不能确定价格的材料的单价以及专业工程的金额。包括材料暂估单价、专业工程暂估价。

为方便合同管理，需要纳入分部分项工程量清单项目综合单价中的暂估价应只是材料费，以方便投标人组价。

专业工程的暂估价一般应是综合暂估价，应当包括除规费和税金以外的管理费、利润等取费。

(3)计日工　计日工是指在施工过程中，完成发包人提出的施工图纸以外的零星项目或工作，按合同中约定的综合单价计价。计日工适用的所谓零星工作一般是指合同约定之外的或者因变更而产生的、工程量清单中没有相应项目的额外工作，尤其是那些时间不允许事先商定价格的额外工作。

(4)总承包服务费　总承包服务费是指总承包人为配合发包人，对工程分包自行采购的设备和材料等进行管理和服务、施工现场管理、竣工资料汇总整理等所需的费用。

2.3.4 规费

《建筑工程工程量清单计价规范》规定：规费应按国家或省级、行业建设主管部门的规定计算，不得作为竞争性费用。

2.3.5 税金

税金指国家税法规定的应计入建筑安装工程造价内的营业税、城市维护建设税及教育费附加等。

2.4 工程造价计价程序

由于工程造价有传统的定额计价模式和市场经济条件下的工程量清单计价模式，因此，相应的工程造价计价程序也有定额计价法和工程量清单计价法两种计价程序。本节将对定额计价法和工程量清单计价法计价程序进行讲解。

2.4.1 建筑工程造价计价程序

《建筑工程施工发包与承包计价管理办法》(建设部令第107号)规定,建筑工程发包价与承包价的计算方法有工料单价法和综合单价法。因此,建筑工程计价程序也分为工料单价法计价程序和综合单价法计价程序。

2.4.1.1 工料单价法计价程序

工料单价法是目前普遍采用的方法,它是根据建筑安装工程施工图和预算定额,按分部分项的顺序,先计算出分项工程量,然后乘以对应的定额单价,求出分项工程直接工程费,将分部分项工程直接工程费汇总可得单位工程直接工程费,单位工程直接工程费加上措施费、间接费、利润、税金生成工程预算造价。

根据计算基数的不同,工料单价法计算程序可分为三种。

(1)以直接工程费为计算基础 以直接工程费为计算基础的计价程序见表2.1。

表2.1 以直接工程费为计算基础的计价程序——工料单价法

序号	费用项目	计算方法	备注
1	直接工程费	按预算表	
2	措施费	按规定标准计算	
3	直接费小计	(1)+(2)	
4	间接费	(3)×相应费率	
5	利润	[(3)+(4)]×相应利润率	
6	合计	(3)+(4)+(5)	
7	含税造价	(6)×(1+相应税率)	

(2)以人工费和机械费为计算基础 以人工费和机械费为计算基础的计价程序见表2.2。

表2.2 以人工费和机械费为计算基础的计价程序——工料单价法

序号	费用项目	计算方法	备注
1	直接工程费	按预算表	
2	其中人工费和机械费	按预算表	
3	措施费	按规定标准计算	
4	其中人工费和机械费	按规定标准计算	
5	小计	(1)+(3)	

续表 2.2

序号	费用项目	计算方法	备注
6	人工费和机械费小计	(2)+(4)	
7	间接费	(6)×相应费率	
8	利润	(6)×相应利润率	
9	合计	(5)+(7)+(8)	
10	含税造价	(9)×(1+相应税率)	

(3)以人工费为计算基础 以人工费为计算基础的计价程序见表2.3。

表2.3 以人工费为计算基础的计价程序——工料单价法

序号	费用项目	计算方法	备注
1	直接工程费	按预算表	
2	直接工程费中人工费	按预算表	
3	措施费	按规定标准计算	
4	措施费中人工费	按规定标准计算	
5	小计	(1)+(3)	
6	人工费小计	(2)+(4)	
7	间接费	(6)×相应费率	
8	利润	(6)×相应利润率	
9	合计	(5)+(7)+(8)	
10	含税造价	(9)×(1+相应税率)	

2.4.1.2 综合单价法计价程序

综合单价法以分部分项工程单价为全费用单价，全费用单价经综合计算后生成，其内容包括直接工程费、间接费、利润和税金（措施费也可按此方法生成全费用价格）。各分项工程量乘以综合单价的合价汇总后，生成工程发承包价。

由于各分部分项工程中的人工、材料、机械含量的比例不同，各分项工程可根据其材料费占人工费、材料费、机械费合计的比例（以字母“C”代表该项比值）在以下三种计算程序中选择一种计算其综合单价。

(1)以直接费为计算基础 当 $C > C_0$（C_0 为本地区原费用定额测算所选典型工程材料费占人工费、材料费和机械费合计的比例）时，可采用以人工费、材料费、机械费为计算基数计算该分项的间接费和利润。以直接费为计算基础的计价程序见表2.4。

表 2.4 以直接费为计算基础的计价程序——综合单价法

序号	费用项目	计算方法	备注
1	分项直接工程费	人工费+材料费+机械费	
2	间接费	(1)×相应费率	
3	利润	[(1)+(2)]×相应利润率	
4	合计	(1)+(2)+(3)	
5	含税造价	(4)×(1+相应税率)	

(2)以人工费和机械费为计算基础　当 $C < C_0$ 值的下限时,可采用以人工费和机械费合计为基数计算该分项的间接费和利润。以人工费和机械费为计算基础的计价程序见表2.5。

表 2.5 以人工费和机械费为计算基础的计价程序——综合单价法

序号	费用项目	计算方法	备注
1	分项直接工程费	人工费+材料费+机械费	
2	其中人工费和机械费	人工费+机械费	
3	间接费	(2)×相应费率	
4	利润	(2)×相应利润率	
5	合计	(1)+(3)+(4)	
6	含税造价	(5)×(1+相应税率)	

(3)以人工费为计算基础　如该分项的直接费仅为人工费,无材料费和机械费时,可以人工费为基数计算该分项的间接费和利润。以人工费为计算基础的计价程序见表2.6。

表 2.6 以人工费为计算基础的计价程序——综合单价法

序号	费用项目	计算方法	备注
1	分项直接工程费	人工费+材料费+机械费	
2	直接工程费中人工费	人工费	
3	间接费	(2)×相应费率	
4	利润	(2)×相应利润率	
5	合计	(1)+(3)+(4)	
6	含税造价	(5)×(1+相应税率)	

2.4.2　河南省定额计价法工程造价计价程序

《河南省建设工程工程量清单综合单价》(2008)工程造价计价程序参见表2.7。

表2.7　工程造价费用汇总表

工程名称：

序号	费用名称	取费基数	费率	金额
1	定额直接费：1)定额人工费	分部分项工程人工费		
2	2)定额材料费	分部分项工程材料费		
3	3)定额机械费	分部分项工程机械费		
4	定额直接费小计	(1)+(2)+(3)		
5	综合工日	综合工日合计		
6	措施费：1)技术措施费	组价措施项目费中人工费+组价措施项目费中材料费+组价措施项目费中机械费		
7	2)安全文明措施费	(5)×34	17.76%	
8	3)二次搬运费	(5)	0	
9	4)夜间施工措施费	(5)	0	
10	5)冬雨施工措施费	(5)	0	
11	6)其他			
12	措施费小计	(6~11)		
13	调整：1)人工费差价	人工表价差合计		
14	2)材料费差价	材料表价差合计		
15	3)机械费差价	机械表价差合计		
16	4)其他			
17	调整小计	(13~16)		
18	直接费小计	(4)+(12)+(17)		
19	间接费：1)企业管理费	管理费+组价措施项目费中管理费		
20	2)规费：①工程排污费			
21	②工程定额测定费	(5)	0	
22	③社会保障费	(5)	7.48	
23	④住房公积金	(5)	1.70	
24	⑤意外伤害保险	(5)	0.60	

续表 2.7

序号	费用名称	取费基数	费率	金额
25	间接费小计	(19～24)		
26	工程成本	(18)+(25)		
27	利润	利润+组价措施项目费中利润		
28	其他费用:1)总承包服务费	总承包服务费		
29	2)零星工作项目费	零星工作项目费		
30	2)优质优价奖励费	优质优价奖励费		
31	3)检测费	检测费		
32	4)其他	其他		
33	其他费用小计	(28～32)		
34	税前造价合计	(26)+(27)+(33)		
35	税金	(34)		
36	甲供材料费	分部分项工程甲供预算价合计		
37	工程造价总计	(34)+(35)-(36)		
	含税工程总造价:			

法定代表人:　　　　编制单位(盖章):　　　　编制日期:

2.4.3 工程量清单计价法工程造价计价程序

《建设工程工程量清单计价规范》(GB 50500—2008)工程造价计价程序参见表2.8。

表2.8　单位工程招标控制价/投标报价汇总表

工程名称:

序号	汇总内容	金额/元	其中:暂估价/元
1	清单项目费用		
1.1	其中:综合工日		
1.2	1)定额人工费		
1.3	2)定额材料费		
1.4	3)定额机械费		
1.5	4)企业管理费		
1.6	5)利润		
2	措施项目费		
2.1	其中:1)技术措施费		
2.1.1	综合工日		

续表2.8

序号	汇总内容	金额/元	其中:暂估价/元
2.1.2	①人工费		
2.1.3	②材料费		
2.1.4	③机械费		
2.1.5	④企业管理费		
2.1.6	⑤利润		
2.2	2)安全文明措施费		
2.3	3)二次搬运费		
2.4	4)夜间施工措施费		
2.5	5)冬雨施工措施费		
2.6	6)其他		
3	其他项目费用		
3.1	其中:1)暂列金额		
3.2	2)暂估价		
3.3	3)计日工		
3.4	4)总承包服务费		
3.5	5)其他		
4	规费		
4.1	其中:1)工程排污费		
4.2	2)工程定额测定费		
4.3	3)社会保障费		
4.4	4)住房公积金		
4.5	5)意外伤害保险		
5	税前造价合计		
6	税金		
7	工程造价合计		

思考题

1. 试详述建设项目总投资的构成。
2. 如何计算国产设备原价?
3. 工程建设其他费构成有哪些?
4. 建筑工程直接工程费中的人工费构成有哪些?
5. 工程量清单计价模式下综合单价的费用构成有哪些?

第3章 建筑工程造价计价依据

学习要求 了解建筑工程定额的特点，了解施工定额、概算定额与概算指标，了解预算定额的编制，熟悉建筑工程定额的分类，熟悉建设工程工程量清单计价规范的特点及使用范围，掌握预算定额的组成及应用。

工程造价计价依据是指编制投资估算、设计概算、施工图预算时，各项费用计取所依据的定额、计价规范、标准和费用构成、计费基数和费率。

根据建设程序各阶段所对应的工程造价文件，工程造价依据分为以下几类：①与投资估算相对应的估算指标；②与设计概算相对应的概算定额和费用定额；③与施工图预算相对应的预算定额、建设工程工程量清单计价规范和费用定额；④与投标报价相对应的企业定额。

3.1 建筑工程定额概述

3.1.1 建筑工程定额的概念

定额就是一种规定的额度或数量标准。

建筑工程定额是指在正常的施工条件和合理的劳动组织、合理使用材料及机械的条件下，完成单位合格产品所必须消耗的人工、材料、机械和资金的数量标准。建筑工程定额是工程建设中各类定额的总称。建筑工程定额反映了建设工程的投入与产出的关系，不仅规定了建设工程投入产出的数量标准，同时还规定了具体的工作内容、质量标准和安全要求。

定额中规定资源消耗的多少反映了定额水平，定额水平是一定时期社会生产力的综合反映。在制定建筑工程定额，确定定额水平时，要正确地、及时地反映先进的建筑技术和施工管理水平，以促进新技术的不断推广和提高以及施工管理的不断完善，达到合理使用建设资金的目的。

3.1.2　建筑工程定额的特点

(1)科学性　建筑工程定额的科学性包括两重含义。一是指建筑工程定额和生产力发展水平相适应,反映出建设工程中生产消耗的客观规律。二是指建筑工程定额管理在理论、方法和手段上适应现代化科学技术和信息社会发展的需要。

(2)系统性　建筑工程定额是相对独立的系统。它是由多种定额结合而成的有机的整体。其结构复杂、层次鲜明、目标明确,具有系统性的特点。

(3)统一性　建筑工程定额的统一性,主要是根据国家宏观调控职能决定的。为使国民经济按照预定的目标发展,就需要借助某些标准、定额、参数等对工程建设进行规划、组织、调节、控制。而这些标准、定额、参数必须在一定范围内是一种统一的尺度,才能利用它来对项目的决策、设计方案、投标报价、成本控制进行比选和评价。

(4)权威性　建筑工程定额具有权威性,这种权威性在一些情况下具有经济法规性质。权威性反映统一的意志和统一的要求,也反映信誉和信赖程度,并反映定额的严肃性。

(5)稳定性和时效性　建筑工程定额中的任何一种都是一定时期技术发展和管理水平的反映,因而在一段时间内都表现出稳定的状态。稳定的时间有长有短,一般在5年至10年。保持定额的稳定性是维护定额的权威性所必需的,更是有效地贯彻定额所必需的。如果某种定额处于经常修改变动之中,那必然造成执行中的困难和混乱,使人们感到没有必要去认真对待它,很容易导致定额权威性的丧失。工程建设定额的不稳定也会给定额的编制工作带来极大的困难。

但是建筑工程定额的稳定性是相对的。生产力向前发展了,定额就会与已经发展了的生产力不相适应。这样,它原有的作用就会逐步减弱以至消失,需要重新编制或修订。

3.1.3　建筑工程定额的作用

定额是管理科学的基础,是现代管理科学中的重要内容和基本环节。没有定额就没有企业的科学管理。建筑工程定额的作用主要表现在以下几个方面:

一是计算与分析工程造价的重要依据。工程造价具有单件性、多次性的计价特点,无论是可行性研究阶段的投资估算、初步设计阶段的设计概算、施工图阶段的施工图预算,还是发包阶段的承包合同价、施工阶段的中间结算价、竣工阶段的竣工结算与决算,都离不开定额。

二是投资决策与工程决策的重要依据。建设项目投资决策者可以利用定额,估算所需投资额,有效提高项目决策的科学性。工程投标单位可以运用定额,了解社会平均的工程造价水平,考虑市场要求和变化,有利于作出正确的投资决策。

三是定额有利于节约社会劳动和提高生产效率。一方面,企业把定额作为促使工人节约社会劳动(工作时间、原材料等)、提高劳动效率和加快工作进度的手段,以增加市场竞争能力,获取更多的利润;另一方面,作为工程造价计算依据的各类定额,又促使企业加强管理,把社会劳动的消耗控制在合理的限度内;再者,作为项目决策依据的定额指标,又在更高的层次上促使项目投资者合理而有效地利用和分配社会劳动。这些都证明了定额在工程建设中节约社会劳动和优化资源配置的作用。

四是政府对工程建设进行宏观调控,对资源配置进行预测和平衡的重要依据。市场经济并不排斥宏观调控,即使在发达国家,政府也力图对国民经济采取各种形式的国家干预和调控。在社会主义市场经济条件下,更需要政府运用定额等手段,较为准确地计算工程建设人力、物力、财力的需要量,以恰当地控制投资规模,正确地确定经济发展速度和比例关系,以保证国民经济重大比例关系比较适当、协调地发展。

五是定额有利于完善市场的信息系统。定额管理是对大量市场信息的加工,也是对大量市场信息的传递,同时也是市场信息的反馈。市场信息是市场体系中的不可缺少的要素,它的可靠性、完备性和灵敏性是市场成熟和市场效率的标志。在我国,以定额形式建立和完善市场信息系统,也是社会主义市场经济的特色。

3.1.4 建筑工程定额的分类

建筑工程定额的种类很多,可以按照不同的原则和方法对它进行科学的分类。

(1)按照生产要素分类(如图 3.1 所示)

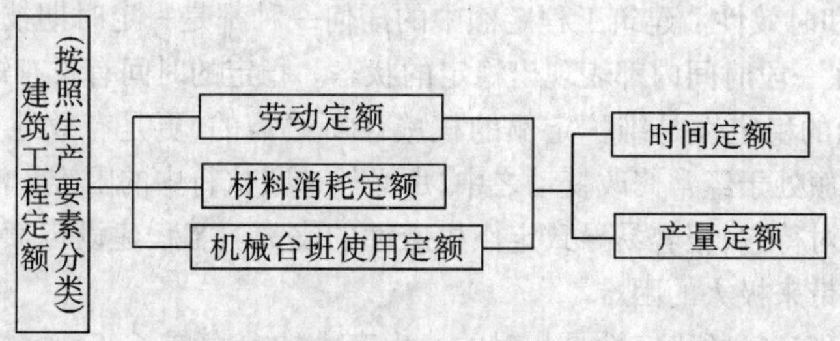

图 3.1 建筑工程定额按生产要素分类

(2)按照投资费用性质分类(如图 3.2 所示)

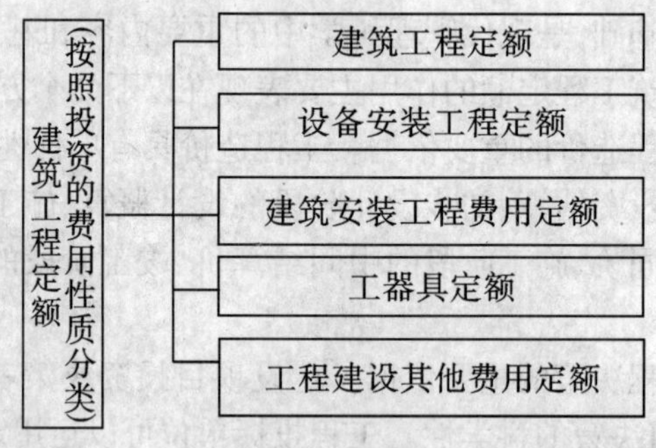

图 3.2 建筑工程定额按投资费用性质分类

(3)按照专业性质分类(如图 3.3 所示)

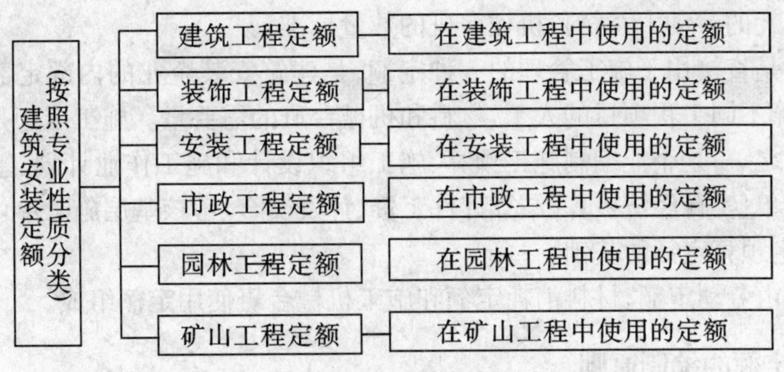

图3.3 建筑安装定额按专业性质分类

(4)按照主编单位和管理权限分类(如图3.4所示)

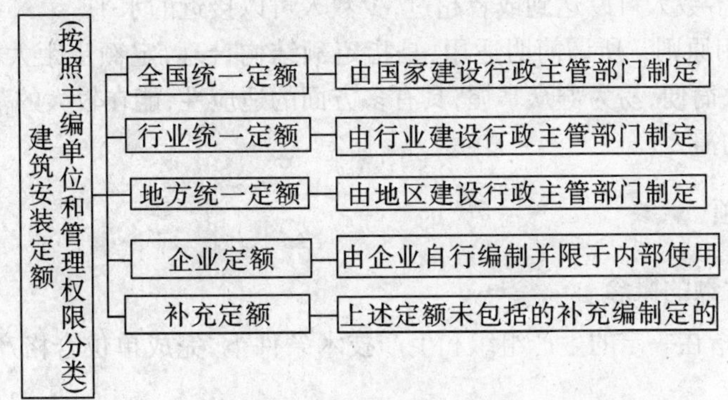

图3.4 建筑安装定额按主编单位和管理权限分类

(5)按照编制程序和用途分类(如图3.5所示)

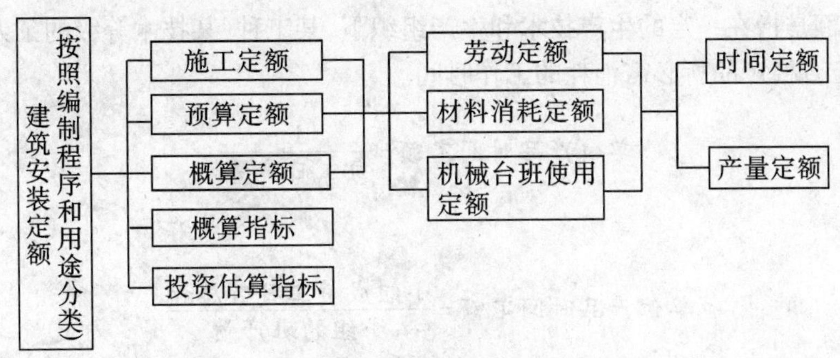

图3.5 建筑安装定额按编制程序和用途分类

3.2 施工定额及企业定额

3.2.1 施工定额的概念

施工定额是指在正常的施工条件下,以施工过程为标定对象而规定的,完成单位合格产品所必须消耗的劳动力、材料、机械台班的数量标准。

施工定额是直接用于施工管理的一种定额，是建筑安装企业的内部定额。根据施工定额，可以计算不同工程项目的人工、材料和机械台班的需要量。施工定额是施工单位企业管理的基础之一，是企业编制施工预算、施工组织设计和施工作业计划、签发工程任务单和限额领料单、实行经济核算、结算计件工资、计发奖金、考核基层施工单位经济效果的依据，也是制定预算定额的基础。

施工定额由劳动定额、材料消耗定额和施工机械台班使用定额组成。

3.2.2 施工定额的编制原则

(1)平均先进水平原则　施工定额水平是指定额的劳动力、材料和施工机械台班的消耗标准。施工定额水平的确定，必须符合平均先进的原则。也就是说，在正常的施工条件下，经过努力，多数人可以达到或者超过，少数人可以接近的水平。

(2)简明适用原则　所谓简明适用，是指定额结构合理，定额步距大小适当，文字通俗易懂，计算方法简便，易为群众掌握，具有多方面的适应性，能在较大的范围内满足不同情况、不同用途的需要。

3.2.3 劳动定额

3.2.3.1 劳动定额的概念

劳动定额是指在一定的生产组织和生产技术条件下，完成单位合格产品所必需的劳动消耗标准。

劳动定额是人工消耗定额，又称人工定额，是建筑安装工程统一劳动定额的简称。

3.2.3.2 劳动定额的表现形式

劳动定额根据表现形式分为两种：时间定额和产量定额。

时间定额是指在一定的生产技术和生产组织下，某工种、某技术等级的工人小组或个人，完成单位合格产品所必需消耗的工作时间。

$$\text{单位产品时间定额}=\frac{1}{\text{每工日产量}} \tag{3.1}$$

或

$$\text{单位产品时间定额}=\frac{\text{小组成员工日数总和}}{\text{小组的班产量}} \tag{3.2}$$

时间定额以工日为单位，根据现行的劳动制度，每工日的工作时间为8小时。

产量定额是指在一定的生产技术和生产组织下，某工种、某技术等级的工人小组或个人，在单位时间内所应该完成的合格产品的数量。

$$\text{每工日产量}=\frac{1}{\text{单位产品时间定额}} \tag{3.3}$$

或

$$小组的班产量=\frac{小组成员工日数总和}{单位产品时间定额} \tag{3.4}$$

时间定额和产量定额互为倒数，即

$$时间定额=\frac{1}{产量定额} \tag{3.5}$$

表3.1为2009年3月1日起实施的《建设工程劳动定额》建筑工程中砖墙项目示例。

表3.1　砖墙时间定额　　（单位：m^3）

定额编号	AD0020	AD0021	AD0022	AD0023	AD0024	序号
项目	混水内墙					
	1/2砖	3/4砖	1砖	3/2砖	≥2砖	
综合	1.38	1.34	1.02	0.994	0.917	一
砌砖	0.865	0.815	0.482	0.448	0.404	二
运输	0.434	0.437	0.44	0.44	0.395	三
调制砂浆	0.085	0.089	0.101	0.106	0.118	四

3.2.3.3　劳动定额的制定方法

劳动定额的制定方法有四种：经验估计法、统计分析法、比较类推法和技术测定法。

(1)经验估计法　经验估计法是由定额人员、工程技术人员和工人三结合，根据个人或集体的实践经验，经过图纸分析和现场观察，了解施工工艺，分析施工的生产技术组织条件和操作方法的简繁难易等情况，进行座谈讨论，从而制定劳动定额。

这种方法的优点是方法简单，速度快。缺点是容易受参加人员的主观因素和局限性影响，使制定出来的定额出现偏高或偏低的现象。因此，经验估工法只适用于企业内部，作为某些局部项目的补充定额。

(2)统计分析法　统计分析法就是把过去施工中同类工程或同类产品的工时消耗的统计资料，与当前生产技术组织条件的变化因素结合在一起进行研究，以制定劳动定额。

用统计分析法得出的结果，一般偏于先进，可能大多数工人达不到，不能较好地体现平均先进的原则。

(3)比较类推法　比较类推法又叫典型定额法，是以同类型、相似类型产品或工序的典型定额项目的定额水平为标准，经过分析比较，类推出同一组定额中相邻项目定额水平的方法。

这种方法简便，工作量小，只要典型定额选择恰当，切合实际，具有代表性，类推出的定额一般比较合理。这种方法适用于同类型规格多，批量小的施工过程。为了提高定额水平的精确度，通常采用主要项目作为典型定额来类推。

(4)技术测定法　技术测定法是根据先进合理的生产(施工)技术、操作工艺、合理的劳动组织和正常的生产(施工)条件，对施工过程中的具体活动进行实地观察，详细记录施工的工人和机械的工作时间消耗、完成产品的数量及有关影响因素，将记录的结果加以整理，客观分析各种因素对产品的工作时间消耗的影响，据此进行取舍，以获得各个项目的时间消耗资料，从而制定劳动定额的方法。

这种方法有较高的准确性和科学性，是制定新定额和典型定额的主要方法。

根据施工过程的特点和技术测定的目的、对象和方法的不同，技术测定法又可以分为测时法、写实记录法、工作日写实法和简易测定法等四种。

3.2.4 材料消耗定额的确定

3.2.4.1 材料消耗定额的概念

施工材料消耗定额是指在合理和节约使用材料的条件下，生产单位合格产品所必需消耗建筑材料的数量标准。它包括一定品种和规格的原材料、燃料、半成品、配件、水和动力等资源。是施工企业核算材料消耗，考核材料节约或浪费的指标。

3.2.4.2 材料消耗定额的组成

单位合格产品所消耗的材料数量，由生产单位合格产品的材料净用量和不可避免的损耗量两部分组成。即：

$$材料消耗量=材料净耗量+材料损耗量 \tag{3.6}$$

材料损耗量是指材料从现场仓库领出，到完成合格产品的过程中的合理的损耗数量。包括场内搬运的合理损耗，加工制作的合理损耗和施工操作损耗等。

材料的损耗一般以损耗率表示，材料损耗率可有两种不同含义，由此材料的消耗量计算有两个不同的公式：

$$材料损耗率=\frac{材料损耗量}{材料消耗量}\times 100\% \tag{3.7}$$

$$材料消耗量=\frac{材料净用量}{1-材料损耗率} \tag{3.8}$$

或

$$材料损耗率=\frac{材料损耗量}{材料净用量}\times 100\% \tag{3.9}$$

$$材料消耗量=材料净用量\times(1+材料损耗率) \tag{3.10}$$

材料、成品、半成品损耗率见表3.2。

表3.2 材料、成品、半成品损耗率参考表

材料名称	工程项目	损耗率	材料名称	工程项目	损耗率
标准砖	基础	0.4%	石灰砂浆	抹墙及墙裙	1%
标准砖	实砖墙	1%	水泥砂浆	抹天棚	2.5%
标准砖	方砖柱	3%	水泥砂浆	抹墙及墙裙	2%
多孔砖	墙	1%	水泥砂浆	地面、屋面	1%

续表 3.2

材料名称	工程项目	损耗率	材料名称	工程项目	损耗率
白瓷砖		1.5%	混凝土(现浇)	地面	1%
陶瓷锦砖	(马赛克)	1%	混凝土(现浇)	其余部分	1.5%
铺地砖	(缸砖)	0.8%	混凝土(预制)	桩基础、梁、柱	1%
砂	混凝土工程	1.5%	混凝土(预制)	其余部分	1.5%
砾石		2%	钢筋	现浇、预制混凝土	2%
生石灰		1%	铁件	成品	1%
水泥		1%	钢材		6%
砌筑砂浆	砖砌体	1%	木材	门窗	6%
混合砂浆	抹墙及墙裙	2%	木材	门心板制作	13.1%
混合砂浆	抹天棚	3%	玻璃	安装	3%
石灰砂浆	抹天棚	1.5%	沥青	操作	1%

产品中的材料的净耗量可以根据产品的设计图纸计算求得，只要知道了生产某种产品的某种材料的损耗率，就可以计算出该单位产品材料的消耗数量。

3.2.4.3　材料消耗定额的制定方法

施工中使用的材料根据性质可以分为直接性材料和周转性材料。

直接性材料也叫实体性材料，在施工过程中一次性消耗并且构成工程实体，如水泥、钢材、木材、砖、瓦、砂石等。

周转性材料在施工的过程中多次使用，反复周转，但是不构成工程实体，如各种模板、活动支架、脚手架、挡土板等。

(1)直接性材料消耗定额的制定　编制直接性材料消耗定额的方法有四种：观察法、实验法、统计法和计算法。

1)观察法　观察法也称施工实验法，是在施工现场，对某一产品的材料消耗量进行实际测算，通过产品数量、材料消耗量和材料净用量的计算，确定该单位产品的材料消耗量或损耗率。

2)实验法　实验法是通过专门的仪器和设备在实验室内确定材料消耗定额的一种方法。这种方法适用于能在实验室条件下进行测定的塑性材料和液体材料，常见的有混凝土、砂浆、沥青马蹄脂、油漆涂料、防腐剂等。

3)统计法　统计法是指在施工过程中，对分部分项工程拨发的各种材料数量、完成的产品数量和竣工后剩余的材料数量，进行统计、分析、计算以确定材料消耗定额的方法。

4)计算法　计算法是指根据施工图纸和其他技术资料，用理论公式计算出产品材料的净用量，从而制定出材料的消耗定额。

这种方法主要适用于制定块状、板状和卷筒状产品(如砖、钢材、玻璃、油毡等)的材料消耗量定额。

①每立方米砖砌体材料净用量的计算。

$$砖净用量(块)=\frac{墙厚(砖数)\times 2}{墙厚(砖数)\times(砖长+灰缝)\times(砖厚+灰缝)} \tag{3.11}$$

$$砂浆净用量(m^3)=(1-砖净用量\times每块砖体积) \tag{3.12}$$

式中,每块标准砖体积=0.24×0.115×0.053=0.0014628(m^3),灰缝为0.01 m,墙厚砖数见表3.3。

表3.3 墙厚砖数

墙厚(砖数)	$\frac{1}{2}$	$\frac{3}{4}$	1	$1\frac{1}{2}$	2
墙厚/m	0.115	0.18	0.24	0.365	0.49

例3.1 计算一标准砖外墙每立方米砌体中砖和砂浆的消耗量。砖与砂浆损耗率为1%。

解 $砖净用量=\frac{1\times 2}{0.24\times(0.24+0.01)\times(0.053+0.01)}=530(块)$

$砂浆净用量=1-530\times 0.24\times 0.115\times 0.053=0.225(m^3)$

$砖消耗量=\frac{530}{(1-1\%)}=536(块)$

$砂浆消耗量=\frac{0.225}{(1-1\%)}=0.227(m^3)$

②每100 m^2 块料面层材料净用量计算。块料面层一般指瓷砖、锦砖、预制水磨石、大理石等。通常以100 m^2 为计量单位,其计算公式如下:

$$面层净用量=\frac{100}{(块料长+灰缝)\times(块料宽+灰缝)} \tag{3.13}$$

例3.2 彩色地面砖规格为800 ×800 mm,灰缝1 mm,其损耗率为1.5%,试计算100 m^2地面砖消耗量。

解 $地面砖净用量=\frac{100}{(0.8+0.001)\times(0.8+0.001)}=156(块)$

$地面砖消耗量=\frac{156}{(1-0.015)}=158(块)$

(2)周转性材料消耗定额的制定 周转性材料的消耗定额,应按照多次使用、分次摊销的方法确定。周转性材料使用一次,在单位产品上的消耗量,称为摊销量。

以模板为例,在具体确定的过程中,现浇构件和预制构件模板摊销量的确定不同。

1)现浇钢筋混凝土模板摊销量

$$摊销量=周转使用量-回收量 \tag{3.14}$$

$$周转使用量=\frac{一次使用量+一次使用量\times(周转转次-1)\times补损率}{周转转次} \tag{3.15}$$

$$回收量=\frac{一次使用量-一次使用量\times补损率}{周转转次} \tag{3.16}$$

$$一次使用量=\frac{每10\ m^3混凝土和模板接触面积\times每平方米接触面积模板用量}{1-模板制作、安装损耗率} \tag{3.17}$$

$$补损率=\frac{平均每次损耗量}{一次使用量}\times100\% \tag{3.18}$$

2)预制构件模板摊销量　由于预制构件厂的施工条件(包括支模和拆模条件)近似理想状态,所以,预制构件的每次安拆损耗都很小,在计算模板消耗量时,可以不考虑补损和回收。故其摊销量可以按多次使用、平均摊销的方法计算。

$$摊销量=\frac{一次使用量}{周转次数} \tag{3.19}$$

3.2.5　施工机械台班定额

3.2.5.1　施工机械台班定额的概念

施工机械台班定额是指在合理的劳动组织与合理的机械使用条件下,完成单位合格产品所必须消耗的机械台班数量标准。

一个台班,是指工人使用一台机械,工作8小时。

一个台班的工作,既包括机械的运行,也包括工人的劳动。

3.2.5.2　施工机械台班定额的表现形式

(1)机械台班的时间定额　机械台班的时间定额是指在合理的劳动组织与合理的机械使用条件下,某种机械生产单位合格产品所必须消耗的台班数量。可以按下式计算:

$$机械台班时间定额=\frac{1}{机械台班产量定额} \tag{3.20}$$

(2)机械台班的产量定额　机械产量定额是指在合理的劳动组织和合理的机械使用条件下,某种机械在一个台班时间内,所应完成的合格产品的数量。可以按下式计算:

$$机械台班产量定额=\frac{1}{机械台班时间定额} \tag{3.21}$$

由此可以看出,机械台班的时间定额和产量定额互为倒数关系。

(3)机械和人共同工作时的人工的时间定额　由于机械必须由工人小组来操作,所以,须列出完成单位合格产品的人工时间定额。

$$单位产品人工时间定额=小组定员人数\times机械台班时间定额=\frac{小组定员人数}{机械台班产量定额} \tag{3.22}$$

3.2.5.3 施工机械台班定额的制定方法

(1)确定机械正常的施工条件　机械正常施工条件的确定,主要应根据机械施工过程的特点,并充分考虑机械性能及装置的不同。其具体内容包括:①施工对象的类别和质量要求;②使用的材料名称和种类;③选用的机械型号及性能;④主要的施工操作方法和程序;⑤合理的劳动组织和正常的工作地点等。

在拟定合理的劳动组织的时候,应根据施工机械的性能和设计能力、工人的专业分工和劳动工效,确定直接操纵机械的工人(如司机、维修工)与配合机械工作的其他工人(如混凝土搅拌机装料、卸料的工人)的合理配备,并确定正常的编制人数。在确定正常的工作地点时,应对施工地点机械、材料和构件堆放的位置及工人从事操作的条件,做出科学合理的平面布置和空间安排,使之有利于机械运转和工人操作,有利于充分利用工时,最大限度地发挥机械的效能。

(2)确定机械时间利用系数　机械净工作时间与工作班延续时间的比值,通常被称为机械时间利用系数。

$$K_B = \frac{t}{T} \tag{3.23}$$

式中　K_B——机械的时间利用系数;

t——机械净工作时间;

T——工作班的延续时间。

(3)确定机械净工作1小时的效率　建筑机械可以分为循环动作的机械和连续动作的机械两大类型。在确定机械净工作1小时的效率时,需要对这两种机械分别进行分析。

1)循环动作的机械　循环动作机械净工作1小时的生产率(N_h)按下式计算:

$$N_h = n \cdot m \tag{3.24}$$

式中　n——该机械净工作1小时的正常循环次数;

m——每一次循环中所生产的产品数量。

确定循环次数(n),首先必须确定每一循环的正常延续时间。而每一循环的延续时间等于该循环各组成部分的正常延续时间之和($t_1+t_2+\cdots+t_n$),一般应通过技术测定法确定。在观察中要根据净工作时间的组成,确定相应的正常延续时间;对于某些能够同时进行的动作,应扣除其重叠时间(例如挖土机的“提升挖斗”与“回转斗臂”两个动作一般都可同时进行)。这样,n可由下列公式计算(时间单位:min):

$$n = \frac{60}{t_1 + t_2 + t_3 + \cdots + t_n} \tag{3.25}$$

机械每一次循环所生产的产品数量m,也可以通过计时观察求得。

2)连续动作的机械式　连续动作机械净工作1小时的生产率(N_h),主要是根据机械性能来确定。在一定条件下,N_h通常是一个比较稳定的数值。可由下式计算:

$$N_h = \frac{m}{t} \tag{3.26}$$

式中 m——在 t 小时内完成的产品数量，常通过实验或实际观察获得。

在某些情况下，确定连续动作机械净工作1小时的生产率是一项较复杂的工作，如确定压路基碾压土壤达到所要求的密实度的时间等。因此，在运用计时观察法的同时，还应与机械说明书等有关资料的数据进行比较，最后分析取定 N_h。

(4)确定机械台班定额 机械台班产量 N 台班，等于该机械工作1小时的生产率(N_h)乘以工作班的延续时间 T(一般都是8小时)，再乘以台班时间利用系数(K_B)。即：

$$N_{台班} = N_h \cdot T \cdot K_B \tag{3.27}$$

3.3 预算定额

3.3.1 预算定额概述

3.3.1.1 预算定额的概念

预算定额是以分部分项工程为研究对象，在正常的施工技术和合理的劳动组织条件下，完成单位合格产品所需要消耗的人工、材料、机械台班及货币的数量标准。

预算定额由国家或地区行业主管部门制定发布。在现阶段，预算定额仍然是工程建设经济管理的重要工具之一。

预算定额是工程建设中的一项重要的技术经济文件，它的各项指标，反映了在完成规定计量单位，符合设计标准和施工及验收规范要求的分项工程消耗的活化劳动和物化劳动的数量限度。这种限度最终决定着单项工程和单位工程的成本和造价。

3.3.1.2 预算定额的作用

第一，预算定额是编制施工图预算、确定建筑安装工程造价的基础。施工图设计一经确定，工程预算造价就取决于预算定额水平和人工、材料及机械台班的价格。预算定额起着控制劳动消耗、材料消耗和机械台班消耗的作用，进而起着控制建筑产品价格的作用。

第二，预算定额是编制施工组织设计的依据。施工组织设计的重要任务之一，是确定施工中所需人力、物力的供求量，并作出最佳安排。施工单位在缺乏本企业的施工定额的情况下，根据预算定额，亦能够比较精确地计算出施工中各项资源的需要量，为有计划地组织材料采购和预制件加工、劳动力和施工机械的调配提供可靠的计算依据。

第三，预算定额是工程结算的依据。工程结算是建设单位和施工单位按照工程进度对已完成的分部分项工程实现货币支付的行为。按进度支付工程款，需要根据预算定额将已完分项工程的造价算出，单位工程验收后，再按竣工工程量、预算定额和施工合同规定进行结算，以保证建设单位建设资金的合理使用和施工单位的经济收入。

第四，预算定额是施工单位进行经济活动分析的依据。预算定额规定的物化劳动和活化劳动消耗指标，是施工单位在生产经营中允许消耗的最高标准。目前，预算定额决定着施工单位的收入，施工单位就必须以预算定额作为评价企业工作的重要标准，作为努力实现的目标。施工单位可根据预算定额对施工中的劳动、材料、机械的消耗情况进行具体的分析，以便找出并克服低功效、高消耗的薄弱环节，提高竞争能力。只有在施工中尽量降低劳动消耗,采用新技术,提高劳动者素质,提高劳动生产率,才能取得较好的经济效果。

第五,预算定额是编制概算定额的基础。概算定额是在预算定额基础上综合扩大编制的。利用预算定额作为编制依据,不但可以节省编制工作的大量人力、物力和时间,收到事半功倍的效果,还可以使概算定额在水平上与预算定额保持一致,以免造成执行中的不一致。

第六,预算定额是合理编制招标标底、投标报价的基础。在深化改革中,预算定额的指令性作用将日益削弱,而对施工单位按照工程个别成本报价的指导性作用仍然存在,因此,预算定额作为编制标底的依据和施工企业报价的基础性作用仍将存在,这也是由预算定额本身的科学性和权威性决定的。

3.3.2 预算定额的编制

3.3.2.1 预算定额的编制原则

为保证预算定额的编制质量,充分发挥预算定额的作用,实际使用方便,在编制工作中应遵循以下原则。

(1)社会平均的定额水平　预算定额的平均水平,是在正常的施工条件下,在合理的施工组织和工艺条件、平均劳动熟练程度和劳动强度下,完成单位分项工程基本构造要素所需要的劳动时间。

预算定额的水平以大多数施工单位的施工定额水平为基础确定。但是,预算定额不是简单地套用施工定额的水平,要考虑预算定额中包含了更多的可变因素,需要保留合理的幅度差,例如:人工幅度差、机械幅度差、材料的超运距、辅助用工,以及材料堆放、运输、操作损耗和由细到粗综合后的量差等。

(2)定额形式简明适用　预算定额项目是在施工定额的基础上进一步综合,通常将建筑物分解为分部、分项工程。简明适用是指在编制预算定额时,对于那些主要的、常用的、价值量大的项目,分项工程划分宜细;次要的、不常用的、价值量相对较小的项目则可以放粗一些。

简明适用还要求合理确定预算定额的计算单位,简化工程量的计算,尽可能地避免同一种材料用不同的计量单位和一量多用。尽量减少定额附注和换算系数。

(3)坚持统一性和差别性相结合　所谓统一性,就是从培育全国统一市场规范计价行为出发,计价定额的制订规划和组织实施由国务院建设行政主管部门归口,并负责全国统一定额制定或修订,颁发有关工程造价管理的规章制度办法等。这样就有利于通过定额和工程造价的管理实现建筑安装工程价格的宏观调控。通过编制全国统一定额,使建筑安装工程具有一个统一的计价依据,也使考核设计和施工的经济效果具有一个统一尺度。

所谓差别性,就是在统一性的基础上,各部门和省、自治区、直辖市主管部门可以在自己的管辖范围内,根据本部门和地区的具体情况,制定部门和地区性定额、补充性制度和管理办法,以适应我国幅员辽阔、地区间部门发展不平衡和差异大的实际情况。

3.3.2.2　预算定额编制的依据

预算定额编制的依据如下:①现行劳动定额和施工定额;②现行设计规范、施工及验收规范、质量评定标准和安全操作规程;③具有代表性的典型工程施工图及有关标准图;④新技术、新结构、新材料和先进的施工方法等;⑤有关科学实验、技术测定的统计、经验资料;⑥现行的预算定额、本地区建筑安装工人的工资标准、材料预算价格、施工机械台班预算价格及有关文件规定等。

3.3.2.3　预算定额的编制步骤

预算定额的编制,大致可以分为准备工作、收集资料、编制定额、报批和修改稿整理五个阶段。各阶段工作相互有交叉,有些工作还有多次反复。

(1)准备工作阶段

①拟定编制方案。

②调抽人员,根据专业需要划分编制小组和综合组。

(2)收集资料阶段

①普遍收集资料。在已确定的范围内,采用表格收集定额编制基础资料,以统计资料为主,注明所需要的资料内容、填表要求和时间范围,以便于资料整理,并使之具有广泛性。

②专题座谈会。邀请建设单位、设计单位、施工单位及其他有关单位的有经验的专业人士开座谈会,就以往定额存在的问题提出意见和建议,以便在编制定额时改进。

③收集现行规定、规范和政策法规资料。

④收集定额管理部门积累的资料。主要包括:日常定额解释资料,补充定额资料,新结构、新工艺、新材料、新机械、新技术用于工程实践的资料。

⑤专项测定及实验。主要指混凝土配合比和砌筑砂浆实验资料。除收集实验试配资料外,还应收集一定数量的现场实际配合比资料。

(3)定额编制阶段

①确定编制细则。主要包括:统一编制表格及编制方法;统一计算口径、计量单位和小数点位数的要求;有关统一性规定,如名称统一,用字统一,专业用语统一,符号代码统一,简化字要规范,文字要简练明确。

②确定定额的项目划分和工程量计算规则。

③定额人工、材料、机械台班耗用量的计算、复核和测算。

(4)定额报批阶段

①审核定稿。

②预算定额水平测算。

新定额编制成稿,必须与原定额进行对比测算,分析水平升降原因。一般新编定额的水平应该不低于历史上已经达到过的水平,并略有提高。在定额水平测算前,必须编出工人工资、材料价格、机械台班费的新、旧两套定额的工程单价。定额水平的测算方法一般有以下两种:

按工程类别比重测算。在定额执行范围内,选择有代表性的各类工程,分别以新旧定额对比测算并按测算的年限,以工程所占比例加权以考查宏观影响。

单项工程比较测算法。典型工程分别用新旧定额对比测算,以考查定额水平升降及其原因。

(5)改定稿、整理资料阶段

①印发征求意见。定额编制初稿完成后,需要征求各有关方面意见和组织讨论,反馈意见。在统一意见的基础上整理分类,制定修改方案。

②修改整理报批。按修改方案的决定,将初稿按照定额的顺序进行修改,并经审核无误后形成报批稿,经批准后交付印刷。

③撰写编制说明。为顺利地贯彻执行定额,需要撰写新定额编制说明。其内容包括:项目、子目数量,人工、材料、机械的内容范围,资料的依据和综合取定情况,定额中允许换算和不允许换算规定的计算资料,人工、材料、机械单价的计算和资料,施工方法、工艺的选择及材料运距的考虑,各种材料损耗率的取定资料,调整系数的使用,其他应该说明的事项与计算数据、资料。

④立档、成卷。定额编制资料是贯彻执行定额中需查对资料的唯一依据,也为修编定额提供历史资料数据,应作为技术档案永久保存。

3.3.2.4 预算定额中各消耗量指标的确定

分项工程定额指标的确定包括:确定预算定额的计量单位,按典型设计图纸和资料计算工程量,以及确定预算定额各项目人工、材料和机械台班消耗指标等。

(1)确定预算定额的计量单位　预算定额与施工定额计量单位往往不同。施工定额的计量单位一般按照工序或施工过程确定,而预算定额的计量单位主要是根据分部分项工程和结构构件的形体特征及其变化确定。由于工作内容综合,预算定额的计量单位亦具有综合的性质。工程量计算规则的规定应确切反映定额项目所包含的工作内容。

预算定额的计量单位关系到预算工作的繁简和准确性。因此,要正确地确定各分部分项工程的计量单位。一般依据以下建筑结构构件形体的特点确定:

①凡建筑结构构件的断面有一定形状和大小,但是长度不定时,可按长度以“延长米”为计量单位。如踢脚线、楼梯栏杆、木装饰条、管道线路安装等。

②凡建筑结构构件的厚度有一定规格,但是长度和宽度不定时,可按面积以“平方米”为计量单位。如地面、楼面、墙面和天棚面抹灰等。

③凡建筑结构构件的长度、厚(高)度和宽度都变化时,可按体积以“立方米”为计量单位。如土方、钢筋混凝土构件等。

④钢结构由于重量与价格差异很大,形状又不固定,采用重量以“吨”为计量单位。

⑤凡建筑结构没有一定规格,而其构造又较复杂时,可按“个”、“台”、“座”、“组”为计量单位。如卫生洁具安装、铸铁水斗等。

(2)按典型设计图纸和资料计算工程量　计算工程量,是为了通过计算出典型设计图纸所包括的施工过程的工程量,在编制预算定额时,有可能利用施工定额的人工、机械和材料消耗指标确定预算定额所含工序的消耗量。

(3)人工工日消耗量指标的确定　预算定额中人工工日消耗量,是指在正常施工条件下,生产单位合格产品所必需消耗的人工工日数量,包括基本用工和其他用工两部分。

1)基本用工　基本用工指完成单位合格产品所必需消耗的技术工种用工。按技术工种相应劳动定额工时定额计算,以不同工种列出定额工日。基本用工包括:

①完成定额计量单位的主要用工。按综合取定的工程量和相应劳动定额进行计算。计算公式如下:

$$基本用工 = \sum(综合取定的工程量 \times 劳动定额) \tag{3.28}$$

例如:工程实际中的砖基础,有 1 砖厚、1 砖半厚、2 砖厚等之分,用工各不相同,在预算定额中由于不区分厚度,需要按照统计的比例,加权平均,即公式中的综合取定,得出用工。

②按劳动定额规定应增加计算的用工量。例如,砖基础埋深超过 1.5 m,超过部分要增加用工。预算定额中应按一定比例给予增加。

③由于预算定额是以施工定额子目综合扩大的,包括的工作内容较多,施工的效果视具体部位而不一样,需要另外增加用工,列入基本用工内。

2)其他用工　其他用工包括超运距用工、辅助用工和人工幅度差用工。

①超运距用工。超运距是指劳动定额中已包括的材料、半成品场内水平搬运距离与预算定额所考虑的现场材料、半成品堆放地点到操作地点的水平运输距离之差。

计算公式如下:

$$超运距 = 预算定额取定运距 - 劳动定额已包括的运距 \tag{3.29}$$

需要指出,实际工程现场运距超过预算定额取定运距时,可另行计算现场二次搬运费。

预算定额砖砌体工程材料超运距见表 3.4。

表 3.4　砌砖工程材料超运距　(单位:m)

材料名称	预算定额运距	劳动定额运距	超运距
沙子	80	50	30
石灰膏	150	100	50
标准砖	170	50	120
砂浆	180	50	130

②辅助用工。辅助用工指技术工种劳动定额内不包括而在预算定额内又必须考虑的用工。

例如,机械土方工程配合用工、材料加工(筛砂、洗石、淋化石膏)、电焊点火用工等。计算公式如下:

$$辅助用工 = \sum(材料加工数量 \times 相应的加工劳动定额) \tag{3.30}$$

③人工幅度差用工。人工幅度差用工即预算定额与劳动定额的用工差额,主要是指在劳动定额中未包括而在正常施工情况下不可避免,但又很难准确计量的用工和各种工时损失。其内容包括:各工种间的工序搭接及交叉作业相互配合或影响所发生的停歇用

工，施工机械在单位工程之间转移及临时水电线路移动所造成的停工，质量检查和隐蔽工程验收工作的影响，班组操作地点转移用工，工序交接时对前一工序不可避免的修整用工，施工中不可避免的其他零星用工。

人工幅度差计算公式如下：

$$人工幅度差=(基本用工+辅助用工+超运距用工)\times人工幅度差系数 \tag{3.31}$$

人工幅度差系数一般为 10% ~15%。在预算定额中，人工幅度差的用工量列入其他用工量中。

$$劳动定额用工量=基本用工+超运距用工+辅助用工+人工幅度差用工 \tag{3.32}$$

(4)材料消耗量指标的确定

1)材料消耗量指标的分类　材料消耗量是完成单位合格产品所必须消耗的材料数量，按用途划分为以下四种：

①主要材料。主要材料指直接构成工程实体的材料，其中也包括成品、半成品的材料。

②辅助材料。辅助材料指构成工程实体除主要材料以外的其他材料，如垫木、钉子、铅丝等。

③周转性材料。周转性材料指脚手架、模板等多次周转使用的、不构成工程实体的、用摊销量表示的材料。

④其他材料。其他材料指用量较少，难以计量的零星用料，如棉纱、编号用的油漆等。

2)材料消耗量指标的计算方法

①凡有标准规格的材料，按规范要求计算定额计量单位的耗用量，如砖、防水卷材、块料面层等。

②凡设计图纸标注尺寸及下料要求的，按设计图纸尺寸计算材料净用量，如门窗制作用材料 、枋、板料等。

③换算法。各种胶结、涂料等材料的配合比用料，可以根据要求条件换算，得出材料用量。

④测定法。包括实验室试验法和现场观察法。各种强度等级的混凝土及砌筑砂浆配合比的耗用原材料数量的计算，需按照规范要求试配，经过试压合格，并经过必要的调整后得出的水泥、沙子、石子、水的用量。对新材料、新结构又不能用其他方法计算定额消耗用量时，需用现场测定方法来确定，根据不同条件可以采用写实记录法和观察法，得出定额的消耗量。

(5)机械台班消耗量指标的确定　预算定额中的机械台班消耗量，是指在正常施工条件下，生产单位合格产品(分部分项工程或结构构件)必须消耗的某种型号施工机械的台班数量。

预算定额中施工机械台班消耗量指标的确定方法有两种：一是根据施工定额确定预算定额机械台班消耗量指标，二是以现场测定资料为基础确定机械台班消耗量指标。

1)根据施工定额确定机械台班消耗量指标　这种方法是指施工定额或劳动定额中

机械台班产量加机械幅度差计算预算定额的机械台班消耗量。

机械台班幅度差一般包括:①正常施工组织条件下不可避免的机械空转时间;②施工技术原因的中断及合理停滞时间;③因供电供水故障及水电线路移动检修而发生的运转中断时间;④因气候变化或机械本身故障影响工时利用的时间;⑤施工机械转移及配套机械相互影响损失的时间;⑥配合机械施工的工人因与其他工种交叉造成的间歇时间;⑦因检查工程质量造成的机械停歇的时间;⑧工程收尾和工作量不饱满造成的机械停歇时间等。

大型机械幅度差系数为:土方机械 25%,打桩机械 33%,吊装机械 30%。砂浆、混凝土搅拌机由于按小组配用,以小组产量计算机械台班产量,不另增加机械幅度差。其他分部工程中,钢筋加工、木材、水磨石等各项专用机械的幅度差为 10%。

综上所述,预算定额的机械台班消耗量按下式计算:

$$\text{预算定额机械耗用台班}=\text{施工定额机械耗用台班}\times(1+\text{机械幅度差系数}) \quad (3.33)$$

占比重不大的零星小型机械按劳动定额小组成员计算出机械台班使用量,以"机械费"或"其他机械费"表示,不再列台班数量。

2)以现场测定资料为基础确定机械台班消耗量指标　如遇到施工定额(劳动定额)缺项者,则需要依据单位时间完成的产量测定。

3.3.2.5　人工、材料、机械台班单价的确定

(1)人工单价的确定

1)人工单价的概念　人工单价是指一个建筑安装生产工人一个工作日中应计入的全部人工费用。它基本上反映了建筑安装生产工人的工资水平和一个工人在一个工作日中可以得到的报酬。合理确定人工工日单价是正确计算人工费和工程造价的前提和基础。

2)人工单价的组成内容　按照现行规定,生产工人的人工工日单价组成见表 3.5。

表 3.5　人工单价组成内容

基本工资	岗位工资、技能工资、年功工资
工资性津贴	交通补贴、流动施工津贴、房补、工资附加、地区津贴、物价补贴
辅助工资	非作业工日发放的工资和工资性补贴
劳动保护费和职工福利费	劳动保护、书报费、洗理费、取暖费

3)人工单价的确定方法

①年有效工作天数的计算。

$$\text{年有效施工天数}=\text{年应工作天数}-\text{年非工作天数} \quad (3.34)$$

年应工作天数等于年日历天数 365 天减去双休日、法定节假日后的天数。

年非工作天数是指职工学习、培训、调动工作、探亲、休假、因气候影响不能工作的天数,女职工哺乳期,6 个月以内的病假及产、婚、丧假等,在年应工作天数之内,但未工作。

$$月有效工作天数=\frac{年应工作天数}{12} \tag{3.35}$$

②工资包括内容的计算。

a. 生产工人基本工资。生产工人的基本工资应执行岗位工资和技能工资制度。

b. 生产工人工资性津贴。生产工人工资性津贴是指为了补偿工人额外或特殊的劳动消耗及为了保证工人的工资水平不受特殊条件影响，而以补贴形式支付给工人的劳动报酬，它包括按规定标准发放的物价补贴，煤、燃气补贴，交通费补贴，住房补贴，流动施工津贴及地区津贴等。

c. 生产工人辅助工资。生产工人辅助工资是指生产工人年有效施工天数以外非作业天数的工资。

d. 职工福利费。这是指按规定标准计提的职工福利费。

e. 生产工人劳动保护费。是指按规定标准发放的劳动保护用品等的购置费及修理费、徒工服装补贴、防暑降温费、在有碍身体健康环境中的施工保健费用等。

近几年国家陆续出台了养老保险、医疗保险、住房公积金、失业保险等社会保障的改革措施，新的工资标准会将上述内容逐步纳入人工预算单价之中。

③人工预算单价的计算。建筑安装工程生产工人的日工资标准即日工资单价或定额工日取定价。

(2)材料预算价格的确定　建筑工程中，材料费约占总造价的 60% ~70%，在金属结构工程中所占比重还要大，是直接工程费的主要组成部分。因此，合理确定材料预算价格构成，正确编制材料预算价格，有利于合理确定和有效控制工程造价。

1)材料预算价格的构成　材料的预算价格是指材料(包括构件、成品及半成品等)从其来源地(供应者仓库或提货地点)到达施工工地仓库(施工场地内存放材料的地点)后出库的综合平均价格。它由材料原价、供销部门手续费、包装费、运杂费、采购及保管费组成。

2)材料预算价格的确定

①材料原价。材料原价指材料的出厂价格、进口材料抵岸价或销售部门的批发牌价和零售价。在确定原价时，凡同一种材料因来源地、交货地、供货单位、生产厂家不同，而有几种价格(原价)时，根据不同来源地供货数量比例，采取加权平均的方法确定其综合原价。即：

$$加权平均原价=\frac{K_1C_1+K_2C_2+\cdots+K_nC_n}{K_1+K_2+\cdots+K_n} \tag{3.36}$$

式中　$K_1,K_2,\cdots,K_n$——各不同供应地点的供应量或各不同使用地点的需要量；

$C_1,C_2,\cdots,C_n$——各不同供应地点的原价。

②供销部门手续费。供销部门手续费是指需通过物资部门供应而发生的经营管理费用。不经过物资供应部门的材料，不计供销部门手续费。物资部门内互相调拨，不收管理费，不论经过几次中间环节，只能计算一次管理费。供销部门手续费按费率计算，其费率由地区物资管理部门规定，一般为 1% ~3%。即：

$$供销部门手续费=材料原价\times供销部门手续费率\times供销部门供应比重 \tag{3.37}$$

③包装费。包装费指为了保护材料和便于材料运输进行包装需要的一切费用，将其列入材料的预算价格中。包括水运、陆运的支撑、篷布、包装箱、绑扎材料等费用。

材料包装费一般有两种情况。

一种情况是生产厂负责包装，如袋装水泥、玻璃、铁钉、油漆、卫生瓷器等，包装费已计入材料原价中，不得另行计算包装费，但应考虑扣回包装品的回收价值。可按当地旧、废包装器材出售价计算或按生产厂主管部门的规定计算，如无规定者，可根据实际情况，参照下列资料计算：

a. 用木制品包装者，以70%的回收量，按包装材料原价的20%计算；

b. 用铁制品包装者，铁桶以95%、铁皮以50%、铁线以20%的回收量，按包装材料原价的50%计算；

c. 用纸皮、纤维制品包装者，以20%的回收量，按包装材料原价的20%计算；

d. 用草绳、草袋制品包装者，不计包装材料的回收价值。

包装材料的回收价值为：

$$包装材料回收价值=包装材料原价\times回收率\times回收价值率 \tag{3.38}$$

另一种情况是自备包装品者，其包装费按包装品价值，以正常使用次数分摊计算。

④运杂费。运杂费指材料由采购地点或发货地点至施工现场的仓库或工地存放地点，含外埠中转运输过程中所发生的一切费用和过境过桥费用，包括调车和驳船费、装卸费、运输费及附加工作费等。

⑤采购及保管费。采购及保管费指材料供应部门（包括工地仓库及其以上各级材料主管部门）在组织采购、供应和保管材料过程中所需的各项费用。包括工资、职工福利费、办公费、差旅及交通费、固定资产使用费、工具用具使用费、劳动保护费、检验试验费、材料储存损耗及其他。

材料采购及保管费为：

$$采购及保管费=(材料原价+供销部门手续费+包装费+运杂费)\times采购及保管费率 \tag{3.39}$$

$$材料预算价格=(材料原价+供销部门手续费+包装费+运杂费)\times(1+采购及保管的费率)-包装材料回收价值 \tag{3.40}$$

(3)施工机械台班单价的确定　施工机械台班单价是指一台施工机械，在正常运转条件下，工作8 h所必须消耗的人工、物料和应分摊的费用。

施工机械台班单价由七项费用组成，包括折旧费、大修理费、经常修理费、安拆费及场外运费、燃料动力费、人工费、养路费及车船使用税等。

1)折旧费　折旧费是指施工机械在规定使用期限内，每一台班所分摊的机械原值及支付贷款利息的费用。

2)大修理费　大修理费是指机械设备按规定的大修间隔台班必须进行大修理，以恢复机械正常功能所需的费用。

台班大修理指对机械进行全面的修理,更换其磨损的主要部件和配件。大修理费包括更新零配件和其他材料费、修理工时费等。

3)经常修理费　经常修理费是指机械在寿命期内除大修理以外的各级保养以及临时故障排除和机械停置期间的维护等所需各项费用。经常修理费为保障机械正常运转所需替换设备,随机工具、器具的摊销费用,以及机械日常保养所需润滑擦拭材料费之和,是按大修理间隔台班分摊提取的。

4)安拆费及场外运输费

①安拆费。安拆费指机械在施工现场进行安装、拆卸所需人工、材料、机械和试运转费用,包括机械辅助设施(如基础、底座、固定锚桩、行走轨道、枕木等)的折旧、搭设、拆除等费用。

②场外运费。场外运费指机械整体或分体自停置地点运至现场或某一工地运至另一工地的运输、装卸、辅助材料以及架线等费用。定额台班单价内所列安拆费及场外运费,分别按不同机械型号、重量、外形体积以及不同的安拆和运输方式测算其工、料、机械的耗用量综合计算取定。除了金属切削加工机械、不需要拆除和安装自身能开行的机械(如水平运输机械)、不合适按台班摊销本项费用的机械(如特大型、大型机械)外,均按年平均4次运输、运距平均25 km以内考虑。

5)燃料动力费　燃料动力费是指机械在运转或施工作业中所耗用的固体燃料(煤炭、木材)、液体燃料(汽油、柴油)、电力、水和风等费用。

6)人工费　人工费是指机上司机或副司机、司炉的基本工资和其他工资性津贴。年工作台班以外的机上人员基本工资和工资性津贴以增加系数的形式表示。

7)车船税　车船税是指机械按照国家有关规定应交纳的车船税,按各省、自治区、直辖市规定标准计算后列入定额。

在预算定额的各个分部分项中,列以"机械费"表示的,不再计算进(退)场、组装、拆卸费用。

对于大型施工机械的安装、拆卸、场外运输费用,应按《大型施工机械的安装、拆卸、场外运输费用定额》计算。

3.3.3 预算定额的组成及应用

3.3.3.1 预算定额组成

预算定额主要由目录、总说明、建筑面积的计算规则、分部工程说明、工程量计算规则、

分部工程定额项目表及附录组成。

(1)总说明　在总说明中,主要阐述预算定额的编制原则、指导思想、编制依据、预算定额的作用、适用范围,定额编制过程中已经考虑的因素和未考虑的因素,预算定额的使用方法等。

(2)建筑面积的计算规则　建筑面积是一项重要的技术经济参数。在建筑面积的计算规则中,系统地规定了计算和不计算建筑面积的范围,单层建筑物、多层建筑物计算建筑面积的规定,地下室、阳台、雨棚、连廊、伸缩缝等特殊部位建筑面积的计算方法。

(3)分部工程说明　分部工程说明是使用定额的指南,主要说明每一分部工程中包括的各分项工程及工作内容,定额编制中有关问题的说明,使用过程中的一些规定,特殊情况的处理方法等。

(4)工程量计算规则　规定了各分部分项工程量计算中如何列项,计算工程量的规定,工程量的计量单位,工程量计算的起止边界等。

(5)分部工程定额项目表　分部工程定额项目表是预算定额的核心内容。一般由工作内容、定额计量单位、分项工程项目表和附注组成,参见表3.6。

表3.6 《河南省建设工程工程量清单综合单价(2008)》砖墙定额项目表

A.3.2 砖砌体(010302)

010302001 实心砖墙(m^3)

一、黏土标准砖

工作内容:1. 调运砂浆、运砌体。2. 安放木砖、铁件。　　计量单位:10 m^3

定额编号			3-5	3-6	3-7	3-8
项目			砖墙			
			1砖以上	1砖	3/4砖	1/2砖
综合单价/元			2579.30	2596.69	2783.02	2828.28
其中	人工费/元		572.33	583.94	728.42	746.91
	材料费/元		1829.82	1833.19	1836.80	1861.52
	机械费/元		19.16	18.55	17.93	15.46
	管理费/元		89.89	91.61	113.72	116.29
	利润/元		68.10	69.40	86.15	88.10
综合工日	工日	43.00	(13.62)	(13.88)	(17.23)	(17.62)
定额工日	工日	43.00	13.310	13.580	16.940	17.370
混合砂浆 M5 砌筑砂浆	m^3	153.39	—	—	—	2.030
混合砂浆 M2.5 砌筑砂浆	m^3	147.89	2.480	2.370	2.280	—
机砖 240×115×53	千块	280.00	5.210	5.280	5.340	5.520
水	m^3	4.05	1.050	1.060	1.090	1.120
灰浆搅拌机 200 L	台班	61.82	0.310	0300	0.290	0.250

工作内容说明了分项工程项目所包括的施工过程和施工内容。正确分析和理解工作内容是正确使用定额的前提。

定额单位是定额工程量计算规则所规定的计量单位,与定额项目表中的资源消耗量相对应。大部分定额计量单位与常规的分项工程的计量单位相一致,但是也有一些定额特别规定的计量单位,在使用的时候要特别注意。

分项工程定额项目表是定额的核心内容。定额项目表中包括了完成一个分项工程相应工作内容所需要的人工、材料和机械台班等资源数量。

附注位于定额项目表的下方，说明了当设计规定与定额不符时，应该如何进行调整、换算等问题。

(6)附录　附录位于预算定额的下册，包括人工、材料和机械台班的预算价格表、混凝土砂浆配合比取定表、材料损耗率取定表等资料，以供编制补充定额或者定额换算时使用。

3.3.3.2　**预算定额应用**

在编制施工图预算应用定额时，通常用两种方法：定额的直接使用、定额的换算使用。现以《河南省建设工程工程量清单综合单价》(建筑工程、装饰装修工程 2008)为例，说明预算定额的使用方法。

(1)直接使用定额　根据施工图纸，当分项工程设计要求、结构特征、施工方法等与定额项目的内容完全相符时，则可以直接套用定额。计算该分项工程的综合费及人工、材料、机械需用量。

例 3.3　某工程采用 M2.5 混合砂浆砌一砖混水砖墙 60 m^3，试计算完成该分项工程的综合费及主要材料消耗量。

解　(1)由于设计要求和定额内容完全相同，可直接套用《河南省建设工程工程量清单综合单价(A 建筑工程 2008)》3-6 子目。

综合单价 = 2596.69 元/10 m^3

(2)计算完成该分项工程的综合费

综合费 = 综合单价×工程量 = 2596.69×60÷10 = 15580.14(元)

其中：人工费 = 583.94×60÷10 = 3503.64(元)

材料费 = 1833.19×60÷10 = 10999.14(元)

机械费 = 18.55×60÷10 = 111.30(元)

管理费 = 91.61×60÷10 = 549.66(元)

利润 = 69.4×60÷10 = 416.40(元)

(3)材料消耗量

综合工日 = 13.88×60÷10 = 83.28(工日)

定额工日 = 13.58×60÷10 = 81.48(工日)

机械定额工日 = 0.3×60÷10 = 1.8(工日)

机制砖 = 5.28×60÷10 = 31.68(千块)

M2.5 混合砂浆 = 2.37×60÷10 = 14.22(m^3)

(2)定额换算　当分项工程设计要求与定额的工作内容、材料规格、施工方法等条件不完全相符时，则不能直接套用定额，必须根据总说明、分部工程说明、附注等有关规定，在定额范围内加以换算。经过换算的子目定额编号在右端应写个“换”字，以示区别，如：3-6 换。

定额换算的主要方法有：系数换算、标号换算、断面换算(木材断面换算)、其他换算等。

1)系数换算　这是一种简单的换算方法。根据定额的分部说明或附注规定，对综合单价或部分内容乘以规定的系数换算,从而得到新的单价。

换算公式为:

$$换算后单价=综合单价\times 调整系数 \tag{3.41}$$

$$换算后单价=综合单价+需调整项目\times(调整系数-1) \tag{3.42}$$

例3.4 试确定人工挖沟槽的综合单价。(条件:一般土、干土,深度7 m)

解 查《河南省建设工程工程量清单综合单价(A建筑工程2008)》1-21子目。由土石方工程分部说明可知,应按相应定额项目乘以系数1.15,同时每100 m^3 土方另增加少先吊3.25台班,少先吊台班的单价为66.76元/台班。所以:

换算后综合单价=原综合单价×调整系数+少先吊机械台班费

=2005.61×1.15+3.25×66.76

=2306.45+216.97=2523.42(元/100 m^3)

例3.5 试确定人工挖沟槽的综合单价。(条件:一般土、湿土,深度3 m)

解 查《河南省建设工程工程量清单综合单价(A建筑工程2008)》1-20子目。由土石方工程分部说明可知,应按人工项目乘以系数1.18。所以:

换算后综合单价=原综合单价+人工费×(调整系数-1)

=1744.37+1383.91×(1.18-1)

=1993.47(元/10 m^3)

例3.6 试确定人工挖沟槽的综合单价。(条件:一般土、湿土,深度7 m)

解 查建《河南省建设工程工程量清单综合单价(A建筑工程2008)》1-21子目。由土石方工程分部说明可知,应按相应定额项目乘以系数1.15,同时每100 m^3 土方另增加少先吊3.25台班,少先吊台班的单价为66.76元/台班,挖湿土人工乘以系数1.18。所以:

换算后综合单价=原综合单价×超深调整系数+少先吊机械台班费+

人工费×超深调整系数×(湿土调整系数-1)

=2005.61×1.15+3.25×66.76)+1591.17×1.15×(1.18-1)

=2523.42+329.37

=2852.79(元/100 m^3)

例3.7 试确定螺旋形楼梯300×300地板砖面层的综合单价。

解 查《河南省建设工程工程量清单综合单价(B装饰装修工程2008)》1-90子目。由楼地面工程分部说明可知,应按相应饰面楼梯子目,人工、机械乘以系数1.20,块料用量乘以1.10。

换算后综合单价=原综合单价+(人工费+机械费)×(调整系数-1)+

块料用量×材料单价×(调整系数-1)

=13376.01+(4719.25+174.25)×(1.20-1)+1.608×2000.00×(1.10-1)

=13376.01+1300.3

=14676.31(元/100 m^2)

2)标号换算　当工程图纸中设计的砂浆、混凝土强度及配合比,与定额项目的规定不相符时,可根据定额说明的规定进行相应的换算。在进行换算时,应遵循两种材料的单价不同,而定额含量不变的原则。其换算公式如下:

$$换算后综合单价=原综合单价+(换入单价-换出单价)\times 该材料的定额含量 \tag{3.43}$$

例 3.8　试确定 M7.5 混合砂浆砌一砖混水砖墙的综合单价。

解　查《河南省建设工程工程量清单综合单价(A 建筑工程 2008)》3-6 子目,定额按 M2.5 混合砂浆编制,设计为 M7.5 混合砂浆,与定额不符,根据该分部说明,可以换算。查定额附录可得,M7.5 混合砂浆的材料单价为 159.98 元/m^3。

$$\begin{aligned}换算后综合单价&=2596.69+(159.98—147.89)\times 2.37\\&=2625.34(元/10\ m^3)\end{aligned}$$

例 3.9　试确定砖墙面水泥砂浆抹灰的综合单价。已知:面层用 1∶3 的水泥砂浆,底层用 1∶1.5 的水泥砂浆,抹灰厚度为(15+5)mm。

解　查《河南省建设工程工程量清单综合单价(B 装饰装修工程 2008)》2-16 子目,定额按底层用 1∶3 的水泥砂浆,面层用 1∶2 的水泥砂浆,与定额不符,根据该分部说明,可以换算。查定额附录可得 1∶1.5 水泥砂浆的材料单价为 240.22 元/m^3。

$$\begin{aligned}换算后综合单价&=1470.93+(240.22-229.62)\times 0.536\\&=1476.61(元/100\ m^2)\end{aligned}$$

例 3.10　试确定 C25(32.5 水泥,40)碎石现浇混凝土单梁混凝土的综合单价。

解　查《河南省建设工程工程量清单综合单价(A 建筑工程 2008)》4-22 子目,由于单梁定额中混凝土是按 C20(40)碎石编制的,设计为 C25(32.5 水泥,40)碎石。虽然石子粒径相同,但混凝土强度等级不符。根据该分部说明,应进行换算。查定额附录可得 C25(32.5 水泥,40)混凝土的定额单价为 183.11 元/m^3。

$$换算后综合单价=2586.84+(183.11-170.97)\times 10.15=2710.06(元/10\ m^3)$$

例 3.11　试确定 3∶7 灰土地面垫层的综合单价。(使用现场存土)

解　查《河南省建设工程工程量清单综合单价(B 装饰装修工程 2008)》1-136 子目所在项目表下的附注,如果 3∶7 灰土中的黏土采用现场存土,应扣除黏土费用,增加筛土用工 5 工日/10 m^3。

$$换算后综合单价=1098.17-10.100\times 1.15\times 15+5\times 43=1301.56(元/10\ m^3)$$

3)木材断面换算　预算定额中各类木门窗的框扇、亮子、纱扇等木材耗用量,是以边立框断面、扇边立梃断面为准,按一定断面取定的。例如,普通木门框断面以 58 cm^2 为准,而在实际中设计断面往往与定额不符,这就使得其实际木材耗用量与定额用量产生差异,就必须进行换算,其换算原则是:板方木材可按比例增减,其他不变。其换算步骤如下。

①计算设计毛断面面积。定额中所注木材断面或厚度都是以毛料为准,如设计图纸

所注尺寸为净料时,应增加刨光损耗:板、方材一面刨光增加3 mm,双面刨光增加5 mm;圆木刨光,每立方米材积增加0.05 m^3。设计毛断面面积计算公式如下:

$$设计毛断面面积=(设计断面净长+刨光损耗)\times(设计断面净宽+刨光损耗) \tag{3.44}$$

②计算换算比例系数。

$$换算比例系数=设计毛断面面积\div定额毛断面面积 \tag{3.45}$$

③计算木材调整量。

$$木材调整量=(换算比例系数-1)\times定额木材消耗量 \tag{3.46}$$

计算结果:正值为调增,负值为调减。

④计算木材材料费调整值。

$$木材材料费调整值=木材调整量\times(定额木材单价+干燥费单价) \tag{3.47}$$

⑤计算换算后单价。

$$换算后单价=原单价+木材材料费调整值 \tag{3.48}$$

例3.12　试确定单扇有亮普通木门的综合单价。(框断面净尺寸为120 mm×55 mm)

解　查《河南省建设工程工程量清单综合单价(B装饰装修工程2008)》4-3子目,定额中规定框毛断面面积为58 cm^2。

(1)设计毛断面面积

框断面毛面积=(5.5+0.3)×(12+0.5)=72.5 cm^2>58(cm^2)(框按三面刨光)

(2)换算比例系数=72.5÷58=1.250

(3)木材调增量=2.095×(1.25-1)=0.524 m^3

(4)材料费调增值=0.524×(1550+59.38)=843.32(元/100 m^2)

(5)换算后综合单价=16741.51+843.32=17584.83(元/100 m^2)

4)其他换算　定额应用中,除了上述三类换算外还有一些换算。这些换算是对人工、材料、机械的部分量进行增减,或利用辅助定额对基本定额进行换算。

例3.13　试确定人工运土方,运距为200 m的综合单价。

解　查《河南省建设工程工程量清单综合单价(A建筑工程2008)》1-36子目,该子目仅包括了50 m以内的运距,定额又设置了运距400 m以内,每增加50 m的辅助定额1-37子目。

$$换算后综合单价=1407.04+164.24\times[(200-50)\div50]=1899.76(元/10\ m^3)$$

例3.14　试确定单层木门油调和漆的综合单价。(一遍底油,三遍调和漆)

解　查《河南省建设工程工程量清单综合单价(B装饰装修工程2008)》5-1子目,该子目仅包括了一遍底油,二遍调和漆,定额又设置了每增加一遍调和漆的辅助定额5-12子目。

换算后综合单价=2345.86+768.08=3113.94(元/100 m^{23})

3.3.3.3 人工、材料及机械分析

(1)工料分析的概念　工料分析是按照分部分项工程项目计算各工种用工数量和各种材料的消耗量。它是根据定额中的定额人工消耗量和材料消耗量分别乘以各个分部分项工程的实际工程量,求出各个分部分项工程的各工种用工数量和各种材料的数量,从而反映出单位工程中全部分项工程的人工和各种材料的预算用量。

(2)工料分析的作用　工料分析是施工企业编制劳动力计划和材料需用量计划的依据。工料分析是向工人班组签发工程任务书、限额领料单、考核工人节约材料情况以及对工人班组进行核算的依据。工料分析是进行"两算"(施工预算与施工图预算)对比和进行成本分析、降低成本的依据。工料分析是施工单位和建设单位材料结算和调整材料价差的主要依据。

(3)工料分析的方法　工料分析一般与套用定额同时进行,以减少翻阅定额的次数。即在套定额单价时,同时查出各项目单位定额用工用料量,用工程量分别与其定额用量相乘,即可得到每一分项的用工量和各材料的消耗数量,并填入相应的栏内,最后逐项分别加以汇总。在进行材料分析时,应注意经过标号换算的分项工程,应用换算后的混凝土或砂浆标号的配合比进行计算。

例 3.15　试分析砌筑 150 m^3M7.5 混合砂浆砌砖基础的人工、主要材料及机械的消耗量。

解　(1)查《河南省建设工程工程量清单综合单价(A 建筑工程 2008)》附录,根据 M7.5 混合砂浆其配合比可知,1 m^3M7.5 混合砂浆中 32.5 级水泥含量为 0.247 t,中砂粗砂含量为 1.02 m^3,石灰膏 0.080 m^3,水含量为 0.400 m^3。

(2)查《河南省建设工程工程量清单综合单价(A 建筑工程 2008)》3-1 可知,砌筑 10 m^3砖基础需综合工日 12.01 工日、M5.0 水泥砂浆 2.44 m^3、机砖 5.2 千块等。

(3)砌筑 150 m^3 M7.5 混合砂浆砖基础工料分析如下。

综合工日:12.01×15=180.15 工日

机砖 240×115×53:5.2×15=78 千块

M7.5 混合砂浆用量:2.44×15=36.6 m^3

水泥 32.5 级:36.6×0.247=9.040 t

中砂、粗砂:36.6×1.02=37.33 m^3

石灰膏:36.6×0.080=2.93 m^3

3.4 《建设工程工程量清单计价规范》简介

3.4.1 《建设工程工程量清单计价规范》编制的指导思想

根据建设部第 107 号令《建筑工程施工发包与承包计价管理办法》,结合我国工程造价管理现状,总结有关省市工程量清单试点的经验,参考国际上有关工程量清单计价通行

的做法,按照政府宏观调控、市场竞争形成价格的指导思想进行编制,创造公平、公正、公开竞争的环境,既要与国际接轨,又要考虑我国自身的实际情况,以建立全国统一、有序的建筑市场。

3.4.2 《建设工程工程量清单计价规范》编制的原则

(1)政府宏观调控、企业自主报价、市场竞争形成价格的原则 为规范发包与承包方计价行为,确定了工程量清单计价的原则、方法和必须要遵守的规则,包括统一项目编码、项目名称、计量单位、工程量计算规则等,留给企业自主报价,参与市场竞争的空间,将属于企业性质的施工方法、施工措施,人工、材料、机械的消耗量水平及取费等交由企业来确定,给予企业充分选择的权利,以促进生产力的发展。

(2)与现行定额既有机结合又有所区别的原则 《建设工程工程量清单计价规范》在编制过程中,以现行的全国统一工程预算定额为基础,特别是项目划分、计量单位、工程量计算规则等方面,尽可能多地与定额衔接。其原因主要是预算定额是我国经过几十年实践的总结,这些内容具有一定的科学性和实用性,但同时预算定额是按照计划经济的要求制订发布贯彻执行的,其中有些方面不适应《建设工程工程量清单计价规范》编制的指导思想,主要表现在:①定额项目是国家规定以工序为划分项目的原则;②施工工艺、施工方法是根据大多数企业的施工方法综合取定的;③工、料、机消耗量是根据“社会平均水平”综合测定的;④取费标准是根据不同地区平均测算的。因此企业报价时就会表现为平均主义,企业不能结合项目具体情况、自身技术管理水平自主报价,不能充分调动企业加强管理的积极性。

(3)既考虑我国工程造价管理的现状又尽可能与国际惯例接轨的原则 《建设工程工程量清单计价规范》要根据我国当前工程建设市场发展的形势,逐步解决定额计价中与当前工程建设市场不相应的因素,适应我国社会主义市场经济发展的需要,适应与国际接轨的需要,积极稳妥地推行工程量清单计价。因此,在编制中,我们既借鉴了世界银行、菲迪克(FIDIC)、英联邦国家、香港等的一些做法和思路,同时,也结合了我国现阶段的具体情况。如:实体项目的设置方面,就结合了当前按专业设置的一些情况;有关名词尽量沿用国内习惯,如措施项目就是国内的习惯叫法,国外叫开办项目。措施项目的内容就借鉴了部分国外的做法。

(4)建设工程工程量清单计价活动应遵循客观、公正、公平的原则 过去的预算定额在调节双方利益、反映市场价格等方面显得滞后,特别是在公开、公平、公正方面,缺乏合理完善的机制。工程量清单计价是市场形成价格的主要形式,工程量清单计价有利于发挥企业自主报价的能力,实现政府定价到市场定价的转变,有利于改变招标单位在招标中盲目压价的行为,从而真正体现公开、公平、公正的原则,反映市场经济规律。

3.4.3 《建设工程工程量清单计价规范》的特点

(1)强制性 全部使用国有资金投资或国有资金投资为主的工程建设项目,必须采用工程量清单计价。明确工程量清单是招标文件的组成部分,并规定了招标人在编制工程量清单时必须遵守的规则,做到“五统一”,即统一项目编码、统一项目名称、统一项目特征、统一计量单位、统一工程量计算规则。

(2)实用性 《建设工程工程量清单计价规范》附录中工程量清单项目及计算规则的项目名称表现的是工程实体项目,项目名称明确清晰,工程量计算规则简洁明了,还列有项目特征和工作内容,易于编制工程量时确定项目名称和投标报价。

(3)竞争性 《建设工程工程量清单计价规范》中措施项目投标人根据企业的施工组织设计,视具体情况报价,是企业竞争项目,是企业施展才华的空间。

(4)通用性 采用工程量清单计价与国际惯例接轨,实现了工程量计算方法标准化、工程量计算规则统一化、工程造价确定市场化的要求。

3.4.4 《建设工程工程量清单计价规范》的使用范围

全部使用国有资金投资或国有资金投资为主(以下二者简称"国有资金投资")的工程建设项目,必须采用工程量清单计价。国有资金投资为主的工程建设项目是指国有资金占投资总额50%以上,或虽不足50%但国有投资者实质上拥有控股权的工程建设项目。非国有资金投资的工程建设项目,可采用工程量清单计价。

国有资金投资包括国家融资资金投资。

国有资金投资的工程建设项目包括:①使用各级财政预算资金的项目;②使用纳入财政管理的各种政府性专项建设资金的项目;③使用国有企事业单位自有资金,并且国有资产投资者实际拥有控制权的项目。

国有融资资金投资的工程建设项目包括:①使用国家发行债券所筹资金的项目;②使用国家对外借款或者担保所筹资金的项目;③使用国家政策性贷款的项目;④国家授权投资主体融资的项目;⑤国家特许的融资项目。

3.4.5 《建设工程工程量清单计价规范》的主要内容

建设工程工程量清单计价规范主要包括以下内容:

①总则;②术语;③工程量清单编制,内容包括一般规定、分部分项工程量清单、措施项目清单、其他项目清单、规费清单、税金项目清单;④工程量清单计价,内容包括一般规定、招标控制价、投标价、工程合同价款的约定、工程计量与价款支付、索赔与现场签证、工程价款调整、竣工结算、工程计价争议处理;⑤工程量清单计价表格,内容包括计价表格组成、计价表格使用规定;⑥附录,内容包括附录 A(建筑工程工程量清单项目及计算规则)、附录 B(装饰装修工程工程量清单项目及计算规则)、附录 C(安装工程工程量清单项目及计算规则)、附录 D(市政工程工程量清单项目及计算规则)、附录 E(园林绿化工程工程量清单项目及计算规则)、附录 F(矿山工程工程量清单项目及计算规则)。

3.4.6 分部分项工程量清单项目编码

(1)分部分项工程量清单的项目编码应采用 12 位阿拉伯数字表示。一至九位应按附录的规定设置,十至十二位应根据拟建工程的工程量清单项目名称设置,同一招标工程的项目编码不得有重码。项目编码结构如图 3.6 所示。

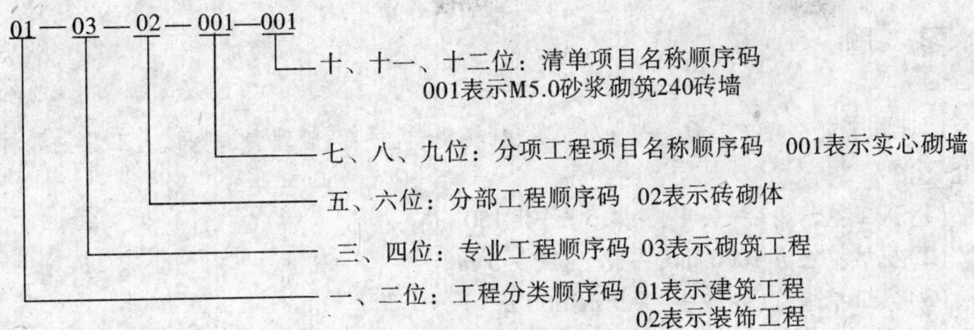

图3.6 工程量清单项目编码结构

当同一标段(或合同段)的一份工程量清单中含有多个单位工程且工程量清单是以单位工程为编制对象时,在编制工程量清单时应特别注意对项目编码十至十二位的设置不得有重码的规定。例如一个标段(或合同段)的工程量清单中含有三个单位工程,每一个单位工程中都有项目特征相同的实心砖墙砌体,在工程量清单中又需反映三个不同单位工程的实心砖墙砌体工程量时,则第一个单位工程的实心砖墙的项目编码应为010302001001,第二个单位工程的实心砖墙的项目编码应为010302001002,第三个单位工程的实心砖墙的项目编码应为010302001003,并分别列出各单位工程实心砖墙的工程量。

(2)编制工程量清单出现附录中未包括的项目,编制人应作补充,并报省级或行业工程造价管理机构备案,省级或行业工程造价管理机构应汇总报住房和城乡建设部标准定额研究所。

补充项目的编码由附录的顺序码与B和三位阿拉伯数字组成,并应从×B001起顺序编制,同一招标工程的项目不得重码。工程量清单中需附有补充项目的名称、项目特征、计量单位、工程计算规则、工作内容。

思考题

1. 简述建筑工程定额的分类。
2. 简述预算定额消耗量指标的确定。
3. 简述人工、材料、机械台班单价的确定。
4. 简述预算定额编制的方法和步骤。
5. 简述预算定额的组成。
6. 简述预算定额的应用方法。
7. 简述《建筑工程工程量清单计价规范》(GB 50500—2008)的使用范围。
8. 采用工程量清单计价应做到“五统一”,简述“五统一”的内容。

习 题

1. 计算下列分项工程综合费、人工费、材料费、机械费、管理费、利润、人工及主要材料消耗量。

(1)人工挖沟槽(一般土,深 4.5 m)共 150 m^3。

(2)机械挖土方 1000 m^3,一般土,深 5.5 m。

(3)人工挖地坑(一般土,深 5 m)300 m^3。

(4)人工运土 400 m^3,天然密实度土,运距 300 m。

(5)M7.5 混合砂浆砌 370 砖墙 160 m^3。

(6)M7.5 水泥砂浆砌砖基础 360 m^3。

(7)C25(40,32.5 水泥)现浇碎石钢筋混凝土独立基础 150 m^3,现场搅拌混凝土。

(8)C30(20)商品混凝土,现浇钢筋混凝土条形基础 50 m^3。

(9)C30(40,32.5 水泥)现浇碎石钢筋混凝土单梁 200 m^3,现场搅拌混凝土。

(10)C25(40,32.5 水泥)现浇碎石钢筋混凝土有梁板 150 m^3,现浇板厚 100 mm,现场搅拌混凝土。

(11)C30(40,32.5 水泥)现浇碎石钢筋混凝土矩形柱(500 mm×600 mm)50 m^3,现场搅拌混凝土。

(12)现浇钢筋混凝土构件中直径为 12 mm 的一级钢筋 20 t。

(13)现浇钢筋混凝土构件中二级钢筋 30 t。

(14)石油沥青三毡四油卷材屋面 280 m^2。

(15)加气混凝土屋面保温层 150 m^3。

(16)水泥砂浆楼梯 150 m^2(带金刚砂防滑条)。

(17)150 m^2 普通水磨石地面,嵌铜条,磨光打蜡。

(18)300 m^2 不规则砖墙挂贴大理石。

(19)150 m^2 螺旋楼梯粘贴地板砖。

(20)400 m^2 花岗岩地面 1∶4 水泥砂浆粘贴。

(21)150 m^2 单层木门一润油粉,刷调和漆四遍。

(22)30 mm×40 mm 木龙骨,五合板基层,装饰三合板面层墙面 300 m^2。

(23)U 型轻钢龙骨铝塑板吊顶 200 m^2,不上人型,跌级高为 210 mm,跌级侧面面积为 35 m^2,面层规格为 400 mm×600 mm,面层刷乳胶漆,满刮成品腻子,二底漆,三面漆。

模块二

定额计价模式

第4章 建筑工程工程量计算及定额计价

学习要求 熟悉工程量的计算方法、顺序及工程量计算应遵循的原则，了解厂库房大门特种门木结构工程、金属结构工程、室外工程、零星拆除及构件加固工程工程量计算与定额应用，掌握建筑面积计算，掌握土方工程、桩与地基基础工程、砌筑工程、混凝土及钢筋混凝土工程、屋面及防水工程、防腐隔热保温工程、建筑物超高施工增加费、建筑工程措施项目费工程量计算与定额应用。

4.1 概述

4.1.1 建筑工程综合单价定额

建筑工程预算定额是指建筑工程在正常的施工组织条件下，确定一定计量单位的分项工程的人工、材料、机械台班消耗量的标准及费用标准，是编制建筑工程施工图预算、确定建筑工程造价的主要依据。它分别以建筑工程中各分部分项工程为单位进行编制，定额中包括所需人工工日数量、各种主要材料及机械台班数量，它是计算建筑工程定额直接费和综合基价的依据。目前，河南省使用的建筑工程预算定额即《河南省建设工程工程量清单综合单价》(A 建筑工程 2008)(以下简称《河南省综合单价(A 建筑工程 2008)》)。

4.1.2 建筑工程定额计价步骤

随着我国市场经济的不断完善，建筑市场投资主体呈现出多元化格局，既有政府投资，又有其他经济成分投资，政府对不同的投资主体采用不同的造价管理模式，同时由于历史和现实原因，使工程造价进入了双轨并行阶段，即使在实施工程量清单计价方法后，定额计价方法仍将持续一段时期。定额计价方法如下：

一是列项、计算分项工程工程量。

二是计算直接费,包括直接工程费和措施费。

三是进行工料分析及人工、材料、机械价差调整。

四是取费,确定工程造价。建筑安装工程造价由直接费、间接费、利润、税金等组成。

4.1.3 工程量的概念

工程量是用物理计量单位或自然计量单位表示的建筑分项工程的实物数量。

物理计量单位是指需度量的物体物理属性单位,如长度(m)、面积(m^2)、体积(m^3)、质量(t)等单位。

自然计量单位是指无需度量的具有自然属性的单位,如个、台、座、组等。

计算工程量是根据施工图、预算定额以及工程量计算规则,列出分项工程名称,列出计算式,最后计算出结果的过程。它是编制施工图预算的基础工作,是预算文件的重要组成部分。工程量计算得准确与否,将直接影响工程直接费,从而影响工程造价、材料数量、劳动力需求量以及机械台班消耗量。因此,正确计算工程量对建设单位、施工企业和管理部门加强管理,对正确确定工程造价,具有重要的现实意义。在计算工程量过程中,一定要做到认真细致。

4.1.4 工程量计算的依据

计算工程量,主要依据下列技术文件、资料及有关规定。

(1)施工图纸及图纸会审纪要　施工图纸是计算工程量的基本资料,在取得施工图纸等资料后,必须认真、细致地熟悉图纸,并将会审纪要上的有关规定变更反映到图纸上,以此作为计算工程量的依据。

(2)经审定的施工组织设计和施工方案　计算工程量仅依据施工图纸和定额是不够的,因为每个工程都有自身的具体情况,如土壤类别、土方施工方法、运距等。这些内容主要从施工组织设计和施工方案中才能体现出来,因此计算工程量之前,必须认真阅读施工组织设计及施工方案。

(3)标准图及有关计算手册　施工图中引用的有关标准图集,表明了建筑构件、结构构件的具体构造做法和细部尺寸,是编制预算必不可少的。另外,计算工程量时一些常用的技术数据,可直接从有关部门发行的手册中直接查出,从而可以减轻计算的工作量,提高计算工程量的效率,如五金手册、材料手册等。

(4)建筑工程预算定额　建筑工程预算定额是指《全国统一建筑工程基础定额》、《全国统一建筑工程预算工程量计算规则》,以及省、市、自治区颁发的地区性建筑工程预算定额。定额中详细地规定了各个分部、分项工程工程量计算规则。计算工程量时必须严格按照定额中规定的计算规则、方法、单位进行,它具有一定的权威性。本章依据《河南省综合单价(A 建筑工程 2008)》计算。

4.1.5 用统筹法计算工程量

工程量计算一般采用统筹法进行计算。统筹法是一种科学的计划和管理方法,用于分析研究事物内在的相互依赖关系和固有的规律。根据此原理，在进行工程量计算时找出各分项工程自身的特点以及内在联系，运用统筹法合理安排工程量计算顺序，以达到简化计算，提高工作效率的目的。

例如：地面打夯工程量、地面防潮层工程量、地面垫层工程量、地面面层工程量、天棚工程量等，它们都与地面面积有关，地面面积是计算上述工程量的重要数据，“面”也是统筹法计算工程量的基数之一。

运用统筹法计算工程量的要点如下：

(1)统筹顺序，合理安排　计算工程量的顺序是否合理，直接关系到计算速度。工程量计算一般是以施工顺序和定额顺序进行计算的，若没有充分利用项目之间的内在联系，将导致重复计算。例如：在计算室内回填夯实，地面垫层，地面面层工程量时。运用统筹法计算，就是把具有共性的地面面层工程量放在前面计算，利用地面面层工程量乘以垫层厚度，得出地面垫层的工程量，同样利用地面面层的工程量乘以室内回填土厚度得出室内回填夯实工程量，这样以地面面层面积为基数，避免了不必要的重复计算。

(2)利用基数，连续计算　基数是指工程量计算中可重复利用的数据。工程量计算的基数是“四线两面”。“四线”是指外墙中心线($L_{中}$)、外墙外边线($L_{外}$)、内墙净长线($L_{内}$)、内墙基础净长线($L_{内基础}$)，“两面”是指建筑面积(S)、占地面积($S_{底}$)，这些数据计算一次，可多次使用。

上述基数由于基础及各层布局不同，常常有若干组，如基础中的$L_{中}$和$L_{内基础}$，各层墙体的$L_{中}$、$L_{外}$、$L_{内}$、$S_{底}$。每一个基数又要划分为若干个，如内墙净长线的个数应根据不同墙厚、墙高、砂浆品种和强度等级，计算出若干个基数。因此应用时应灵活掌握，切不可生搬硬套。

4.1.6　工程量计算应遵循的原则

在进行工程量计算时应注意下列基本原则：

(1)计算口径与定额一致　计算工程量时，根据施工图纸所列出的工程子目的口径(指工程子目所包含的内容)，必须与定额中相应工程子目的口径一致。如镶贴面层项目，定额中除包括镶贴面层工料外，还包括了结合层的工料，即黏结层不得另行计算。这就要求预算人员必须熟悉定额组成及其所包含的内容。

(2)计算规则与定额一致　工程量计算时，必须遵循定额中所规定的工程量计算规则，否则将是错误的。如墙体工程量计算中，外墙长度按外墙中心线计算，内墙长度按内墙净长线计算；又如楼梯面层和台阶面层工程量按水平投影面积计算。

(3)计算单位与定额一致　工程量计算时，工程量计算单位必须与定额单位相一致。在定额中，工程量的计算单位规定为：以体积计算的为 m^3，以面积计算的为 m^2，以长度计算的为 m，以质量计算的为 t 或 kg，以件(个或组)计算的为件(个或组)。

建筑工程预算定额中大多数用扩大定额(按计算单位的倍数)的方法来计量，如 100 m^3、10 m^3、100 m^2、100 m 等。如门窗工程量定额以“100 m^2”计量等。

(4)工程量计算所用原始数据必须和设计图纸相一致　工程量是按每一分项工程，根据设计图纸计算的。计算时所采用的数据，都必须以施工图纸所示的尺寸为准进行计算,不得任意加大或缩小各部位尺寸。

(5)按图纸并结合建筑物的具体情况进行计算　一般应做到主体结构分层计算;内装修分层分房间计算,对外装修分立面计算;或按施工方案要求分段计算。不同的结构类型组成的建筑,按不同结构类型分别计算。

4.1.7　工程量计算的顺序

每一幢建筑物分项工程繁多,少则几十项,多则上百项,且图纸内容上下、左右、内外交叉,如果计算时不讲顺序,很可能造成漏算或重复计算,并且给计算和审核工程量带来不便。因此,在计算工程量时必须按照一定的顺序进行。常用的计算顺序有以下几种:

(1)按照定额项目的顺序计算　此方法即参照使用预算定额所列分部工程、分项工程顺序进行计算。此法适合于对不太熟悉的工程项目或初编预算时采用。

(2)按施工顺序计算　即按工程对象施工的先后顺序来计算。如先地下,后地上;先底层,后上层;先结构,后装修;先主要,后次要。按照这种顺序计算,必须熟悉施工过程,有扎实的建筑结构和建筑构造方面的知识,且利用此方法便于利用基数。

(3)按定位轴线编号计算　对于比较复杂的工程,按照图纸上标注的定位轴线编号顺序计算,不易出现重复或漏算,并可将各分项所在位置标注出来。

(4)按编号顺序计算　该法是按照图纸上所标注的各种构件、配件符号顺序,先统计出构件、配件数量,然后逐一进行计算。此法适合于梁、板、柱、独立基础、门窗、预制构件、屋架等。

例如:L1,L2,L3,…;Z1,Z2,Z3,…;C1,C2,C3,…。

(5)按顺时针顺序计算　即按顺时针顺序,从平面图左上角开始,环绕一周后再到左上方为止。如计算外墙基础、外墙、楼地面、天棚等都可按此法进行,此法适合于封闭式布局建筑。

(6)按先横后竖计算　该方法根据平面图,按先横后竖、先上后下、先左后右顺序计算。此法适合于内墙基础、内墙、隔墙等。

4.2　建筑面积计算

4.2.1　概述

4.2.1.1　建筑面积的概念

建筑面积是指建筑物各层面积的总和。建筑面积包括使用面积、辅助面积和结构面积三部分。

(1)使用面积　指建筑物各层平面布置中可直接为生产或生活使用的净面积总和。例如住宅中的居室、客厅、书房等。

(2)辅助面积　指建筑物各层平面布置中辅助生产或生活所占净面积的总和。例如住宅中的楼梯、走道、卫生间、厨房等。

(3)结构面积　指建筑物各层平面布置中的墙体、柱等结构所占面积的总和。

建筑面积的计算，不是简单的各层平面面积的累加。它是根据施工平面布置图，按统一计算规则的规定计算出来的。依据建筑面积计算规则，有些计算建筑面积，有些计算一半面积，有些按外围水平面积计算，有些按水平投影面积计算。总体概念是按房屋外墙的外边线或建筑物水平投影的外边线的长乘宽求得。建筑面积以平方米为计算单位。

建筑面积的计算，要求每一个造价人员，既要熟练掌握国家和有关部门规定的建筑面积计算规则，还应具有高度的责任感和对工作一丝不苟的精神。目前我国建筑工程的建筑面积按照《建筑工程建筑面积计算规范》(GB/T 50353—2005)计算。

4.2.1.2 建筑面积的作用

建筑面积是项目建设、计划、统计及工程概况的主要数量指标之一，是确定拟建项目的规模、反映国家的建设速度、人民生活居住条件的改善程度、文化福利设施的发展程度、选择合理的设计方案，以及到规划或上级主管部门进行立项、审批、控制等方面的重要依据。例如，规划设计面积、计划施工面积、在建施工面积、工程竣工面积等指标。

建筑面积是计算技术经济数据指标的基础。有了建筑面积，才能计算出其他重要的技术经济指标。例如，概算指标、每平方米的工程造价(即单方造价)、每平方米的用工量、每平方米的主要材料用量等。

建筑面积也是计算某些分项工程量、确定某些费用的基础数据。利用这一基础数据可以减少造价编制过程中的计算工作量。例如，建筑物垂直运输及建筑物超高费用的计算，其工程量就是直接以建筑面积或超高部分建筑面积来计算的，场地平整、综合脚手架、室内回填土、楼地面装饰、天棚抹灰等项的工程量计算，均可利用建筑面积这个基数。

4.2.2 应计算建筑面积的范围

(1)单层建筑物的建筑面积，应按其外墙勒脚以上结构外围水平面积计算，并应符合下列规定：

①单层建筑物高度在2.20 m及以上者应计算全面积，高度不足2.20 m者应计算1/2面积；

②利用坡屋顶内空间时净高超过2.10 m的部位应计算全面积，净高在1.20 m至2.10 m的部位应计算1/2面积，净高不足1.20 m的部位不应计算面积。

(2)单层建筑物内设有局部楼层者，局部楼层的二层及以上楼层，有围护结构的应按其围护结构外围水平面积计算，无围护结构的应按其结构底板水平面积计算。层高在2.20 m及以上者应计算全面积，层高不足2.20 m者应计算1/2面积。

例4.1 计算图4.1所示的单层厂房的建筑面积，墙厚均为240 mm。

解 (1)底层建筑面积S_1：

$S_1=18.24\times11.64=212.31(m^2)$

(2)局部二层建筑面积S_2：

$S_2=(6+0.24)\times(4.5+0.24)=29.58(m^2)$

(3)单层厂房建筑面积S：

$S=S_1+S_2=212.31+29.58=241.89(m^2)$

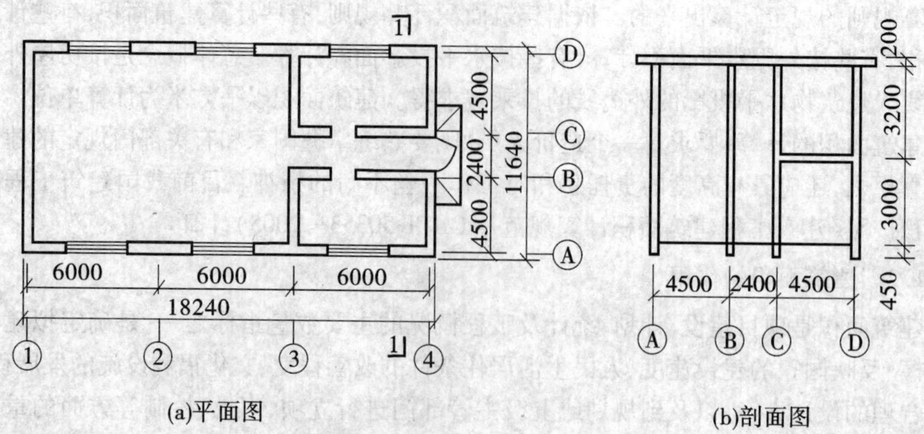

图 4.1 单层厂房(墙厚 240 mm,单位:mm)

(3)多层建筑物首层应按其外墙勒脚以上结构外围水平面积计算,二层及以上楼层应按其外墙结构外围水平面积计算。层高在 2.20 m 及以上者应计算全面积,层高不足 2.20 m 者应计算 1/2 面积。

(4)多层建筑坡屋顶内和场馆看台下,当设计加以利用时净高超过 2.10 m 的部位应计算全面积,净高在 1.20 m 至 2.10 m 的部位应计算 1/2 面积,当设计不利用或室内净高不足 1.20 m 时不应计算面积。

例 4.2 如图 4.2 所示,墙厚均为 240 mm,计算此多层建筑物的建筑面积。

解 (1)底层建筑面积

$$S_{底}=(13.40+0.24)\times(3.90+3.90)+(20.20+0.24)\times(3.00+3.60+1.50+0.24)-1.50\times(5.50+2.40)$$
$$=106.39+170.47-11.85$$
$$=265.01(\text{m}^2)$$

(2)二层建筑面积

$$S_2=(13.40+0.24)\times(3.90+3.90)+(15.7+0.24)\times(3.00+3.60+1.50+0.24)-(3.6-0.24)\times(5.5+2.4-0.24)-1.5\times(5.5+2.4)$$
$$=201.74(\text{m}^2)$$

(3)三层建筑面积

$$S_3=(13.40+0.24)\times(3.90+3.90)+(20.70+0.24)\times(3.00+3.60+1.50+0.24)$$
$$=106.39+174.64$$
$$=281.03(\text{m}^2)$$

总建筑面积 $S=S_{底}+S_2+S_3=265.01+201.74+281.03=747.78(\text{m}^2)$

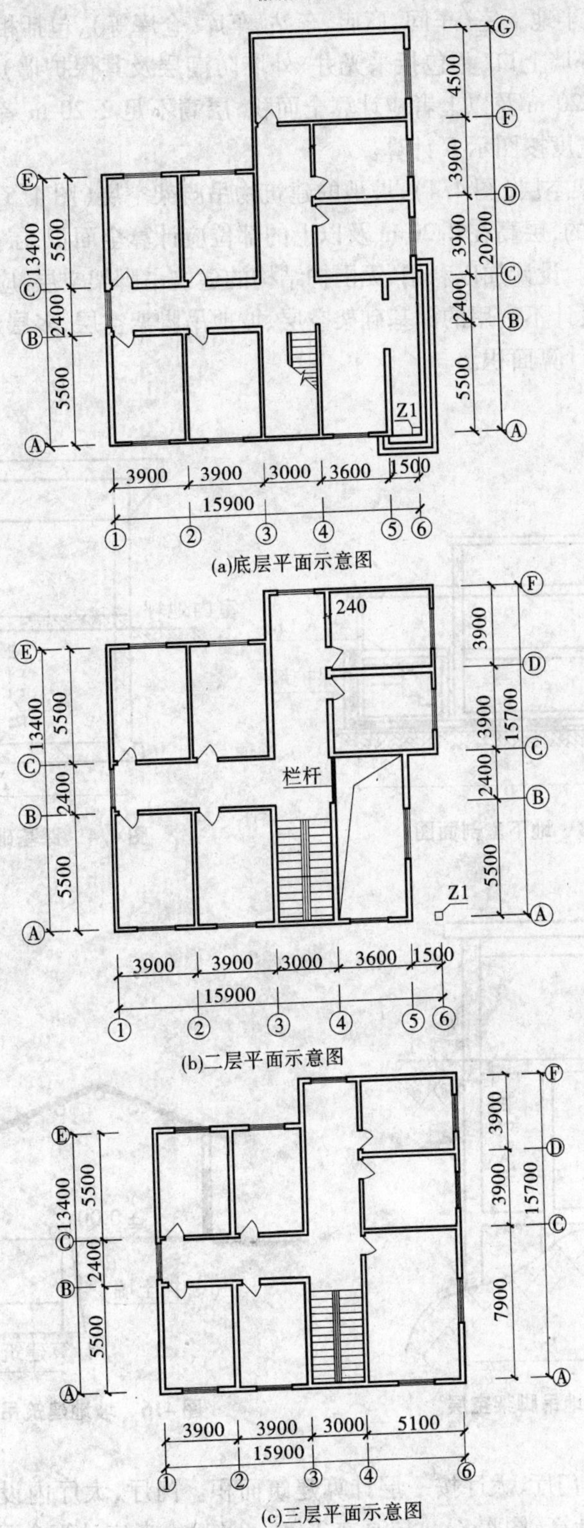

图4.2　多层建筑物示意图(单位:mm)

(5)地下室、半地下室(车间、商店、车站、车库、仓库等),包括相应的有永久性顶盖的出入口,应按其外墙上口(不包括采光井、外墙防潮层及其保护墙)外边线所围水平面积计算。层高在 2.20 m 及以上者应计算全面积,层高不足 2.20 m 者应计算 1/2 面积。如图 4.3 所示,其宽度按图示 *B* 计算。

(6)深基础架空层(图 4.4)、坡地的建筑物吊脚架空层(图 4.5、图 4.6),设计加以利用并有围护结构的,层高在 2.20 m 及以上的部位应计算全面积,层高不足 2.20 m 的部位应计算 1/2 面积。设计加以利用、无围护结构的建筑吊脚架空层,应按其利用部位水平面积的 1/2 计算;设计不利用的深基础架空层、坡地吊脚架空层、多层建筑坡屋顶内、场馆看台下的空间不应计算面积。

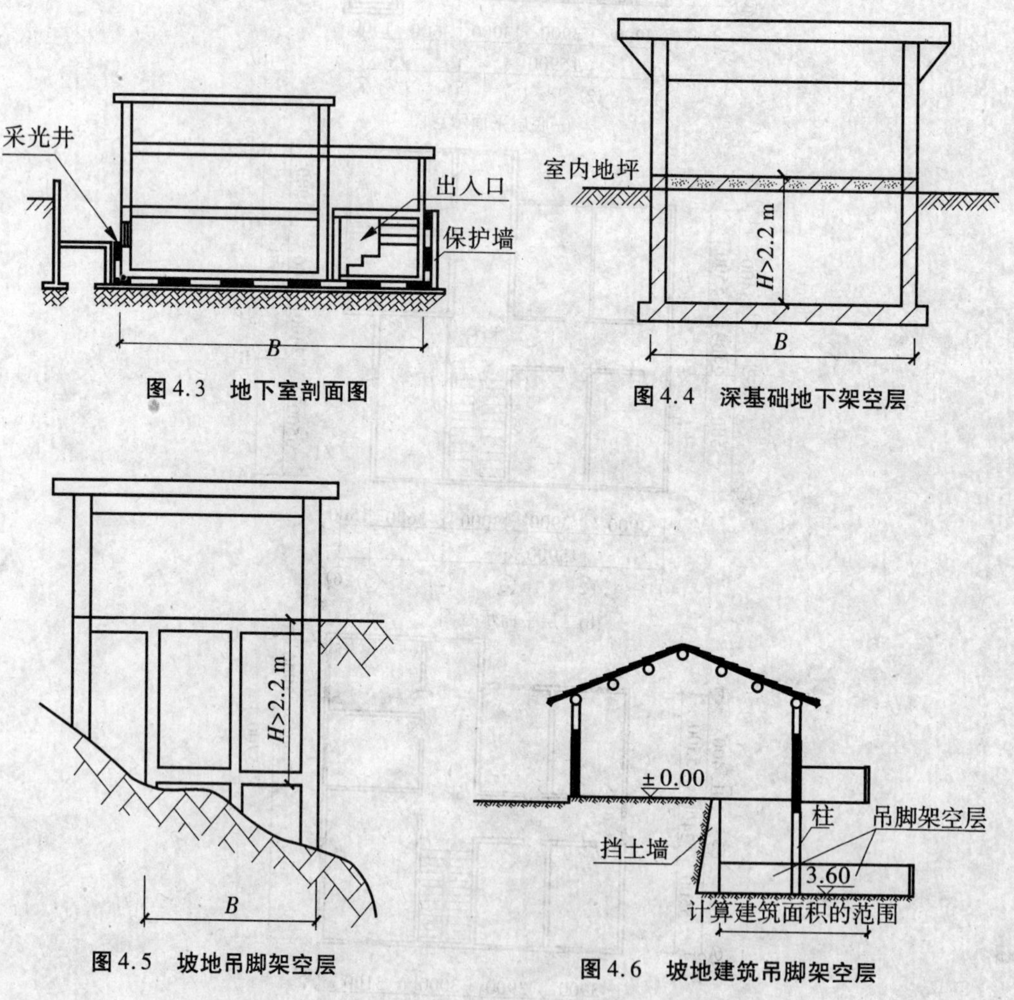

图 4.3 地下室剖面图

图 4.4 深基础地下架空层

图 4.5 坡地吊脚架空层

图 4.6 坡地建筑吊脚架空层

(7)建筑物的门厅、大厅按一层计算建筑面积。门厅、大厅内设有回廊时,应按其结构底板水平面积计算(图 4.7)。层高在 2.20 m 及以上者应计算全面积,层高不足 2.20 m 者应计算 1/2 面积。

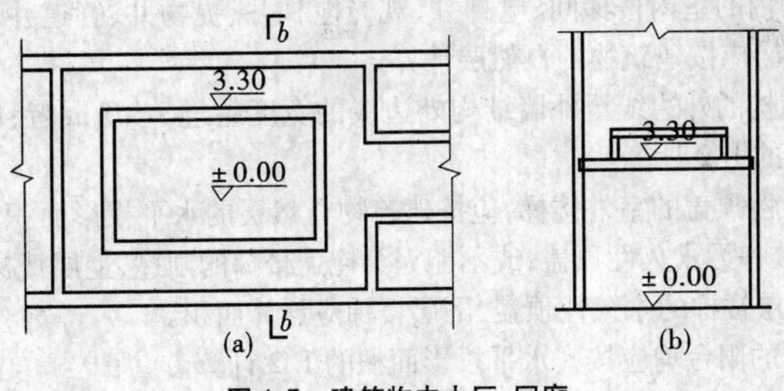

图4.7　建筑物内大厅、回廊

(a)平面图;(b)b–b剖面图

(8)建筑物间有围护结构的架空走廊,应按其围护结构外围水平面积计算。层高在2.20 m及以上者应计算全面积,层高不足2.20 m者应计算1/2面积。有永久性顶盖、无围护结构的应按其结构底板水平面积的1/2计算。

(9)立体书库、立体仓库、立体车库,无结构层的应按一层计算,有结构层的应按其结构层面积分别计算。层高在2.20 m及以上者应计算全面积,层高不足2.20 m者应计算1/2面积。

(10)有围护结构的舞台灯光控制室,应按其围护结构外围水平面积计算。层高在2.20 m及以上者应计算全面积,层高不足2.20 m者应计算1/2面积。

(11)建筑物外有围护结构的落地橱窗、门斗、挑廊、走廊、檐廊(图4.8),应按其围护结构外围水平面积计算。层高在2.20 m及以上者应计算全面积,层高不足2.20 m者应计算1/2面积。有永久性顶盖、无围护结构的应按其结构底板水平面积的1/2计算。

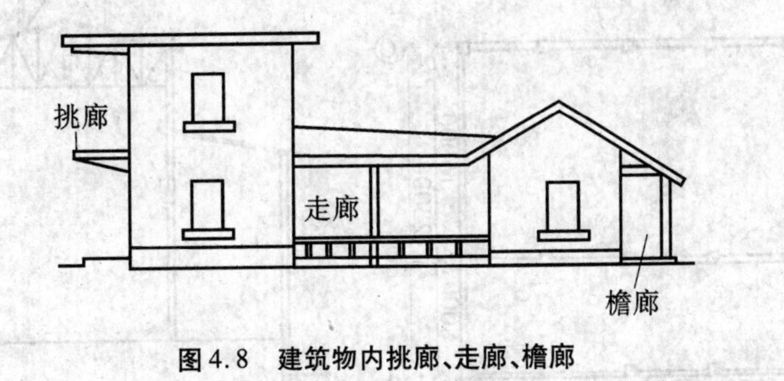

图4.8　建筑物内挑廊、走廊、檐廊

(12)有永久性顶盖、无围护结构的场馆看台,应按其顶盖水平投影面积的1/2计算。

(13)建筑物顶部有围护结构的楼梯间、水箱间、电梯机房等,层高在2.20 m及以上者应计算全面积,层高不足2.20 m者应计算1/2面积。

(14)设有围护结构不垂直于水平面而超出底板外沿的建筑物,应按其底板面的外围水平面积计算。层高在2.20 m及以上者应计算全面积,层高不足2.20 m者应计算1/2面积。

(15)建筑物内的室内楼梯间、电梯井、观光电梯井、提物井、管道井、通风排气竖井、垃圾道、附墙烟囱,应按建筑物的自然层计算。

(16)雨篷结构的外边线至外墙结构外边线的宽度超过 2.10 m 者,应按雨篷结构板的水平投影面积的 1/2 计算。

(17)有永久性顶盖的室外楼梯,应按建筑物自然层的水平投影面积的 1/2 计算。室外楼梯,最上层楼梯无永久性顶盖,或不能完全掩盖楼梯的雨篷,上层楼梯不计算面积,上层楼梯可视为下层楼梯的永久性顶盖,下层楼梯应计算面积。

(18)建筑物的阳台均应按其水平投影面积的 1/2 计算。

(19)有永久性顶盖、无围护结构的车棚、货棚、站台、加油站、收费站等,应按其顶盖水平投影面积的 1/2 计算。由于建筑技术的发展,出现了许多新型结构,如柱不再是单纯的直立的柱,而出现正∨形柱、倒∧形柱等不同类型的柱,给面积计算带来许多争议,为此,我们不以柱来确定面积的计算,而依据顶盖的水平投影面积计算。在车棚、货棚、站台、加油站、收费站内设有有围护结构的管理室、休息室等,另按相关条款计算面积。

(20)高低联跨的建筑物,应以高跨结构外边线为界分别计算建筑面积;其高低跨内部连通时,其变形缝应计算在低跨面积内。

(21)以幕墙作为围护结构的建筑物,应按幕墙外边线计算建筑面积。

(22)建筑物外墙外侧有保温隔热层的,应按保温隔热层外边线计算建筑面积。

(23)建筑物内的变形缝,应按其自然层合并在建筑物面积内计算。

例 4.3 计算图 4.9 所示单层工业厂房高跨部分及低跨部分的建筑面积。墙厚均为 240 mm,柱子尺寸为 400 mm×400 mm,Ⓑ轴线上墙体与柱子下边缘平齐。

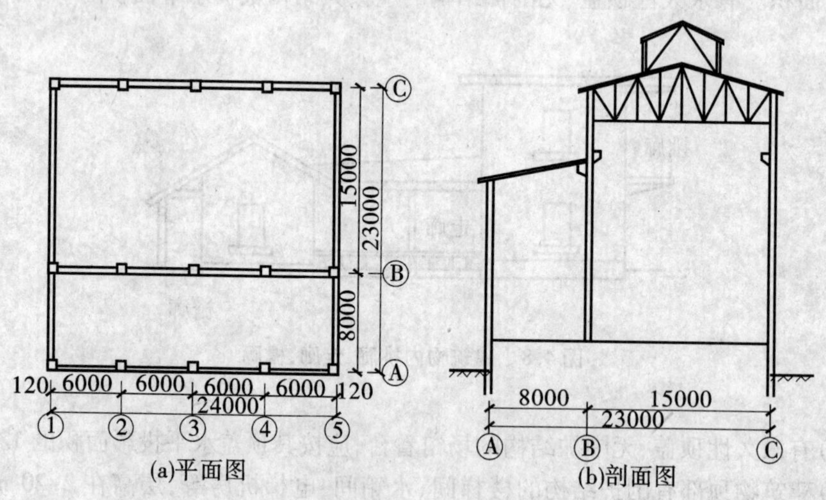

图 4.9 高低联跨的单层工业厂房

解 (1)高跨部分建筑面积 S_1

$S_1=(24+2\times0.12)\times(15+0.12+0.2)=371.36(m^2)$

(2)低跨部分建筑面积 S_2

$$S_2=(24+2\times0.12)\times(15+8+2\times0.12)-S_1=563.34-371.36=191.98(m^2)$$

或 $$S_2=(24+2\times0.12)\times(8-0.2+0.12)=191.98(m^2)$$

4.2.3 不计算建筑面积的范围

下列项目不应计算面积：

(1)建筑物通道、骑楼、过街楼的底层，如图4.10所示。

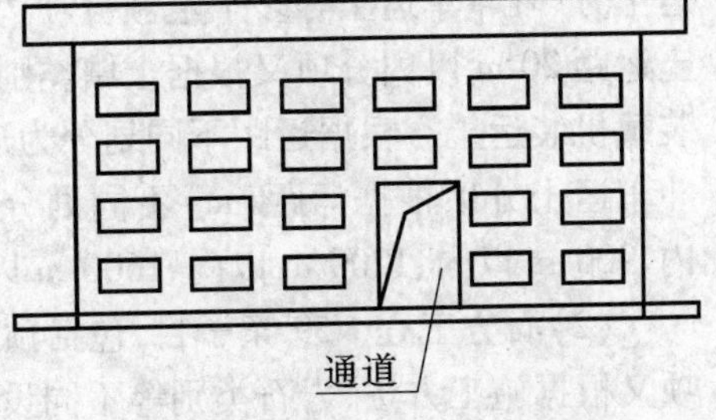

图4.10　穿越建筑物的通道

(2)建筑物内的设备管道夹层。

(3)建筑物内分隔的单层房间，舞台及后台悬挂幕布、布景的天桥和挑台等。

(4)屋顶水箱、花架、凉棚、露台、露天游泳池。

(5)建筑物内的操作平台、上料平台、安装箱和罐体的平台。

(6)勒脚、附墙柱、垛、台阶、墙面抹灰、装饰面、镶贴块料面层、装饰性幕墙、空调室外机搁板(箱)、飘窗、构件、配件、宽度在2.10 m及以内的雨篷以及与建筑物内不相连通的装饰性阳台、挑廊。

(7)无永久性顶盖的架空走廊、室外楼梯，以及用于检修、消防等的室外钢楼梯、爬梯。

(8)自动扶梯、自动人行道。

(9)独立烟囱、烟道、地沟、油(水)罐、气柜、水塔、贮油(水)池、贮仓、栈桥、地下人防通道、地铁隧道。

4.3 土石方工程

4.3.1 概述

4.3.1.1 土石方工程定额子目设置

本分部设土方工程、石方工程和土方回填共3部分131条子目。具体分项如下。

(1)土方工程　66条子目，包括平整场地、挖土方(挖基础土方)、挖淤泥。其中，挖土方包括人工挖土方、机械挖土方、其他等。

①人工挖土方清单综合单价定额中，分别设置了人工挖一般土方，开挖深度为1.5 m、2 m、3 m、4 m、5 m、6 m、7 m以内及7 m以上8个定额子目；人工挖沙砾坚土土方，开挖深度为1.5 m、2 m、3 m、4 m、5 m、6 m、7 m以内及7 m以上8个定额子目；人工挖一般土沟槽，开挖深度为1.5 m、2 m、3 m、4 m以内4个定额子目；人工挖沙砾坚土沟槽，开挖深度为1.5 m、2 m、3 m、4 m以内4个定额子目；人工挖一般土地坑，开挖深度为1.5 m、

2 m、3 m、4 m以内4个定额子目；人工挖沙砾坚土地坑，开挖深度为1.5 m、2 m、3 m、4 m以内4个定额子目；一般土及沙砾坚土山坡切土两个定额子目；双轮车运土运距在50 m以内及400 m以内每增加50 m的2个定额子目。

②机械挖土方清单综合单价定额中，分别设置了机械挖土、机械挖土汽车运土1 km、推土机推土运距20 m以内、推土机推土运距20 m以上每增10 m、人工装土自卸汽车运土1 km内、装载机装土自卸汽车运土1 km内、自卸汽车运土运距每增加1 km、装载机装运土方、翻斗车运土等多个定额分项，其中机械挖土、机械挖土汽车运土1 km、推土机推土运距20 m以内分项又根据土壤类别不同分别划分为一般土和沙砾坚土两个定额子目；装载机装运土方根据运距不同划分为运距20 m以内和运距每增20 m两个定额子目；翻斗车运土分项根据运距(m)不同划分为100 m以内、200 m以内、400 m以内、600 m以内、900 m以内、1200 m以内、1600 m以内和2000 m以内8个定额子目。

(2)石方工程　59条子目，包括预裂爆破、石方开挖、管沟石方3个专用分项，每个分项又根据施工方法、岩石类别等不同设置有不同的定额子目。

(3)土方回填　6条子目，包括土方回填、原土打夯和碾压3个专用分项，其中：回填土根据松填和夯填不同划分为两个定额子目，场地机械碾压又分为原土碾压、填土羊足碾碾压和填土压路机碾压3个定额子目。

4.3.1.2　土石方工程中分项工程的列项划分方法

分项工程的列项通常应根据设计图纸的内容，结合工程的具体情况，以定额子目的划分为原则，按照具体定额子目的设置情况、子目所包括的工作内容及定额中有关规则、说明、规定进行。

(1)一般建筑工程土石方分部常列项目　主要有场地平整、土方开挖、沟槽开挖、地坑开挖、原土打夯、土方运输、土方回填等。

在具体工程中，分项工程的列项特征应尽可能在项目名称中描述清楚，以便于工程量计算及定额套用。例如：人工挖沟槽(一般土，$h=3.5$ m)。

(2)列项划分计算工程量前的准备工作　计算土石方工程量前，应确定下列各项资料：

①土壤及岩石分类的确定。同样条件下开挖不同土质的土石方，将耗用不同数量的人工和机械，因此土壤岩石的类别是影响土石方开挖的一个主要因素。定额中开挖土方主要考虑挖一般土和沙砾坚土。开挖石方考虑松石、次坚石、普坚石和特坚石。

土石方工程土壤及岩石类别的划分，依工程勘测资料与土壤及岩石分类表(表4.1)对照后确定。表4.1中的Ⅰ~Ⅲ类土为定额中的一般土，Ⅳ类土为定额中的沙砾坚土，Ⅴ类为定额中的松石，Ⅵ~Ⅷ类为定额中的次坚石，Ⅸ、Ⅹ类为定额中的普坚石，Ⅺ~ⅩⅤ类为定额中的特坚石。

②地下水位标高及排(降)水方法。

③土方、沟槽、基坑挖(填)起止标高、施工方法、运距。不同的开挖深度在定额中有不同的定额子目，相应也要分别列项。如人工挖土方分为1.5 m、2 m、3 m、4 m、5 m、6 m、7 m以内及7 m以上子目；人工挖地槽、地坑分为1.5 m、2 m、3 m、4 m以内子目，超过4 m时按规定调整。

④岩石开凿、爆破方法、石碴清运方法及运距。

⑤其他有关资料。

表 4.1　土壤及岩石(普氏)分类表

土壤及岩石类别	土壤及岩石名称	天然湿度下平均表观密度/(kg/m^3)	极限压碎强度/MPa	用轻钻孔机钻进1 m耗时/min	开挖方法及工具	紧固系数/f	预算定额分类
Ⅰ	砂 砂壤土 腐殖土 泥炭	1500 1600 1200 600			用尖锹开挖	0.5~0.6	
Ⅱ	轻壤土和黄土类土 潮湿而松散的黄土,软的盐渍土和碱土 平均15 mm以内的松散而软的砾石 含有草根的密实植土 含有直径在30 mm以内根类的泥炭和腐殖土 掺有卵石、碎石和石屑的砂和腐殖土 含有卵石或碎石杂质的胶结成块的填土 含有卵石、碎石和建筑料杂质的砂壤土	1600 1600 1700 1400 1100 1650 1750 1900			用锹开挖并少数用镐开挖	0.6~0.8	一般土
Ⅲ	肥黏土,其中包括石炭纪、侏罗纪的黏土和冰黏土 重壤土、粗砾石,粒径为15~40 mm的碎石和卵石 干黄土和掺有碎石或卵石的自然含水量黄土 含有直径大于30 mm根类的腐殖土或泥炭 掺有碎石或卵石和建筑碎料的壤土	1800 1750 1790 1400 1900			用尖锹并同时用镐开挖(30%)	0.8~1.0	

续表 4.1

土壤及岩石类别	土壤及岩石名称	天然湿度下平均表观密度/(kg/m³)	极限压碎强度/MPa	用轻钻孔机钻进1 m耗时/min	开挖方法及工具	紧固系数/f	预算定额分类
Ⅳ	含碎石、重黏土，其中包括侏罗纪和石炭纪的硬黏土 含有碎石、卵石、建筑碎料和质量达25 kg的顽石(总体积10%以内)等杂质的肥黏土和重壤土 冰碛黏土，含有质量在50 kg以内的巨砾，其含量为总体积10%以内 泥板岩 不含或含有质量达10 kg的顽石	1950 1950 2000 2000 1950			用尖铲并同时用镐和撬棍开挖(30%)	1.0~1.5	沙砾坚土
Ⅴ	含有质量在50 kg以内的巨砾(占体积10%以上)的冰碛石 矽藻岩和软白垩岩 胶结力弱的砾岩 各种不坚实的片岩 石膏	2100 1800 1900 2600 2200	<20	<3.5	部分用手凿工具，部分用爆破来开挖	1.5~2.0	松石
Ⅵ	凝灰岩和浮石 松软多孔和裂隙严重的石灰岩和介质石灰岩 中等硬变的片岩 中等硬变岩泥灰岩	1100 1200 2700 2300	20~40	3.5	用风镐和爆破方法开挖	2~4	次坚石

续表 4.1

土壤及岩石类别	土壤及岩石名称	天然湿度下平均表观密度/(kg/m³)	极限压碎强度/MPa	用轻钻孔机钻进1 m耗时/min	开挖方法及工具	紧固系数/f	预算定额分类
Ⅶ	石灰石胶结的带有卵石和沉积岩的岩砾石 风化的和有大裂缝的黏土质砂岩 坚实的泥板岩 坚实的泥灰岩	2200 2000 2800 2500	40~60	6.0	用爆破方法开挖	4~6	普坚石
Ⅷ	砾质花岗岩 泥灰质石灰岩 黏土质砂岩 砂质云母片岩 硬石膏	2300 2300 2200 2300 2900	60~80	8.5	用爆破方法开挖	6~8	
Ⅸ	严重风化的软弱的花岗石、片麻岩和正长岩 滑石化的蛇纹岩 致密的石灰岩 含有卵石、沉积岩的碴质胶结的砾石 砂岩 砂质石灰质片岩 菱镁矿	2500 2400 2500 2500 2500 2500 3000	80~100	11.5	用爆破方法开挖	8~10	
Ⅹ	白云岩 坚固的石灰岩 大理岩 石灰质胶结的致密砾石 坚固砂质片岩	2700 2700 2700 2600 2600	100~120	15.0	用爆破方法开挖	10~12	

续表 4.1

土壤及岩石类别	土壤及岩石名称	天然湿度下平均表观密度/(kg/m^3)	极限压碎强度/MPa	用轻钻孔机钻进 1 m 耗时/min	开挖方法及工具	紧固系数/f	预算定额分类
Ⅺ	粗花岗岩 非常坚硬的白云岩 蛇纹岩 石灰质胶结的含有火成岩之卵石的砾石 石英胶结的坚固砂岩 粗粒正长岩	2800 2900 2600 2800 2700 2700	120～140	18.5	用爆破方法开挖	12～14	特坚石
Ⅻ	具有风化痕迹的安山岩和玄武岩 片麻岩 非常坚固的石灰岩 硅质胶结的含有火成岩之卵石的砾岩 粗石岩	2700 2600 2900 2900 2600	140～160	22.0	用爆破方法开挖	14～16	
XIII	中粒花岗岩 坚固的片麻岩 辉绿岩 玢岩 坚固的粗石岩 中粒正长岩	3100 2800 2700 2500 2800 2800	160～180	27.5	用爆破方法开挖	16～18	
XIV	非常坚固的细粒花岗岩 花岗片麻岩 闪长岩 高硬度的石灰岩 坚固的玢岩	3300 2900 2900 3100 2700	180～200	32.5	用爆破方法开挖	18～20	
XV	安山岩、玄武岩、坚固的角页岩 高硬度的辉绿岩和闪长岩 坚固的辉长岩和石英岩	3100 2900 2800	200～250	46.0	用爆破方法开挖	20～25	
	拉长玄武和橄榄玄武岩 特别坚固的辉长辉绿岩、石英和石玢岩	3300 3000	>250	>60	用爆破方法开挖	>25	

4.3.2　土石方工程工程量计算

4.3.2.1　土石方工程量计算一般规则

(1)土方体积应按挖掘前的天然密实体积计算,如遇有必须以天然密实体积折算时,可按表4.2所列数值换算。

表4.2　土方体积折算系数表

天然密实体积	虚土体积	夯实土体积	松填土体积
1.00	1.30	0.87	1.08
0.77	1.00	0.67	0.83
1.15	1.49	1.00	1.24
0.93	1.20	0.81	1.00

(2)挖土方平均厚度应按自然地面测量标高至设计地坪标高间的平均厚度确定。基础土方、石方开挖深度应按基础垫层底表面标高至交付施工场地标高确定,无交付施工场地标高时,应按自然地面标高确定。

4.3.2.2　场地平整工程量计算规则

场地平整是指厚度在±30 cm以内的挖、填、找平工作。平整场地按设计图示尺寸以建筑物首层面积计算。±30 cm以外的竖向布置或山坡切土应另列项计算,不能执行平整场地。竖向布置挖土和管道支架、下水道、化粪池、窨井等零星工程不计算平整场地。围墙、地沟、水塔、烟囱按基坑垫层面积计算平整场地。

根据上述规则,一般建筑物的平整场地工程量即为该建筑物底层建筑面积。

平整场地工程量计算公式如下:

$$S=S_{底} \tag{4.1}$$

式中　$S_{底}$——底层建筑面积(m^2)。

注意:不是所有建筑物的平整场地工程量都是底层建筑面积。落地阳台、地下室及半地下室的采光井也应计算平整场地的工程量。落地阳台按照全面积计算。

例4.4　计算图4.11所示的平整场地的工程量,墙厚为240 mm。

解　平整场地工程量为:

$S=(57+0.24)\times(52+0.24)-(36-0.24)\times42$

$=2990.22-1501.92$

$=1488.30(m^2)$

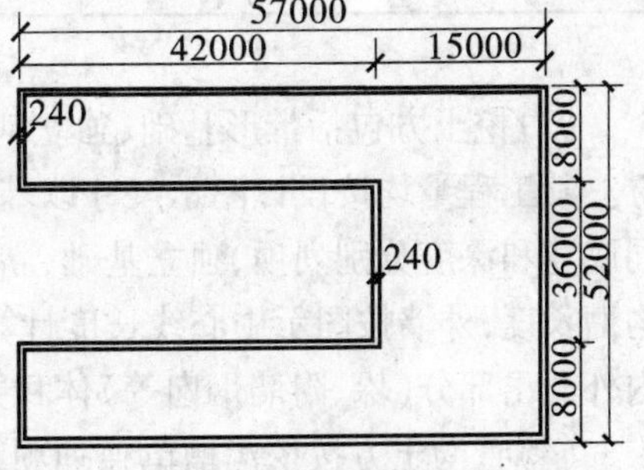

图4.11　某建筑物底层平面图(单位:mm)

4.3.2.3 挖沟槽、地坑、土(石)方工程量计算规则

(1)挖沟槽、地坑、土(石)方的区分。

凡图示基底面积在 20 m^2 以内(不包括加宽工作面)的为地坑。

凡图示基底宽在 3 m 以内,且基底长大于基底宽 3 倍以上的,为沟槽。

凡图示基底宽 3 m 以上,基底面积 20 m^2 以上(不包括加宽工作面)的石方,为平基。

凡图示基底宽 3 m 以上,基底面积 20 m^2 以上(不包括加宽工作面),平整场地挖土方厚度在 30 cm 以上者,均为挖土方。山区或丘陵地建设中一边挖土者属于山坡切土。

(2)按施工组织设计要求计算的沟槽、地坑、土方挖土工作面和放坡工程量系数,可按表 4.3、表 4.4 的规定计算。

表 4.3 基础施工所需工作面宽度(C)计算表

基础材料	每边各增加工作面宽度 C/mm
砖基础	200
浆砌毛石、条石基础	150
混凝土基础垫层支模板	300
混凝土基础支模板	300
基础垂直面做防水层	800(防水层面)

表 4.4 放坡起点深度及放坡系数(m)

土壤分类	1 : m			放坡起点深度/m
	人工挖土	机械挖土		
		坑内作业	坑上作业	
一般土	1 : 0.43	1 : 0.29	1 : 0.71	1.35
沙砾坚土	1 : 0.25	1 : 0.10	1 : 0.33	2.0

(3)挖土方包括带形基础、独立基础、满堂基础(包括地下室基础)及设备基础等的挖方。其工程量均按设计图示尺寸以基础垫层底面积乘以挖土深度计算。带形基础应按不同底宽和深度分别列项,独立基础、满堂基础应按不同底面面积和深度分别列项。其中挖沟槽长度,外墙按图示中心线长度计算,内墙按图示基础垫层底面之间净长线长度计算,内外凸出部分(垛、附墙烟囱等)体积并入沟槽土方工程量内计算。

(4)管沟土方按挖沟槽单独列项,其工程量应按设计图示的管沟中心线长度乘以截面面积的体积计算。有管沟设计时,平均深度以沟垫层底表面标高至交付施工场地标高计算;无管沟设计时,直埋管深度应按管底外表面标高至交付施工场地标高的平均深度计算。设计规定沟底宽度的按设计规定尺寸计算,设计无规定的可按表 4.5 规定的宽度计算。

表4.5　管道地沟沟底宽度计算表　（单位:m）

管径/mm	铸铁管、钢管、石棉水泥管	混凝土、钢筋混凝土、预应力混凝土管	陶土管
50～70	0.60	0.80	0.70
100～200	0.70	0.90	0.80
250～350	0.80	1.00	0.90
400～450	1.00	1.30	1.10
500～600	1.30	1.50	1.40
700～800	1.60	1.80	
900～1000	1.80	2.00	
1100～1200	2.00	2.30	
1300～1400	2.20	2.60	

注:①按上表计算管道沟土方工程量时,各种井类及管道(不含铸铁给排水管)接口等处需加宽增加的土方量不另行计算,底面积大于20 m^2 的井类,其增加工程量并入管沟土方内计算。

②铺设铸铁给排水管道时,其接口等处土方增加量,可按铸铁给排水管道地沟土方总量的2.5%计算。

(5)工程量计算时应注意以下问题。

1)沟槽突出部分体积,并入沟槽工程量内计算。

2)沟槽断面不同时,应分别计算,然后将同一深度段内体积进行合并。

3)同一槽内、坑内有干、湿土时,应分别计算。

4)施工组织设计要求计算放坡时,交接处所产生的重复工程量不予扣除,单位工程中如内墙过多、过密、交接处重复计算量过大,已超出大开口所挖土方量时,应按大开口规定计算土方工程量。

5)放坡时,应从垫层下面开始放坡。

6)注意沟槽、地坑及土方的区分:凡槽底宽度在3 m以内,且槽长大于槽宽3倍以上者,按沟槽计算。凡坑底面积在20 m^2 以内(不包括加宽工作面),按挖地坑计算。凡挖填土厚度在30 cm以上的场地平整工程,按挖土方计算;凡槽长不超过槽宽的3倍,且底面积大于20 m^2(不包括加宽工作面)的为挖土方;槽长大于槽宽的3倍,而槽宽在3 m以上的,为挖土方工程。

(6)施工组织设计要求增加工作面和放坡时,增加土方工程量的常见计算方法如下。

1)沟槽开挖,以 m^3 计,如图4.12所示,由于增加工作面和放坡而增加的土方工程量计算公式为:

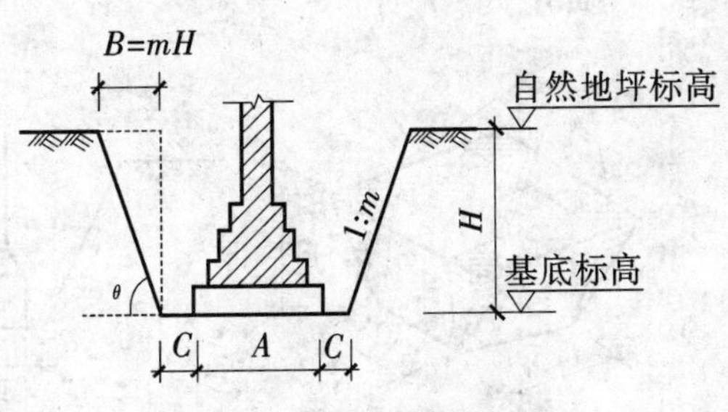

图4.12　放坡地槽示意图

$$\Delta V = V_1 - V_2 \qquad (4.2)$$

$$V_1 = (A+2C+mH)\times H\times L \qquad (4.3)$$

$$V_2=S\times H \tag{4.4}$$

式中 ΔV——由于增加工作面和放坡而增加的挖槽工程量(m^3);

V_1——由于增加工作面和放坡后总的挖槽工程量(m^3);

V_2——不考虑增加工作面和放坡时的挖槽工程量(m^3);

A——基础垫层底宽度(m);

C——增加工作面宽度,按表4.3确定。

m——放坡系数,土方边坡 $i=\tan\theta=H/B=1:m$ 即$\{m=B/H\}$,m 的确定根据土壤类别和开挖方法及沟槽开挖深度查表4.4确定。

H——沟槽开挖深度(m)。指自然地坪至基底的高度,即 H=自然地坪标高(交付施工场地标高)-基础垫层底表面标高;

L——沟槽的计算长度(m)。外墙按图示槽底尺寸的中心线计算,内墙按图示槽底尺寸的净长线计算。

S——基础垫层底面积。

2)地坑体积以 m^3 计算,通常坑底为正方形、长方形或圆形,由于增加工作面和放坡而增加的土方工程量计算公式如下。

① 矩形基坑

$$\Delta V=V_1-V_2 \tag{4.5}$$

$$V_1=(A+2C+mH)(B+2C+mH)H+\frac{1}{3}m^2H^3 \tag{4.6}$$

$$V_2=A\times B\times H \tag{4.7}$$

式中 ΔV——由于增加工作面和放坡而增加的土方工程量(m^3);

V_1——增加工作面和放坡后总的土方工程量(m^3);

V_2——不考虑增加工作面和放坡时的土方工程量(m^3);

A、B——基础垫层双向尺寸(m),如图4.13所示;

C——增加工作面宽度,按表4.3确定;

m——放坡系数,按表4.4确定;

H——开挖深度(m)。

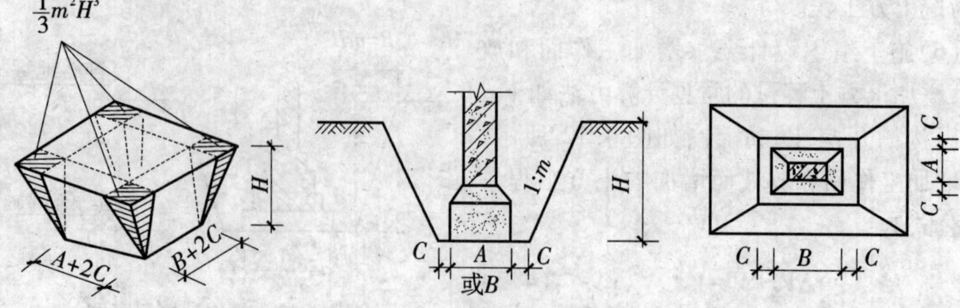

图4.13 地坑示意图

② 方形基坑

$$\Delta V = V_1 - V_2 \tag{4.8}$$

$$V_1 = (A+2C+mH)^2 H + \frac{1}{3} m^2 H^3 \tag{4.9}$$

$$V_2 = A \times H \tag{4.10}$$

式中　ΔV——由于增加工作面和放坡而增加的土方工程量(m^3);

V_1——增加工作面和放坡后总的土方工程量(m^3);

V_2——不考虑增加工作面和放坡时的土方工程量(m^3)。

③圆形地坑

$$\Delta V = V_1 - V_2 \tag{4.11}$$

$$V_1 = \frac{1}{3}\pi H(R^2 + r^2 + R \cdot r) \tag{4.12}$$

$$V_2 = \pi r^2 H \tag{4.13}$$

式中　ΔV——由于增加工作面和放坡而增加的土方工程量(m^3);

V_1——增加工作面和放坡后总的土方工程量(m^3);

V_2——不考虑增加工作面和放坡时的土方工程量(m^3);

r——坑底半径(m);

R——坑上口半径(m),如图 4.14 所示。

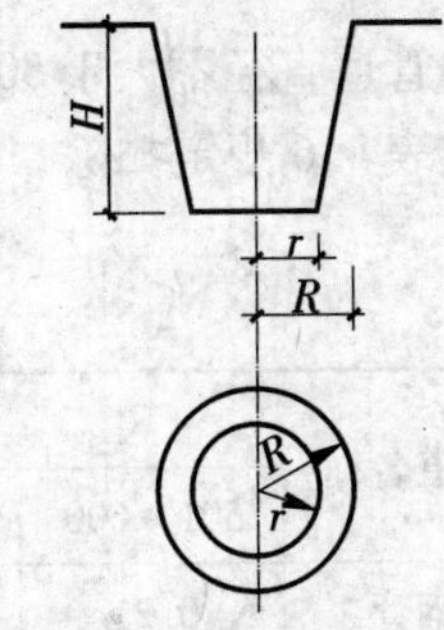

图 4.14　圆形地坑示意图

4.3.2.4　回填土工程量计算规则

回填土分为夯填、松填,按设计图示尺寸以体积并按下列规定计算:

(1)场地回填　场地面积乘以平均回填厚度。

(2)室内回填　主墙间净面积乘以回填厚度。

室内回填土系指室内地面结构层以下不够设计标高时需回填的土方,计算公式为:

$$\text{室内回填土体积}(m^3) = \text{室内主墙间净面积} \times \text{回填土厚度} \tag{4.14}$$

式中　　　回填土厚度＝室内外设计标高差－室内结构层厚度

(3)基础回填　挖方体积减去设计室外地坪以下埋设的基础(包括基础垫层及其他构筑物)体积。

在基础完工后,需将基础周围的槽(坑)部分回填至室外地坪标高,如图 4.15 所示。基础回填土计算公式为:

$$\text{沟槽(坑)回填土体积} = \text{槽(坑)挖土体积} - \text{设计室外地坪以下埋设部分体积} \tag{4.15}$$

式中,槽(坑)挖土体积是指不考虑放坡及加宽工作面的挖土方的量;埋设部分体积,包括基础垫层、墙基、柱基、杯形基础、基础梁、地圈梁、管道基础及设计室外地坪以下的地沟及地下室的体积等。

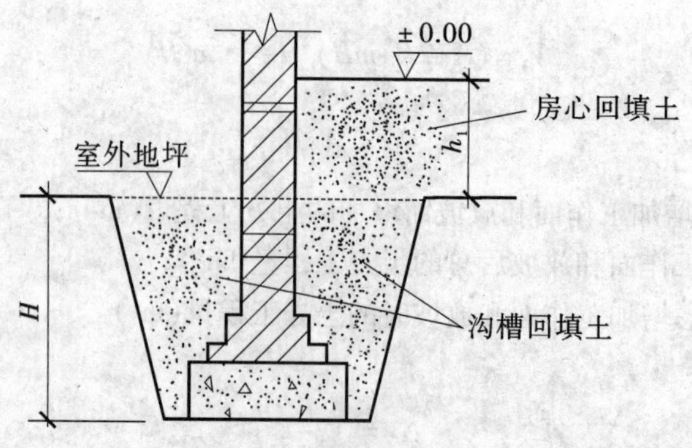

图 4.15 沟槽及室内回填土

(4)管道沟槽回填 以挖方体积减去管道所占体积计算。

$$管道沟槽回填土体积=挖土体积-管道占体积 \tag{4.16}$$

式中管道直径不大于 500 mm 的管道所占体积可不扣除，管径超过 500 mm 的管道所占体积按表 4.6 规定扣除。

表 4.6 管沟回填土每延长米扣除体积表 (单位:m³)

管道名称	管道直径/mm					
	501～600	601～800	801～1000	1001～1200	1201～1400	1401～1600
钢管	0.21	0.44	0.71			
铸铁管	0.24	0.49	0.77			
混凝土管	0.33	0.60	0.92	1.15	1.35	1.55

(5)余土或取土 余土是指挖土方经回填后剩余的土方，一般要外运至指定地点，即余土外运。

取土是指挖出土方不够回填所需，必须从其他地方取土(或买土)，运到回填地点。此情况除执行运土方外，还应计取买土费用。

余土或取土工程量计算公式为:

$$余(取)土体积(m^3)=挖土总体积-回填土总体积 \tag{4.17}$$

式中计算结果为正数时，为余土外运体积；如为负数，则为取土内运体积。

人工土方运输距离，按单位工程施工中心点至卸土或取土中心点的距离计算。

土方运输除正常情况外，还有以下情况发生:

①由于场地受限，挖出土方现场不能堆放，需先运至指定地点，待回填时再回运至回

填地点，此情况下需分别计算外运土方工程量和回运土方工程量。

②由于地质条件，原挖出土质不好，不能用于回填，需要换土回填，此情况下需计取外运土方、取土、回运土方的工程量。

4.3.2.5 基底钎探工程量计算规则

基底钎探工程量按图示基底尺寸以垫层底面积计算。

4.3.2.6 原土打夯工程量计算规则

原土打夯是指按照设计的要求，在建筑物或构筑物施工时，对原状态土进行夯实的工作。主要适用于槽底、坑底和地面垫层下要求打夯的项目，打夯前要进行碎土、平土、找平等工序，并要求打夯两遍。

原土打夯在施工图纸上以"素土夯实"表示。而基坑、基槽垫层底均需对原状土进行夯实，施工图纸一般不另说明，在编制预算时称之为"槽、坑底打夯"。

槽、坑底打夯工程量按图示尺寸以垫层底面积计算。

注意：回填土、垫层的分层夯实已包含在相应定额内，不得按原土打夯重复计算。而散水、坡道、台阶、平台、底层地面等部位的垫层下部夯实需另列项计算。

4.3.3 土石方工程定额应用

(1)土方体积均按天然密度体积(自然方)计算。

(2)湿土的划分以地质资料提供的地下常水位为界，地下常水位以下为湿土。人工挖土方、地槽、地坑均以干土编制，如挖湿土时，人工乘以系数1.18；使用井点降水后，常水位以下的土不能再按湿土计算。机械土方子目以土壤天然含水率为准划分，含水率大于25%时，定额子目人工、机械乘以系数1.15；如大于40%时，另行处理。

(3)定额子目中未包括地下常水位以下施工的排水费用，发生时，应另按措施项目计算。

(4)平整场地子目已综合考虑了各种因素，与实际不同时不能换算。计算挖土方时，也不扣除场地平整的厚度。

(5)当人工挖地槽、地坑深度超过4 m时，以相应的4 m深子目单价为基础，分别乘以系数：6 m以内为1.1，8 m以内为1.15，10 m以内为1.2，10 m以上为1.25，同时每100 m^3土方增加少先吊3.25台班。

人工挖地槽(坑)深度超过4 m湿土的定额单价=相应的4 m内挖土单价×超深系数+该子目单价中的人工费×超深系数×湿土系数0.18+3.25台班×少先吊台班单价 (4.18)

(6)人工挖土定额子目内未考虑挖土工作面和放坡应增加的费用。如施工组织设计要求增加工作面和放坡时，增加土方工程量可依据本分部计算规则的相应规定计算。增加土方工程量的费用可考虑在综合单价内。计算出分项放坡及加宽工作面挖土系数，作为分项综合单价的换算系数。

$$\text{分项放坡及加宽工作面挖土系数}=\frac{\text{考虑放坡及加宽工作面的分项全部土方}}{\text{分项土方工程量(不含放坡及加宽工作面的土方量)}} \tag{4.19}$$

(7)人工运土方执行双轮车运土方子目,运距超过400 m者,执行机械运土子目。

(8)人工运淤泥、流沙按运双轮车土方子目乘以系数1.9计算。

(9)回填土已经包括回运100 m的费用,如运距不同者,可按运土子目进行换算。回填要求筛土者,回填土子目人工乘以系数1.86。基础回填的工程量中没有考虑放坡及加宽工作面的系数增加的挖土部分的回填量,如果施工组织设计要求放坡及增加工作面,在执行基础回填土综合单价时,与挖基础土方一样,应该乘以基础回填土系数进行换算。

$$基础回填土系数=\frac{(考虑放坡及增加工作面的全部挖土量-埋设量)}{(不考虑放坡及加宽工作面的挖土方的-埋设量)} \tag{4.20}$$

(10)凿、截桩头已包括现场内的运输费用,不得再行计算。

(11)本分部机械是按照通常采用的种类和规格综合取定的,除有特殊注明者外,不得换算。

(12)凡土壤中砾石比例大于30%或遇多年沉积的沙砾及泥砾层石质时,执行机械挖渣定额。

(13)推土机推土土层平均厚度小于30 cm时,推土机台班用量乘以系数1.25;推土机推土、推石碴重车上坡时如果坡度大于5%,其运距按坡度区段斜长乘以坡度斜长系数计算,坡度斜长系数依据《河南省综合单价(A建筑工程2008)》土石方工程说明中的规定取值。

(14)机械挖土方深度按5 m取定,如果深度超过5 m,相应子目中的挖掘机台班数量乘以系数1.09。

(15)机械挖土方,单位工程土方量小于2000 m^3 时,相应子目乘以系数1.1。

(16)机械挖土方子目,未考虑工作面和放坡应增加的费用。施工组织设计要求增加工作面和放坡时,增加土方工程量可依据本分部计算规则的相应规定计算。增加土方工程量的费用可考虑在综合单价内。

(17)机械挖土方工程量,按机械挖土方90%、人工挖土方10%计算,人工挖土部分执行相应子目人工乘以系数2。

(18)同一槽内、坑内有干湿土时应分别计算,但使用定额时,按槽、坑全深套用对应子目。

(19)土方运输执行土方运输相应的定额子目,但综合单价需要乘以天然密实体积折算系数进行换算。基础回填土的运输执行土方运输相应的定额子目,但综合单价需要乘以天然密实体积折算系数和基础回填系数进行换算。

例4.5 试计算图4.16所示土方工程综合费及综合工日。已知自然地面标高为±0.000,地下水位标高为-4.0 m,图示尺寸均为底部尺寸,土壤为沙砾坚土,采用人工开挖。(施工组织设计要求放坡,且计算工程量可以分别计算,不考虑相交重算部分体积)

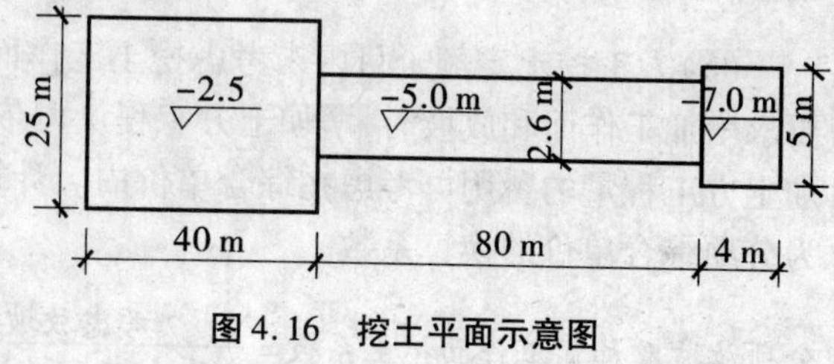

图4.16 挖土平面示意图

解　(1)25 m×40 m 部分

因土壤为沙砾坚土,人工开挖,根据表4.4判断,放坡起点深度为2.0 m,$H_1=2.5$ m>2.0 m,应按1∶0.25放坡,即$m=0.25$,按公式(4.6),考虑放坡后的挖土工程量为:

$$V'_1=(25+0.25\times2.5)\times(40+0.25\times2.5)\times2.5+\frac{1}{3}\times0.25^2\times2.5^3=2602.86(\mathrm{m}^3)$$

不考虑放坡的挖土工程量:

$$V_1=25\times40\times2.5=2500(\mathrm{m}^3)$$

又因$S_{底}=25\times40=1000(\mathrm{m}^2)>20(\mathrm{m}^2)$,且槽长不超过3倍槽宽,应执行人工挖土方子目,套用《河南省综合单价(A建筑工程2008)》(1-12)子目,人工挖土定额子目内未考虑放坡应增加的费用。本工程施工组织设计要求放坡,增加土方工程量的费用可考虑在综合单价内。

(1-12)综合单价=2770.70×(2602.86÷2500)=2884.70(元/100 m²)

综合费=综合单价×工程量=2884.70×2500÷100=72117.5(元)

综合工日M_1=2500÷100×51.12×(2602.86÷2500)=1330.58(工日)

(2)80 m×2.6 m 部分

因开挖深度$H_2=5.0$ m>2.0 m,应按1∶0.25放坡;标高-4.0 m以下为湿土,按工程量计算规则,干、湿土应分别计算;槽底宽在3 m以内,且槽长大于3倍槽宽,按地槽计算,按公式(4-3),考虑放坡后的挖土工程量为:

$V'_{2总}=(2.6+0.25\times5)\times5\times80=1540(\mathrm{m}^3)$

$V'_{2湿土}=(2.6+0.25\times1)\times1\times80=228(\mathrm{m}^3)$

$V'_{2干土}=V_{2总}-V_{2湿土}=1540-228=1312(\mathrm{m}^3)$

不考虑放坡的挖土工程量为:

$V_{2总}=2.6\times5\times80=1040(\mathrm{m}^3)$

$V_{2湿土}=2.6\times1\times80=208(\mathrm{m}^3)$

$V_{2干土}=V_{2总}-V_{2湿土}=1040-208=832(\mathrm{m}^3)$

因挖槽深土超过4 m,且4 m以下挖湿土,所以计算综合工日时,应乘以相应系数。套用《河南省综合单价(A建筑工程2008)》(1-25)子目,人工挖土定额子目内未考虑放坡应增加的费用。本工程施工组织设计要求放坡,增加土方工程量的费用可考虑在综合单价内。挖槽综合工日为:

干土(1-25)综合工日=71.04×1.1×(1312÷832)=123.23(工日/100 m³)

湿土(1-25)综合工日=71.04×1.1×1.18×(228÷208)=85.66(工日/100 m³)

(1-25)干土综合单价=3850.37×1.1×(1312÷832)+3.25×66.76
=6895.88(元/100 m²)

干土综合费 = 6895.88×(832÷100) = 57373.72(元)

(1-25)湿土综合单价 = 3850.37×1.1×(228÷208)+3.25×66.76+
3054.72×1.1×(1.18-1)×(228÷208)
= 5522.62(元/100 m^2)

湿土综合费 = 5522.62×208÷100 = 11487.05(元)

综合工日 $M_{2干土}$ = 832 m^3÷100×123.23 = 1025.27(工日)

综合工日 $M_{2湿土}$ = 208 m^3÷100×85.66 = 178.17(工日)

(3)4 m×5 m 部分

因开挖深度 H_3 = 7.0 m >2.0 m,按 1 : 0.25 放坡,且分干湿土,又因 $S_{3底}$ = 20 m^2,应按地坑计算,按公式(4-6),考虑放坡后的挖土工程量为:

$$V'_{3总} = (4+0.25\times7)\times(5+0.25\times7)\times7+\frac{1}{3}\times0.25^2\times7^3 = 278.84(m^3)$$

$$V'_{3湿} = (4+0.25\times3)\times(5+0.25\times3)\times3+\frac{1}{3}\times0.25^2\times3^3 = 82.50(m^3)$$

$V'_{3干} = V_{3总}-V_{3湿}$ = 278.84-82.50 = 196.34(m^3)

不考虑放坡的挖土工程量为:

$V_{3总}$ = 4×5×7 = 140(m^3)

$V_{3湿}$ = 4×5×3 = 60(m^3)

$V_{3干} = V_{3总}-V_{3湿}$ = 140-60 = 80(m^3)

套用《河南省综合单价(A 建筑工程 2008)》(1-33)子目,人工挖土定额子目内未考虑放坡应增加的费用,本工程施工组织设计要求放坡,增加土方工程量的费用可考虑在综合单价内。挖地坑综合工日为:

(1-33)干土综合单价 = 4255.78×1.1×196.34/80+3.25×66.76
= 11706.19(元/100 m^2)

干土综合费 = 11706.19×80÷100 = 9364.95(元)

(1-33)湿土综合单价 = 4255.78×1.1×(82.5÷60)+3.25×66.76+
3376036×1.1×82.50÷60×(1.18-1)
= 7573.05(元/100 m^2)

湿土综合费 = 7573.05×60÷100 = 4543.83(元)

综合工日 $M_{3干土}$ = 80÷100×[78.52×1.15×(196.34÷80)] = 177.29(工日)

综合工日 $M_{3湿土}$ = 60÷100×[78.52×1.15×1.18×(82.5÷60)] = 87.91(工日)

(4)土方工程综合工日

$M_{总} = M_1+M_{2干土}+M_{2湿土}+M_{3干土}+M_{3湿土}$
= 1330.58+1025.27+178.17+177.29+87.91 = 2799.22(工日)

土方工程综合费 = 72117.5+57373.72+11487.05+9364.95+4543.83
= 154887.05(元)

例 4.6　某工程基础平面布置图 4.17 及详图 4.18 如下,室内地坪为±0.00,室内外高差 300 mm,现场土质为Ⅳ土,室内地面结构层总厚度为 90 mm,试列项计算该工程土方工程量及综合费。(施工组织设计要求人工开挖,混凝土基础垫层增加300 mm工作面,基础及室内回填土均按夯填考虑,余土外运采用人工装土自卸车运土5 km)

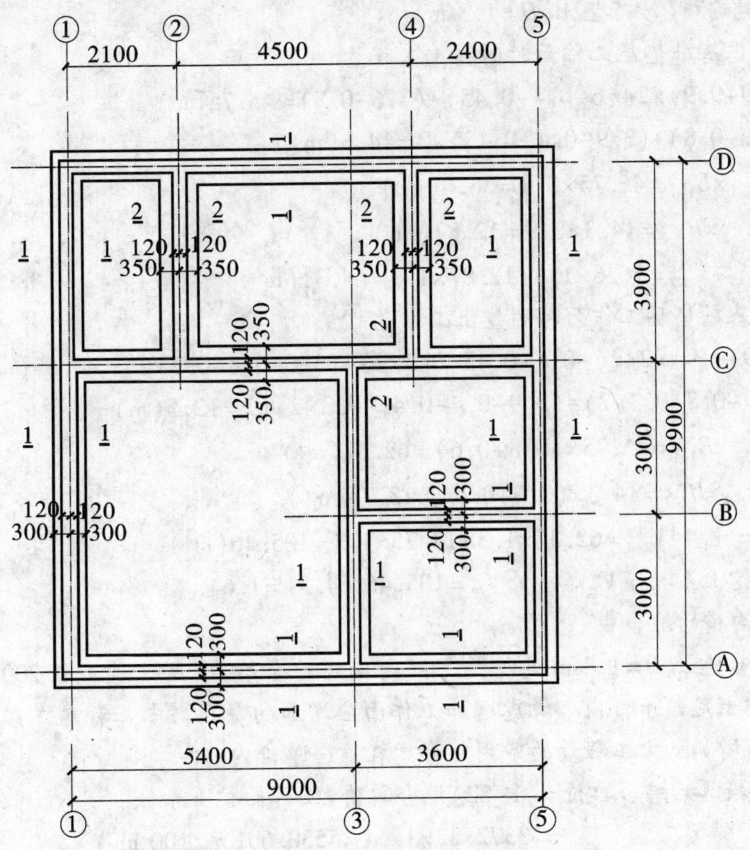

图4.17　基础平面布置图

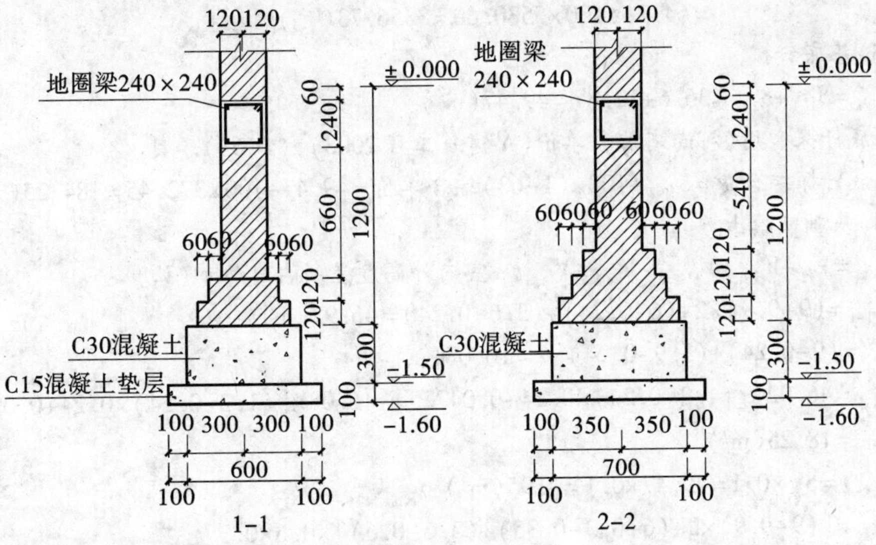

图4.18　基础详图

解 (1)场地平整,按公式(4-1)

$S=S_{底}=(9+0.24)\times(9.9+0.24)=93.69(m^2)$

(2)开挖沟槽(沙砾坚土,$H=1.3$ m)

①不考虑基础垫层工作面时的挖土工程量

$L_{1-1}=(9+9.9)\times2+(6-0.4-0.45)+(3.6-0.8)=45.75(m)$

$L_{2-2}=(9-0.8)+(3.9-0.4-0.45)\times2=14.3(m)$

$S_{1-1}=L_{1-1}\times B_{1-1}=45.75\times0.8=36.6(m^2)$

$S_{2-2}=L_{2-2}\times B_{2-2}=14.3\times0.9=12.87(m^2)$

$V_{槽}=V_{1-1}+V_{2-2}=36.6\times1.3+12.87\times1.3=64.31(m^3)$

②考虑基础垫层工作面时的挖土工程量

$L_{1-1}=(9+9.9)\times2+(6-0.4-0.45-0.3\times2)+(3.6-0.8-0.3\times2)=44.55(m)$

$L_{2-2}=(9-0.8-0.3\times2)+(3.9-0.4-0.45-0.3\times2)\times2=12.5(m)$

$S_{1-1}=L_{1-1}\times B_{1-1}=45.75\times(0.8+0.6)=62.37(m^2)$

$S_{2-2}=L_{2-2}\times B_{2-2}=14.3\times(0.9+0.6)=18.75(m^2)$

$V_{工作面槽}=V_{1-1}+V_{2-2}=62.37\times1.3+18.75\times1.3=105.46(m^3)$

工作面挖土系数$=V_{工作面槽}/V_{槽}=105.46/64.31=1.64$

③开挖沟槽的综合费

开挖沙砾坚土,$H=1.3$ m 沟槽,套用《河南省综合单价(A 建筑工程 2008)》(1-22)子目,人工挖土定额子目内未考虑增加工作面应增加的费用。本工程施工组织设计要求增加工作面,增加土方工程量的费用可考虑在综合单价内。

(1-22)换算后综合单价=(1-22)综合单价×工作面挖土系数

$=3372.32\times1.64=5530.60$(元/100 m³)

开挖沟槽综合费$=V_{槽}\div100\times$(1-22)换算后综合单价

$=64.31\div100\times5530.60=3556.73$(元)

(3)基底钎探

$S_{钎探}=S_{1-1}+S_{2-2}=36.6+12.87=49.47(m^2)$

基底钎探套用《河南省综合单价(A 建筑工程 2008)》(1-63)子目。

基底钎探综合费$=S_{钎探}\div100\times$(1-63)综合单价$=49.47\div100\times372.45=184.25$(元)

(4)基础回填土

$V_{基回}=V_{挖}-V_{砖基}-V_{砂垫层}-V_{混基}-V_{地圈梁}+$室内外高度差所占砖体积($V_1$)

其中:$L_{1-1}=(9+9.9)\times2+(6-0.24)+(3.6-0.24)=46.92(m)$

$L_{2-2}=(9-0.24)+(3.9-0.24)\times2=16.08(m)$

$V_{砖基}=46.92\times[(1.2-0.24)\times0.24+0.04725]+16.08\times[(1.2-0.24)\times0.24+0.0945]$
$=18.25(m^3)$

$V_{砼垫层}=S_{夯}\times0.1=49.47\times0.1=4.95(m^3)$

$V_{砼基}=[(9+9.9)\times2+(6-0.3-0.35)+(3.6-0.6)]\times0.6\times0.3$
$+[(9-0.6)+(3.9-0.3-0.35)\times2]\times0.7\times0.3$

$=11.44(\mathrm{m}^3)$

$V_{地圈梁}=(46.92+16.08)\times0.24\times0.24=3.63(\mathrm{m}^3)$

多扣室内外高差砖基础所占体积为:

$V_1=(46.92+16.08)\times0.3\times0.24=4.54(\mathrm{m}^3)$

基础回填工程量 $V_{基回}=64.31-18.25-4.95-11.44-3.63+4.54=30.58(\mathrm{m}^3)$

考虑增加工作面时回填量 $V_{工作面基回}=105.46-18.25-4.95-11.44-3.63+4.54$

$=71.73(\mathrm{m}^3)$

基础回填系数 $=V_{工作面基回}\div V_{基回}=71.73\div30.58=2.35$

基础回填套用《河南省综合单价(A 建筑工程 2008)》(1-127)子目,回填土定额子目内未考虑增加工作面应增加的费用。本工程施工组织设计要求增加工作面,回填增加土方量的费用可考虑在综合单价内。

(1-127)换算后综合单价=(1-127)综合单价×基础回填系数

$=3000.41\times2.35=7050.96(元/100\ \mathrm{m}^3)$

基础回填综合费 $=V_{基回}\div100\times$(1-127)换算后综合单价 $=30.58\div100\times7050.96$

$=2156.18(元)$

(5)室内回填

$V_{内回}=[S_{底}-(L_{中}+L_{内})\times0.24]\times h_{回}=(93.69-63\times0.24)\times(0.3-0.09)=16.50(\mathrm{m}^3)$

室内回填套用《河南省综合单价(A 建筑工程 2008)》(1-127)子目:

室内回填土综合费 $=V_{内回}\div100\times$(1-127)综合单价 $=16.50\div100\times3000.41$

$=495.07(元)$

(6)余土外运土方

在土方运输工程工程计算中,需要考虑土方体积折算系数,将回填土体积折算为天然密实度土体积,乘以 1.15 折算系数。

$V_{运}=V_{工作面槽}-1.15\times V_{工作面基回}-1.15\times V_{内回}=105.46-1.15\times71.73-1.15\times16.50$

$=4.00(\mathrm{m}^3)$

余土外运采用人工装土自卸车运土 5 km,1 km 以内套用《河南省综合单价(A 建筑工程 2008)》(1-45)子目,每增加 1 km 套用《河南省综合单价(A 建筑工程 2008)》(1-47)子目。土方运输在综合单价中需要考虑土方体积折算系数,将综合单价乘以 1.3 折算系数。

余土外运综合费 $=V_{运}\div1000\times$[(1-45)综合单价×1.3+(1-47)综合单价×4×1.3]

$=4.00\div1000\times[13712.57\times1.3+1628.04\times4\times1.3]=105.17(元)$

4.4 桩与地基基础工程

4.4.1 概述

4.4.1.1 桩与地基基础工程定额子目设置

本分部设混凝土桩、其他桩、地基与边坡处理共 3 部分 94 条子目。具体分项如下。

(1)混凝土桩　46 条子目,包括预制桩、接桩和灌注桩。其中:

①预制桩清单综合单价定额中,分别设置了预制方桩、预制离心管桩、预制板桩。其中,预制钢筋混凝土方桩打桩及送桩分项分别根据桩长(m)不同划分为 12 以内、12 以上不同的定额子目;预制钢筋混凝土方桩压桩及送桩分别分项根据桩长(m)不同划分为 25 以内、25 以上不同的定额子目;预制钢筋混凝土离心管桩打桩分项、送桩分项和预制钢筋混凝土离心管桩压桩分项、送桩分项分别根据桩直径(mm)不同划分为 400 以内、400 以上不同的定额子目;预制钢筋混凝土板桩打桩及送桩分项分别根据单桩体积(m^3)不同划分为 1.5 以内、1.5 以上不同的定额子目。

②混凝土灌注桩清单综合单价定额中,分别设置了沉管灌注桩、长螺旋钻孔灌注桩、泥浆护壁钻孔灌注桩、人工挖孔桩、多分支承力盘桩。其中,沉管灌注混凝土桩分项及空桩费分项分别根据桩长(m)不同划分为 15 以内、15 以上不同的定额子目;钻孔灌注混凝土桩分项及空桩费分项分别根据桩长(m)不同划分为 12 以内、12 以上不同的定额子目;泥浆护壁钻孔灌注混凝土桩分项、空桩费分项及入岩增加费分项分别根据桩径(mm)不同划分为 800 以内、800 以上不同的定额子目;人工挖孔混凝土桩分项及空桩费分项分别根据桩径(mm)不同划分为 1000 以内、1000 以上不同的定额子目;多分支承力盘灌注混凝土桩根据钻孔方式不同(长螺旋钻孔机钻孔、浆护壁潜水机钻孔)相应分为不同的定额子目。

(2)其他桩　17 条子目,包括砂石灌注桩、灰土挤密桩、旋喷桩、喷粉桩、搅拌桩、CFG 桩。各类桩根据施工方法或桩长、桩径不同也分为不同的定额子目。

(3)地基与边坡处理　31 条子目,包括地下连续墙、地基强夯、锚杆支护、土钉支护、喷射混凝土护坡、打拔钢板护坡桩。

4.4.1.2　桩与地基基础工程分项工程的列项划分方法

分项工程的列项通常应根据设计图纸的内容,结合工程的具体情况,以定额子目的划分为原则,按照具体定额子目的设置情况、子目所包括的工作内容及定额中有关规则、说明、规定进行。

桩与地基基础工程在列项时,按照以上原则及上述定额子目设置情况,通常应考虑不同的施工方法、不同的桩长、不同的桩径、不同的材料等因素来正确列项。

(1)桩与地基基础工程在列项时应考虑的因素

1)施工方法　桩与地基基础工程定额项目按施工方法不同划分为预制桩和现浇灌注桩。预制桩又分为打预制钢筋混凝土桩和静力压桩机压钢筋混凝土预制桩;现浇灌注桩又分为打孔灌注混凝土桩、长螺旋钻孔灌注混凝土桩、泥浆护壁钻孔灌注混凝土桩、人工挖孔桩等。

2)预制桩断面形状　打预制钢筋混凝土桩根据断面形状划分为打预制钢筋混凝土方桩、打预制钢筋混凝土离心管桩、打预制钢筋混凝土板桩。

3)桩基础材料　桩基础工程根据材料分为钢筋混凝土桩、混凝土桩、砂桩、碎石桩、灰土桩等。

4)桩长和桩径　打预制钢筋混凝土方桩、打孔灌注混凝土(砂、碎石、灰土)桩、长螺旋钻孔灌注混凝土桩、CFG 桩定额子目划分时,考虑了桩长的影响。打预制钢筋混凝土离心管桩、泥浆护壁钻孔灌注混凝土桩、人工挖孔桩、旋喷桩考虑了桩径的影响。

(2)桩与地基基础工程分部常列项目　桩与地基基础工程根据具体的施工顺序，同时考虑各种影响因素，常列如下项目：

预制钢筋混凝土桩一般包括打桩(含制桩、运桩)、接桩、送桩、管桩填充材料等项目。

混凝土灌注桩一般包括钢筋笼制作、灌注桩子目、空桩费、泥浆外运和入岩增加费等项目。

4.4.2　桩与地基基础工程工程量计算

4.4.2.1　打预制钢筋混凝土桩计算规则

(1)打桩

①打预制钢筋混凝土桩的单桩体积，按设计图示尺寸桩长(包括桩尖，不扣除桩尖虚体积)乘以设计桩截面面积以体积计算。管桩按设计图示尺寸以桩长计算，如管桩的空心部分按设计要求灌注混凝土或其他填充材料时，应以管桩空心部分计算体积，套用离心管桩灌混凝土子目或按该子目进行换算。

②各类预制桩均按商品桩考虑，其施工损耗率分别为：预制静力压桩0，预制方桩1%，预制板、管桩1%。该损耗已计入相应的子目内。

根据以上规则可知：

预制方、板桩打桩工程量=图示用量=桩长×方、板桩断面面积　(4.21)

预制离心管桩打桩工程量=图示用量=桩长　(4.22)

式中　桩长为设计图示尺寸，包括桩尖的桩全长。

③制桩、运桩。外购的商品预制桩，在施工前应运至工地现场位置，即应发生预制桩运输工作内容。此项工作内容所发生的费用已包含在相应打桩定额综合单价内，不再另外列项计算。

注意：各类预制桩打桩定额单价中，已包含购置成品桩及从购买地运至施工现场的运输费用，若工程实际发生不同时，可根据合同约定的价格对预制桩进行价差调整，并将所调整费用列入工程造价费用组成程序材料价差中或直接在相应的打桩综合单价子目中换算预制桩的材料价格，且不再另外列项计取制桩及运桩费用。

商品预制桩调整费=预制桩图示用量×(1+损耗率)×

(预制桩合同单价-预制桩定额取定价)　(4.23)

式中，预制桩合同单价应为已包含购置成品桩及运至施工现场运输费用及其他相关费用的材料完全价格。

例4.7　计算图4.19的预制桩30根的工程量。

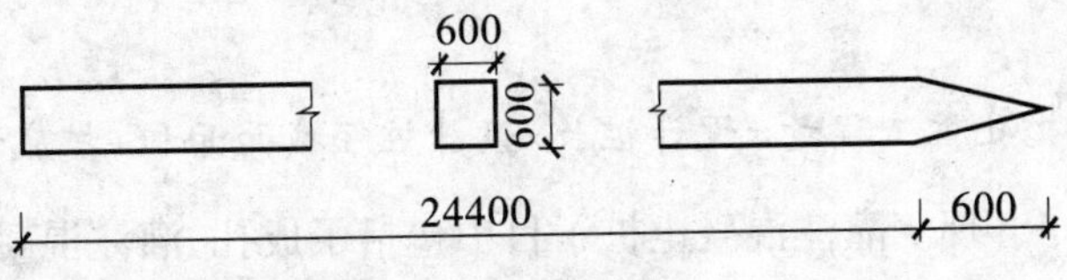

图4.19　预制桩(单位:mm)

解 工程量 $=0.6\times0.6\times(24.4+0.6)\times30=270(m^3)$

(2)接桩 定额中除静力压桩和离心管桩外,均按设计图示规定以接头数量(个)计算。如管桩需接桩,其接桩螺栓应按设计要求计算并入制作项目内。

$$预制桩接桩工程量=接头个数 \tag{4.24}$$

接桩定额不分桩的类别,分别列出了焊接桩、硫黄胶泥接桩定额子目。

(3)送桩 送桩是指采用送桩筒将预制桩送入自然地坪以下打至设计标高。

$$预制桩送桩工程量=桩截面面积\times送桩长度 \tag{4.25}$$

式中送桩长度指打桩架底到桩顶面的高度,或按自桩顶面至自然地坪另加 50 cm 计算。

4.4.2.2 现浇灌注桩计算规则

现浇灌注桩是指先在地基下成孔,然后灌注混凝土(砂石等)或放入钢筋后灌注混凝土。其按成孔施工方法不同分为沉管灌注桩(混凝土桩、砂桩、碎石桩)、钻孔灌注桩和人工挖孔桩。

(1)沉管成孔灌注桩(混凝土、砂桩、碎石桩) 按设计图示尺寸桩长(包括桩尖,不扣除桩尖虚体积)乘以设计截面面积以体积计算。

沉管成孔灌注混凝土桩是将钢管打入土中,然后在钢管内放入钢筋笼,浇注混凝土,逐步拔出钢管,边浇边拔边振实的一种施工方法。

$$沉管成孔灌注桩工程量=设计桩长\times设计桩截面面积 \tag{4.26}$$

式中设计桩长包括桩尖,不扣减桩尖虚体积。如采用多次复打桩,按设计要求的扩大直径计算。

(2)长螺旋钻机钻孔灌注混凝土桩 长螺旋钻机钻孔灌注混凝土桩,是直接用钻孔机在地基下钻孔后,将钢筋笼置放于孔中,再浇注混凝土的一种施工方法。

长螺旋钻机钻孔灌注混凝土桩工程量的计算公式同公式(4.26)。

(3)泥浆护壁钻孔灌注混凝土桩 泥浆护壁钻孔灌注混凝土桩,是用钻(冲)孔机在地基下钻孔,在钻孔的同时,向孔内注入一定比重的泥浆,利用泥浆将孔内渣土带出,并保持孔内有一定的水压以稳定孔壁(简称泥浆护壁),成孔后清孔(即将孔内泥浆的比重降至1.1左右),然后将钢筋笼置放于孔中,用导管法灌注水下混凝土的一种施工方法。

泥浆护壁钻孔灌注混凝土桩工程量的计算公式同公式(4.26)。

(4)人工挖孔混凝土灌注桩 现浇混凝土灌注桩,由于桩径较大施工机械难以完成,或由于施工单位无施工机械,则可以采用人工挖孔,将钢筋笼放入孔中,浇注混凝土的方法来施工。这种混凝土灌注桩的施工方法,称为人工挖孔混凝土灌注桩。其工程量按设计图示长度乘以设计截面面积以体积计算,扩底桩的扩底增加部分的体积并入相应工程量内计算:

$$人工挖孔桩工程量=设计桩长\times设计桩径截面面积+扩底增量 \tag{4.27}$$

(5)钢筋笼制作 现浇灌注混凝土桩子目中包括了成孔、灌注混凝土等费用,而钢筋笼的加工制作及吊装入孔、对接等费用需按混凝土及钢筋混凝土工程分部的规定另列项

计算,其工程量计算公式为:

$$钢筋笼工程量=图示钢筋净用量 \tag{4.28}$$

(6)空桩费　因设计要求现场灌注桩的空桩(只成孔而不灌注混凝土的空孔),其工程量按自然地坪至设计桩顶标高的长度减去超灌(喷)长度乘以桩设计截面面积以体积计算。

(7)泥浆运输　泥浆护壁钻孔灌注混凝土桩定额单价中,已包括泥浆的制作费用。但泥浆池及泥浆回收的导沟的修建费用和泥浆外运的费用,需另外列项计算,这些费用均综合考虑在泥浆运输子目内。

泥浆运输工程量按钻孔体积计算。

(8)入岩增加费　如果泥浆护壁钻孔灌注混凝土桩设计为端承桩,还需要根据桩端落根的岩石风化程度来判断是否需要列项计算入岩增加费。岩石风化程度划分见表4.7。

当打桩属于下列情况时,可计算入岩增加费。入岩增加费以设计桩截面面积乘以入岩深度以体积计算。

岩层分为强风化岩、中风化岩、微风化岩三类。强风化岩不作入岩计算,中风化岩、微风化岩作入岩计算。强胶结层不得作为入岩计算,若实际发生,由各市定额站酌情处理。

表4.7　岩石风化程度划分表

风化程度	特征
强风化	结构和构造层理不甚清晰,矿物成分已显著变化。 岩质被节理、裂隙分割成碎块状(2~20 cm)碎石,用手可折断。 用镐可以挖掘,手摇钻不易钻进。
中等风化	结构和构造层理清晰。 岩质被节理、裂隙分割成碎块状(20~50 cm),裂隙中填充少量风化物,锤击声脆且不易击碎。 用镐难挖掘,用岩心钻方可钻进。
微风化	岩石新鲜,表面稍有风化迹象。

(9)混凝土预制桩尖　沉管灌注桩在施工时,为防止钢管在沉管过程中进土,需在钢管下端用桩尖将口封堵。当施工组织设计确定采用混凝土预制桩尖时,需先将混凝土预制桩尖放置在桩位上,然后将钢管套在桩尖上(如图4.20所示,钢管与桩尖间放置草绳),沉管成孔,浇灌混凝土,拔管振捣,并靠混凝土自重冲开桩尖,最终成桩,混凝土预制桩尖也永远留在了桩端。编制预算时,混凝土预制桩尖需按图示体积另外列项计算,并套用本分部专用定额子目(2-32)。

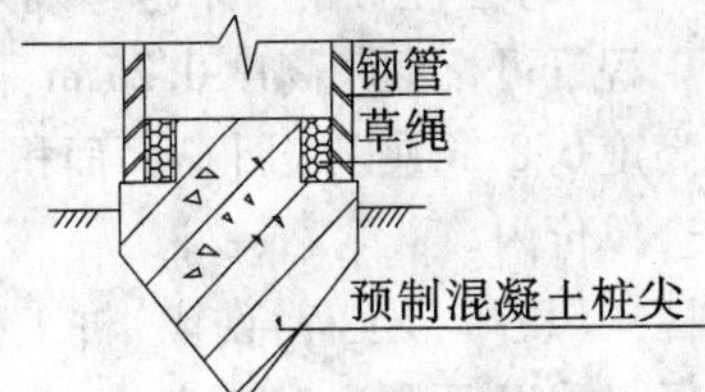

图4.20　预制混凝土桩尖

4.4.2.3 地下连续墙

(1)导墙开挖按设计图示墙中心线长度乘以开挖宽度及深度以体积计算。导墙混凝土浇灌按设计图示墙中心线长度乘以厚度及深度以体积计算。

(2)机械成槽按设计图示墙中心线长度乘以墙厚及成槽深度以体积计算。成槽深度按自然地坪至连续墙底面的垂直距离另加0.5 m计算。泥浆外运按成槽工程量计算。

(3)连续墙混凝土浇灌按设计图示墙中心线长度乘以墙厚及墙深以体积计算。

(4)清底置换、接头管安拔按分段施工时的槽壁单元以段计算。

4.4.2.4 地基强夯

地基强夯工程量按设计图示尺寸以面积计算。设计无明确规定时,以建筑物基础外边线外延5 m计算。区分夯击能量,每夯点击数以每平方米计算。设计要求不布夯的空地,其间距不论纵横,如大于8 m且面积又在64 m^2 以上的应予扣除,不足64 m^2 的不予扣除。

4.4.2.5 喷射混凝土护坡

喷射混凝土护坡工程量按设计图示喷射的坡面面积计算。锚杆和土钉支护按设计图示尺寸的长度计算。锚杆的制作、安装按照设计要求的杆径和长度以质量计算。

4.4.2.6 打拔钢板桩

打拔钢板桩工程量按设计图示尺寸以钢板桩质量计算。

4.4.2.7 安拆导向夹具

安拆导向夹具工程量按设计图示的水平长度计算。

4.4.3 桩与地基基础工程定额应用

桩与地基基础工程工程量计算完成后,应根据定额项目的划分方法及相关定额说明等正确地使用定额,通常应注意以下方面:

(1)本分部所配备的打桩机械已综合考虑了导管安装和移机费用,子目内的打桩机械种类、规格和型号按合理的施工组织取定。

(2)本分部除静力压桩、打预制钢筋混凝土离心管桩外,均未包括接桩。如需接桩,除按桩的总长度套用打桩子目外,另按设计要求套用相应接桩子目。

(3)灌注桩子目未考虑翻浆因素。灌注工程桩考虑翻浆因素时,沉管桩单桩的翻浆工程量可按翻浆高度0.25 m乘以设计截面面积计算;钻孔桩单桩的翻浆工程量可按翻浆高度0.8 m乘以设计截面面积计算;灌注工程桩执行相应子目时,可将翻浆因素考虑在综合单价内。

(4)单位工程打(灌)桩工程量在表4.8规定数量以内时,其人工、机械量按相应定额子目乘以系数1.25计算。

表 4.8 小型桩基工程表

项目	单位工程的工程量
钢筋混凝土方桩	150 m^3
钢筋混凝土管桩	50 m^3
钢筋混凝土板桩	50 m^3
钢板桩	50 t
沉管灌注混凝土桩	60 m^3
沉管灌注砂、石桩	60 m^3
机械成孔灌注混凝土桩	100 m^3
泥浆护壁成孔灌注混凝土桩	100 m^3
喷粉桩、深层搅拌桩	100 m^3
高压旋喷柱	200 m

(5)本分部已综合考虑不同的土质情况，除山区外，无论何种土质，均执行本分部相应子目。

(6)本分部未考虑桩的静载试验，如发生时，可按实际发生的费用计算，并列入税前造价。

(7)泥浆护壁成孔灌注桩的泥浆池、沟的费用，已综合考虑在泥浆运输子目内。泥浆池费用为综合取定，如果不设泥浆池，而直接用罐车将泥浆运走，也不得换算。

(8)本分部按平地打桩考虑(坡度小于15°)。如在斜坡上打桩(坡度大于15°)，按相应定额子目人工、机械乘以系数1.15。如在基坑内打桩(基坑深度大于1.5 m)，或在地坪上打坑槽内桩(坑槽深度大于1 m)，按相应定额子目人工、机械乘以系数1.1。

(9)本分部按打直桩考虑，如打斜度在1∶6以内的桩，按相应定额子目人工、机械乘以系数1.25调整；如打斜度大于1∶6的桩，按相应定额子目人工、机械乘以系数1.43调整。

(10)定额子目中各种机械灌注桩的材料用量，均已包括表4.9规定的充盈系数和材料损耗(充盈系数已综合考虑土壤类别)。人工挖孔桩已综合考虑护壁和桩芯的混凝土，并包括了材料损耗。

表 4.9 灌注桩定额所含充盈系数及材料损耗表

项目名称	充盈系数	损耗率
沉管灌注混凝土桩	1.18	1.5
机械成孔灌注混凝土桩	1.23	1.5
沉管灌注砂桩	1.24	3
沉管灌注石桩	1.24	3

(11)焊接桩接头钢材用量,设计与定额子目含量不同时,可按设计用量换算。但原桩位打试验桩,不另增加费用。

(12)在桩间补桩或在强夯后的地基打桩时,按相应定额子目人工、机械乘以系数1.15。

(13)打试验桩按相应定额子目的人工、机械乘以系数2计算。

(14)打预制桩和机械打孔灌注桩,桩间净距小于4倍桩径(桩边长)的,按相应定额子目中的人工、机械乘以系数1.13。

(15)高压旋喷桩设计水泥用量较定额子目含量差异在±1%以上者,可按设计用量调整。

(16)水泥粉煤灰碎石桩(CFG桩)子目按长螺旋钻孔、管内泵压混凝土灌注成桩考虑。

(17)地基强夯:击能=夯锤重×起吊高度。

夯击点有梅花形和方块形等,本定额已综合取定各类布点形式,使用时不允许换算。

(18)锚杆支护:锚杆子目中注浆按满灌考虑,若锚杆设计有"非锚固段(自由段)"应调整灌浆用量,自由段的防腐隔离要求可另行计算。

锚杆子目中的钢筋和铁件可按施工图设计用量调整。土钉定额中的锚杆长度系按单根长度8 m以内考虑,超过8 m时人工费乘以系数1.25。

锚杆间的连梁可另行计算费用。

基坑深度大于6 m时,人工乘以系数1.3。

(19)混凝土灌注桩的钢筋笼、地下连续墙的钢筋网和喷射混凝土中的钢筋制作、桩顶或桩内预埋铁件,应按A.4分部的规定列项计算。

(20)地下连续墙的模板和脚手架搭拆、垂直运输另按措施项目计算。

例4.8 沉管灌注钢筋混凝土桩10根,桩设计长度20 m,直径500 mm,混凝土强度等级C20,一根桩钢筋笼图示钢筋净用量为0.53 t,一根桩混凝土预制桩尖的体积为0.14 m^3,考虑翻浆因素。室外地坪标高为-0.30 m,桩顶标高为-1.50 m。分别计算十根桩的综合费及其中的人工费、材料费、机械费、管理费、利润。

解 (1)现浇灌注桩C20

工程量$=20\times(0.5\div2)^2\times3.14\times10=39.25(m^3)$

套用《河南省综合单价(A建筑工程2008)》(2-24)子目,并考虑翻浆因素,沉管灌注混凝土桩翻浆高度为0.25 m。

沉管灌注混凝土桩翻浆因素系数$=(20+0.25)\div20=1.0125$

综合费$=39.25\times471.43\times1.0125=18734.92$(元)

其中:人工费$=39.25\times88.15\times1.0125=3503.14$(元)

材料费$=39.25\times231.86\times1.0125=9214.26$(元)

机械费$=39.25\times102.39\times1.0125=4069.04$(元)

管理费$=39.25\times28.60\times1.0125=1136.58$(元)

利　润$=39.25\times20.43\times1.0125=811.90$(元)

(2)空桩费

工程量 $=(1.5-0.3-0.25)\times(0.5\div2)^2\times3.14\times10=1.86(m^3)$

套用《河南省综合单价(A 建筑工程 2008)》(2-27)“沉管灌注混凝土桩,桩长 15 m 以上”子目:

综合费 = 1.86×183.88 = 342.02(元)

其中:人工费 = 1.86×42.14 = 78.38(元)

材料费 = 1.86×13.43 = 24.98(元)

机械费 = 1.86×102.39 = 190.45(元)

管理费 = 1.86×15.12 = 28.12(元)

利　润 = 1.86×10.80 = 20.09(元)

(3)钢筋笼制作

工程量 = 0.53×10 = 5.3(t)

套用《河南省综合单价(A 建筑工程 2008)》(4-182)“桩基钢筋笼”子目:

综合费 = 5.3×5380.98 = 28519.19(元)

其中:人工费 = 5.3×764.11 = 4049.78(元)

材料费 = 5.3×3349.03 = 17749.86(元)

机械费 = 5.3×617.74 = 3274.02(元)

管理费 = 5.3×433.40 = 2297.02(元)

利　润 = 5.3×216.70 = 1148.51(元)

(4)混凝土预制桩尖费

工程量 $=0.14\times10=1.4(m^3)$

套用《河南省综合单价(A 建筑工程 2008)》(2-32)“预制钢筋混凝土桩尖”子目:

综合费 = 1.4×339.80 = 475.72(元)

其中:人工费 = 1.4×105.74 = 148.04(元)

材料费 = 1.4×180.41 = 252.57(元)

机械费 = 1.4×0.54 = 0.76(元)

管理费 = 1.4×30.98 = 43.37(元)

利　润 = 1.4×22.13 = 30.98(元)

(5)10 根桩综合费合计

综合费 = 18734.92+342.02+28519.19+475.72 = 48071.85(元)

其中:人工费 = 3503.14+78.38+4049.78+148.04 = 7779.34(元)

材料费 = 9214.26+24.98+17749.86+252.57 = 27241.67(元)

机械费 = 4069.04+190.45+3274.02+0.76 = 7534.27(元)

管理费 = 1136.58+28.12+2297.02+43.37 = 3505.09(元)

利润 = 811.90+20.09+1148.51+30.98 = 2011.48(元)

例 4.9　某工程有 20 根钢筋混凝土柱,根据上部荷载计算,每根柱下有 4 根400 mm×400 mm 方桩,桩长 30 m(用 2 根长 15 m 方桩用焊接方法接桩),其上设 2000 mm×2000 mm×600 mm 的承台,桩顶距自然地坪 5 m,外购商品桩至工地的单价为 850 元/m^3,土质为一级,采用柴油打桩机打桩,计算桩基础工程定额直接费。(桩采用 C20 级混凝

土，承台采用C30级现浇碎石混凝土，最大粒径为20 mm)

解 (1)打预制钢筋混凝土方桩

$$V=0.4\times0.4\times30\times4\times20=384(m^3)$$

桩全长30 m，套用《河南省综合单价(A建筑工程2008)》(2-3)"打预制钢筋混凝土方桩，桩长12 m以上"子目：

打桩定额直接费=384×(47.09+832.77+130.91)=388135.68(元)

(2)商品预制桩调整费

利用公式(4-20)，套用《河南省综合单价(A建筑工程2008)》(2-3)"预制钢筋混凝土方桩"打桩子目，预制钢筋混凝土桩定额取定价为817.95(元/m^3)：

商品预制桩调整费=384×(1+1%)×(预制桩合同单价-预制桩定额取定价)

=387.84×(850-817.95)=12430.27(元)

注意：本例按将此费用计入材料差价中，不列入定额直接费考虑，若此价差直接在综合单价(2-3)子目中调整(即换算打桩定额子目中的预制钢筋混凝土方桩的材料价格)，则也可直接列入定额直接费。

(3)接钢筋混凝土桩

接桩工程量=20×4=80(个)

套用《河南省综合单价(A建筑工程2008)》(2-22)"接桩(焊接桩)"子目：

接桩定额直接费=80×(87.72+156.32+197.49)= 35322.4(元)

(4)送桩

送桩工程量=0.4×0.4×80×(5+0.5)=70.4(m^3)

套用《河南省综合单价(A建筑工程2008)》(2-4)"送桩、桩长12m以上"子目：

送桩定额直接费=70.4×(67.32+6.64+187.01)=18372.29(元)

(5)桩承台

桩承台工程量=2×2×0.6×20=48(m^3)

套用《河南省综合单价(A建筑工程2008)》(4-11)"独立桩承台"子目：

换算后材料费单价=(197.67-170.97)×10.15+1788.63=2059.63(元/10 m^3)

桩承台定额直接费=48÷10×(520.30+2059.63+8.27)= 12423.36(元)

(6)桩基础工程定额直接费合计=388135.68+35322.4+18372.29+12423.36

=454253.73(元)

4.5 砌筑工程

4.5.1 概述

4.5.1.1 砌筑工程定额子目设置

本分部设砖基础、砖砌体、砖构筑物、砌块砌体、石砌体共5部分89条子目。具体分项如下。

(1)砖基础　4条子目,包括砖基础、墙基找平层两个专用分项。其中,砖基础清单综合单价定额又划分为砖基础、烟囱砖基础和多孔砖基础3个定额子目。

(2)砖砌体　25条子目,包括实心砖墙(黏土砖、蒸养灰砂砖)、空斗墙、空花墙、填充墙、实心砖柱、零星砌砖。其中:

①实心砖墙清单综合单价定额中,分别设置了黏土标准砖、蒸养灰砂砖和墙面勾缝3种专用分项。其中,标准砖又划分为砖墙、砖围墙、钢筋砖过梁、砖平拱、贴砖、砖砌台阶、零星砌砖等不同分项,砖墙又细分为1砖以上、1砖、3/4砖、1/2砖等四个不同定额子目,砖围墙又细分为1砖和1/2砖两个定额子目,贴砖也细分为1/2砖和1/4砖两个定额子目。

②蒸养灰砂砖清单综合单价定额中,分别设置了灰砂砖墙1砖以上、1砖、3/4砖、1/2砖等4个不同定额子目。

③墙面勾缝清单综合单价定额中,分别设置了加浆勾缝和原浆勾缝两个定额子目。

(3)砖构筑物　25条子目,包括烟囱和水塔、烟道、窨井和检查井、水池和化粪池、地沟和涵洞。

(4)砌块砌体　9条子目,包括空心砖墙和砌块墙、空心砖柱和砌块柱。

(5)石砌体　26条子目,包括基础、墙、柱、护坡、台阶、地沟、涵洞、石材加工。

4.5.1.2　砌筑工程分项工程的列项划分方法

分项工程的列项通常应根据设计图纸的内容,结合工程的具体情况,以定额子目的划分为原则,按照具体定额子目的设置情况、子目所包括的工作内容及定额中有关规则、说明、规定进行。

砌筑工程在列项时,按照以上原则及上述定额子目设置情况,考虑不同的材料、不同的砌筑方式、不同的部位、不同的墙厚等因素来正确列项。

(1)砌筑工程在列项时应考虑的因素

1)材料品种　砌筑工程按材料不同分为砖砌体、砌块砌体和石砌体,砖砌体又分为实心砖墙(黏土砖、蒸养灰砂砖)、空斗墙、空花墙、填充墙、实心砖柱、零星砌砖等,同时按所用砂浆品种、强度等级不同,又分为混合砂浆(M2.5、M5、M7.5……)、水泥砂浆(M2.5、M5、M7.5……)等。

2)砌筑方式　分为实砌砖墙、空斗墙、空花墙、填充墙、其他隔墙等。

3)砌筑部位　分为基础、墙、柱等。

4)砌筑厚度　实砌墙体按墙体厚度不同划分为1/2砖墙、3/4砖墙、1砖墙、1砖以上墙。

(2)砌筑工程分部常列项目　常列砖基础、石基础、1砖墙(或1/2砖、3/4砖、1砖以上墙)、墙面勾缝、钢筋砖过梁、砖柱、零星砌体、砌体加固筋等项目。

在对实砌砖墙进行列项时,应区分不同的砂浆品种、强度等级、不同墙厚、部位等,以便于正确地套用定额,例如:M5.0混合砂浆砌一砖墙。

4.5.2 砌筑工程工程量计算规则

4.5.2.1 砖基础工程量计算

(1)砖基础与砖墙身的划分　砖基础与砖墙(身)以设计室内地坪为界(有地下室的按地下室室内设计地坪为界),以下为砖基础,以上为墙(柱)身。基础与墙身使用不同材料时,位于设计室内地坪±300 mm 以内时以不同材料为界,超过±300 mm,应以设计室内地坪为界,以下为基础,以上为墙身。

(2)砖基础工程量的计算规则　按设计图示尺寸以体积计算。包括附墙垛基础宽出部分体积,扣除地梁(圈梁)、构造柱所占体积,不扣除砖基础大放脚T形接头处的重叠部分及嵌入基础内的钢筋、铁件、管道、基础砂浆防潮层和单个面积在 0.3 m^2 以内的孔洞所占体积,靠墙暖气沟的挑檐不增加。

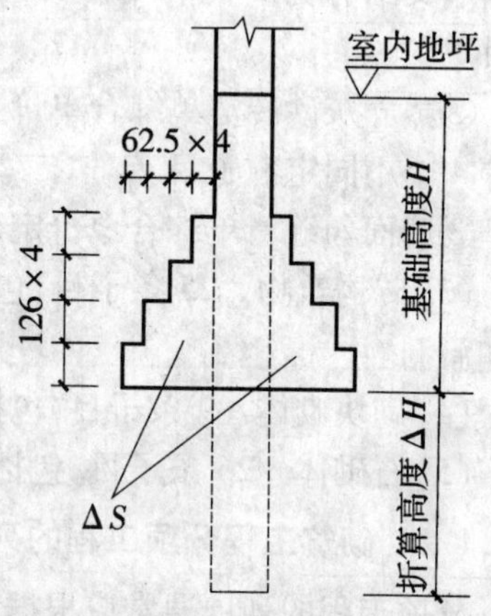

图 4.21　等高式标准砖基础断面图

$$砖基础工程量=基础计算长度\times基础断面面积 \tag{4.29}$$

式中,基础计算长度指外墙基础按外墙中心线长度计算,内墙基础按内墙净长线长度计算。

基础断面面积如图 4.21 所示。

$$\begin{aligned}基础断面面积&=基础墙厚\times(基础高度+大放脚折算高度)\\&=基础墙厚\times基础高度+大放脚折算面积\end{aligned} \tag{4.30}$$

式中,基础墙厚为基础主墙身的厚度,按图示尺寸,且应符合表 4.10 的规定。

表 4.10　标准砖砌体计算厚度

厚度(砖数)	1/4	1/2	3/4	1	1.5	2	2.5	3
计算厚度/mm	53	115	180	240	365	490	615	740

大放脚折算高度是将大放脚折加的断面面积按其相应墙厚折合成的高度,计算公式为:

$$大放脚折算高度(\Delta H)=\frac{大放脚折算面积(\Delta S)}{基础高度} \tag{4.31}$$

等高式和不等高式砖基础大放脚的折算高度和折算面积如表 4.11、表 4.12 所示,供计算基础体积时查用。

表4.11 等高式砖墙基大放脚折为墙高和断面面积

大放脚层数	折算为高度/m						折算为断面积/m²
	1/2砖(0.115)	1砖(0.240)	1.5砖(0.365)	2砖(0.490)	2.5砖(0.615)	3砖(0.740)	
一	0.137	0.066	0.043	0.032	0.026	0.021	0.01575
二	0.411	0.197	0.129	0.096	0.077	0.064	0.04725
三	0.822	0.394	0.256	0.193	0.154	0.128	0.09450
四	1.369	0.656	0.432	0.321	0.256	0.213	0.15750
五	2.054	0.984	0.647	0.432	0.384	0.319	0.23630
六	2.876	1.378	0.906	0.675	0.538	0.447	0.33080

表4.12 不等高式砖墙基大放脚折为墙高和断面面积

大放脚层数	折算为高度/m						折算为断面积/m²
	1/2砖(0.115)	1砖(0.240)	1.5砖(0.365)	2砖(0.490)	2.5砖(0.615)	3砖(0.740)	
一(一低)	0.069	0.033	0.022	0.016	0.013	0.011	0.00788
二(一高一低)	0.342	0.164	0.108	0.080	0.064	0.053	0.03938
三(二高一低)	0.685	0.328	0.216	0.161	0.128	0.106	0.07875
四(二高二低)	1.096	0.525	0.345	0.257	0.205	0.170	0.12600
五(三高二低)	1.643	0.788	0.518	0.386	0.307	0.255	0.18900
六(三高三低)	2.260	1.083	0.712	0.530	0.423	0.351	0.25990

注:上表层数中“高”是2皮砖,“低”是1皮砖,每层放出为1/4砖。

例4.10 某砖基础墙为370 mm,采用5层不等高,基础高度1.8 m,计算断面面积。

解 基础断面面积 $=0.365\times(1.8+0.518)=0.846(\text{m}^2)$

或 基础断面面积 $=0.365\times1.8+0.189=0.846(\text{m}^2)$

4.5.2.2 石基础工程量的计算

(1)石基础与毛石墙的划分 石基础与石勒脚应以设计室外地坪为界,以下为基础;石勒脚与石墙身应以设计室内地坪为界。石围墙内外地坪标高不同时,应以较低地坪标高为界,以下为基础;内外标高之差为挡土墙,挡土墙以上为墙身。

(2)石基础工程量计算规则 石基础按设计图示尺寸的实际体积,以 m³ 计算。石基础工程量计算规则与砖基础工程量计算规则相同。

4.5.2.3 实砌砖墙工程量的计算

在计算实砌砖墙工程量时,应根据墙厚、砂浆品种、砂浆强度等级不同,分别列项计算。

$$实砌砖墙工程量=墙长×墙厚×墙高-应扣除部分体积+应增加部分体积 \quad (4.32)$$

(1)墙长　外墙长度按外墙中心线长度计算,若定位轴线为偏轴线时,要移为中心线;内墙长度按内墙净长线计算。

(2)墙厚　定额中的机砖是按标准砖计算的。标准砖的墙体厚度,应按规定的数值计算,即按实际尺寸计算其厚度。如一砖半墙图纸上往往标注厚度为370 mm或360 mm,而其实际厚度为365 mm。各种砖墙的标准厚度见表4.10。

(3)墙高　砖墙高度的起点,均从基础与墙身的分界面开始计算。砖墙高度的顶点,应按下列规定计算。

1)外墙　平屋面应算至钢筋混凝土板底面,如图4.22(a)所示。斜(坡)屋面无檐口天棚者,高度算至屋面板底,如图4.22(b)所示,即高度算至外墙中心线与屋面底板面相交点的高度;有屋架且室内外均有天棚者,其高度应算至屋架下弦底另加200 mm,如图4.22(c)所示。无天棚者算至屋架下弦另加30 cm,出檐宽度超过600 mm时,应按实砌高度计算。

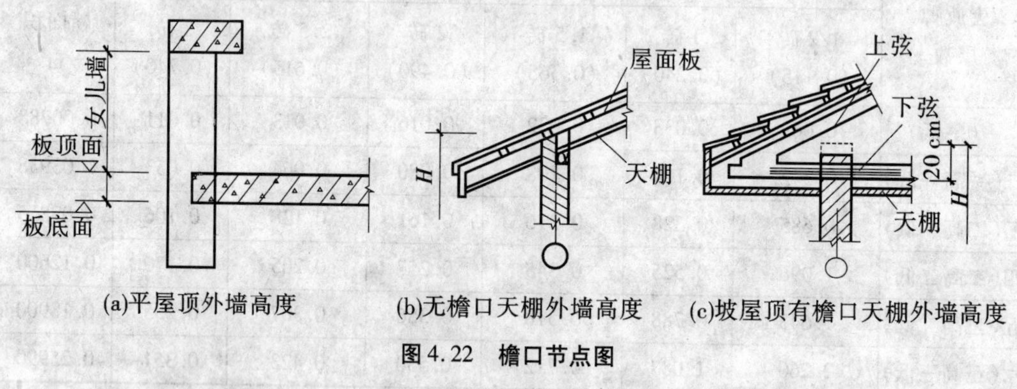

(a)平屋顶外墙高度　(b)无檐口天棚外墙高度　(c)坡屋顶有檐口天棚外墙高度

图4.22　檐口节点图

2)内墙　位于屋架下弦者,其高度算至屋架底;无屋架者,算至天棚底再加100 mm;有钢筋混凝土楼板隔层者算至楼板顶;有框架梁时算至梁底。

3)女儿墙　从屋面板上表面算至女儿墙顶面(如有混凝土压顶时算至压顶下表面)的高度,如图4.22(a)所示。

4)内、外山墙　按其平均高度计算。

(4)应扣除部分体积　应扣除门窗洞口,过人洞,空圈,嵌入墙身的钢筋混凝土柱、梁、圈梁、挑梁、过梁,凹进墙内的壁龛、管槽、暖气槽、消火栓箱等所占的体积。

(5)不应扣除部分体积　不应扣除梁头、板头、檩头、垫木、木楞头、沿椽木、木砖、门窗走头、墙身内的加固钢筋、木筋、铁件、钢管及单个面积在0.3 m^2 以下的孔洞所占的体积。

(6)应增加部分体积　凸出墙面的砖垛并入墙体体积内计算。

(7)不应增加部分体积　凸出墙面的腰线、挑檐、压顶、窗台线、虎头砖、门窗套的体积不增加。

4.5.2.4 砖柱和砖柱基础工程量计算

砖柱和砖柱基础工程量以底层室内地坪为界分别计算，砖柱按砖柱定额执行，砖柱基础按砖基础定额执行。

砖柱基础工程量可按下式计算：

$$\text{砖柱基础工程量}=\text{柱断面积}\times\text{基础高度}+\text{大放脚体积} \tag{4.33}$$

式中 基础高度——由柱基底面至底层室内地坪高度；

大放脚体积——按矩形砖柱两边之和除以一砖厚度(240 mm)，所得数值以及放脚形式查表4.13和表4.14可得。

表4.13 等高式砖柱基大放脚折为体积

矩形砖柱两边之和(砖数)	大放脚层数(等高)				
	2	3	4	5	6
3	0.0443	0.0965	0.1740	0.2807	0.4206
3.5	0.0502	0.1084	0.1937	0.3103	0.4619
4	0.0562	0.1203	0.2134	0.3398	0.5033
4.5	0.0621	0.1320	0.2331	0.3693	0.5446
5	0.0681	0.1438	0.2528	0.3989	0.5860
5.5	0.0739	0.1556	0.2725	0.4284	0.6273
6	0.0798	0.1674	0.2922	0.4579	0.6687
6.5	0.0856	0.1792	0.3119	0.4875	0.7150
7	0.0916	0.1911	0.3315	0.5170	0.7513
7.5	0.0975	0.2029	0.3512	0.5465	0.7927
8	0.1034	0.2147	0.3709	0.5761	0.8340

表4.14 不等高式砖柱基大放脚折为体积

矩形砖柱两边之和(砖数)	大放脚层数(不等高)				
	2	3	4	5	6
3	0.0376	0.0811	0.1412	0.2266	0.3345
3.5	0.0446	0.0909	0.1569	0.2502	0.3669
4	0.0475	0.1008	0.1727	0.2738	0.3994
4.5	0.0524	0.1107	0.1885	0.2975	0.4319
5	0.0573	0.1205	0.2042	0.3210	0.4644
5.5	0.0622	0.1303	0.2199	0.3450	0.4968
6	0.0671	0.1402	0.2357	0.3683	0.5293
6.5	0.0721	0.1500	0.2515	0.3919	0.5619
7	0.0770	0.1599	0.2672	0.4123	0.5943
7.5	0.0820	0.1697	0.2829	0.4392	0.6267
8	0.0868	0.1795	0.2987	0.4628	0.6592

例 4.11 矩形砖柱，柱基底部至底层室内地坪高 1.5 m，柱断面为 370 mm×370 mm，按 5 层等高放脚，计算砖柱基大放脚体积。

解 (1)矩形砖柱两边之和砖数为：

$$(360+360)\div 240=3$$

采用 5 层等高放脚，查表 4.13 可得大放脚体积为 0.280 7 m^3。

(2)砖柱基体积为：

$$0.365\times 0.365\times 1.5+0.2807\approx 0.481(m^3)$$

4.5.2.5 墙面勾缝工程量计算

墙面勾缝是为了使清水墙灰缝紧密、防止雨水浸入墙内，同时也增加了墙面的装饰效果。墙面勾缝按材料不同分为原浆勾缝和加浆勾缝两种。原浆勾缝即在砌墙施工过程中，用砌筑砂浆勾缝；加浆勾缝即在墙体施工完成后，用抹灰砂浆勾缝。

墙面勾缝按墙面垂直投影面积计算，应扣除墙裙和抹灰面积。不扣除门窗套和腰线等零星抹灰及门窗洞口所占面积，但垛和门窗洞口侧面的勾缝面积亦不增加。独立柱、房上烟囱勾缝，按图示外形尺寸以面积计算。

4.5.2.6 砖平拱、砖过梁工程量计算

砖平拱、砖过梁工程量，按设计图示尺寸以体积计算，如设计无规定时，砖平拱按门窗洞口宽度两端共加 100 mm 乘以高度 240 mm 计算。砖过梁长度按门窗洞口宽度两端共加 500 mm、高度按 440 mm 计算，过梁中的钢筋另按混凝土及钢筋混凝土分部中规定列项计算。砖过梁工程量可按下式计算：

$$砖过梁工程量=(洞口宽+0.5\ m)\times 0.44\times 墙厚 \tag{4.34}$$

在计算砖过梁时，往往会遇到设计图纸无规定，而由于圈梁的限制，砌砖高度不足 440 mm 的情况，这时钢筋砖过梁高度应算至圈梁底。

4.5.2.7 砌体加固筋工程量计算

砌体加固筋应按混凝土及钢筋混凝土分部中规定的列项计算，其工程量计算应根据设计规定，按钢筋的设计尺寸以 t 计算。

砌体加固筋主要包括墙体中的钢筋网片筋，构造柱、框架柱与墙体拉结筋，墙体转角处、内外墙交接处、空心板与砖墙的连接处加固筋等。

砌体加固筋钢筋损耗已包括在定额内，不另增加。在设计中未注明的拉结筋，应按实际发生量，凭会签单在决算中调整。

4.5.2.8 零星砌砖

零星砌砖的工程量，按设计图示尺寸以体积计算。扣除混凝土及钢筋混凝土梁垫、梁头、板头所占体积。

砌砖的零星项目按零星砌砖列项。零星项目包括空斗墙的窗间墙，窗台下、楼板下等的实砌砖部分，台阶、梯带、锅台、炉灶、蹲台、小便槽、池槽腿、花台、花池、楼梯栏板、阳台

栏板、地垄墙、0.3 m^2 以内的孔洞填塞等。

4.5.2.9 其他砌体

(1)砖砌地下室内外墙,其内外墙身与基础的工程量以地下室地坪为界分别计算,内外墙按相应墙厚执行墙体定额,地下室基础执行砖基础定额。地下室防潮层所需的贴砖工程量,应另列项计算,执行贴砖定额子目。

(2)女儿墙自屋面板上表面算至图示高度,分别按不同墙厚以 m^3 计算,执行相应的外墙定额。

(3)砌砖围墙分别按不同的墙厚(1 砖或 1/2 砖)以 m^3 计算,高度算至压顶上表面(如有混凝土压顶时算至压顶下表面),围墙柱并入围墙体积内。

(4)附墙烟囱、通风道、垃圾道应按设计图示尺寸以体积计算(扣除孔洞所占体积),并入所依附的墙体工程量内,当设计规定孔洞内需抹灰时,应按装饰装修工程中的 B.2 墙、柱面工程分部相关项目列项。

(5)砖砌地沟(暖气沟),不分墙身和墙基,其工程量合并计算,工程量按设计图示尺寸以 m^3 计算,执行砖地沟定额。

(6)砖窨井、检查井、砖水池、化粪池砌体按设计图示尺寸以体积计算。

(7)框架间块料砌体,以框架间的净空面积扣除门窗洞口面积,然后乘以墙厚计算工程量。框架外表面的镶贴实心砖部分应按图示尺寸另行计算体积,列入零星砌砖项目。

(8)空斗墙,按设计图示尺寸以空斗墙外形体积计算。墙角、内外墙交接处、门窗洞口立边、窗台砖、屋檐处的实砌部分并入空斗墙体积内。空斗墙的窗间墙、窗台下、楼板下等的实砌部分,应按零星砌砖计算。

(9)空花墙,按设计图示尺寸以空花部分外形体积计算,不扣除空洞部分体积。

(10)填充墙,按设计图示尺寸以填充墙外形体积计算,其中实砌部分已包括在定额内,不另计算。

4.5.3 砌筑工程定额应用

(1)砖墙(围墙)不分清水、混水均执行砖墙(围墙)子目,不得换算。砖围墙的原浆勾缝已包括在围墙定额内,不另计算。如设计要求围墙加浆勾缝或抹灰者,可以另行计算,原浆勾缝工料亦不扣除。厚度在一砖以上的砖围墙执行相应的砖墙子目。

(2)定额中的砌筑砂浆与设计要求不同时可以换算。

(3)砖砌弧形基础、墙,可按相应定额子目人工乘以系数 1.1。

(4)本分部砌体内加筋的制作、安装,应按“混凝土及钢筋混凝土”分部中相关项目列项。

(5)空斗墙定额,已综合了各种不同因素,在执行本定额时,不论几斗几卧,均采用空斗墙定额,不得换算。

(6)砌砖墙已综合考虑了腰线、窗台线、挑檐等艺术形式砌体及构造柱马牙岔、先立门窗框等增加用工因素,使用时不做调整。

(7)砖砌挡土墙,2 砖以上执行砖基础定额,2 砖以下执行砖墙定额。

(8)砌块墙已包括砌体内砌实心砖的工料费用。

(9)填充墙子目采用炉渣、泡沫混凝土填充,实际使用材料不同时允许换算,其他不变。

例 4.12　计算第4.3节图4.17及图4.18砖基础工程量。

解　室内地坪以下为砖基础,以上为墙身,由于截面分为1-1截面和2-2截面,需分别计算。

(1)1-1截面砖基体积

$L_{1-1}=(9+9.9)\times2+(6-0.24)+(3.6-0.24)=46.92(\mathrm{m})$

$S_{1-1}=(1.2-0.24)\times0.24+0.04725=0.27765(\mathrm{m}^2)$

$V_{1-1}=L_{1-1}\times S_{1-1}=46.92\times0.27765=13.03(\mathrm{m}^3)$

(2)2-2截面砖基体积

$L_{2-2}=(9-0.24)+(3.9-0.24)\times2=16.08(\mathrm{m})$

$S_{2-2}=(1.2-0.24)\times0.24+0.09450=0.3249(\mathrm{m}^2)$

$V_{2-2}=L_{2-2}\times S_{2-2}=16.08\times0.3249=5.22(\mathrm{m}^3)$

(3)砖基础(M5水泥砂浆)体积

$V=V_{1-1}+V_{2-2}=13.03+5.22=18.25(\mathrm{m}^3)$

例 4.13　如图4.23所示,计算某建筑工程砖墙体工程量及综合费。图中:墙厚240 mm,M5混合砂浆;圈梁C20混凝土,每层沿外墙设置断面为240 mm×180 mm;M-1为1200 mm×2400 mm,M-2为900 mm×2000 mm;C-1为1500 mm×1800 mm。

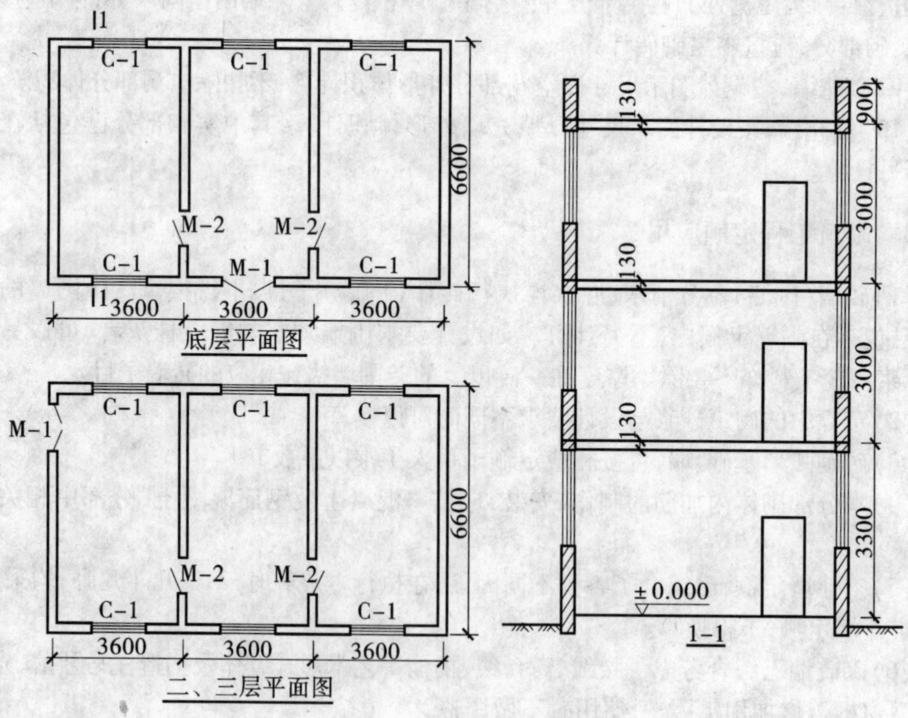

图4.23　某工程建筑图

解 外墙中心线 $L_{外中}=(3.6\times3+6.6)\times2=34.80(m)$

外墙面积：

$S_{外墙}=34.80\times(3.30+3.00\times2+0.90-0.13)-$门窗面积

$=34.80\times10.07-1.2\times2.4\times3(M-1)-1.5\times1.8\times17(C-1)$

$=295.90(m^2)$

内墙净长线：

$L_{内净}=(6.6-0.24)\times2=12.72(m)$

内墙面积：

$S_{内墙}=12.72\times9.30-(M-2)=12.72\times9.30-0.9\times2.0\times6=107.50(m^2)$

墙体体积：

$V=(295.90+107.50)\times0.24-$圈梁体积

$=96.82-0.24\times0.18\times34.80\times3=92.31(m^3)$

套用《河南省综合单价(A建筑工程2008)》(3-6)子目，由于定额中是采用M2.5混合砂浆，设计为M5混合砂浆与定额不符。应进行换算。

换算后单价$=2596.69+(153.39-147.89)\times2.370=2609.73$(元/10 m^3)

综合费=换算单价×工程量$=2609.73\times92.31\div10=24090.37$(元)

例4.14 计算图4.24所示某建筑墙体工程量，C-1:1800×1500，C-2:1800×600，M-1:1500×2400，M-2:900×2.1，KJ-1:框架柱400×400，框架梁250×600，LL250×400，预制过梁断面尺寸240 mm×180 mm。

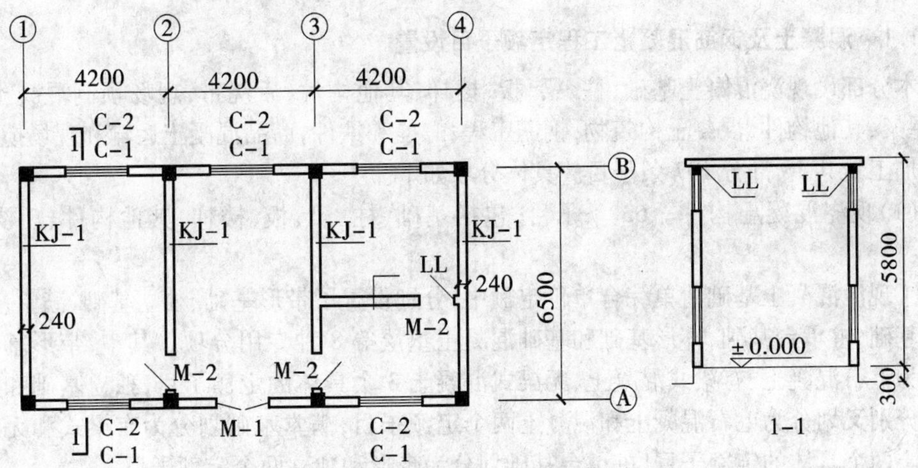

图4.24 某工程平、剖面示意图

解 外墙体积：

$V_外=$(框架间净长×框架间净高-门窗面积)×墙厚-过梁体积

$=\{[(4.2-0.28-0.2)+(4.2-0.4)+(4.2-0.28-0.2)]\times2\times(5.8-0.4)+(6.5-0.28\times2)\times2\times(5.8-0.6)-1.5\times2.4-1.8\times1.5\times5-1.8\times0.6\times5\}\times0.24-[(1.8+0.5)\times0.18\times5+(1.5+0.5)\times0.18]\times0.24$

$=37.98(m^3)$

内墙体积：

$V_{内}=$(框架间净长×框架间净高−门窗面积)×墙厚−过梁体积

$=[(6.5-0.28\times2)\times(5.8-0.4)\times2+(4.2-0.24)\times(5.8-0.4)-0.9\times2.1\times3]\times 0.24-(0.9+0.5)\times0.18\times0.24\times3$

$=19.17-0.06=19.11(m^3)$

4.6 混凝土及钢筋混凝土工程

4.6.1 概述

混凝土及钢筋混凝土在凝固前具有良好的塑性，可制成工程所需要的各种形状的构件，硬化后又具有较高的强度。所以，在建筑工程中广泛应用。

混凝土及钢筋混凝土构件，按其施工方法可分为现浇和预制构件两种；按其制作地点，可分为现场浇制、现场预制和加工厂预制三种。

钢筋混凝土工程是由模板工程、钢筋工程和混凝土工程等三部分组成。其施工顺序是首先进行模板制作安装，其次是钢筋加工成型、安装绑扎，最后进行混凝土拌制、浇灌、振捣、养护、拆模。这些工程都必须根据设计图纸、施工说明和国家统一规定的施工验收规范、操作规程、质量评定标准的要求进行施工，并且随时做好工序交接和隐蔽工程检查验收工作。

4.6.1.1 混凝土及钢筋混凝土工程定额子目设置

本分部设现浇混凝土基础、柱、梁、板、楼梯、其他构件、后浇带，现场预制混凝土柱、梁、屋架、其他构件，混凝土构筑物，钢筋工程，螺栓和铁件，商品混凝土运输和现场搅拌混凝土加工费共 18 部分 197 条子目。具体分项如下。

(1)现浇混凝土构件 63 条子目，包括基础、柱、梁、板、楼梯、其他构件、后浇带。其中：

①现浇混凝土基础清单综合单价定额中，分别设置了带形基础、独立基础、满堂基础、设备基础、桩承台基础、杯形基础和基础混凝土垫层等 8 种专用分项。其中，带形基础又划分为毛石混凝土、有梁式混凝土、无梁式混凝土 3 个具体的定额子目，独立基础和设备基础分别又划分为毛石混凝土和混凝土两个定额子目，满堂基础划分为有梁式和无梁式混凝土两个具体的定额子目，桩承台基础划分为带形和独立两个定额子目。

②现浇混凝土柱清单综合单价定额中，分别设置了矩形柱、圆形柱、异形柱和构造柱 4 种专用分项。其中，矩形柱又根据柱断面周长(m)划分为 1.2 以内、1.8 以内、1.8 以上 3 个定额子目，圆柱根据直径(m)划分为 0.5 以内、0.5 以上两个定额子目。

③现浇混凝土梁清单综合单价定额中，分别设置了基础梁、矩形梁、异形梁、圈(过)梁等几种不同的专用分项。其中，矩形梁又细分为单梁、连续梁、迭合梁、桁架等不同的定额子目。

④现浇混凝土板清单综合单价定额中，分别设置了有梁板、无梁板、平板、薄壳板、栏

板、天沟挑檐板、雨篷、阳台板和其他板(预制板间补空板)等多种专用分项。其中,有梁板、平板和预制板间补空板分别又根据板厚(mm)划分为100以内和100以上两个定额子目,薄壳板根据构造形式不同划分为筒壳和双曲薄壳两个定额子目。

⑤现浇混凝土楼梯清单综合单价定额中,分别设置了直形整体楼梯和弧形楼梯两种定额子目。

(2)预制混凝土构件 45条子目,包括柱、梁、屋架、外购板和其他构件。其中:

①预制混凝土柱清单综合单价定额中,分别设置了矩形柱和异形柱两个专用分项。其中,矩形柱又分为实心柱、空心柱和围墙柱,异形柱又分为双肢柱、工形柱和空格柱等不同的定额子目。

②预制混凝土梁清单综合单价定额中,分别设置了矩形梁、异形梁、过梁和鱼腹式吊车梁等4种专用分项。其中,矩形梁又分为单梁、基础梁、托架梁,异形梁又分为T、十、工形梁和T形吊车梁等不同的定额子目。

③预制混凝土屋架清单综合单价定额中,分别设置了矩形柱拱形屋架、锯齿形屋架、组合屋架、薄腹屋架、门式刚架和天窗架等多种专用分项。其中,天窗架屋架又分为预制天窗架和预制天窗端壁两个定额子目。

④预制混凝土板清单综合单价定额中,分别设置了外购商品平板、架空隔热板、空心板、槽形板、肋形板、挑檐板、大型屋面板、墙板和V形板等多个专用定额子目。

⑤预制混凝土其他构件清单综合单价定额中,分别设置了烟道、垃圾道、通风道、沟盖板、檩条、支撑天窗上下挡、门窗框、支架、阳台分户隔板、槽形栏板、空花或刀片栏杆、漏空花格、零星构件、宝瓶式栏杆及水磨石构件等多种专用分项。

(3)混凝土构筑物 57条子目,包括贮水(油)池、贮仓、水塔、烟囱。

(4)钢筋工程 26条子目,包括现浇构件钢筋、预制构件钢筋、预应力钢筋、钢绞线、钢丝束、钢筋接头。

(5)螺栓和铁件 3条子目,包括铁件安装、螺栓安装。

(6)商品混凝土运输和现场搅拌混凝土加工费 3条子目,包括商品混凝土运输和现场搅拌混凝土加工费。

4.6.1.2 混凝土及钢筋混凝土工程定额的一般说明

(1)本分部不包括现浇构件和预制构件的模板费用,模板应另列在措施项目中,按《河南省综合单价(A建筑工程2008)》中YA.12分部“建筑工程措施项目费”有关规定执行。

(2)除外购商品构件外,现浇和预制构件内的钢筋、螺栓、铁件均应按本分部中的项目单列。

(3)混凝土子目中采用的是常用强度等级和石子粒径的现场搅拌混凝土,如和设计不符时,可以调整;现场搅拌混凝土可按相应子目计算现场搅拌加工费。如采用商品混凝土,可直接进行换算(不得先换算为定额附录中的现场搅拌泵送混凝土)。

(4)商品混凝土价格为出厂价格和运输费之和,运输价格按本分部的相应子目计算。

(5)商品混凝土出厂价格如包括泵送者,不得再重复计算泵送费。

(6)使用非商品混凝土需泵送时,除混凝土配比和价格可按定额附录中现场搅拌泵送混凝土配合比调整外，另计算泵送增加费。

(7)混凝土构件单件实体积在0.1 m^3 以内者，执行零星构件子目。

4.6.1.3 混凝土及钢筋混凝土工程中分项工程的列项划分方法

分项工程的列项通常应根据设计图纸的内容，结合工程的具体情况，以定额子目的划分为原则，按照具体定额子目的设置情况、子目所包括的工作内容及定额中有关规则、说明、规定进行。

混凝土及钢筋混凝土工程在列项时，按照以上原则及上述定额子目设置情况，通常应考虑不同的施工方法、不同的构造形式、不同的构件截面形式、大小及不同材料等因素来正确列项。

(1)混凝土及钢筋混凝土工程在列项时应考虑的因素

① 施工方法。混凝土及钢筋混凝土工程按施工方法不同分为现浇构件和预制构件，预制构件又划分为现场预制构件和外购商品构件，预应力钢筋根据张拉次序不同分为先张法预应力钢筋和后张法预应力钢筋等。

②构造形式。混凝土及钢筋混凝土工程按构件构造形式不同，钢筋混凝土基础分为独立基础、带形基础、杯形基础、满堂基础等；现浇混凝土柱分为矩形柱、圆形柱、异形柱和构造柱；预制混凝土柱分为矩形柱和异形柱，其中预制矩形柱又分为实心柱、空心柱、围墙柱，预制异形柱又分为工形柱、双肢柱和空格柱；现浇混凝土梁分为矩形梁、异形梁；预制混凝土屋架分为拱形屋架、锯齿形屋架、组合屋架、薄腹屋架、门式刚架等。

③截面大小。如现浇混凝土矩形柱按断面周长分为1.2 m以内、1.8 m以内及1.8 m以上。

④混凝土强度等级。

⑤混凝土是使用碎石还是砾石，其最大粒径的规范规定值。

⑥是否使用商品混凝土。

⑦是否采用泵送混凝土。

⑧钢筋种类、级别等。

(2)混凝土及钢筋混凝土工程分部常列项目　根据上述列项方法，一般建筑工程混凝土及钢筋混凝土工程分部常列项目如下：现浇混凝土基础垫层、现浇混凝土基础（带形、独立、杯形、满堂）、现浇混凝土柱（矩形、圆形、异形、构造柱）、现浇混凝土梁（矩形、异形、圈梁、过梁）、现浇混凝土板（平板、有梁板、无梁板、阳台、雨篷等）、现浇混凝土楼梯、现浇混凝土墙、预制混凝土柱制作和安装、预制混凝土梁制作和安装、预制混凝土板（外购板）安装、预制混凝土构件就位运输、钢筋制作安装（现浇构件钢筋、砌体加固钢筋、预制构件钢筋、钢筋网片、钢筋笼预应力钢筋及钢绞线等）、钢筋接头等、商品混凝土运输、现场混凝土加工费。

在具体工程中，分项工程的列项特征应尽可能在项目名称中描述清楚，以便于工程量计算及定额套用。例如“现浇 C30 钢筋混凝土矩形柱、周长1.8 m以内”。

4.6.2 现浇混凝土工程工程量计算与定额应用

4.6.2.1 现浇基础垫层与基础

基础垫层设置在基础与地基之间，它的主要作用是使基础与地基有良好的接触面，把基础承受的上部荷载均匀地传给地基。基础指建筑底部与地基接触的承重构件，它的作用是承受上部结构传下来的荷载，并把这些荷载连同自重一起传给地基。

(1)现浇垫层　混凝土垫层是施工中常见的做法，一般采用 C10 或 C15 的混凝土浇筑而成。混凝土垫层分为无筋混凝土垫层(即素混凝土垫层)和有筋混凝土垫层(即钢筋混凝土垫层)。混凝土垫层施工方便、坚固耐久，但造价较高。

1)混凝土基础垫层与混凝土基础的划分　综合单价中分别列出了混凝土基础与混凝土基础垫层的相应子目。混凝土基础与垫层的划分，应以图纸说明为准。如图纸不明确时，按设计混凝土直接与土体接触的单层长方形断面为垫层，其余为无筋混凝土基础。

2)基础垫层工程量计算　基础垫层工程量，按设计图示尺寸以体积计算。

带形基础垫层工程量，可根据上述计算规则的计算原则，按下式计算：

$$\text{工程量}=\text{垫层长度}\times\text{垫层断面面积} \tag{4.35}$$

式中，垫层长度，外墙按外墙中心线(注意偏轴线时，应把轴线移至中心线位置)长度，内墙按内墙基础垫层的净长线计算。凸出部分的体积并入工程量内计算。

在实际工程中，由于土质等因素基础需局部加深时，基础下垫层的底标高不在同一标高处，必然出现垫层搭接，应将由于搭接增加的工程量并入垫层工程量内计算。

(2)现浇混凝土基础　工程量按设计图示尺寸以体积计算。不扣除构件内钢筋、预埋铁件和伸入承台的桩头所占体积。

常见的混凝土基础有独立基础、杯形基础、带形基础、无梁式满堂基础、箱形基础、设备基础等。

1)独立基础

①特点：独立基础常用于框架柱下，是柱子基础的主要形式，其特点是柱子和基础整浇为一体。常见其形式有阶梯形和四棱锥台形两种，如图 4.25 所示。

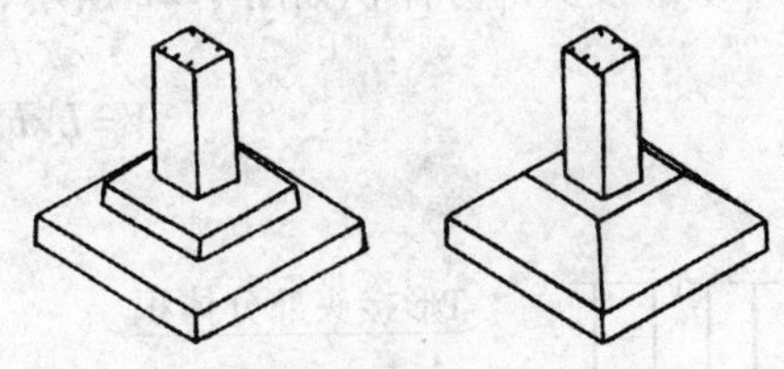

图 4.25　独立基础

②基础与柱子划分：独立基础与柱子的划分以柱基上表面为分界线，以上为柱子，以下为柱基。

③独立基础工程量计算按图示尺寸以 m^3 计算。独立基础体积，应根据相应的几何公式计算。如图 4.26 所示四棱台体积计算公式为：

$$V=\frac{H}{6}[a_1b_1+(a_1+a)(b_1+b)+ab] \tag{4.36}$$

④独立基础与带形基础划分：当地基条件较差，为提高建筑物的整体性以避免各个柱

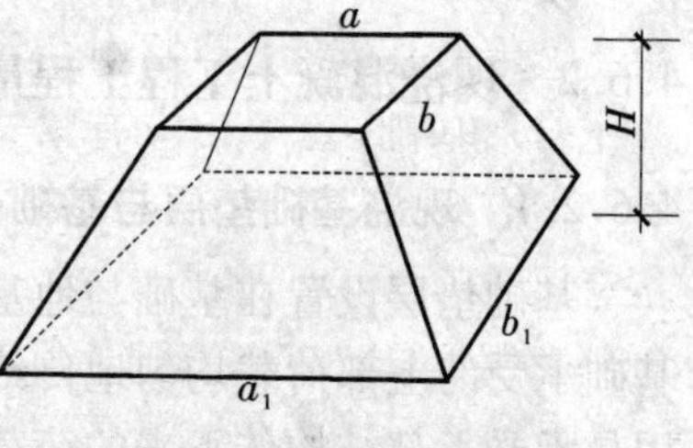

图 4.26 四棱台立体

之间产生不均匀沉降时，可将相邻柱子的独立基础在一个方向上连接起来，对于这种情况，在编制预算时，相邻两个独立柱之间的带形基础，如宽度小于独立柱基的宽度时，柱基可执行独立基础子目；如柱基与带基等宽，则全部执行独立基础子目；否则，仍执行带形基础子目。

2）带形基础　带形基础又称条形基础，其外形呈长条状，断面形式一般有梯形、阶梯形和矩形等；常用于房屋上部荷载较大、地基承载能力较差的混合结构房屋墙下基础。

①带形基础工程量计算。

带形基础工程量可按下式计算：

$$\text{带形基础体积}=\text{计算长度}\times\text{断面面积}+\text{T 形接头体积} \tag{4.37}$$

式中　计算长度——外墙基础按带形基础中心线计算，内墙基础按内墙基础净长线计算，如图 4.27 所示。

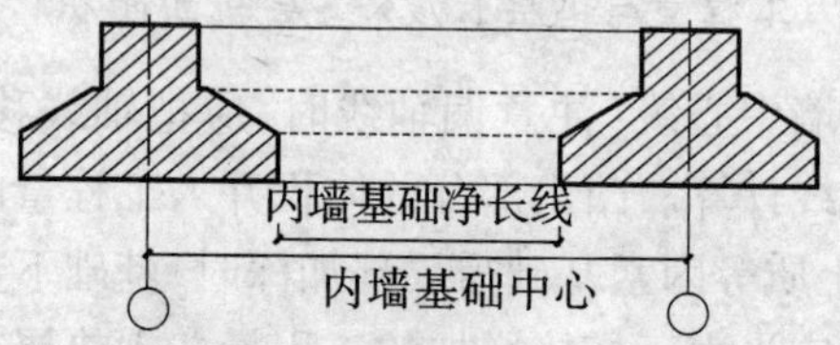

图 4.27　内墙基础净长线示意图

T 形接头部分体积如图 4.28 所示，按下式计算：

$$V=L\times b\times H+L\times h_1\times\frac{(2b+B)}{6} \tag{4.38}$$

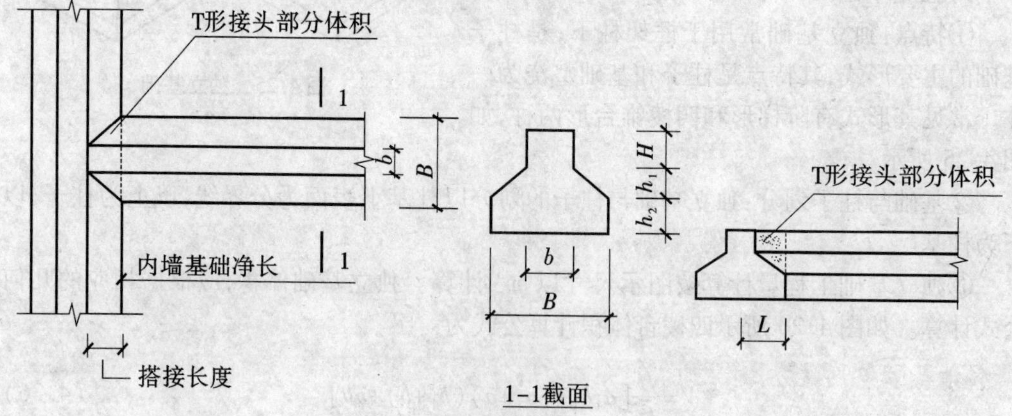

图 4.28　带形基础（T 形接头）示意图

②带形基础形式的区分。凡带有梁式突出的混凝土带形基础断面,均属于有梁式混凝土带形基础,套用相应有梁式带形混凝土基础定额子目。但有梁式带形基础的梁高与梁宽之比在4∶1以内的按有梁式带形基础计;超过4∶1时,梁套用墙定额子目,下部套用无梁式带形基础子目,如图4.29所示。

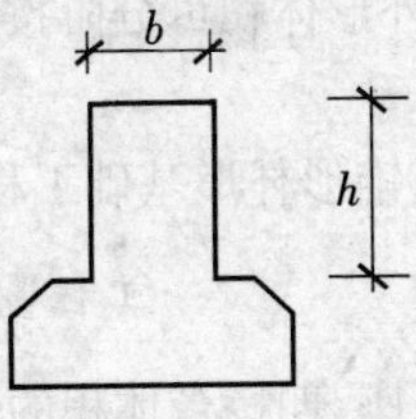

图4.29 $h:b>4:1$ 带形基础

凡没有梁式突出的带形混凝土基础断面,均属于无梁式带形混凝土基础。

凡设计采用毛石混凝土的带形基础,不论其断面形式如何,均属于毛石混凝土带形基础,均套用毛石混凝土定额子目。

有梁式带形混凝土基础与无梁式带形混凝土基础的区分,主要根据其几何形状。如图4.30所示(a)、(b)、(c)可按无梁式带形基础计算,(d)、(e)按有梁式带形基础计算。

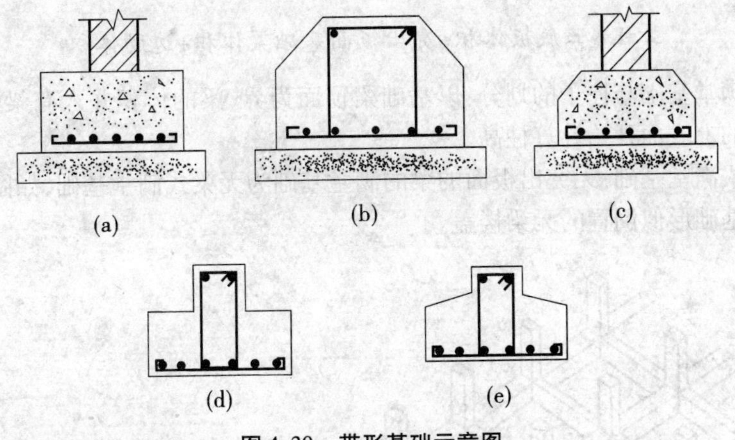

图4.30 带形基础示意图

3)杯形基础 杯形基础是在天然地基上浅埋的预制钢筋混凝土柱下单独基础,它是预制装配式单层工业厂房常用的基础形式。基础的顶部做成杯口,以便于钢筋混凝土柱的插入。按其形式可分为阶梯形和锥形,一般以锥形居多,其中锥形又可分为一般锥形和高脖锥形,如图4.31所示。

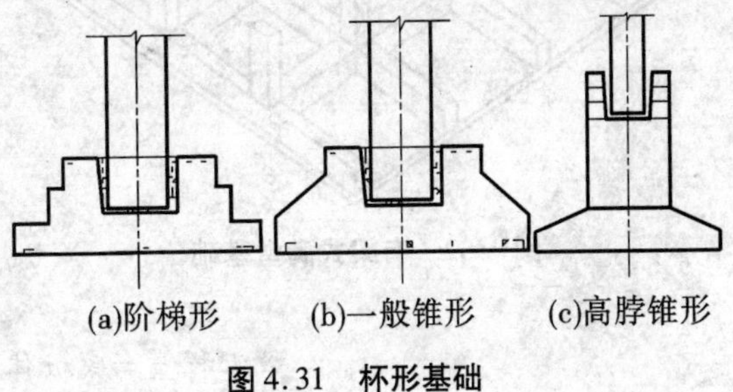

图4.31 杯形基础

在预算编制时,阶梯形杯形基础和锥形杯形基础,均执行杯形基础定额子目。但高脖杯形基础脖高大于1 m时,其高脖部分执行现浇混凝土柱的定额子目,其余部分执行杯形基础定额子目。

杯形基础工程量计算按图示尺寸以 m^3 计算,计算时应扣除杯芯所占体积。

①阶梯形杯形基础工程量:

工程量=外形体积-杯芯体积 (4.39)

其中,外形体积可分阶按图示尺寸计算,计算时不考虑杯芯。杯芯体积按四棱台计算公式计算。

②锥形杯形基础工程量:

工程量=底座体积+四棱台体积+脖口体积-杯芯体积 (4.40)

底座、四棱台体积的计算同独立基础。四棱台、脖口体积计算时不考虑杯芯。

4)满堂基础　当独立基础、带形基础不能满足设计要求时,将基础联成一个整体,称为满堂基础(又称筏形基础)。这种基础适用于设有地下室或软弱地基及有特殊要求的建筑,满堂基础分为有梁式和无梁式两种。清单综合单价定额中,设置了相应的定额子目。

①有梁式满堂基础:带有突出板面的梁的满堂基础为有梁式满堂基础,如图 4.32 所示。

工程量=底板体积+突出板面基础梁体积+边肋体积 (4.41)

有梁式满堂基础与柱子的划分:以基础梁顶面为界,梁的体积并入有梁式满堂基础。不能从底板的上表面开始计算柱高。

②无梁式满堂基础:无突出板面的梁的满堂基础为无梁式满堂基础,如图 4.33 所示。无梁式满堂基础形似倒置的无梁楼盖。

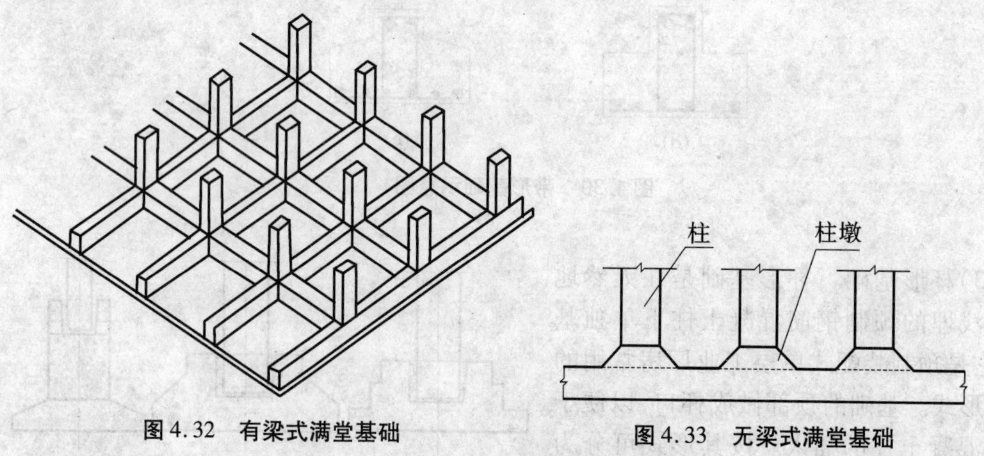

图 4.32　有梁式满堂基础　　图 4.33　无梁式满堂基础

工程量=底板体积+边肋体积 (4.42)

无梁式满堂基础与柱子的划分:以板的上表面为分界线,柱高从底板的上表面开始计算,柱墩体积并入柱内计算。

③满堂基础底面向下加深的梁或承台,可分别按带形基础或独立承台计算。满堂基础顶面仅局部设梁的(主轴线设梁不足 1/3 者)不能视为有梁式满堂基础,应执行无梁式满堂基础子目,该部分梁按基础梁计算。

5)箱形基础　箱形基础是指由顶板、底板、纵横墙及柱子连成整体的基础,如图 4.34

所示。箱形基础具有较好的整体刚度，多用于天然地基上 8～20 层或建筑物高度不超过 60 m 的框架结构与现浇剪力墙结构的高层民用建筑基础。有抗震、人防及地下室要求的高层建筑也多采用箱形基础。清单综合单价定额中未直接编列箱形基础定额项目，应按照顶板、底板、连接墙板（柱）各部位，分别列项计算各自工程量，执行各自相应的定额子目。

①箱形基础顶板：按板的有关规定计算。

②箱形基础底板：按满堂基础规定计算。

③箱形基础内外墙板：按现浇墙有关规定计算。镶入混凝土墙中的圈梁、过梁、柱及外墙八字角处加厚部分混凝土体积并入墙体工程量内。

④地下室柱：指未与现浇混凝土墙连接的柱，应另列项目，柱高按从底板上表面至顶板上表面计算，执行混凝土现浇柱相应定额子目。

⑤楼梯：箱形基础中的地下室楼梯，并入主体楼梯工程量内计算。

6）桩承台基础　桩承台是在已打完的桩顶上，将桩顶部分的混凝土凿掉，露出桩钢筋，然后绑扎钢筋，浇灌混凝土，使桩顶连成一体的钢筋混凝土基础，如图 4.35 所示。

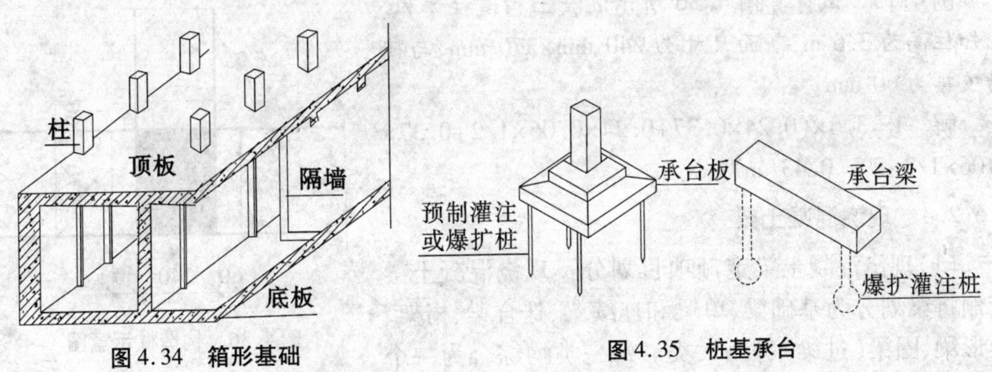

图 4.34　箱形基础　　　图 4.35　桩基承台

定额将桩承台分为独立桩承台和带形桩承台两种。

工程量计算，按图示桩承台尺寸，以 m^3 计算。

7）设备基础　为安装锅炉、机械或设备等所做的基础称为设备基础。清单综合单价定额中分别列出了毛石混凝土设备基础和混凝土设备基础两个定额子目。工程量均以按图示尺寸以 m^3 计算。

框架式设备基础，定额中未直接编列项目，计算时应分别按设备基础、柱、梁、墙、板分别列项，执行本分部有关定额子目。楼层上的设备基础按有梁板定额项目计算。

4.6.2.2　现浇混凝土柱

（1）现浇混凝土柱定额项目划分　现浇混凝土柱定额将柱划分为矩形柱、异形柱、圆形柱和构造柱 4 大类。其中矩形柱定额根据柱断面周长不同划分为 1.2 m 以内、1.8 m 以内、1.8 m 以外 3 个定额子目；圆形柱定额根据柱直径不同划分为 0.5 m 以内、0.5 m 以外两个定额子目；异形柱不分断面大小，综合为 1 个定额子目；构造柱不分断面形式及大小综合为 1 个定额子目。

异形柱是指柱面有凸凹或竖向线脚的柱，截面为工、十、T 形或正五边形至正七边形的柱。截面为七边形以上的正多边形柱执行圆柱子目。截面为L形或变截面的矩形柱(如底600×600,顶400×400)可按平均周长执行相应矩形柱子目。

(2)现浇混凝土柱工程量计算　按设计图示尺寸以体积计算。不扣除构件内钢筋、预埋铁件所占体积。

$$柱工程量=柱高\times设计柱断面面积+牛腿所占体积 \tag{4.43}$$

1)柱高按以下规定计算

①有梁板柱高:从柱基(或楼板)上表面算至上层楼板上表面。

②无梁板柱高:从柱基(或楼板)上表面算至柱帽下表面。

③框架柱高:从柱基上表面算至柱顶高度。

④构造柱按全高计算,嵌接墙体部分并入柱身计算。

⑤依附柱上的牛腿和升板的柱帽,并入柱身体积计算。

2)设计柱断面面积　矩形柱、圆柱形,均以设计图示断面尺寸计算断面面积;构造柱按设计图示尺寸(包括与砖墙咬接的马牙槎在内)计算断面面积。

例4.15　试计算图4.36所示混凝土构造柱体积。已知柱高为3.6 m,断面尺寸为240 mm×370 mm,与砖墙咬接为60 mm。

解　$V=3.6\times(0.24\times0.37+0.24\times0.06\times1/2+0.37\times0.06\times1/2\times2)=0.43(m^3)$

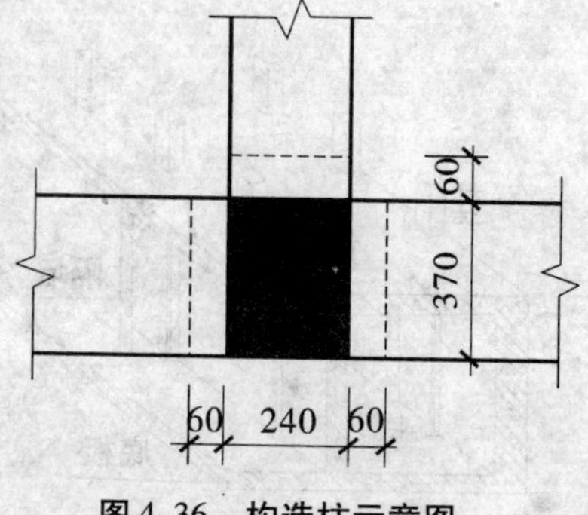

图4.36　构造柱示意图

4.6.2.3　现浇混凝土梁

(1)现浇混凝土梁定额项目划分　现浇混凝土梁定额将梁划分为基础梁、单梁和连续梁、迭合梁、桁架、异形梁、圈梁(过梁)等六大类。每一类均综合为一个定额子目。

1)基础梁,是指直接以独立基础或柱为支点的梁。一般多用于不设条形基础时墙体的承托梁。注意:带形基础上的基础梁,不能套基础梁定额,应并入基础,执行有梁式带形基础子目。

2)单梁、连续梁,是指梁上没有现浇板的矩形梁。

3)异形梁,是指梁截面为T、十、工形,梁上没有现浇板的梁。

4)圈梁,是指以墙体为底模板浇筑的梁。

5)过梁,是指在墙体砌筑过程中,门窗洞口上同步浇筑的梁。

6)迭合梁,是指在预制梁上部预留一定高度,甩出钢筋,待楼板安装就位后加绑钢筋,再浇灌混凝土的梁。

注意:变截面梁按异形梁子目执行,如图4.37所示。

变截面梁梁长为变截面部分的长度。与变截面部分连接的梁,应根据其结构特征另列项目计算,套用相应的单梁、连续梁、圈(过)梁综合单价。若相连的为T、十异形梁时,则工程量合并计算,执行异形梁综合单价。

(2)现浇混凝土梁工程量计算　按设计图示尺寸以体积计算。不扣除构件内钢筋、

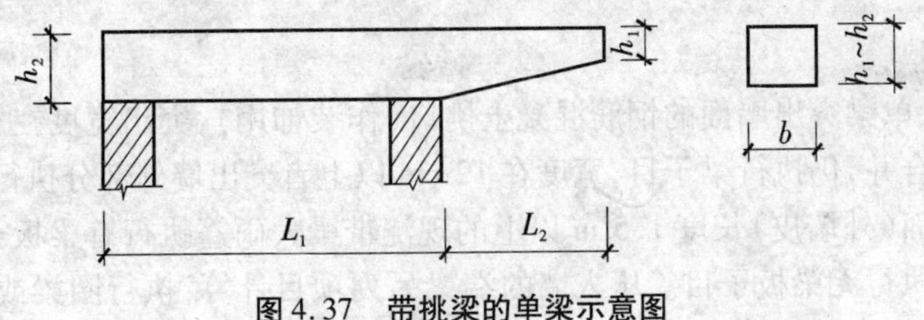

图4.37 带挑梁的单梁示意图

预埋铁件所占体积。深入墙内的梁头、梁垫并入梁体积内。梁长计算和相关规定如下：

1)梁与柱连接时,梁长算至柱侧面。

2)主梁与次梁连接时,次梁长算至主梁侧面。

3)圈梁与过梁连接时,过梁应并入圈梁计算。

4.6.2.4 现浇混凝土板

(1)现浇混凝土板定额项目划分　现浇混凝土板定额将板分为有梁板、无梁板、平板、筒壳、双曲薄壳、栏板、天沟、挑檐板、雨篷、阳台板和预制板间补板缝等8大类。其中有梁板、平板及现浇板缝定额又根据板厚不同划分为10 cm以内和10 cm以外定额子目。

(2)现浇混凝土板工程量计算　按设计图示尺寸以体积计算。不扣除构件内钢筋、预埋铁件及单个面积0.3 m^3以内的孔洞所占体积。各类板伸入墙内的板头并入板体积内计算。各种板具体规定如下。

1)有梁板,指梁(包括主梁、次梁)与板整浇构成一体,并至少有三边是以承重梁支承的板。有梁板(包括主梁、次梁与板)按梁、板体积之和计算：

$$有梁板工程量=板体积+梁体积 \tag{4.44}$$

注意：

①圈梁、过梁与板整浇时,不能按有梁板计算。

②板只有两边或一边受承重梁支承时,梁、板分别列项计算,执行相应的定额子目。

2)无梁板,指不带梁而直接用柱头支承的板。无梁板按板和柱帽体积之和计算：

$$无梁板工程量=板体积+柱帽体积 \tag{4.45}$$

3)平板,指无柱、梁直接由墙承重的板。现浇板在房间开间上设置梁,且现浇板二边或三边由墙承重者,应视为平板,其工程量应分别按梁、板计算。由剪力墙支撑的板按平板计算。平板与圈梁相接时,板算至圈梁的侧面。

4)薄壳板的肋、基梁并入薄壳体积内计算。

5)现浇挑檐、天沟板、雨篷、阳台板(包括遮阳板、空调机板)按设计图示尺寸以墙外部分体积计算,包括伸出墙外的牛腿和反挑檐的体积。伸入墙内的梁执行相应子目。

现浇挑檐、天沟板、雨篷、阳台与板(包括屋面板、楼板)连接时,以外墙外边线为分界线;与圈梁(包括其他梁)连接时,以梁外边线为分界线,外边线以外为挑檐、天沟、雨篷或阳台。

6)栏板按设计图示尺寸以体积计算,包括伸入墙内部分。楼梯栏板的长度,按设计图示长度。

注意:

①框架梁、单梁突出墙面的钢筋混凝土挑口(作装饰用),突出宽度在 12 cm 以内者,挑出部分与梁合并,仍执行梁子目,宽度在 12 cm 以上者突出墙外部分执行挑檐子目。

②挑出墙面(外墙皮)长度 1.5 m 以上的现浇带梁大雨篷执行有梁板子目;柱头支承的无梁大雨篷执行无梁板子目。压入墙的端梁另列项目计算,执行圈梁或过梁子目。挑出墙面(外墙皮)长度 1.5 m 以上的现浇有梁板阳台,执行有梁板子目;有柱者不论挑出多少,均执行有梁板子目。

③大坡现浇屋面有梁的板,执行有梁板子目;无梁的板执行平板子目。

4.6.2.5 现浇混凝土墙

(1)现浇混凝土墙定额项目划分　现浇混凝土墙定额将墙划分为挡土墙和一般混凝土墙。其中挡土墙根据材料不同分为毛石混凝土挡土墙和混凝土挡土墙,一般混凝土墙按墙厚不同分为 10 cm 以内、20 cm 以内、30 cm 以内、30 cm 以上 4 种定额子目。

(2)现浇混凝土墙工程量计算　按设计图示尺寸以体积计算。不扣除构件内钢筋、预埋铁件所占体积。扣除门窗洞口及单个面积 0.3 m^2 以上的孔洞所占体积。墙垛及突出墙面部分并入墙体体积内计算。墙身与框架柱连接时,墙长算至框架柱的侧面。

$$现浇混凝土墙工程量=墙长\times墙高\times墙厚-大于0.3\ m^2孔洞体积 \tag{4.46}$$

注意:

①混凝土地下室墙不执行挡土墙子目,依据不同的厚度执行混凝土墙子目。

②短肢剪力墙执行墙的相应子目,人工乘以 1.025,其他不变。

4.6.2.6 现浇混凝土楼梯

现浇混凝土楼梯应分层按其水平投影面积计算工程量。不扣除宽度小于 50 cm 的梯井面积,伸入墙内部分不另增加。

整体楼梯(包括直形楼梯、弧形、螺旋楼梯)水平投影面积包括休息平台、平台梁、斜梁、楼梯板、踏步及楼梯与楼板连接的梁。当整体楼梯与现浇楼板无梯梁连接时,以楼梯的最后一个踏步边缘加 30 cm 为界。

注意:现浇混凝土楼梯设计图示计算的混凝土用量和定额子目含量不符时,按设计用量调整,人工、机械可按比例调整。

$$混凝土调整量=混凝土图示用量\times(1+1.5\%)-混凝土定额用量 \tag{4.47}$$

$$混凝土定额用量=混凝土定额含量\times工程量 \tag{4.48}$$

4.6.2.7 其他现浇混凝土构件

(1)门框、压顶、后浇带,按设计图示尺寸以体积计算。

(2)栏杆、扶手按设计图示尺寸以长度计算,伸入墙内的长度已综合在定额内。

(3)池、槽(指洗手池、污水池、盥洗槽等)按设计图示尺寸以体积计算。

(4)暖气、电缆沟按设计图示尺寸以体积计算。暖气、电缆沟子目适用于槽形及梯形的暖气沟、电缆沟、排水沟和净空断面面积在0.2 m^2 以内的无筋混凝土地沟。底板和沟壁的工程量应合并计算。现浇沟盖板按现浇平板计算。

(5)地沟按设计图示尺寸以体积计算。地沟子目适用于方形(封闭式)、槽形(开口式)、梯形(变截面式)钢筋混凝土及混凝土无肋地沟。沟底、沟壁、沟顶的工程量应分开计算。沟壁与底板的分界,以底板上表面为界。沟壁与顶的分界,以顶板的下表面为界。上薄下厚的壁按平均厚计算;阶梯形的壁,按加权平均厚度计算。八字角部分的数量并入沟壁工程量内计算。现浇肋形顶板或预制顶板,分别按现浇有梁板及预制沟盖板计算。

(6)台阶按设计图示尺寸以水平投影面积计算,如台阶与平台连接时,其分界线应以最上层踏步外沿加30 cm计算。台阶子目中不包括垫层和面层。

(7)零星构件按设计图示尺寸以实体积计算。

4.6.2.8　后浇带

后浇带工程量的计算:按设计图示尺寸以体积计算。

后浇带综合单价定额中,根据构件等不同,划分为有梁板、满堂基础、墙等四个综合单价定额子目。若设计混凝土与定额不同,可换算。

4.6.3　预制混凝土工程工程量计算及定额应用

预制混凝土构件按其制作地点不同分为现场预制构件和外购商品构件。施工企业所属独立核算的加工厂生产的构件视为外购商品构件。

现场预制构件子目均包括混凝土构件浇捣混凝土、构件安装和灌缝,且现场预制构件一般为就位预制,如小型构件或遇特殊情况下不能就位预制且构件就位距离超过机械起吊中心回转半径15 m者,可以执行本分部的构件就位运输子目。

外购商品构件安装子目包括外购商品构件至现场、构件加固、吊装、固定、安装及灌缝等工作内容。当外购预制构件合同所约定的价格与定额子目中该构件定额取定价不同时,可进行价差调整。

4.6.3.1　预制混凝土构件定额项目划分

定额中的预制混凝土构件包括预制混凝土柱、预制混凝土梁、预制混凝土屋架、预制混凝土板(外购板)和其他预制构件等五大类。其中,预制混凝土柱定额根据截面形式不同划分为矩形柱和异形柱,矩形柱又分为实心柱、空心柱和围墙柱,异形柱又分为双肢柱、工形柱和空格柱;预制混凝土梁定额划分为矩形梁、异形梁、过梁和鱼腹式吊车梁,矩形梁又分为单梁、基础梁、托架梁,异形梁又分为T、十、工形梁和T形吊车梁;预制混凝土屋架定额分为拱形屋架、锯齿形屋架、组合屋架、薄腹屋架、门式刚架和天窗架;预制混凝土板定额按外购商品板考虑,分为平板、架空隔热板、空心板、槽形板、肋形板、挑檐板、大型屋面板、墙板和V形板;其他预制构件定额划分为烟道、垃圾道、通风道、沟盖板、檩条、支撑天窗上下挡、门窗框、支架、阳台分户隔板、槽形栏板、空花或刀片栏杆、漏空花格、零星构件、宝瓶式栏杆及水磨石构件等。

4.6.3.2　预制混凝土构件制作、安装工程量计算

预制构件均按设计图示尺寸以体积计算。不扣除构件内钢筋、预埋铁件所占体积。

相关规定如下:

(1)预制板、烟道、通风道不扣除单个尺寸 300 mm×300 mm 以内的孔洞所占体积。应扣除空心板、烟道、通风道的孔洞所占体积。

(2)预制构件的施工损耗量已经包括在相应定额子目内,不得另行计算。定额子目内的损耗是按表 4.15 考虑的。

表 4.15 预制钢筋混凝土构件施工损耗率表

构件名称	天窗架、端壁、支撑。檩条、小型构件、过梁	平板、空心板、槽板、大型屋面板、挑檐板、墙板等
损耗率	1.5%	1%

(3)预制水磨石窗台板及隔断已包括磨光打蜡,其安装铁件应按设计图纸计算,另套用铁件价格。

(4)预制钢筋混凝土漏花窗以体积计算,该体积可按墙面设计洞口外围尺寸的面积乘以平均厚度 38 mm 计算。

(5)预制支架按设计图示尺寸以实际体积计算,包括支架各组成部分,如框架形及 A 形支架应将柱、梁的体积合并计算。支架带操作平台板的亦合并计算。支架基础另执行本分部的现浇基础子目。

(6)宝瓶式栏杆安装按设计图示尺寸以长度计算。栏杆上部的混凝土扶手另执行相应子目。

(7)井圈、井盖按设计图示尺寸以实际体积计算,执行零星构件子目。

4.6.3.3 预制构件就位运输

本分部构件安装是按机械起吊中心回转半径 15 m 以内的距离计算的,如构件就位距离超过 15 m 时,可另列项计算构件就位运输项目。

预制构件就位运输按施工组织设计要求就位运输的构件制作工程量计算。

4.6.3.4 预制构件定额应用

(1)预制构件分为现场预制和外购构件,施工企业所属独立核算的加工厂生产的构件视为外购构件。

(2)预制构件就位运输:构件安装是按机械起吊中心回转半径 15 m 以内的距离计算的,如构件就位距离超过 15 m 时可执行构件就位运输子目。

(3)构件安装及接头灌缝:在预制构件子目内单列,可以相对独立使用。

①构件安装是按单机作业制定的,实际采用双机抬吊时,按相应子目中的安装人工及机械乘以系数 1.20(包括影响涉及的构件)。吊装檐高 20 m 以上屋面构件时,单机作业按相应定额中安装人、机费乘以系数 1.30,双机抬吊时安装人、机费乘以系数 1.50(使用塔吊者不乘系数)。

②安装机械是综合取定的,除本分部有特殊注明外,无论机械种类、台班数量、台班价格均不得换算。

③构件若需跨外安装时,安装部分的人工、机械乘以系数1.15。

④预制空心板的堵头费用已包括在相应子目内,不另计算。

⑤因抗震设计要求,空心板端头留有80 mm宽现浇混凝土增加的费用,按空心板子目中的接头灌缝部分乘以系数1.20计算,不得再执行其他子目。

⑥基础梁、单梁、板和零星构件安装需焊接时,每10 m^3构件按表4.16人、材、机数量增加费用。

表4.16 构件安装焊接增加人、材、机数量表

构件名称	增加人、材、机数量			
	焊工/工日	焊条/kg	垫铁/kg	交流焊机32 kV/台班
基础梁	0.91	3.81		0.47
单梁	2.78	3.95	19.22	1.44
空心板、平板等	2.38	11.29	13.11	1.16
V形板	2.49	11.29	13.11	1.29
零星构件	2.89	15.31	26.43	1.50

4.6.4 现场搅拌混凝土加工费

现场搅拌混凝土加工费按现场搅拌混凝土部位的相应子目中规定的混凝土消耗量体积计算。

4.6.5 商品混凝土运输

商品混凝土运输工程量按要求采用商品混凝土部位的相应子目中规定的混凝土消耗量体积计算。

例4.16 某建筑有15根现浇钢筋混凝土单梁,断面尺寸为250 mm×550 mm,梁长6 m,每一根梁的图示钢筋用量Φ10以内为13 kg,Ⅱ级钢筋为100 kg,混凝土为C30(碎石,最大粒径40,32.5级水泥)现场搅拌泵送混凝土,试计算该15根单梁实体项目的综合费及其中的人工费、材料费、机械费、管理费和利润。

解 (1)现浇混凝土单梁

工程量=0.25×0.55×6×15=12.375(m^3)

套用《河南省综合单价(A建筑工程2008)》(4-22)子目,并将混凝土配合比C20(40)换算C30(40)现场搅拌泵送混凝土后的综合单价为:

(4-22)换=2586.84+(211.27-170.97)×10.15=2995.89(元/10 m^3)

综合费=12.375÷10×2995.89=3707.41(元)

其中:人工费=12.375÷10×390.87=483.70(元)

材料费=12.375÷10×(1786.22+10.15×211.27-10.15×170.97)

=2716.64(元)

机械费=12.375÷10×13.43=16.62(元)

管理费=12.375÷10×223.61=276.72(元)

利　润=12.375÷10×172.71=213.73(元)

(2)Φ10 以内钢筋

工程量=0.013×15=0.195(t)

套用《河南省综合单价(A 建筑工程 2008)》(4-168)“Ⅰ级钢筋 ϕ10 以内”子目:

综合费=0.195×4172.87=813.70(元)

其中:人工费=0.195×443.76=86.53(元)

材料费=0.195×3392.33=661.50(元)

机械费=0.195×26.25=5.12(元)

管理费=0.195×207.02=40.37(元)

利　润=0.195×103.51=20.18(元)

(3)Ⅱ级钢筋

工程量=0.1×15=1.5(t)

套用《河南省综合单价(A 建筑工程 2008)》(4-170)“Ⅱ级钢筋”定额子目:

综合费=1.5×3949.387=5924.08(元)

其中:人工费=1.5×291.11=436.67(元)

材料费=1.5×3329.177=4990.77(元)

机械费=1.5×50.09=75.13(元)

管理费=1.5×166.56=249.84(元)

利　润=1.5×112.45=168.67(元)

(4)现场搅拌混凝土加工费

工程量=12.375÷10×10.15=12.56(m^3)

套用《河南省综合单价(A 建筑工程 2008)》(4-197)子目:

综合费=12.56 ÷10×450.08=565.30(元)

其中:人工费=12.56 ÷10×131.15=164.72(元)

机械费=12.56 ÷10×183.03=229.89(元)

管理费=12.56 ÷10×90.60=113.79(元)

利　润=12.56 ÷10×45.30=56.90(元)

(5)15 根钢筋混凝土单梁实体项目综合费合计

综合费=3707.41+813.70+5924.08+565.30=11010.49(元)

其中:人工费=483.7+86.53+436.67+164.72=1171.62(元)

材料费=2716.64+661.50+4990.77=8368.91(元)

机械费=16.62+5.12+75.13+229.89=326.76(元)

管理费=276.72+40.37+249.84+113.79=680.72(元)

利　润=213.73+20.18+168.67+56.90=459.48(元)

例4.17　某工程框架结构平面如图 4.38 所示。采用 C30(20)商品混凝土(定额预算价为 265 元/m^3)现场泵送浇筑,柱高 4.2 m,柱断面尺寸为 450 mm×450 mm,KJL 梁断面尺寸为 300 mm×600 mm，LL 梁断面尺寸 250 mm×450 mm，现浇板厚 120 mm，试计算该框架混凝土部分实体项目及措施项目综合费。假定该商品混凝土出厂价（不含运输及泵送费用）为 285 元/m^3，运距 10 km。

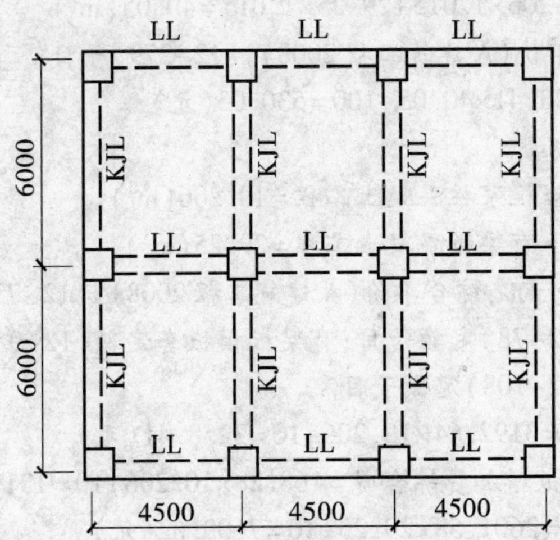

图 4.38 某框架结构平面示意图（单位：mm）

解 (1) C30(20) 现浇混凝土框架柱

框架柱工程量 = 0.45×0.45×4.2×12 = 10.206(m^3)

套用《河南省综合单价（A 建筑工程 2008）》(4-15) 子目，并换算 C30(20) 商品混凝土价格后的综合单价为：

(4-15) 换 = 3146.71+10.15×285-10.15×170.97 = 4304.11(元/10 m^3)

框架柱混凝土综合费 = 4304.11×10.206÷10 = 4392.77(元)

(2) C30(20) 现浇混凝土有梁板

工程量 = 板体积+梁体积

板体积 = (4.5×3+0.3)×(6.0×2+0.25)×0.12 = 20.29(m^3)

KJL 截面梁体积 = (6.0-0.325-0.225)×0.3×(0.6-0.12)×8 = 6.28(m^3)

LL 截面梁体积 = (4.5-0.3-0.225)×0.25×(0.45-0.12)×6+(4.5-0.45)×0.25×(0.45-0.12)×3
= 2.97(m^3)

柱头的体积 = 0.45×0.45×0.12×12 = 0.29(m^3)

有梁板体积 = 20.29+6.28+2.97-0.29 = 29.25(m^3)

套用《河南省综合单价（A 建筑工程 2008）》(4-34) 子目，并换算 C30(20) 商品混凝土价格后的综合单价为：

(4-34) 换 = 2586.95+(285-170.97)×10.15 = 3744.35(元/10 m^3)

有梁板综合费 = 3744.35×29.25÷10 = 10952.22(元)

(3) 商品混凝土运输费

商品混凝土运输费工程量 = 10.206×1.015+29.25×1.015 = 40.05(m^3)

套用《河南省综合单价(A 建筑工程 2008)》(4-195)+7×(4-196)子目:

商品混凝土运输费综合费=40.05÷10×(197.12+7×32.31)=1695.28(元)

(4)砼泵送费

砼泵送工作量=10.206×1.015+29.25×1.015=40.05(m^3)

套用《河南省综合单价(A 建筑工程 2008)》(12-279)子目:

砼泵送综合费=1323.41×40.05÷100=530.03(元)

(5)现浇混凝土模板费

框架柱模板工作量=框架柱混凝土工程=10.206(m^3)

有梁板模板工作量=有梁板混凝土工程=29.25(m^3)

框架柱模板套用《河南省综合单价(A 建筑工程 2008)》(12-73)定额子目,框架柱层高超高模板增加费套(12-78)定额子目;有梁板模板套定额(12-95)定额子目,有梁板层高超高模板增加费套(12-108)定额子目。

框架柱模板综合费=3192.64×10.206÷10=3258.41(元)

框架柱层高超高模板增加费综合费=168.28×10.206÷10=171.76(元)

有梁板模板综合费=2601.58×29.25÷10=7609.62(元)

有梁板层高超高模板增加费综合费=206.67×29.25÷10=604.51(元)

(6)框架混凝土部分实体项目及措施项目综合费

实体项目综合费=4392.77+10952.22+1695.28=17040.27(元)

技术措施项目综合费=530.03+3258.41+171.76+7609.62+604.51=12174.33(元)

4.6.6 钢筋工程工程量计算及定额应用

本分部除外购商品构件外,混凝土构件子目中均未含钢筋部分,在编预算时需将钢筋和铁件的制作与安装另列项目计算。

4.6.6.1 钢筋工程定额项目划分

本分部定额将钢筋工程划分为现浇构件钢筋、预制构件钢筋、钢筋网片、钢筋笼、预应力钢筋、预应力钢丝、预应力钢绞线及钢丝束和钢筋接头。其中,现浇构件钢筋和预制构件钢筋又根据不同的钢筋种类及级别,相应划分有不同的定额子目。根据此划分,钢筋工程在计算工程量时,应区别现浇、预制构件不同钢种和规格,分别列项计算,以便正确套用定额。

4.6.6.2 钢筋、螺栓、铁件制作安装工程量计算规则

(1)一般钢筋工程量按设计图示钢筋(网)长度(面积)乘以单位理论质量计算,根据设计要求和钢筋定尺长度必须计算的搭接用量应合并计算在内。编制标底或预算时,设计未明确要求钢筋采用机械接头(含其他接头)或对焊时,钢筋的搭接可按以下规定计算:

1)柱子主筋和剪力墙竖向钢筋按建筑物层数计算搭接。

2)梁、板非盘元钢筋按每 8 m 计算一次搭接。

(2)预应力钢筋(钢丝束、钢绞线)工程量按设计图示钢筋(钢丝束、钢绞线)长度乘

以单位理论质量计算。

1)低合金钢筋两端均采用螺杆锚具时,钢筋长度按孔道长度减去0.35 m计算,螺杆另行计算。

2)低合金钢筋一端采用墩头插片、另一端采用螺杆锚具时,钢筋长度按孔道尺寸长度计算,螺杆另行计算。

3)低合金钢筋一端采用墩头插片、另一端采用帮条锚具时,钢筋长度按孔道长度增加0.15 m计算;两端均采用帮条锚具时,钢筋长度按孔道长度增加0.3 m计算。

4)低合金钢筋一端采用后张混凝土时,钢筋长度按孔道长度增加0.35 m计算。

5)低合金钢筋(钢绞线)采用JM、XM、QM型锚具,孔道长度在20 m以内时,钢筋(钢绞线)长度按孔道长度增加1 m计算;孔道长度在20 m以上时,钢筋(钢绞线)长度按孔道长度增加1.8 m计算。

6)碳素钢丝采用锥形锚具,孔道长度在20 m以内时,钢丝束长度按孔道长度增加1 m计算;孔道长度在20 m以上时,钢丝束长度按孔道长度增加1.8 m计算。

7)碳素钢丝采用墩头锚具时,钢丝束长度按孔道长度增加0.35 m计算。

(3)钢筋接头:钢筋电渣压力焊接接头、锥螺纹接头、电弧焊接接头等均按设计要求需要配制的数量计算。计算方法如下:

设计要求柱子主筋、剪力墙竖向钢筋采用机械接头时,可按建筑物层数计算接头数量。

设计要求梁、板水平钢筋采用机械接头的,非盘元钢筋按每8m计算1个接头。

凡计算钢筋接头的,均不再计算钢筋搭接长度。

(4)焊接封闭箍筋按设计要求需要配制的数量计算。

4.6.6.3 钢筋设计图示用量的计算

建筑工程中,钢筋用量大、价值高,在工程造价中占比重较大,所以要按设计图纸计算钢筋的图示用量,以准确计算钢筋的价值。

(1)钢筋的图示用量 钢筋图示用量系指根据设计图纸、施工验收规范以及定额规定的计算方法计算出的不包含损耗的用量,单位为t;

如果设计采用标准图,可按标准图所列的钢筋混凝土构件钢筋用量表,分别汇总其钢筋用量。对于设计图标注的钢筋混凝土构件,应按图示尺寸,区别钢筋的级别和规格分别计算,并汇总其钢筋用量。钢筋用量可按下式计算:

$$\text{钢筋图示质量} = \sum \text{单根钢筋长度}(L) \times \text{根数(或箍数)} \times \text{每米理论质量} \quad (4.49)$$

其中,钢筋长度按施工图纸计算,每米理论质量可查表4.17。钢筋每米理论质量计算公式:

$$m = 0.006165d^{2} \quad (\text{kg/m}) \quad (4.50)$$

式中 d——钢筋直径(mm)。

表 4.17　钢筋理论质量表

钢筋直径 /mm	理论质量 /(kg/m)	钢筋直径 /mm	理论质量 /(kg/m)	钢筋直径 /mm	理论质量 /(kg/m)
3	0.055	12	0.888	25	3.85
4	0.099	14	1.208	28	4.83
5	0.154	16	1.578	30	5.55
6.5	0.260	18	1.998	32	6.31
8	0.395	20	2.466	36	7.99
10	0.617	22	2.984	40	9.87

(2)直钢筋长度(L)　单根直钢筋长度(L)计算公式如下：

$$L=\text{构件长}-2\times\text{端部保护层厚度}+2\times\text{端部弯钩增加长度} \tag{4.51}$$

其中:①端部混凝土保护层厚度,按设计或规范规定计取。

②端部弯钩增加长度,对于 HPB300 钢筋为受拉时,其末端应做成 180°弯钩。弯钩平直长度不应小于 3d,此时弯钩增加长度习惯按 6.25d 计算,d 为钢筋直径。受力钢筋 HRB335 级、HRB400 级、RRB400 级末端一般不带弯钩。当设计规定采用 135°锚固弯钩时,其末端应做 135°弯钩,弯钩增加长度按设计规定计算,若设计无规定时,135°斜弯钩按 7.89d 计算,其中 d 为钢筋直径。

③当端部设计带有弯折时,还需另外增加弯折长度。常见直筋端部 90°弯折增加量,应按其设计弯折部分的外包尺寸长度计算。

④当钢筋中部设计有搭接头时,还应另外增加搭接长度。

⑤当直钢筋不是沿构件通常布置时,其钢筋长度应按设计图示长度另增加弯钩、弯折、搭接等长度计算。

(3)箍筋长度计算公式

1)方形或矩形封闭箍筋长度计算公式如下：

$$\text{每箍长度}=\text{构件断面周长}-8\times\text{保护层厚度}+2\times\text{弯钩增加长度} \tag{4.52}$$

2)直形拉筋(单肢箍)箍筋长度计算公式如下：

$$\text{每箍长度}=\text{构件厚度}-2\times\text{混凝土保护层厚度}+2\times\text{弯钩增加长度} \tag{4.53}$$

3)S 形拉筋(单肢箍)箍筋长度计算公式如下：

$$\text{每箍长度}=\text{构件厚度}-2\times\text{混凝土保护层厚度}+2\times\text{弯钩增加长度}+d \tag{4.54}$$

其中:①混凝土保护层厚度,按设计或规范规定计取。

②箍筋端部弯钩增加长度,根据设计规定的弯钩形式,参照国家建筑标准设计 G101 系列图集中有关箍筋和拉筋弯钩构造要求,可按表 4.18 取用。但设计要求平直长度、弯弧内径不同时,应另行按公式(略)计算。

③当设计为封闭焊接箍筋时，公式中“2×弯钩增加长度”应改为设计搭接焊的“搭接长度”

④构件厚度为单肢箍布箍方向的厚度，d 为箍筋直径。

表4.18　箍筋每个弯钩增加的长度　（单位：mm）

弯钩形式	不抗震	抗震
90°弯钩	5.5d	10.5d
135°弯钩	6.9d	11.9d
180°弯钩	8.25d	13.25d

注：当构件抗震时，箍筋和拉筋弯钩平直段长度不应小于 10d 和 75 mm 中的较大值；当构件非抗震时，不应小于 5d。

4）圆柱螺旋形箍筋（如图4.39所示）　其长度可按以下公式计算：

$$L=\frac{H}{h}\times\sqrt{h^2+(D-2b-d)^2\times\pi^2} \tag{4.55}$$

式中　L——螺旋箍筋长度；

H——螺旋箍筋配置高度；

h——螺旋箍筋配置一个螺距的高度；

D——圆柱直径；

b——螺旋箍筋的混凝土保护层厚度；

d——箍筋直径；

π——圆周率。

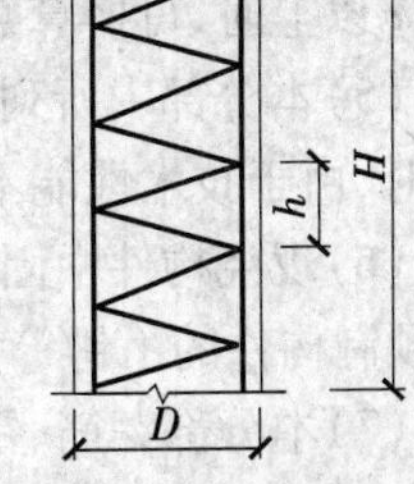

图4.39　螺旋箍筋

5）箍筋根数（N）可按下列公式计算：

$$N=L/C\pm1 \tag{4.56}$$

式中　L——箍筋设置段长度；

C——箍筋间距。

构件两端有箍筋时，取“+1”；构件两端无箍筋时，取“-1”；环形构件不加不减。

（4）钢筋接头　为便于钢筋的运输、堆放、保管和施工操作，除盘圆筋外，其他钢筋都是按定尺寸长度生产出厂的，而钢筋的定尺寸长度与构件所需的长度可能不一致，当构件所需钢筋长度超过钢筋的定尺寸长度时，就需要接头。

钢筋的接头计算，按前述计算规则执行。搭接长度按设计图纸及规范规定计取。绑扎骨架与绑扎网中的受力钢筋，当接头采用搭接而不加焊时，其受拉钢筋的搭接长度 L_d 不应少于 $1.2L_a$，且不应少于 300 mm，受压钢筋的搭接长度不应少于 $0.85L_a$ 且不应少于 200 mm，其中 L_a 为锚固长度。

注意，设计明确要求钢筋采用机械接头或对焊时，应按设计要求需要配置的数量套用相应定额子目，不再计算钢筋搭接长度。

(5)钢筋图示用量计算时应注意的问题　钢筋图示用量计算时,应根据设计图纸进行。有些构造钢筋在设计图纸中省略未画出或只做文字说明,而这些钢筋是在施工时必不可少的,在编制预算时应注意。

①板双层配置钢筋时,架立筋(又称铁马)。

②板周边上层负筋的分布钢筋。

③柱与砌体墙、构造柱与砌体墙、后祁隔墙与先砌墙等之间的拉结钢筋。

④预制板缝内及板头缝内的设计增加钢筋。

⑤其他设计或标准图集要求的构造钢筋。

⑥采用标准图集的预制构件,其钢筋图示用量可直接查得。

4.6.6.4　钢筋、铁件制作和安装定额应用说明

(1)钢筋以手工绑扎、部分焊接及点焊编制,实际施工与定额不符者不得换算。8 度地震区要求箍筋等焊接增加的费用可另计算。

(2)非预应力钢筋不包括冷加工,如设计规定需冷加工者,加工费及加工损耗另行计算。

(3)预应力钢筋的张拉设备已综合考虑。但未考虑预应力钢筋人工时效因素,如设计要求人工时效时,每吨预应力钢筋增加人工时效费 7 个工日。

(4)预应力钢筋子目中的锚具、承压板、垫板、七孔板设计用量与定额子目含量相差±10% 以上时,可换算数量并计入 1% 的损耗。锚具的价格差异可调材差。

(5)本分部中所列钢筋为低碳钢,设计要求采用特殊钢材(IV 级以上钢材及进口钢材)时,由于技术性能不同所发生的差异另行调整。

(6)现浇构件中固定位置的支撑钢筋、双层钢筋用的“铁马”、渗出构件用的锚固钢筋、预制构件的吊钩等,应并入钢筋工程量内。

(7)本分部钢筋、铁件子目中,已包括钢筋、铁件的制作、安装损耗,不得另行计算损耗量。各种钢筋铁件损耗率为:现浇混凝土构件钢筋 Φ10 以内 3%,Φ10 以上 2.5%,II、III 级钢 3%;桩基钢筋笼 2%;砌体内加筋 3%;预制混凝土构件钢筋 Φ10 以内 4.5%,Φ10 以内 2.5%,II、III 级钢 3%;预应力钢丝 9%;预应力钢丝束(钢绞线)6%;后张预应力钢筋 13%;其他预应力钢筋 6%;铁件 1%。

(8)冷挤压套筒连接、墩粗螺纹普通型和变径型机械连接接头均执行锥螺纹接头子目。

(9)后张预应力钢筋、钢丝用于现浇构件时,相应钢筋子目的人工、机械乘以系数 1.1。

例 4.18　图 4.40 所示现浇钢筋混凝土板配筋,板厚 120 mm,C25(20)现浇碎石混凝土,框架梁断面尺寸为 250 mm×600 mm,框架柱断面为 400 mm×500 mm,所有钢筋均为 HPB300,⑥号钢筋 Φ6@200 为分布筋与③、④、⑤钢筋垂直,试计算该现浇板中钢筋的综合费。

解　按照《混凝土结构设计规范》(GB 50010—2010)规定,C25 混凝土板钢筋保护层厚度=15+5=20(mm)。

①号筋:Φ10@150

长度 $l_1=3.6+6.25\times0.01\times2=3.725$(m)

根数 $n_1=(7.0-0.25-0.15)\div0.15+1=45$(根)

总长 $L_1=3.725\times45=167.625$(m)

②号筋:Φ8@100

长度 $l_2=7.0+6.25\times0.008\times2=7.10$(m)

根数 $n_2=(3.6-0.25-0.1)\div0.1+1=34$(根)

总长 $L_2=7.10\times34=241.40$(m)

③号筋:Φ12@150

长度 $l_3=0.90+0.25+0.9+0.08\times2=2.21$(m)

根数 $n_3=[(7.0-0.375\times2-0.15)\div0.15+1]\times2=84$(根)

总长 $L_3=2.21\times84=185.64$(m)

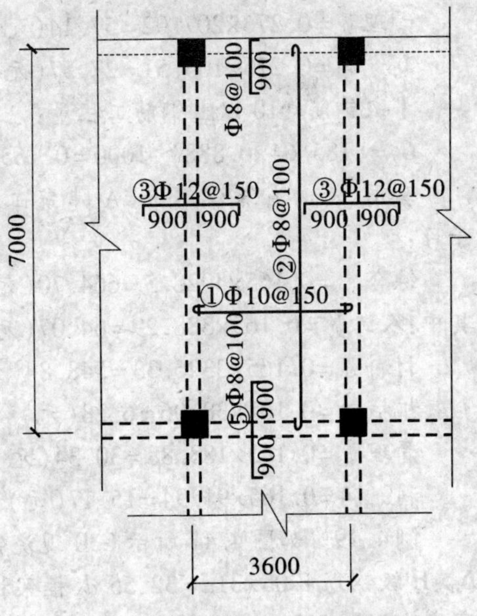

图4.40 某现浇板配筋图(单位:mm)

④号筋:Φ8@100

长度 $l_4=0.9+0.125+0.08\times2=1.185$(m)

根数 $n_4=(3.6-0.4-0.1)\div0.1+1=32$(根)

总长 $=L_4=1.185\times32=37.92$(m)

⑤号筋:Φ8@100

长度 $l_5=0.90+0.25+0.9+0.08\times2=2.21$(m)

根数 $n_5=(3.6-0.4-0.1)\div0.1+1=32$(根)

总长 $=L_5=2.21\times32=70.72$(m)

⑥号筋:Φ6@200

长度 $l_{5-1}=7.0-(0.9+0.125)\times2+0.15\times2=5.25$(m)

根数 $n_{5-1}=[(0.9-0.1)\div0.2+1]\times4=20$(根)

长度 $l_{5-2}=3.6-(0.9+0.125)\times2+0.15\times2=1.85$(m)

根数 $n_{5-2}=[(0.9-0.1)\div0.2+1]\times3=15$(根)

总长 $=L_5=5.25\times20+1.85\times15=105+27.75=132.75$(m)

Ⅰ级钢筋Φ10以内钢筋工程量:

$G_1=[167.625\times0.617+(241.40+37.92+70.72)\times0.395+132.75\times0.260+]\div1000$

$=[103.425+138.266+34.515]\div1000=0.276$(t)

套用《河南省综合单价(A建筑工程2008)》(4-168)"Ⅰ级钢筋Φ10以内"定额子目:

综合费 $=0.276\times4172.87=1151.72$(元)

其中:人工费 $=0.276\times443.76=122.28$(元)

材料费 $=0.276\times3392.33=938.27$(元)

机械费 $=0.276\times26.25=7.25$(元)

管理费 = 0.276×207.02 = 57.14(元)

利　润 = 0.276×103.51 = 27.57(元)

Ⅰ级钢筋 Φ10 以上钢筋工程量：

G_2 = (185.64×0.888) ÷1000 = 0.165(t)

套用《河南省综合单价(A 建筑工程 2008)》(4-169)“Ⅰ级钢筋 ¢10 以上”定额子目：

综合费 = 0.165×4028.5 = 664.70(元)

其中：人工费 = 0.165×388.29 = 64.07(元)

材料费 = 0.165×3326.33 = 548.84(元)

机械费 = 0.165×38.06 = 6.28(元)

管理费 = 0.165×183.88 = 30.34(元)

利　润 = 0.165×91.94 = 15.17(元)

例 4.19　如图 4.41 所示 C30 现浇钢筋混凝土框架梁的配筋，抗震等级按三级考虑，L_{aE}：Ⅱ级钢筋 1.05×31d = 32.55 d，框架柱截面尺寸 500 mm×500 mm，与悬挑梁垂直的梁宽度为 250×500 mm，计算该框架梁中的钢筋工程量。直径≥16 mm 的二级钢筋配置长度超过 8 m 时，按电渣压力焊接头考虑。

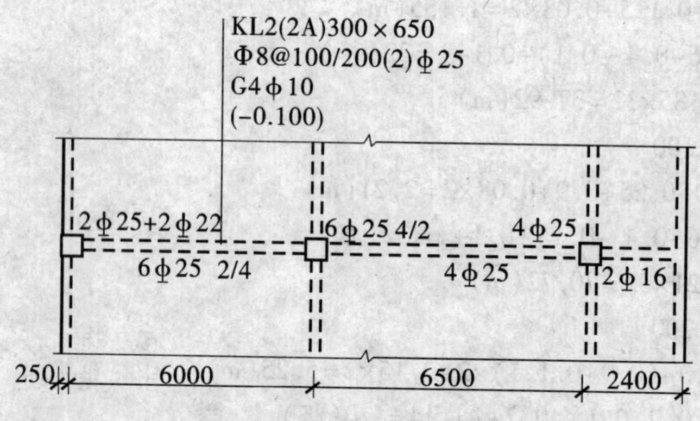

图 4.41　现浇框架梁配筋图

解　按照《混凝土结构设计规范》(GB 50010—2010)规定，梁箍筋混凝土保护层厚度 20 mm，纵筋混凝土保护层厚度为 20+8 = 28(mm)。

第一跨钢筋分析：

(1)上部通长筋 2Φ25

(6000+250+6500+2400−28×2+15d+12d)×2 =

(15094+15×25+12×25)×2 =

(15094+375+300)×2 =

15769×2 = 31538(mm) = 31.538(m)

15094
375　　300

(2)左支座筋 2Φ22

[500−28+15d+(6000−500)/3]×2 =

2305.33
330

$[500-28+15\times22+(6000-500)/3]\times2=$

$(500-28+330+1833.33)=$

$2635.33\times2=5270.66(mm)=5.271(m)$

(3)右支座筋① 2Φ25

$(6000/3+500+6000/3)\times2=$

$4500\times2=9000(mm)=9.0(m)$

4500

(4)右支座筋② 2Φ25

$(6000/4+500+6000/4)\times2=$

$3500\times2=7000(mm)=7.0(m)$

3500

(5)下部钢筋①2Φ25

$(500-28+15d+5500+32.55d)\times2=$

$(500-28+15\times25+5500+32.55\times25)\times2=$

$(500-28+15\times25+5500+813.75)\times2=$

$7160.75\times2=14321.5(mm)=14.322(m)$

375 6785.75

(6)下部钢筋②4Φ25

$(500-28+15d+5500+32.55d)\times4=$

$(500-28+15\times25+5500+32.55\times25)\times4=$

$7160.75\times4=28643(mm)=28.643(m)$

375 6785.75

(7)侧面构造筋 4Φ10

$(15d+5500+15d)\times4=$

$(15\times10+5500+15\times10)\times4=$

$5800\times4=23200(mm)=23.20(m)$

5800

(8)箍筋 Φ8

每箍长度$=(300+650)\times2-8\times20+2\times11.9d$

$=1900-160+2\times11.9\times8=1930.4(mm)$

箍筋根数$=[(1.5\times650-50)\div100]\times2+[(6000-500-1.5\times650\times2)\div200+1]$

$=20+19=39$(根)

箍筋总长$=1930.4\times38=73355.2(mm)=73.355(m)$

(9)拉筋 Φ6

每根长度$=(300-20\times2)+2\times(75+1.9d)$

$=(300-40)+2\times(75+1.9\times6)$

$=(300-40)+2\times86.4=432.8(mm)$

260

拉筋根数$=[(6000-500-50\times2)\div400+1]\times2=15\times2=30$(根)

拉筋总长$=432.8\times30=12984(mm)=12.984(m)$

<u>第二跨钢筋分析:</u>

(10)下部钢筋①4Φ25

$(32.55d+6500-500+32.55d)\times4=$

$(32.55\times25+6500-500+32.55\times25)\times4=$

7627.5

(813.75+6500−500+813.75)×4=

7627.5×4=30510(mm)=30.51(m)

(11)侧面构造筋4Φ10

$(15d+6000+15d)\times4=$

(15×10+6000+15×10)×4=

6300×4=25200(mm)=25.20(m)

6300

(12)箍筋Φ8

每箍长度$=(300+650)\times2-8\times20+2\times11.9d$

=1900−160+2×11.9×8=1930.4(mm)

箍筋根数=[(1.5×650−50)÷100]×2+[(6500−500−1.5×650×2)÷200+1]

=20+22=42(根)

箍筋总长=1930.4×42=81076.8(mm)=81.077(m)

(13)拉筋Φ6

每根长度$=(300-20\times2)+2\times(75+1.9d)$

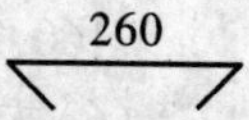

=(300−40)+2×86.4=432.8(mm)

260

拉筋根数=[(6500−500−50×2)÷0.4+1]×2=16×2=32(根)

拉筋总长=432.8×32=13849.6(mm)=13.850(m)

<u>悬挑跨钢筋分析:</u>

(14)上部钢筋2Φ25

$[(6500-500)/3+500+(2400-250-28)+12d]\times2=$

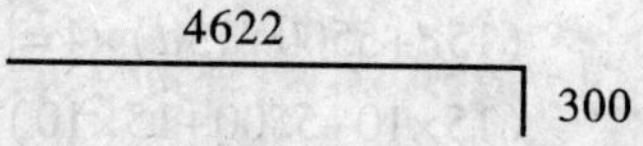

[(6500−500)/3+500+(2400−250−28)+12×25]×2=

4922×2=9844(mm)=9.844(m)

4622

300

(15)下部钢筋2Φ16

$[15d+(2400-250-28)]\times2=$

[15×16+(2400−250−28)]×2=

2362×2=4724(mm)=4.724(m)

2362

(16)侧面构造筋4Φ10

$(15d+2400-250-28)\times4=$

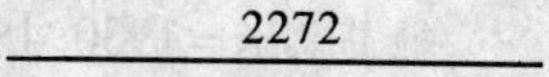

(15×10+2400−250−28)×4=

2272×4=9088(mm)=9.088(m)

2272

(17)箍筋Φ8

每箍长度$=(300+650)\times2-8\times20+2\times11.9d$

=1900−160+2×11.9×8=1930.4(mm)

箍筋根数=(1.5×650−50)÷100+[(650−500+250)−50]÷100+{[2400−250

−250−(1.5×650−50+650−500+250−50)]÷200+1}

=10+4+4=18(根)

箍筋总长=1930.4×18=34747.2(mm)=34.747(m)

(18)拉筋Φ6

250

每根长度=(300-20×2)+2×(75+1.9d)

=(300-40)+2×86.4=432.8(mm)

拉筋根数=[(2400-250-250-50×2)÷200+1]×2=10×2=20(根)

拉筋Φ6总长=432.8×20=8656(mm)=8.656(m)

汇总合计各规格钢筋工程量:

Ⅱ级钢筋Φ25 (31.538+9.0+7.0+14.322+28.643+30.51+9.844)×3.85÷1000=130.857×3.85÷1000=0.534(t)

Ⅱ级钢筋Φ22 5.271×2.984÷1000=0.285(t)

Ⅱ级钢筋Φ16 4.724×1.578÷1000=0.007(t)

Ⅰ级钢筋Φ10 (23.20+25.20+9.088)×0.617÷1000=0.035(t)

Ⅰ级钢筋Φ8 (73.355+81.077+34.747)×0.395÷1000=0.075(t)

Ⅰ级钢筋Φ6 (12.984+13.850+8.656)×0.260 ÷1000=0.009(t)

钢筋接头 2个

4.7 厂库房大门、特种门、木结构工程

4.7.1 概述

4.7.1.1 厂库房大门、特种门、木结构工程定额子目设置

本分部设厂库房大门、特种门、木屋架、木构件共4部分70条子目。其中木构件包括屋面木基层。具体分项如下。

(1)厂库房大门、特种门 37条子目,包括库房大门、特种门。

(2)木屋架 12条子目,包括木屋架、钢木屋架。

(3)木构件 21条子目,包括木柱、木梁、木楼梯、屋面木基层。

4.7.1.2 厂库房大门、特种门、木结构工程定额的一般说明

(1)本分部是按机械和手工操作综合编制的,不论实际采取任何操作方法,均按本分部执行。

(2)木材树种分类如下。

一类:红松、水桐木、樟子松。

二类:白松(方杉、冷杉)、杉木、杨木、柳木、椴木。

三类:青松、黄花松、秋子木、马尾木、东北榆木、柏木、苦楝木、梓木、黄菠萝、椿木、楠木、柚木、樟木。

四类:栎木(柞木)、檀木、色木、槐木、荔木、麻栗木(麻栎、青桐)、桦木、荷木、水曲柳、华北榆木。

(3)本分部木材树种均以一、二类树种为准,如采用三、四类时,分别乘以下列系数:木门制作按相应项目人工和机械乘以系数1.3,其他项目按相应项目人工和机械乘以系

数1.35。

(4)本分部采用的木材,除圆木外均为板方综合规格木材,子目中已考虑了施工损耗、木材的干燥费用及干燥损耗(7%)。凡注明允许换算木材用量时,所增减的木材用量均应计入施工损耗、木材的干燥费用及干燥损耗(7%)。

(5)本分部中所注明的木材断面均以毛料为准。如设计断面为净料时,应增加刨光损耗:板、方材一面刨光者增加3 mm,两面刨光者增加5 mm;圆木刨光者每立方米增加材积0.05 m^3。

4.7.1.3 厂库房大门、特种门、木结构工程中分项工程的列项划分方法

分项工程的列项通常应根据设计图纸的内容,结合工程的具体情况,以定额子目的划分为原则,按照具体定额子目的设置情况、子目所包括的工作内容及定额中有关规则、说明、规定进行。

厂库房大门、特种门、木结构工程在列项时,按照以上原则及上述定额子目设置情况,通常应考虑不同种类、不同材料、不同功能、不同构造形式、木构件不同的断面形状、大小、屋架不同的跨度等因素来正确列项。列项时通常应考虑因素如下:

(1)不同种类　本分部的门按种类划分为厂库房大门、特种门和围墙铁丝门。木屋架划分为建筑工程中常用的方木或圆木的普通人字木屋架和钢屋架两种。

(2)不同材料　厂库房大门按所使用材料不同划分为木板大门、钢木大门、全钢板大门。

(3)使用功能　特种门按使用功能不同划分为密闭钢门、射线防护门、冷藏门、变电室木门、保温隔音门、人防防密门、人防密闭门、人防防爆活门等。

(4)开启方式　厂库房大门中的木板大门、钢木大门和全钢板大门还要根据不同的开启方式(平开、推拉或折叠)分别列项。

(5)构造形式　平开和推拉木板大门根据构造不同,分为带采光窗和不带采光窗两种形式;平开和推拉钢木大门根据构造不同,分为一般型、防风型和防严寒型等。

(6)断面形状及大小　本分部木构件中的木柱按断面形状,分为圆木柱和方木柱;木梁分为圆木梁和方木梁,圆木梁又按直径划分为直径24 cm以内和直径24 cm以外两个项目;方木梁按周长划分为周长1000 mm以内和周长1000 mm以外两个项目。

(7)屋架跨度　圆木和方木木屋架根据不同跨度分为跨度10 m以内和跨度10 m以上;圆木和方木钢木屋架根据不同跨度分为跨度15 m以内和跨度15 m以上。

4.7.2 厂库房大门、特种门、木结构工程工程量计算

4.7.2.1 厂库房大门、特种门工程量计算规则

(1)厂库房大门、特种门制作、安装均按设计图示尺寸以框外围面积计算,无框者按扇外围面积计算。

(2)全钢制大门制作安装按设计图示尺寸以质量“t”计算。不扣除孔眼、切边、切肢的质量,焊条、铆钉、螺栓等亦不另增加质量,不规则或多边形钢板以其外接矩形面积乘以厚度乘以单位理论质量计算。

(3)厂库房大门墙边及柱边的角钢应另行计算。

4.7.2.2　木结构工程量计算规则

(1)木屋架制作安装均按设计图示尺寸以竣工木料体积计算,其后备长度及配置损耗均不另外计算。

(2)附属于屋架的夹板、垫木等已并入相应的屋架制作项目中,不另计算;与屋架连接的挑檐木、支撑等,其工程量并入屋架竣工木料体积内计算。圆木屋架使用部分方木时,其方木体积乘以系数1.5,并入竣工木料体积中。单独挑檐木,按方檩条计算。

(3)钢木屋架区分圆、方木,按设计图示尺寸以竣工木料体积计算。型钢、钢板按设计图示尺寸以质量计算,与定额子目含量不符时,允许调整。

(4)圆木屋架连接的挑檐木、支撑等如为方木时,其方木部分乘以系数1.7,折合成圆木并入屋架竣工木料体积内;单独的方木挑檐,按矩形檩木计算。

(5)木梁、木柱,按设计图示尺寸以竣工木料体积计算。

(6)木楼梯按设计图示尺寸以水平投影面积计算。不扣除宽度小于300 mm的楼梯井,其踢脚板、平台和伸入墙内部分不另计算。楼梯及平台底面需钉天棚的,其工程量按楼梯水平投影面积乘以系数1.1计算,执行装饰装修工程中的B.3天棚工程分部相应子目。

(7)檩木按设计图示尺寸以竣工木料体积计算。简支檩长度按设计要求计算,如设计无明确要求者,按屋架或山端中距增加200 mm计算,如两端出山,檩条长度算至博风板;连续檩条的长度按设计长度计算,其接头长度按全部连续檩木总体积的5%计算。檩条托木已计入相应的檩木制作安装子目中,不另计算。

(8)屋面木基层,按屋面设计图示的斜面积计算,不扣除屋面烟囱及斜沟部分所占面积。

(9)封檐板按设计图示檐口外围长度计算,博风板按设计图示斜长度计算,每个大刀头增加长度500 mm。

(10)定额子目未包括屋面木基层油漆、镀锌铁皮泛水及油漆。

(11)人孔木盖板按设计图示数量(套)计算。

4.7.3　厂库房大门、特种门、木结构工程定额应用

4.7.3.1　厂库房大门、特种门定额应用注意事项

(1)定额子目包括制作、安装,但不包括油漆。清单项目工程内容中的油漆应执行装饰装修工程中的B.5油漆、涂料、裱糊工程分部中的相应子目。

(2)定额子目不包括固定铁件的混凝土垫块及门樘或梁柱内的预埋铁件。该铁件应另列项目计算。

(3)不论现场或加工厂制作,也不分机械或人工制作,均执行本分部相应子目,除有特别注明者外,不得换算和另计运输费用。如实际发生运输费用时,可另按签证处理。

(4)厂库房大门的小五金或小五金铁件,已包括在定额中(不包括L型、T型铁及门锁);冷藏门的五金零件,可按设计要求另列项目计算。

(5)钢木大门中钢骨架,如设计用量与定额子目中的含量不同时,用量可以调整,其他不变。

钢骨架调整量=施工图实算数量(1+损耗率)-清单综合单价定额用量

钢骨架施工图实算数量计算方法:按设计图纸的骨架主材几何尺寸,以"t"计算角钢、槽钢、型钢的重量;均不扣除孔眼、切肢、切边的重量,计算板重量时,按工艺矩形计算。

(6)全钢门制作安装仅适用于非保温门。子目内未考虑小门的费用,如带小门,每吨工程量增加 8 工日。

(7)射线防护门子目中的铅板厚度,可按设计要求换算,但人工、机械不变。

4.7.3.2 木结构工程定额应用注意事项

(1)屋架的制作安装应区别不同跨度,跨度应以上、下弦中心线两交点之间的距离计算。

(2)带气楼的屋架,应单独列项。带气楼的屋架按相应屋架子目乘以 1.5 计算;马尾、折角以及正交部分的半屋架体积,应并入相连接屋架的体积内。

(3)木楼梯、木柱、木架已按刨光考虑。木楼梯的栏杆(栏板)、扶手按装饰装修工程 B.1 楼底面工程分部规定列项。

4.8 金属结构工程

4.8.1 概述

4.8.1.1 金属结构工程定额子目设置

本分部设钢屋架、钢网架,钢托架、钢桁架,钢柱,钢梁,压型钢板墙板,钢构件,金属网,金属构件运输共 8 部分 51 条子目。具体分项如下。

钢屋架、钢网架:4 条子目,包括钢屋架、钢网架。

钢托架、钢桁架:4 条子目,包括钢托架、钢桁架。

钢柱:5 条子目,包括实腹柱、空腹柱、钢管柱。

钢梁:4 条子目,包括钢梁、吊车梁。

压型钢板墙板:2 条子目。

钢构件:24 条子目,包括支撑、檩条、天窗架、挡风架、墙架、平台、钢梯、栏杆、漏斗、零星构件。

金属网:1 条子目。

金属构件运输:7 条子目,包括就位运输Ⅰ、Ⅱ、Ⅲ类构件运输。

4.8.1.2 金属结构工程定额的一般说明

(1)本分部钢构件子目中的制作安装费用相对独立,构件运输子目在本分部中单独设置。

(2)制作安装子目适用于现场、企业附属加工厂制作的构件;如外购商品构件,安装可执行同类构件子目中的安装费用,外购构件费用按合同约定计算。

(3)构件子目内的制作内容包括:分段制作、整体预装配和制作平台的人工材料及机械台班用量,整体预装配用的螺栓及锚固杆件用的螺栓,涂刷一遍防锈漆的工料。

(4)金属构件油漆按《河南省建设工程工程量清单综合单价》(B装饰装修工程2008)油漆、涂料、裱糊工程分部另列项目计算。金属构件如设计要求喷砂除锈和探伤时,另执行安装定额。

(5)本分部除注明者外,均包括现场(或加工厂)内的材料运输、加工、组装及成品堆放、装车出厂等全部工序。

(6)所有构件制作均是按焊接编制的。

4.8.1.3　金属结构工程中分项工程的列项划分方法

分项工程的列项通常应根据设计图纸的内容,结合工程的具体情况,以定额子目的划分为原则,按照具体定额子目的设置情况、子目所包括的工作内容及定额中有关规则、说明、规定进行。

金属结构的构件种类很多,本分部定额基本包括了建筑工程中所常用的基本构件,在具体编制预算列项时,对于金属结构各种构件,按照以上原则及上述定额子目设置情况,一般常列如下项目:构件制作和安装、构件运输或就位运输、构件刷油。

在具体工程中,分项工程的列项特征应尽可能在项目名称中描述清楚,以便于工程量计算及定额套用。例如"钢屋架,单榀质量1 t以下"。

4.8.2　金属结构工程工程量计算与定额应用

4.8.2.1　金属结构构件制作、安装工程量计算规则

一般金属结构构件制作、安装工程量均按设计图示尺寸以质量计算。不扣除孔眼、切边、切肢的重量,焊条、铆钉、螺栓等不另增加质量,不规则或多边形钢板以其外接矩形面积乘以厚度乘以理论质量计算,并入该构件的工程量内。其他相关规定如下:

(1)依附在实腹柱、空腹柱上的牛腿及悬臂梁等并入钢柱工程量内。钢管柱上的节点板、加强环、内衬管、牛腿等并入钢管柱工程量内。

(2)压型钢板墙板按设计图示尺寸以铺挂面积计算。不扣除单个0.3 m^2以内的孔洞所占面积,包角、包边、窗台泛水等不另增加面积。

(3)金属构件拼装、安装采用的高强螺栓,按设计图纸和施工组织设计要求以数量(套)计算。

(4)计算钢漏斗制作工程量时,矩形按图示分片,圆形按图示展开尺寸,并依钢板宽度分段计算。每段均以其上口长度(圆形以分段展开上口长度)与钢板宽度,按矩形计算,依附漏斗的型钢并入漏斗工程量内。

(5)金属网架制作安装按设计图示尺寸以面积计算。

4.8.2.2　金属结构构件制作、安装定额应用说明

(1)构件安装是按单机作业考虑的。

(2)构件安装是按机械起吊点中心回转半径15 m以内的距离计算的。如构件就位

距离超出 15 m,其超过部分可增加构件就位运输费用,该费用可按相应构件运输 0.8 km 计算。但已计取构件运输的构件,均应一次到位,不能再计算就位运输费。

(3)每一个工作循环中,均包括机械的必要位移。

(4)本分部安装机械是综合取定的,除有特殊注明者外,无论机械种类、台班数量、台班价格均不得调整。

(5)子目工作内容不包括其中机械、运输机械行驶道路的修整、铺垫工作的人工、材料和机械。

(6)钢屋架单榀重量在 1 t 以下者,执行轻钢屋架子目。

(7)单层建筑物屋盖系统构件必须在跨外安装时,相应构件子目安装部分的人工、机械台班乘以系数 1.15。

(8)钢柱安装在混凝土柱上,其相应子目中的人工、机械乘以系数 1.43。

(9)钢梯、平台、栏杆扶手的安装高度是按距设计地面(±0.00)5 m 以内取定的,超过 5 m 时,相应子目安装部分的人工、机械费用乘以系数 K。15 m 以内,$K=1.25$; 30 m 以内,$K=1.55$; 50 m 以内,$K=1.9$;50 m 以上,$K=2.5$。

(10)铁栏杆制作,仅适用于工业厂房中平台、操作间的铁栏杆,民用建筑中铁栏杆等按装饰装修工程 B.1 楼地面工程分部有关项目列项。

(11)钢柱、钢吊车梁定额子目中不含刨边及其费用,如发生时,每吨构件增加刨边机台班数量:钢柱、钢吊车梁、制动梁为 0.13 台班,其他钢构件为 0.03 台班。

(12)构件制作内容中的各类钢材、螺栓、铁件的种类、规格、用量和价格均可按设计要求换算,但其他不变。

(13)球节点网架设计钢球含量与定额子目含量不同时,用量和价格均可按设计要求调整。

(14)球节点网架制作和安装方式不同时,不允许换算。对于面积在 1000 m^2 以上的网架,设计要求进行高空拼装者,仍执行本分部的网架子目;但可以按设计要求或建设单位认可的施工方案,另增加网架拼装、安装、刷油的费用。

(15)型钢混凝土柱、梁浇筑混凝土和压型钢板上浇筑混凝土,其混凝土和钢筋应按 A.4 混凝土及钢筋混凝土工程分部中的相关子目列项。

(16)钢墙架包括墙架柱、墙架梁和连接杆件。

(17)制动梁包括制动梁、制动桁架和制动板。

(18)小型钢盖板和加工铁件等小型构件按本分部零星钢构件子目列项,执行 A.4 混凝土及钢筋混凝土工程分部铁件子目。大型钢盖板执行本分部钢平台子目。

(19)圆弧形构件按相应子目人工、机械乘以系数 1.2,并增加零星材料费 100 元/t。

4.8.2.3 金属结构构件的运输

(1)金属结构构件的运输分类　构件分类按构件的类型和外形尺寸划分。金属结构构件分为三类,见表 4.19。

表4.19 金属结构构件分类表

类别	项目
1	钢柱、屋架、托架梁、防风桁架
2	吊车梁、制动梁、型钢檩条、钢支撑、上下档、钢拉杆、栏杆、盖板、垃圾出灰口、倒灰门、箅子、爬梯、零星构件、平台、操作台、走道休息台、扶梯、钢吊车梯台、烟囱紧固箍
3	墙架、挡风架、天窗架、组合檩条、轻型屋架、滚动支架、悬挂支架、管道支架

(2)金属结构构件的运输定额子目及说明　金属结构构件运输清单综合单价定额中,分别设置了金属构件现场就位运输、Ⅰ类构件运输、Ⅱ构件运输和Ⅲ类金属运输四个专用分项。其中,Ⅰ类构件运输、Ⅱ构件运输和Ⅲ类金属运输分项又分别分为运距5 km以内的一个基本定额子目和每增加1 km的辅助定额子目。

在编制预算时,金属结构构件若为构件加工厂制作时,可按构件加工厂至施工现场的距离及构件类别,列项计算金属构件场外运输费用。当金属结构构件在施工现场制作时,只有当金属构件的就位距离超出15 m时,才能列项计算金属构件现场就位运输费用。就位距离未超过15 m的现场制作金属构件及构件加工厂制作的金属构件,均不得计取场内就位运输费。

(3)金属结构构件运输的工程量计算规则　金属构件运输按施工组织设计要求运输的构件制作工程量计算。

(4)其他需说明的问题

1)金属结构构件运输子目运距按5 km和每增减1 km设置,运输范围取定在1~40 km,超过40 km时,由当地定额主管部门依据市场价格另行测定。

2)运输子目综合考虑了城镇、现场运输道路等级、重车上下坡等各种因素,不得因道路条件不同而修改定额。

3)构件运输过程中,如遇路桥限载(限高)而发生的加固、拓宽等费用及有电车线路和公安交通管理部门的保安护送费用,应另行处理。

4.8.2.4 金属结构构件油漆

此部分按装饰装修工程中的油漆、涂料、裱糊工程分部有关规定执行。

4.9 屋面及防水工程

4.9.1 概述

4.9.1.1 屋面及防水工程定额子目设置

本分部设瓦、型材屋面,屋面防水,墙、地面防水、防潮,找平层,屋面出风口共5部分224条子目。具体分项如下。

(1)瓦、型材屋面　31条子目,包括瓦、型材屋面。其中,瓦屋面按照使用材料不同分为水泥瓦屋面、黏土瓦屋面、小青瓦屋面、彩色水泥瓦屋面、陶瓷波形装饰瓦屋面、筒板瓦屋面小波石棉瓦屋面、大波石棉瓦屋面、小波玻璃钢瓦屋面、琉璃瓦屋面和 PVC 彩色波形板屋面，型材屋面按照使用材料不同分为金属压型板屋面和轻质隔热彩钢夹芯板屋面等。

(2)屋面防水　83 条子目，包括卷材防水、涂膜防水、刚性防水、屋面排水管。

(3)墙、地面防水、防潮　88 条子目，包括卷材防水、涂膜防水、砂浆防水、变形缝、止水带。其中卷材防水、防潮根据材料不同分为石油沥青卷材、三元乙丙、SBC 卷材，氯化聚乙烯卷材、高聚物改性沥青卷材等，每一种材料的卷材又根据部位不同分为平面和立面两个子目；涂膜防水、防潮根据材料不同分为刷冷底子油、刷石油沥青、石油沥青玛蹄脂、氯丁沥青冷胶涂料和聚氨酯涂料等，除刷冷底子油外，每一种涂膜又根据不同的涂刷部位、涂刷厚度或遍数，相应有不同的定额子目。刷冷底子油不分平面或立面，只设置了第一遍和第二遍两个定额子目。

(4)找平层　19 条子目，包括楼地面、屋面找平层，墙、柱面找平层及钢丝网。

(5)屋面出风口　3 条子目，包括砖砌出风口、混凝土出风口。

4.9.1.2　屋面及防水工程中分项工程的列项划分方法

分项工程的列项通常应根据设计图纸的内容，结合工程的具体情况，以定额子目的划分为原则，按照具体定额子目的设置情况、子目所包括的工作内容及定额中有关规则、说明、规定进行。

例如：屋面工程在列项时，按照以上原则及上述定额子目设置情况，通常亦根据屋面设计的构造层次进行列项，一般有什么层次列什么项目。建筑工程中的平屋面常列如下项目：水泥砂浆找平层(在硬基层上)、隔气层、保温层、水泥砂浆找平层(在填充料上)、防水层(卷材、瓦、白铁皮等)、块料保护层、水落管(镀锌铁皮、铸铁、PVC、UPVC)、水斗(镀锌铁皮、铸铁、PVC、UPVC)、水口(镀锌铁皮、铸铁、PVC、UPVC)。

4.9.2　屋面及防水工程工程量计算及定额应用

4.9.2.1　坡屋面

(1)坡屋面的种类和坡度表示方法　屋面一般按其坡度的不同分为坡屋面和平屋面两大类，其中坡屋面是指屋面坡度大于 1∶10 的屋面。坡屋面可做成单坡屋面、双坡屋面或四坡屋面等多种形式。根据使用材料不同，坡屋面可分为瓦屋面和型材屋面。

屋面坡度(即屋面的倾斜程度)有三种表示方法：第一种是用屋顶的高度与屋顶的跨度之比(简称高跨比)表示，第二种是用屋顶的高度与屋顶的半跨之比(简称坡度)表示，第三种是用屋面的斜面与水平面的夹角(θ)表示，如图 4.42 所示。

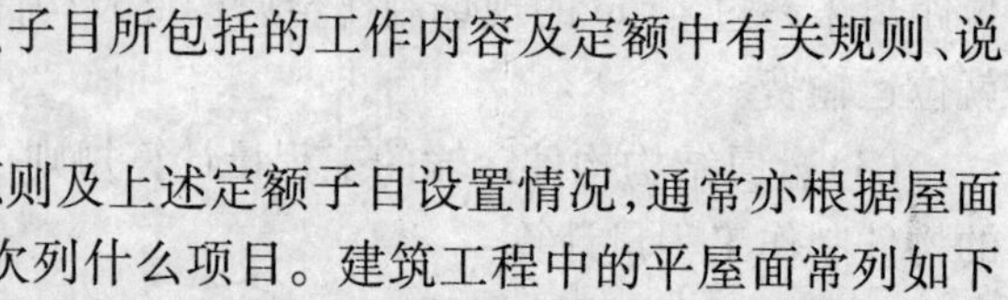

图 4.42　屋面坡度表示方法

(2)工程量计算规则　瓦屋面、型材屋面(包括挑檐部分)均按设计图示尺寸以斜面积计算。不扣除房上烟囱、风帽底座、风道、屋面小气窗和斜沟等所占面积，小气窗的出檐部分亦不增加面积。但天窗出檐部分重叠的面积应并入相应屋面工程量内计算。屋面斜面积可按屋面水平投影面积乘以表4.20

中的坡度系数计算。

表4.20　屋面坡度系数表

坡度			延尺系数 C	隅延尺系数 D
$B/2A$	θ	B/A	OE/A	OF/A
1/2	45°	1.000	1.4142	1.7321
1/3	33°40′	0.667	1.2019	1.5635
1/4	26°34′	0.500	1.1180	1.5000
1/5	21°48′	0.400	1.0770	1.4697
1/8	14°2′	0.250	1.0308	1.4361
1/10	11°19′	0.200	1.0198	1.4283
1/16	7°8′	0.125	1.0078	1.4197
1/20	5°42′	0.100	1.0050	1.4177
1/24	4°45′	0.083	1.0035	1.4166
1/30	3°49′	0.067	1.0022	1.4157

注：①两坡水屋面的实际面积为屋面水平投影面积乘延尺系数 C；

②四坡水屋面斜脊长度等于 $A\times D$（当 $S=A$ 时）；

③沿山墙泛水长度 $=A\times C$。（图4.43）

(3)工程量计算及定额应用时应注意的问题

1)瓦屋面工程量计算时，要注意瓦屋面与基层的划分。无论是在木基层上铺瓦，还是檩条上挂瓦，都应以挂瓦条为界线。挂瓦条以下的做法，根据设计要求的构造层次，执行本定额其他分部相应子目。

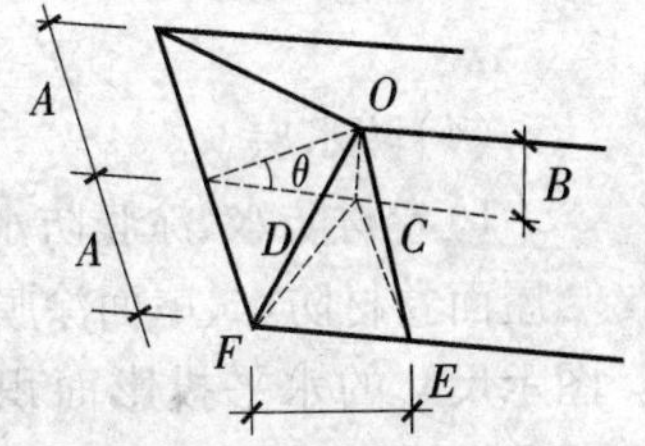

图4.43　屋面坡度示意

2)各种瓦屋面中瓦的规格与本分部不同时，瓦材、挂瓦条数量可以换算，其他不得调整。琉璃瓦屋脊处的走兽、合角吻，根据实际情况另行处理。

3)小波玻璃钢瓦的厚度与定额子目不同时，综合单价不变，瓦材价差在材差中调整。

4.9.2.2　平屋面

(1)结构层　屋面结构层，即屋面的承重层，要求有较大的强度及刚度，以承担屋面各层次的重量及屋面受到的各种荷载。平屋面的结构层多采用钢筋混凝土梁板结构，编制预算时，钢筋混凝土梁板应按《河南省综合单价（A 建筑工程 2008）》中的 A.4 混凝土及钢筋混凝土工程分部的有关项目执行。

(2)隔汽层　隔汽层又称蒸汽隔绝层，一般设在保温层之下、结构层之上，其作用是防止室内水蒸气渗入屋面保温层中，而影响保温效果。

隔汽层的种类较多，常用的是“一毡两油”隔汽层。

隔汽层工程量计算，按图示尺寸面积以 m^2 计算，不扣除房上烟囱、风帽底座、风道等所占面积。一般隔汽层工程量和保温层的铺设面积相同。

(3)保温层　保温层是为了满足对屋面保温、隔热性能的要求,而在屋面铺设的一定厚度的容积密度小、导热系数小的材料。保温层有时兼起找坡作用。该部分内容,在《河南省建设工程工程量清单综合单价》(A 建筑工程 2008)中列在了第八分部 A.8 防腐、隔热、保温工程中,在该分部定额中,屋面保温根据保温隔热材料的不同,分别设置了以体积和面积为计算单位的定额分项,其中以体积为计量单位的分项子目有水泥加气混凝土碎渣、石灰炉渣、水泥炉渣、水泥石灰炉渣、水泥珍珠岩、水泥蛭石、泡沫混凝土块、加气混凝土块、沥青珍珠岩块、水泥蛭石块、沥青玻璃棉毡、沥青矿渣棉毡,以面积为计量单位的分项子目有 30 mm 厚的聚苯乙烯泡沫塑料板和 CCP 保温隔热复合板。在具体编制预算时,有关屋面保温层工程量的计算也应区别不同的保温材料,分别按设计图示尺寸以体积或面积计算,并按《河南省综合单价(A 建筑工程 2008)》第八分部 A.8 防腐、隔热、保温工程中的有关项目执行。(定额应用时应注意的问题详见本教材 4.10 节内容)

屋面保温工程量的计算公式如下:

1)以面积计算的保温层工程量计算方法如下:

$$保温层的工程量=保温层实铺面积 \tag{4.57}$$

2)以体积计算的保温层工程量计算方法如下(如图 4.44 所示):

$$保温层的工程量=保温层实铺面积\times平均厚度\bar{\delta} \tag{4.58}$$

$$平均厚度\bar{\delta}=最薄处厚度\delta+\frac{1}{2}L\times i \tag{4.59}$$

(4)防水层

1)卷材防水、涂膜防水屋面工程量计算规则

屋面卷材防水、屋面涂膜防水工程量均按设计图示尺寸的水平投影面积,以 m^2 计算(坡屋面应乘以坡度系数),不扣除房上烟囱、风帽底座、风道、屋面小气窗和斜沟所占的面积;屋面的女儿墙、伸缩缝和天窗等处的弯起部分,按图示尺寸计算并入屋面工程量内。如图纸无规定时,伸缩缝、女儿墙的弯起部分可按 250 mm 计算,天窗弯起部分可按 500 mm 计算。其工程量计算公式为:

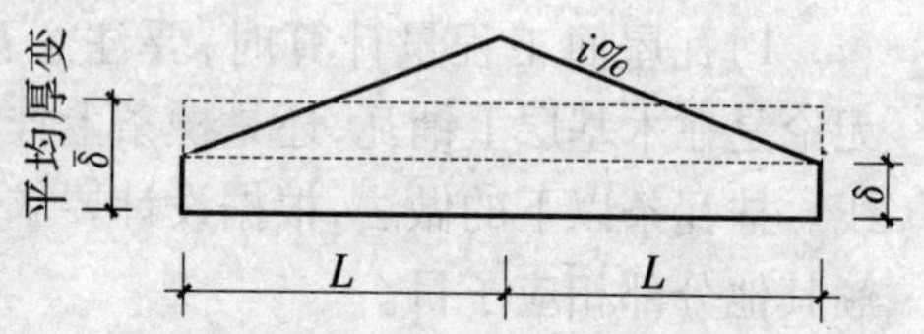

图 4.44　屋面找坡层平均厚度计算示意图

①有挑檐无女儿墙时

$$防水层工程量=屋面层建筑面积+(外墙外边线长+檐宽\times4)\times檐宽+弯起面积 \tag{4.60}$$

②有女儿墙、无挑檐时

$$防水层工程量=屋面层建筑面积-外墙中心线长\times女儿墙厚+弯起面积 \tag{4.61}$$

③有女儿墙、有桃檐时

防水层工程量=屋面层建筑面积+(外墙外边线长+檐宽×4)×檐宽-外墙中心线×女

儿墙厚度+弯起面积 (4.62)

为坡屋顶时,上式公式中建筑面积应乘以坡度延尺系数。坡度延尺系数可按表4.20确定。

2)卷材防水、涂膜防水屋面定额应用时应注意的问题

①卷材屋面的附加层、接缝、收头、找平层的嵌缝、冷底子油已计入定额内,不另计算。

②涂膜屋面的油膏嵌缝、玻璃布盖缝、屋面分格缝,按设计图示尺寸以长度另外列项计算。

③屋面有挑檐时,应包括挑檐面积。

④卷材屋面中除干铺聚氯乙烯防水卷材、防水柔毡、SBC120复合卷材外,均包括刷冷底子油一道。如设计规定不刷冷底子油时,按本分部地面涂膜防水子目,减去刷冷底子油的工料数量。油毡收头的材料,已包括在其他材料费内,不另计算。

⑤屋面防水如设计要求单独刷冷底子油或增加道数时,可执行本分部地面涂膜防水中的相应子目。

⑥本分部中沥青、玛蹄脂均指石油沥青、石油沥青玛蹄脂。定额子目中玛蹄脂的用量,仅适用于室外昼夜气温在+5 ℃以上的施工条件,低于上述气温时,另行处理。

⑦氯丁冷胶"二布三涂"项目,其"三涂"是指涂料构成防水层数并非指涂刷遍数;每一层"涂层"刷两遍至数遍。

⑧防水层表面刷丙烯酸涂料,执行装饰装修工程中的B.5油漆、涂料、裱糊工程分部中的相应子目。

⑨卷材子目中卷材厚度与设计要求不符时,可按设计要求厚度进行换算。

3)刚性防水屋面工程量计算规则及定额应用时应注意的问题 屋面刚性防水按设计图示尺寸以面积计算,不扣除房上烟囱、风帽底座、风道等所占面积。

刚性屋面在清单综合单价定额中,根据使用材料不同分为砂浆防水和细石混凝土防水,编制预算时,应根据设计要求正确选套相应的定额子目。

(5)屋面找平层 在卷材防水屋面中,为保证防水层的质量,防水层(隔气层)下面需要有一个平整而坚硬的底层,以便于铺贴防水层(隔汽层),须在保温层(结构层)上做找平层。

找平层的工程量按实铺面积计算,等于屋面防水层(隔气层)面积。

(6)块料保护层 对于上人屋面,为了防止防水层被踩坏,常在防水层之上铺水泥花砖或地砖等块料,以起到保护防水层的作用,称之为块料保护层。

块料保护层工程量的计算按实铺面积,以 m^2 计。执行装饰装修工程中的B.1楼地面分部工程中相应子目。

(7)屋面排水配件 屋面排水管分别按不同材质、不同直径按图示尺寸以长度计算,雨水口、水斗、弯头、短管以个计算。

定额中根据不同材质分别设有镀锌铁皮排水配件、铸铁排水配件、PVC排水配件和UPVC排水配件等不同的定额子目,编制预算时,应根据设计要求正确选套相应的定额子目。

4.9.2.3 墙、地面防水、防潮、找平层

(1)工程量计算规则

①楼地面防水、防潮层和找平层按主墙间的净空面积以平方米计算。应扣除凸出地

面的构筑物、设备基础、室内管道、地沟等所占面积，不扣除柱、垛、间壁墙、附墙烟囱及面积在0.3 m^2 内的孔洞所占面积，但门洞、空圈、暖气包槽、壁龛的开口部分亦不增加。与墙面连接处高度在500 mm以内者按展开面积计算，并入平面工程量内；超过500 mm时，按立面防水层计算。

②墙面（墙基）防水、防潮层和找平层按设计图示外墙中心线、内墙净长线长度乘以高（宽）度以面积计算。

（2）工程量计算及定额应用时应注意的问题

① 防水卷材的附加层、接缝、收头、冷底子油、基层处理剂等工料均已计入相应定额子目内，不另计算。

② 墙、地面卷材防水子目内附加层含量与设计要求不符时，可按设计要求调整。

③刷冷底子油多用于结合层，很少单独作为防水、防潮使用，一般涂刷最多两遍，也可涂刷一遍。编制预算，有以下三种常见情况。

第一种：当设计要求单刷冷底子油时，可按设计要求的遍数列项计算。

第二种：设计要求刷冷底子油为主防潮层的结合层，若主防潮层定额子目中已包括刷一道工料（即有材料“冷底子油”），只有当设计要求刷二道时，可列项计算刷第二遍的费用。设计要求只刷一道时，不能列项计算刷冷底子油。

第三种：设计要求刷冷底子油为主防潮层的结合层，而主防潮层定额子目中未包括刷冷底子油的工料（即没有材料“冷底子油”），则可按设计要求的遍数列项计算冷底子油费用。

4.9.2.4　屋面出风口

通风道屋面出风口按图示数量计算。编制预算时，应根据设计要求正确选套相应的定额子目。当风口子目材料用量与设计要求不符时，可以按设计要求换算，其他不变。

例4.20　某建筑物屋面尺寸如图4.45所示。屋面做法：高聚物改性沥青卷材（厚30 mm冷贴）满铺，20 mm厚1∶2.5水泥砂浆找平层，20 mm厚（最薄处）1∶8水泥加气混凝土碎渣找2%坡，干铺100 mm厚加气混凝土砌块，30 mm厚C15细石混凝土找平层，基层清理；钢筋混凝土屋面板。计算该屋面工程（除结构层外）的全部综合费。

解　(1)30 mm厚C15细石混凝土找平层

工程量：(60.24+1.2)×(15.24+1.2)=1010.07(m^2)

套用《河南省综合单价（A建筑工程2008）》(7-203)子目：

换算后的单价=1085.04+(186.09-177.91)×3.030=1109.8(元)

综合费=1109.83×1010.07÷100=11210.06(元)

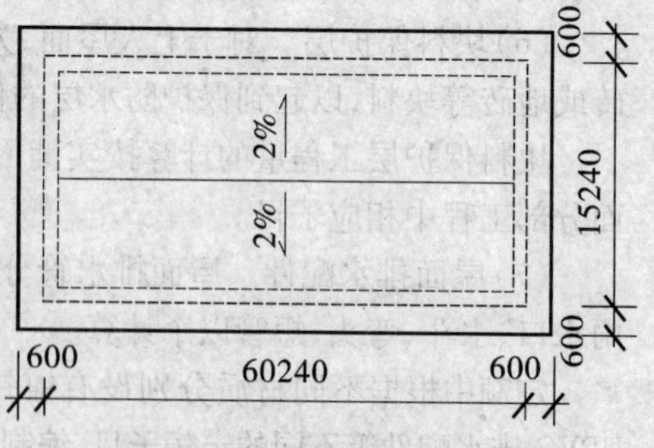

图4.45　屋面做法示意图

其中：人工费=309.82×1010.07÷100

=3129.40(元)

材料费＝［572.36+(186.09−177.91)×3.030］×1010.07÷100＝6031.59(元)

机械费＝4.00×1010.07÷100＝40.40(元)

管理费＝105.19×1010.07÷100＝1062.49(元)

利润＝93.67×1010.07÷100＝946.13(元)

(2)干铺100厚加气混凝土砌块

工程量＝60.24×15.24×0.1＝91.81(m^3)

套用《河南省综合单价(A建筑工程2008)》(8−178)“加气混凝土块”子目：

综合费＝91.81÷10×1859.77＝17074.55(元)

其中：人工费＝91.81÷10×195.22＝1792.31(元)

材料费＝91.81÷10×1551.50＝14244.32(元)

管理费＝91.81÷10×67.65＝621.09(元)

利　润＝91.81÷10×45.40＝416.82(元)

(3)1:8水泥加气混凝土碎渣

工程量＝60.24×15.24×$(15.24\div2\times2\%\times\frac{1}{2}+0.02)$＝ 88.32($m^3$)

套用《河南省综合单价(A建筑工程2008)》(8−171)“水泥加气混凝土碎渣”定额子目：

综合费＝88.32÷10×2054.30＝18143.58(元)

其中：人工费＝88.32÷10×432.15＝3816.75(元)

材料费＝88.32÷10×1371.90＝12116.62(元)

管理费＝88.32÷10×149.75＝1322.59(元)

利　润＝88.32÷10×100.50＝887.62(元)

(4)20厚1：2.5水泥砂浆找平层

工程量＝(60.24+1.2)×(15.24+1.2)＝1010.07(m^2)

套用《河南省综合单价(A建筑工程2008)》(7−205)换“水泥砂浆找平层(在填充料上)”子目：

(7−205)换算单价＝1048.90−2.53×195.94+2.53×218.62＝1106.28(元/100 m^2)

综合费＝1010.07÷100×1106.28＝11174.21(元)

其中：人工费＝1010.07÷100×319.49＝3227.07(元)

材料费＝1010.07÷100×(495.73−2.53×195.94+2.53×218.62)＝5586.8(元)

机械费＝1010.07÷100×19.78＝199.80(元)

管理费＝1010.07÷100×113.15＝1142.89(元)

利　润＝1010.07÷100×100.75＝1017.65(元)

(5)高聚物改性沥青卷材(厚30mm冷贴)满铺

工程量＝(60.24+1.2)×(15.24+1.2)＝1010.07(m^2)

套用《河南省综合单价(A建筑工程2008)》(7−36)子目：

综合费＝1010.07÷100×4447.06＝44918.42(元)

其中：人工费＝1010.07÷100×234.78＝2371.44(元)

材料费=1010.07÷100×4061.58=41024.80(元)

机械费=0

管理费=1010.07÷100×79.72=805.23(元)

利　润=1010.07÷100×70.98=716.95(元)

(6)屋面工程综合费合计

综合费=17074.55+11210.06+18143.58+11174.21+44918.42=102520.77(元)

其中:人工费=1792.31+3129.40+3816.75+3227.07+2371.44=14336.97(元)

材料费=14244.32+6031.59+12116.62+5586.80+41024.8=79004.13(元)

机械费=40.40+199.80=240.20(元)

管理费=621.09+1062.49+1322.59+1142.89+805.23=4954.29(元)

利　润=416.82+946.13+887.62+1017.65+716.95=3985.17(元)

4.10　防腐、隔热、保温工程

4.10.1　概述

4.10.1.1　防腐、隔热、保温工程定额子目设置

本分部设防腐面层,其他防腐,隔热、保温共3部分216条子目。具体分项如下。

(1)防腐面层　111条子目,包括防腐混凝土、防腐砂浆、防腐胶泥、玻璃钢防腐、聚氯乙烯板防腐等整体面层和块料防腐。每一种防腐材料项目又区分厚度等不同设置有不同的定额子目。

(2)其他防腐　59条子目,包括隔离层、沥青浸渍砖、防腐涂料。

(3)隔热、保温　46条子目,包括屋面、天棚、墙、柱和楼地面隔热保温。

4.10.1.2　防腐、隔热、保温工程中分项工程的列项划分方法

分项工程的列项通常应根据设计图纸的内容,结合工程的具体情况,以定额子目的划分为原则,按照具体定额子目的设置情况、子目所包括的工作内容及定额中有关规则、说明、规定进行。

防腐、隔热工程在列项时,按照以上原则及上述定额子目设置情况,应区分不同的防腐材料种类及厚度等因素来正确列项。

保温隔热工程应按屋面保温、天棚保温、墙、柱和楼地面保温来列项,其中每个部分又按保温材料和做法等不同分列子项。

4.10.2　防腐、隔热、保温工程工程量计算与定额应用

4.10.2.1　耐酸防腐

(1)工程量计算规则　耐酸防腐项目应区分不同防腐材料种类及其厚度,分别按设计图示尺寸以面积计算:

①平面防腐,扣除凸出地面的构筑物、设备基础等所占面积。

②立面防腐,砖垛等突出墙面部分按展开面积并入墙面积内。

③踢脚板防腐,扣除门洞所占面积并相应增加门洞侧壁面积。

④平面砌筑双层耐酸块料时的工程量,按单层面积乘以系数2计算。

⑤防腐卷材接缝、附加层、收头等人工材料,已计入在定额子目中,不再另行计算。

⑥烟囱、烟道内表面隔绝层,按筒身内壁扣除各种孔洞后的面积计算。

(2)计算工程量及定额应用时应注意的问题

①整体面层、隔离层适用于平面、立面的防腐耐酸工程。

②块料面层以平面砌为准,砌立面者按平面砌相应项目,人工乘以系数1.38,踢脚板人工乘以系数1.56,其他不变。

③各种砂浆、胶泥、混凝土材料的种类、配合比及各种整体大面层的厚度,如设计要求与本分部不同时,可以换算。但各种块料面层的结合层砂浆或胶泥厚度不变。

④耐酸胶泥、砂浆、混凝土材料的粉料,除水玻璃按石英粉比铸石粉等于1:(0.9~1)外,其他均按石英粉计算。实际采用粉料不同时,可以换算。

⑤花岗岩板以六面剁斧的板材为准。如底面为毛面者,水玻璃砂浆增加0.38 m^3,耐酸沥青砂浆增加0.44 m^3。

⑥本分部的各种面层,除聚氯乙烯塑料地面外,均不包括踢脚板。整体面层踢脚板按整体面层相应项目执行。

⑦防腐涂料面层的水泥砂浆基层执行A.7屋面及排水工程分部中找平层子目。

4.10.2.2 隔热、保温

(1)工程量计算规则

1)保温隔热屋面应区别不同保温隔热材料,分别按设计图示尺寸以体积或面积计算,不扣除柱、垛所占体积或面积。

2)保温隔热天棚、墙柱、楼地面按设计图示尺寸以面积计算:

①保温隔热天棚、楼地面工程量不扣除柱、垛所占面积。

②保温隔热墙,外墙按隔热层中心线、内墙按隔热层净长乘以图示尺寸的高度以面积计算,扣除门窗洞口所占面积,门窗洞口侧壁需做保温时,并入保温墙体工程量内。

③保温柱按设计图示以保温层中心线展开长度乘以保温层高度以面积计算。

④楼地面隔热层按围护结构墙体间净面积乘以设计厚度以体积计算,不扣除柱、垛所占的体积。

(2)计算工程量及定额应用时应注意的问题

①本分部包括屋面、天棚、地面、墙柱面的隔热保温,适用于中温、低温及恒温的工业厂(库)房隔热工程,以及一般保温工程。

②附墙铺贴板材时,基层上应先涂沥青一道,其工料消耗已包括在定额子目内,不得另计。

③保温隔热墙的装饰面层,应按装饰分册B.2墙、柱面工程分部内容列项。

④柱帽保温隔热应并入天棚保温隔热工程量内。

⑤池槽隔热保温,池壁、池底应分别列项,池壁执行墙面保温隔热子目,池底执行地面保温隔热子目。

4.11 室外工程

4.11.1 概述

在建筑工程中,除一般房屋建筑外,还有各种配套工程,如道路、室外排水管道等。《河南省综合单价(A 建筑工程 2008)》定额中 YA.9 分部内,列有适用于建设场地范围内的道路、涵管、室外排水管道等工程内容。

4.11.1.1 室外工程定额子目设置

本分部设厂区道路,混凝土涵管,室外排水管道,窨井、地沟铸铁盖板,铸铁栏杆围墙共5部分128条子目。具体分项如下。

(1)厂区道路 59条子目,包括道路土方,路基,路面,路面、封面处治,人行道,路边石,路边沟。其中:

1)道路土方清单综合单价定额中,分别设置了人工挖路槽、人工培路肩、原土打夯、夯填土、压路机碾压路槽等五种专用分项,其中,原土打夯分项又细分为人工打夯和机械打夯两个子目,夯填土分项又细分为人工夯填和机械夯填两个子目。

2)路基清单综合单价定额中,分别设置了砂垫层、级配砂石、三合土基础和灰土基础4种专用定额子目。

3)路面清单综合单价定额中,按使用材料分为水结碎石、泥结碎石、泥结级配碎石面、灌入式沥青碎石中层、沥青混凝土面、混凝土面、炉渣混凝土面、预制混凝土块路面、混凝土路面切缝、鹅卵石路面等10种专用定额分项,其中水结碎石、泥结碎石又分为底层和面层两项,沥青混凝土面又分为中粒式和细粒式两项,鹅卵石路面又分为密排和镶嵌80%两项。

4)路面、封面处治清单综合单价定额中,按使用材料分为级配石屑封面、泥结石屑封面、沥青单层表面处治、沥青双层表面处治、沥青结合层、沥青砂浆路面压实等6种专用定额子目。

5)人行道包括垫层和面层,其中垫层按使用的不同材料分为干铺碎砖垫层、碎砖灌浆垫层、三合土垫层、混凝土垫层4种专用定额子目;面层按使用的不同材料分为块料铺砌人行道和人行道整体面层两类,块料铺砌人行道又分为预制混凝土块砂垫、预制混凝土块浆砌、平铺红砖砂垫、侧铺红砖砂垫、混凝土连锁砖砂垫、混凝土连锁砖浆砌、盲道板浆砌、彩色人行道板浆砌和花岗岩板浆砌等9种专用定额子目,人行道整体面层又分为镶嵌80%鹅卵石细石混凝土面层、水泥砂浆压光压线面层和水泥砂浆随打随抹面层。

6)路边石清单综合单价定额中,按使用材料不同分为立砌砖、立条石、立预制混凝土路边石等3类路牙专用定额分项,其中立砌砖又分为宽115 mm、宽53 mm两种,立条石又分为带底板、不带底板两种,预制混凝土块分为不带底板、带底板、L形3种。

(2)混凝土涵管 16条子目,包括涵管垫层、钢筋混凝土涵管、混凝土涵管。其中:

1)涵管基础垫层清单综合单价定额中,按使用的不同材料分为黏土、天然砂石、黏土碎石、干铺碎石、碎石灌水泥砂浆、毛石、混凝土等7种专用定额子目。

2)钢筋混凝土涵管清单综合单价定额中,按管径不同分为500 mm、600 mm、700 mm、

800 mm、900 mm、1000 mm 等 6 种专用定额子目。

3)混凝土涵管清单综合单价定额中,按管径不同分为 200 mm、300 mm、400 mm 等 3 种专用定额子目。

(3)室外排水管道 50 条子目,包括承插式陶土管、钢筋混凝土管(承插式、套接式、企口式或平口式)、塑料波纹管、围管座。其中:

1)承插式陶土管铺设清单综合单价定额中,又按接口方式不同分为水泥砂浆接口、沥青玛蹄脂接口两个分项,每个分项均按管径不同细分为 100 mm、150 mm、200 mm、250 mm、300 mm、350 mm、400 mm 等 7 个子目。

2)承插式钢筋混凝土管铺设清单综合单价定额中,又按接口方式不同分为沥青油膏接口、水泥砂浆接口两个分项,每个分项均按管径不同细分为 150 mm、200 mm、300 mm、400 mm 等 4 个子目。

3)套接式钢筋混凝土管铺设清单综合单价定额中,按管径不同分为 300 mm、400 mm、500 mm、600 mm、700 mm、800 mm、900 mm、1000 mm 等 8 个石棉水泥接口专用定额子目。

4)企口式或平口式钢筋混凝土管铺设清单综合单价定额中,仅编制了管径为 200 mm、300 mm、400 mm、500 mm、600 mm、700 mm、800 mm、900 mm、1000 mm 等 9 个水泥砂浆接口专用定额子目。

以上项目工作内容均为清理、铺管、调制接口材料、接口、养护、试水。

5)塑料波纹排水管铺设清单综合单价定额中,区分不同管径编制了 110 mm、160 mm、250 mm、315 mm、355 mm、400 mm、500 mm 等 7 个专用定额子目。

6)围管座清单综合单价定额中,根据不同材料设置了混凝土、三七灰土围管座和砂护管 3 个专用定额子目。

(4)窨井、地沟铸铁盖板 清单综合单价定额中分别设置了铸铁窨井盖板安装和铸铁地沟盖板安装两个专用定额子目。

(5)铸铁栏杆围墙 只设置了 1 个专用定额子目,即"铸铁花饰栏杆围墙"。

4.11.1.2 室外工程定额的一般说明

(1)本分部适用于建设场地范围内的道路、涵管、室外排水管道工程。

(2)本分部已综合考虑了各种不同的施工方法、施工机具及材料场内小搬运,在执行中除另有注明者外,均不得换算,亦不增加运输费用。本分部各子目中,凡未列明细机械台班者,该机械使用费均以元表示,已综合考虑在内。

(3)混凝土及砂浆的标号配合比与设计要求不同时,允许按附录换算。

4.11.1.3 室外工程中分项工程的列项划分方法

分项工程的列项通常应根据设计图纸的内容,结合工程的具体情况,以定额子目的划分为原则,按照具体定额子目的设置情况、子目所包括的工作内容及定额中有关规则、说明、规定进行。

室外配套工程在列项时,按照以上原则及上述定额子目设置情况,应按其各部位不同作用及使用材料不同等因素,分别列项计算工程量并套用相应的定额子目。

4.11.2 室外工程工程量计算与定额应用

4.11.2.1 厂区道路

(1)工程量计算

①各种道路的路槽、路基、路面应按设计图示尺寸以体积计算。不扣除雨水井、下水井所占的体积。

②培路肩以实培夯实体积计算。

③混凝土路面边缘加固如需用钢筋时,应按设计图示规定计算,执行A.4混凝土及钢筋混凝土工程分部的相应子目。

④混凝土路面切缝按设计图示尺寸以长度计算。

⑤人行道按设计图示的铺设面积计算。

⑥路边石铺设按设计图示的长度计算,如设计规格与本分部不同时,可以换算,但人工及砂浆用量不变。

(2)工程计算及定额应用时应注意的问题

①挖路槽和培路肩是按普通土考虑的,如为沙砾坚土或旧路面时,定额子目工日乘以系数1.53。

②混凝土路面已包括伸缩缝,不得另计。

③灰土基础子目如和设计用料比例不同时允许换算,但数量不变。

④土边沟、砖砌和毛石边沟断面是分别按0.17 m^2、0.2 m^2 考虑的,与设计断面不同时,可按比例换算。

⑤场地硬化执行本分部相应子目。

4.11.2.2 混凝土涵管

(1)工程量计算 混凝土涵管垫层按设计图示尺寸以体积计算。涵管铺设按设计图示长度计算。

(2)工程计算及定额应用时应注意的问题

①钢筋混凝土涵管是按平口考虑的,有效长度为1000 mm。

②涵洞底槽的垫层及面层按装饰装修工程B.1楼地面工程分部的相应子目列项。

4.11.2.3 室外排水管道

(1)工程量计算

①室外排水管道与室内排水管道的分界点,以室内向外排出的第一个排水检查井为界。

②在计算各种排水管道的长度时,应以设计图示管道中心线的长度为准,其坡度的影响不予考虑。

③排水管道铺设按设计图示尺寸以长度计算。扣除排水检查井和连接井等所占的长度。扣除的长度为检查井的内部直径或与管道同轴线的内边长。

④排水管道铺设,不分土壤类别,均按本分部中相应的项目计算。如有异形接头(弯头和三通等)时,应全部按管道的长度计算,不再单独考虑。

⑤围管座按设计图示尺寸以体积计算。

(2)工程量计算及定额应用时应注意的问题

①室外排水管道的沟深,是以自然地面至垫层面 2 m 以内为准,如沟深在 3 m 以内者,合计工乘以系数 1.11;5 m 以内合计工乘以系数 1.18;5 m 以上合计工乘以系数 1.31。

②室外排水管道不论人工铺管或机械铺管均执行本分部相应子目。

③室外排水管道子目中未包括土方工程及管道垫层、基础,应按有关分部的相应子目列项。

④室外排水管道的试水所需工料,已包括在相应的定额子目内,不得另行增加。

⑤围管座槽深超过 5 m 时,相应子目人工乘以系数 1.31。

4.11.2.4　窨井、地沟铸铁盖板

窨井铸铁盖板按设计图示数量计算。地沟铸铁盖板按设计图示尺寸以面积计算。

4.11.2.5　铸铁花饰栏杆围墙

铸铁花饰栏杆围墙按设计图示尺寸以面积计算。

4.12　零星拆除及构件加固工程

4.12.1　概述

4.12.1.1　零星拆除及构件加固工程定额子目设置

本分部设零星拆除、构件加固共 2 部分 162 条子目。具体分项如下。

(1)零星拆除　102 条子目,包括地面垫层拆除,楼地面拆除,墙体拆除,墙、柱、天棚面拆除,门窗及木装修拆除,钢筋混凝土构件拆除,其他拆除,水洗清污、墙面基层凿毛、剔槽、打洞。其中:

1)地面垫层拆除清单综合单价定额中,分别设置了素混凝土垫层和灰土三合土垫层两个专用定额子目。

2)楼地面面层拆除清单综合单价定额中,分别设置了水泥砂浆、水磨石、标准砖、水泥砖(包括地板砖、缸砖)、马赛克、预制水磨石板、大理石、花岗岩、带龙骨木地板、不带龙骨木地板、卷材类面层等材料拆除的专用定额子目。

3)墙体拆除清单综合单价定额中,分别设置了砖墙、空心砖墙及轻质墙、空心空斗墙、实心空斗墙、板条(苇箔)隔墙(板)、钢板网隔墙(板)、石膏板隔墙(板)、水磨石隔板等墙体材料拆除的专用定额子目。

4)墙、柱、天棚面拆除清单综合单价定额中,分别设置了石灰及混合砂浆、水泥石子浆、马赛克及瓷片、大理石、花岗岩、预制水磨石板等墙、柱面层铲除的专用定额子目,混凝土天棚、板条天棚、钢板网天棚上仅抹灰面层铲除的定额子目,无龙骨的整体天棚吊顶(包括各类面层)、木龙骨含各类面层的整体天棚吊顶、金属龙骨铝合金面层的整体天棚吊顶、金属龙骨其他面层的整体天棚吊顶拆除的定额子目,墙或天棚漆膜面铲除、墙或天棚涂料壁纸面铲除的专用定额子目。

5)门窗及木装修拆除清单综合单价定额中,分别设置了木门窗、钢门窗、铝合金门窗

及卷闸门整樘拆除的定额子目，木门框、木窗框、木门扇、木窗扇拆除的定额子目，窗帘盒棍及托、水磨石窗台板、木窗台板、筒子板、护墙板拆除的定额子目，整体木楼梯拆除的定额子目，各种扶手、木栏杆及铁栏杆拆除的定额子目。

6）钢筋混凝土构件拆除清单综合单价定额中，分别设置了小型预制构件、预制楼板、小型现浇构件、现浇柱梁板拆除的专用定额子目。

7）其他拆除清单综合单价定额中，分别设置了无砂石保护层、带砂石保护层及带架空隔热层的卷材防水层铲除的定额子目，木门窗、钢门窗、其他木材面、其他金属面旧漆膜铲除的定额子目。

8）水洗清污、墙面基层凿毛、剔槽、打洞清单综合单价定额中，分别设置了楼地面、墙面、天棚面水洗清污等定额子目，楼地面、墙面、天棚面抹灰面层基层凿毛等定额子目，砖墙人工剔槽、混凝土墙人工剔槽、水磨石、水泥及混凝土地面人工剔槽等定额子目，砖墙人工打透眼、混凝土墙（厚 100 mm）人工打透眼、混凝土楼板人工打透眼等定额子目，砖墙人工剔墙洞、混凝土墙人工剔墙洞定额子目。

（2）构件加固　60 条子目，包括粘钢加固、粘贴碳纤维布加固。其中：

1）粘钢加固清单综合单价定额中，分为柱加固和梁加固两类，其中柱加固又分为单层狭条粘钢、双层狭条粘钢、单层块状粘钢、双层块状粘钢、单层箍板粘钢、双层箍板粘钢等定额子目，梁加固又分为单层梁面狭条粘钢、双层梁面狭条粘钢、单层梁底狭条粘钢、双层梁底狭条粘钢、单层梁侧狭条粘钢、双层梁侧狭条粘钢、U 形板箍板粘钢、L 形板箍板粘钢、板下狭条粘钢等定额子目。

2）粘贴碳纤维布加固清单综合单价定额中，分为柱加固、梁加固和板加固三类，其中柱加固又分为单层狭形箍布、单层宽形箍布等定额子目，梁加固又分为单层狭形条布加固梁底、宽形条布加固梁底、狭形条板加固梁底、宽形条板加固梁底、封闭缠绕狭形箍布梁加固、U 形狭形箍布梁加固、狭形条布侧向粘贴梁加固、双 L 形箍布梁加固等定额子目，板加固分为狭形条布单向加固板底、狭形条布双向加固板底、宽形条布加固板面等定额子目。

4.12.1.2　零星拆除及构件加固工程中分项工程的列项划分方法

分项工程的列项通常应根据设计图纸的内容，结合工程的具体情况，以定额子目的划分为原则，按照具体定额子目的设置情况、子目所包括的工作内容及定额中有关规则、说明、规定进行。

零星拆除及构件加固工程在列项时，按照以上原则及上述定额子目设置情况，应按照施工实际列项计算工程量并套用相应的定额子目。

4.12.2　零星拆除及构件加固工程量计算与定额应用

（1）工程量计算规则

1）二次装修工程基面铲除、清污、凿毛均按墙面、地面和天棚面的装饰面积计算。楼梯基面的铲除、清污、凿毛工程量按其水平投影面积乘以系数 1.4。

2）其他拆除项目工程量按以下规定计算：

①地面垫层拆除按水平投影面积乘以厚度以体积计算。地面面层的拆除按水平投影面积计算，踢脚板按实拆面积并入地面面积内。

②钢筋混凝土构件拆除按实拆体积计算。预制钢筋混凝土楼板拆除包括找平及抹灰层,按室内净面积计算。

③木楼梯拆除以住宅楼梯为准,不分单双跑,包括拆除楼梯的休息平台,每层为一座,以"座"为单位计算;扶手按实拆长度计算。

④窗台板、筒子板、水磨石隔断、护墙板的拆除按实拆面积计算。

⑤窗帘盒、棍、托的拆除,以长度在2 m以内为准,以"份"为单位计算。

⑥各种墙体的拆除按墙体厚度(包括抹灰层厚度)乘以拆除面积以体积计算,不扣除门窗洞口,也不计算门窗拆除,但也不增加突出墙面的挑檐、虎头砖、门窗台、附墙烟囱及砖垛等的体积。

⑦整樘门窗拆除按洞口尺寸,以面积计算,仅拆除门窗框者以"个"为单位计算,仅拆除门窗扇者以"扇"为单位计算。

⑧其他木材面、金属面铲除漆膜工程量系数按装饰装修工程B.5油漆、涂料、裱糊工程分部中的油漆工程量计算系数表中的规定计算。

⑨铲除墙、柱、天棚灰壳、块料面层按实铲面积计算。

3)构件粘钢加固应区分钢板的厚度,按实际粘贴钢板的面积计算。

4)构件粘贴碳纤维布加固应区分碳纤维布的规格和层数,按设计图示粘贴纤维布的面积计算。

(2)零星拆除及构件加固工程工程量计算及定额应用时应注意的问题

1)本分部除钢筋混凝土构件拆除外,其他子目均未包括脚手架费用。

2)钢筋混凝土设备基础拆除按部位分别执行钢筋混凝土柱、梁拆除子目。

3)拆除混凝土道路按拆除混凝土垫层子目乘以系数0.9。

4)工程基面的拆除、清污、凿毛只适用于再次装修工程,应依据施工实际列项计算。

5)楼梯面层的铲除执行楼地而相应子目。

6)构件加固子目未包括被加固表面的铲除、修补费用和加固后的测试费用。

4.13　建筑物超高施工增加费

4.13.1　概述

4.13.1.1　建筑物超高施工增加费的计取条件

《河南省综合单价(A建筑工程2008)》是按六层或檐高20 m以内编制的。如果建筑物的层数或檐高超过上述限值,考虑到操作工人的工效降低、垂直运输运距加长影响的时间、由于人工降效引起随工人班组配置并确定台班量的机械降效、自来水加压及附属设施、其他等有关因素的影响,可按《河南省综合单价(A建筑工程2008)》YA.11建筑物超高施工增加费的规定,另列项目计取建筑物超高增加费用。

单层工业厂房檐高超过20 m,亦应列项计算建筑物超高增加费。但构筑物(如烟囱、水塔等)不论其高度如何,均不得列项计取建筑物超高费用。

4.13.1.2　建筑物超高施工增加费定额子目设置

(1)多层建筑物超高增加费,分别设置了檐高20 m(层数6层)以上至檐高180 m(层数54层)的定额子目。子目设置按每10 m(3层)为一档共16个子目。

(2)单层建筑物超高增加费,仅设置了檐高30 m以内和檐高45 m以内两个定额子目。

4.13.1.3 建筑物层数的确定

在判断建筑物能否计取建筑物超高增加费和确定计取建筑物超高增加费而选定定额子目时,都需要用到建筑物的层数这一指标。在清单综合单价定额中,层数的计算规定如下。

(1)地下室:不计入层数。

(2)半地下室:其地上部分,从设计室外地坪算起向上超过1 m时,可按一层计入层数内;否则,不计入层数。

(3)突出屋顶的水箱间、电梯机房、楼梯间等,不计入层数。

(4)同一建筑物高度不同时,按不同高度的建筑,分别确定其层数。

(5)技术层:不论技术层层高多少,均可按一层计入层数内。

4.13.1.4 建筑物檐高的确定

单层建筑物和多层建筑物,在判断其能否计取建筑超高增加费和确定计取建筑物超高增加费而选用定额子目时,都需要用到建筑物的檐高这一指标。在清单综合单价中,檐高的计算规定如下。

(1)单层建筑物的檐高 从设计室外地坪至檐口屋面结构板面计算。突出屋面的天窗等,不计入高度之内。

(2)多层建筑物的檐高

1)同一建筑物的檐高不同时,应分别计算其檐高。

2)多层建筑物的檐高,自设计室外地坪至檐口屋面结构板面。突出屋顶的楼梯间、电梯机房、水箱间等,不计入高度之内。

3)加层工程,仍自设计室外地坪起算。

4.13.2 建筑物超高施工增加费工程量计算

(1)建筑物超高费用以超高部分自然层(包括技术层)建筑面积的总和计算。

(2)超出屋顶的楼梯间、电梯机房、水箱间、塔楼、主望台可以计算超高面积。

(3)屋顶平台以上装饰用棚架、葡萄架、花台等特殊构筑物不得计算超高面积。

(4)老建筑加层工程的超高费,按加高后的檐高超过20 m以上的加层部分的面积计算。

(5)单层工业厂房超高费用区分不同檐高按其建筑面积计算。

4.13.3 建筑物超高施工增加费工程量计算及定额应用时应注意的问题

(1)多层建筑物超高增加费工程量起算点的确定:一般应以第7层作为超高工程量起算点。若自设计室外地坪算起20 m线低于第7层,则自20 m所在楼层作为超高工程量起算点。

(2)多层建筑物的建筑超高增加费工程量，均以超高工程量起算点所在楼层及以上各自然层(包括技术层)的建筑物外围水平面积总和以“m^2”计算。

(3)超高费用中的机械费用由多种机械组合取定，施工时不论采用何种机械，均按本规定费用包干，不做调整。

(4)仅施工主体不做装饰的，均相应定额子目乘以系数95%。

(5)单独承包装饰工程的超高费执行装饰工程超高费子目。

(6)本分部子目的划分是以建筑物檐高或层数两种指标界定的，两种指标达到其一即可执行相应子目。

(7)同一建筑物有不同檐高时，分别按不同高度的竖向切面的建筑面积套用相应子目。

例4.21　某7层砖混住宅，层高为2.8 m，室内外高差为0.3 m，每层建筑面积均为400 m^2。计算该工程施工超高费综合费。

解　6层檐口高度=0.3+2.8×6=17.1(m)

7层檐口高度=0.3+2.8×7=19.9(m)

因此，只有第7层计算超高费：

工程量=400 m^2

套用《河南省综合单价(A建筑工程2008)》(11-1)子目：

综合费=400÷100×1986.98=7947.92(元)

其中：人工费=400÷100×606.73=2426.92(元)

材料费=400÷100×339.20=1356.80(元)

机械费=400÷100×598.00=2392.00(元)

管理费=400÷100×231.40=925.60(元)

利　润=400÷100×211.65=846.60(元)

例4.22　某25层培训中心大厦，底层及2层层高4.5 m，第3层及15层为技术层，层高2.1 m，其余各层层高3.6 m，室内高差为600 mm，每层建筑面积均为500 m^2。屋顶楼梯间层高2.7 m，建筑面积15 m^2，电梯机房层高2.1 m，面积12 m^2。计算该建筑物超高施工增加费综合费。(15层计算一半面积，电梯间计算一半。)

解　确定超高起算位置

檐口高度=(4.5+2+2.1×2+3.6×21)+0.6=89.4(m)

0.6+4.5×2+2.1+3.6×3=22.5(m)≥20.0(m)

故超高起算层为第6层。

工程量=(25-5)×500+15.0+12.0=10027.00(m^2)

套用《河南省综合单价(A建筑工程2008)》(11-7)子目：

综合费=10027÷100×9992.94=1001992.09(元)

其中：人工费=10027÷100×3986.10=399686.25(元)

材料费=10027÷100×690.06=69192.31(元)

机械费=10027÷100×2406.00=241249.63(元)

管理费=10027÷100×1520.28=152438.47(元)

利　润＝10027÷100×1390.50＝139425.43(元)

4.14　建筑工程措施项目费

4.14.1　概述

措施项目是指完成工程项目施工，发生于该工程施工前和施工过程中技术、生活、安全等方面的非工程实体项目。措施项目费即实施措施项目所发生的费用。措施项目费由组织措施项目费和技术措施项目费组成。

4.14.2　施工组织措施费

组织措施费包括现场安全文明施工措施费、材料二次搬运费、夜间施工增加费、冬雨季施工增加费，分别以规定的费率计取。

4.14.2.1　安全文明施工措施费

安全文明施工措施费是指施工现场安全及文明施工所需要的各项费用，属于不可竞争费用，其费用的计算按表4.21中规定的办法计取。

表4.21　现场安全文明施工措施费费率表

序号	工程分类	费率基数	安全文明措施费费率			
			基本费	考评费	奖励费	合计
1	建筑工程	综合工日×34	10.06%	4.74%	2.96%	17.76%
2	单独构件吊装		6.04%	2.84%	1.78%	10.66%
3	单独土方工程		5.03%	2.37%	1.48%	8.88%
4	单独桩基工程		5.03%	2.37%	1.48%	8.88%
5	装饰工程		5.03%	2.37%	1.48%	8.88%
6	安装工程		10.06%	4.74%	2.96%	17.76%
7	市政道桥工程		13.40%	6.30%	3.94%	23.64%
8	园林绿化工程		6.70%	3.15%	1.97%	11.82%
9	仿古建工程		5.03%	2.37%	1.48%	8.88%
10	其他工程		4.03%	1.89%	1.18%	7.10%
11	清单计价工程		10.06%	4.74%	2.96%	17.76%
12	改造、拆除工程		另行规定			

注：①依据建设部建办(2005)89号文、豫建设标(2006)82号文的规定制定。本表中的费率包括文明施工费、安全施工费和临时设施费。环境保护费另按实际发生额计算。

②基本费应足额计取；考评费在工程竣工结算时，按当地造价管理机构核发的安全文明施工措施费率表进行核算；奖励费根据施工现场文明获奖级别计算，省级为全额，市级为70%，县(区)级为50%。

③非单独发包的土方、构件吊装、桩基应并入建筑工程计算。

4.14.2.2 材料二次搬运费

材料二次搬运费是指因施工场地狭小等特殊情况而发生的二次搬运费用。按施工现场总面积与新建工程首层建筑面积的比例,以清单综合单价分析出的综合工日为基数乘以相应的二次搬运费费率计算。二次搬运费费率见表4.22。

表4.22 材料二次搬运费率表

序号	现场面积/首层面积	费率/(元/工日)
1	4.5	0
2	>3.5	1.02
3	>2.5	1.36
4	>1.5	2.04
5	≤1.5	3.40

4.14.2.3 夜间施工增加费

夜间施工增加费是指因夜间施工所发生的夜班补助费、夜间施工降效、夜间施工照明设

备摊销及照明用电等费用。根据合同工期与定额工期的比例,以清单综合单价分析出的综合工日为基数乘以相应的夜间施工增加费费率计算。夜间施工增加费费率见表4.23。

表4.23 夜间施工增加费费率表

序号	合同工期/定额工期	费率/(元/工日)
1	$1>t>0.9$	0.68
2	$t>0.8$	1.36

4.14.2.4 冬雨季施工增加费

冬雨季施工增加费是指在冬雨季施工期间,采取防寒保温和防雨措施所增加的费用。根据合同工期与定额工期的比例,以清单综合单价分析出的综合工日为基数乘以相应的冬雨季施工增加费费率计算。冬雨季施工增加费费率见表4.24。

表4.24 冬雨季施工增加费费率表

序号	合同工期/定额工期	费率(元/工日)
1	$1>t>0.9$	0.68
2	$t>0.8$	1.29

4.14.3 施工技术措施费

技术措施项目费包括施工排水、降水费，大型机械设备进出场、安拆费，现浇混凝土及预制构件模板使用费，脚手架使用费，垂直运输费，现浇混凝土泵送费，分别按本分部相应的子目计算。

4.14.3.1 施工排水、降水费

(1)定额子目设置　施工排水、降水费清单综合单价定额中，包括施工排水和井点降水两类专用子目。其中：

1)施工排水又分为排水管道安拆及摊销和抽水机抽水两个分项。其中，排水管道安拆及摊销分项又分为钢管管径(mm)50 和 100 的两个子目；抽水机抽水又分为潜水泵Φ100、泥浆泵 Φ100、单级清水泵 Φ100 三个子目。

2)井点降水又分为轻型井点降水、大口径井点降水和水泥管井井点降水三个分项。其中，轻型井点降水分项和大口径井点降水分项又分别分为安装、拆除和使用三个定额子目，编制预算时，应按安装、拆除和使用分别列项计算；水泥管井井点降水分项仅设置了安装和使用两个定额子目，编制预算时，应按安装和使用分别列项计算。

(2)工程量计算与定额应用

1)工程量计算规则　施工排水、降水的工程量计算应符合经过批准的施工组织设计的要求。

排水管道按设计尺寸以长度计算，抽水机抽水按抽水机机械台班数量计算。

井点降水应区分轻型井点、大口径井点，按不同井管深度的井管安装、拆除，以根为单位计算；水泥管井井点按井深以长度计算，井点的使用按“套 · 天”计算。

井点套组成：轻型井点，50 根为一套；大口径井点，45 根为一套；水泥管井井点，每一管井为一套。

如施工组织设计没有规定井管间距时，轻型井点管距可取 0.8 ~ 1.6 m。

使用天应以每昼夜 24 h 为一天，井点降水总根数不足一套时，可按一套计算使用费。

2)定额应用时应注意的问题　本分部子目中的抽水机、泵等机械设备和台班消耗量是综合取定的，实际使用不符时不得换算。

4.14.3.2 大型机械设备进出场、安拆费

(1)定额子目设置　大型机械设备进出场、安拆费清单综合单价定额中，包括大型机械设备安拆费和大型机械设备进出场费两类专用子目。其中：

1)大型机械设备安拆费又分为塔吊基础铺拆费、塔式起重机安装拆卸费、自升式塔吊安装拆卸费、柴油打桩机安装拆卸费、静力压桩机安装拆卸费、潜水钻机安装拆卸费、喷粉桩钻机安装拆卸费、深层搅拌钻机安装拆卸费、混凝土搅拌站安装拆卸费、施工电梯安装拆卸费等 10 个分项。其中，塔吊基础铺拆费分项又分为固定式带配重塔吊基础和轨道式基础两个子目；塔式起重机安装拆卸费分项又根据塔式起重提升质量不同，分为 6 t、8 t、15 t、25 t 塔式起重机等 4 个子目；静力压桩机安装拆卸费分项又根据压桩机压力不同，分为 900 kN、1200 kN、1600 kN 静力压桩机等 3 个子目；施工电梯安装拆卸费分项根

据提升高度不同，分为75 m、100 m、200 m等3个子目。

2）大型机械设备进出场费分为履带式推土机场外运输费、履带式挖掘机场外运输费、履带式液压抓斗成槽机场外运输费、履带式起重机场外运输费、柴油打桩机场外运输费、静力压桩机场外运输费、潜水钻机场外运输费、喷粉桩钻机场外运输费、深层搅拌钻机场外运输费、转盘钻机场外运输费、强夯机械场外运输费、压路机场外运输费、塔式起重机场外运输费、自升式起重机场外运输费、混凝土搅拌站场外运输费、施工电梯场外运输费等16个分项。其中，履带式推土机场外运输费分项又根据功率不同，分为90 kW以内和90 kW以上两个子目；履带式挖掘机场外运输费分项又根据斗容量不同，分为1 m^3以内和1 m^3以上两个子目；履带式起重机场外运输费分项又根据提升质量不同，分为30 t、50 t、60 t以内等3个子目；柴油打桩机场外运输费分项又根据冲击部分质量不同，分为5 t以内和5 t以上两个子目；静力压桩机场外运输费分项又根据压力不同，分为900 kN、1200 kN、1600 kN静力压桩机等3个子目；塔式起重机场外运输费分项又根据提升质量不同，分为6 t、8 t、15 t、25 t塔式起重机等4个子目；施工电梯场外运输费分项又根据提升高度不同，分为75 m、100 m、200 m等3个子目。

（2）工程量计算与定额应用

1）工程量计算规则　大型机械设备进出场、安拆工程量计算应符合经过批准的施工组织设计的要求。

①大型机械设备进出场、安拆以施工组织设计规定或实际发生经签证的数量和次数计算。

②固定式带配重的塔吊基础铺设按座计算；轨道式基础铺设按长度计算。

2）工程量计算及定额应用时应注意的问题

①塔吊固定基础铺拆费系自升塔吊基础参考价格，允许按施工组织设计要求调整。如系非自升塔吊基础时，执行该子目时，基价乘以系数0.15。

②轨道铺拆费按直线轨道考虑，如铺设弧线轨道时，乘以系数1.15。

③塔吊基础铺拆费不包括轨道和枕木之间增加其他型钢或钢板的轨道、自升式塔吊行走的轨道、不带配重的自升式塔吊的固定式基础，发生时另按施工组织设计要求计算。

④拖式铲运机的场外运输费按相应规格的履带式推土机费用乘以系数1.1。

⑤推土机、除荆机、湿地推土机的场外运输费按相应规格的履带式推土机费用执行。

⑥本分部未设施工电梯和混凝土搅拌站的基础，发生时另按施工组织设计要求计算。

⑦机械的一次安拆费中均包括安装后的试运转费用；所列场外运输费为25 km以内的进出场费用，超过25 km时另行计算。

⑧特大型机械场外运输费包括机械的回程费用。

⑨自升式塔吊安拆费是以塔高（檐高）45 m确定的，如塔高超过45 m时，每增高10 m，安拆费增加10%（超过不足5 m者不计）。

⑩如现场塔吊转移时，因改道需碾压铺垫路基，铺拆轨道，仍按费用表执行。其他有关费用按塔吊相应安拆费定额乘以系数0.3计算。

⑪机械停滞费，按《河南省统一施工机械台班费用定额（2008年）》规定执行。

⑫轮胎式起重机场外运输费，以同吨位型号的机械台班单价乘以系数1.5计算；汽车

式起重机、汽车式钻孔机场外运输费以同吨位型号的机械台班单价乘以系数0.2计算。

⑬大型机械一次安拆费及场外运输费，仅限于本分部列有子目的机械方能计取。

4.14.3.3 现浇混凝土及预制混凝土构件模板使用费

(1)定额子目设置

1)现浇混凝土构件模板使用费清单综合单价定额中，包括基础、柱、梁、墙、板、楼梯、其他构件、后浇带的模板。其中：

①基础模板分为带型基础模板、独立基础模板、满堂基础模板、设备基础模板、设备螺栓套、桩承台模板、杯形基础模板、基础垫层模板8个分项。其中，带型基础模板和满堂基础模板分项又分别分为有梁式和无梁式两个子目，设备螺栓套分项分为长度1 m以内和长度1 m以上两个子目，桩承台模板分项分为带形和独立两个子目。

②现浇混凝土柱模板分为矩形柱模板、异形柱模板、圆柱模板和构造柱模板4个专用定额分项。其中，矩形柱分项又分为柱断面周长1.2 m以内、1.8 m以内、1.8 m以上3个定额子目，圆柱模板分项又分为直径(m)0.5以内和0.5以上两个子目。

③现浇混凝土梁模板分为基础梁模板、矩形梁模板、异形梁模板、圈梁及叠合梁模板、过梁模板、桁架模板、每超高1 m的层高超高梁模板增加费等7个专用定额子目。

④现浇混凝土墙模板分为直形墙模板、挡土墙模板、每超高1 m的层高超高墙模板增加费三个专用定额分项。其中，直形墙模板又分为墙厚(mm)100以内、200以内、300以内、300以上等4个定额子目。

⑤现浇混凝土板模板分为有梁板模板、无梁板模板、平板模板、筒壳模板、双曲薄壳模板、栏板模板、挑檐天沟模板、雨篷模板、阳台模板、预制板间补缝模板(缝宽150 mm以内)、每超高1 m的层高超高板模板增加费等11个专用定额分项。其中，有梁板模板分项、平板模板分项和预制板间补缝模板(缝宽150 mm以内)分项又分别分为板厚(mm)100以内和100以上两个子目。

⑥现浇混凝土楼梯模板分为直形和弧形楼梯模板2个子目。

⑦现浇混凝土其他构件模板分为门框模板、压顶模板、栏杆模板、扶手模板、池槽模板、台阶模板、地沟底模板、地沟壁模板、地沟顶模板、零星构件模板等10个专用定额子目。

⑧现浇混凝土后浇带模板分为板厚100 mm以内有梁板、板厚100 mm以上有梁板、满堂基础和墙的后浇带模板等4个子目。

2)现场预制混凝土构件模板使用费清单综合单价中，包括柱、梁、屋架、天窗架、其他构件的模板。其中：

①现场预制柱模板分为预制矩形柱模板、预制异形柱模板两个分项。其中预制矩形柱模板分项又分为实心柱、空心柱、围墙柱3个子目，预制异形柱模板分项又分为双肢柱、工形柱、空格柱3个子目。

②现场预制梁模板分为预制矩形梁模板、预制异形梁模板、预制吊车梁模板、预制托架梁模板、预制过梁模板5个专用分项。其中预制矩形梁模板分项又分为单梁和基础梁两个子目，预制吊车梁模板分项又分为T形和鱼腹式两个子目。

③现场预制屋架模板分为预制拱形屋架模板、预制锯齿形屋架模板、预制组合屋架模

板、预制薄腹屋架模板、预制门式钢架模板 5 个专用定额子目。

④现场预制天窗架模板分为预制天窗架模板、预制天窗端壁模板两个专用定额子目。

⑤现场预制其他构件模板分为预制沟盖板模板，预制檩条、支撑、天窗上下挡模板，预制门窗框模板，预制阳台分户隔板模板，预制栏板模板，预制栏杆模板，预制支架模板，预制漏空花格模板，预制零星构件模板，预制水磨石窗台板，预制水磨石隔板及其他模板等 12 个专用分项。其中，预制支架模板又分为框架形和异形架两个子目。

(2) 工程量计算与定额应用

1) 工程量计算规则　本分部现浇混凝土构件及预制构件模板所采用的工程量是现浇混凝土及预制构件混凝土的工程量，其计算规则和 A.4 混凝土和钢筋混凝土分部相同。但以下情况，可按本条规定计算：

①混凝土圈梁中的过梁模板可单独列项，按门窗洞口的外围宽度加 500 mm 乘以截面积的体积计算。

②弧形板的计算范围为变形处两点连线一侧的弧状图形。

③设备基础体积大于 20 m^3 者，执行基础的相应子目。

④以投影面积或长度计算的构件，不得因混凝土量增减而调整其模板子目或增加工程量。

2) 工程量计算及定额应用时应注意的问题

①本分部中的模板综合考虑了工具式钢模板、定型钢模板、木(竹)模板和混凝土地(胎)模的使用。实际采用模板不同时，不得换算。

②本分部的现浇混凝土梁(不包括圈梁)、板、柱、墙的模板是按层高 3.6 m 编制的。层高超过 3.6 m 时可计算超高增加费，执行本分部超高增加费子目；每超过 1 m 计算一次超高增加费，尾数不足 0.5 m 者不计(4.1 ~5 m 可计算 1 次超高费，5.1 ~6 m 可计算 2 次，6.1 ~7 m 可计算 3 次)。

③短肢剪力墙模板、电梯井壁模板执行墙的相应子目，人工分别乘以系数 1.1、1.2，其他不变。

④采用钢滑模施工的钢筋混凝土烟囱筒身、圆贮仓壁是按无井架施工测算的，钢滑模施工的操作平台、费用已计入该定额子目内，不另计算；亦不得另行计算脚手架和竖井架。

⑤钢滑模子目内所包括的提升支承杆的消耗量，不得调整和换算。如设计要求利用支承杆代替结构钢筋时，应在钢筋用量中扣除该支承杆的重量。如支承杆施工后能拔出者，应扣除冲减拔杆费用后的回收价值。

⑥弧形或折线形的混凝土构件模板，执行其对应的子目时，模板乘以系数 1.3、人工乘以系数 1.25。

4.14.3.4　脚手架使用费

(1) 定额子目设置　脚手架使用费清单综合单价定额中，包括综合脚手架、单项脚手架、烟囱脚手架 3 部分。其中：

1) 综合脚手架分为单层建筑物综合脚手架、多高层建筑物综合脚手架和地下室综合脚手架 3 个专用分项。其中，单层建筑物综合脚手架分项又分为檐高(m)6 以内、9 以内、15 以内、24 以内、30 以内 5 个定额子目；多高层建筑物综合脚手架分项又分为檐高(m)

15 以内、25 以内、30 以内、40 以内、50 以内、60 以内、70 以内、80 以内、90 以内、100 以内、110 以内和每增加 10m 的辅助子目共计 12 个定额子目；地下室综合脚手架分项又分为地下一层和地下二层及以上两个定额子目。

2）单项脚手架中设置了外墙单排脚手架、外墙双排脚手架、混凝土单梁脚手架、里脚手架（3.6m 以内）、满堂基础脚手架、满堂脚手架、网架安装脚手架、室外管道脚手架 8 个专用分项。其中，外墙单排脚手架分项又分为墙高（m）10 以内、15 以内 2 个子目，外墙双排脚手架分项又分为墙高（m）10 以内、15 以内、24 以内、30 以内、50 以内 5 个子目，混凝土单梁脚手架又分为梁底高（m）3.6 以内和 3.6 以上两个子目，满堂脚手架分为天棚高 3.6～5.2 m 的 1 个基本子目和每增加 1.2 m 的 1 个辅助子目，网架安装脚手架分为 1 个高度 6 m 以内基本子目和 1 个高度每增加 1 m 的辅助子目。

3）烟囱脚手架（略）。

（2）工程量计算与定额应用

1）工程量计算规则

①综合脚手架应区分地下室、单层、多（高）层和不同檐高，以建筑面积计算，同一建筑物檐高不同时，应按不同檐高分别计算。

②单项脚手架中外脚手架、里脚手架均按墙体的设计图示尺寸以垂直投影面积计算。

③围墙按墙体的设计图示尺寸以垂直投影面积计算，凡自然地坪至围墙顶面高度在 3.6 m 以下的，执行里脚手架子目；高度超过 3.6 m 以上时，执行单排外脚手架子目。

④整体满堂钢筋混凝土基础，凡其宽度超过 3 m 以上时，按其底板面积计算基础满堂脚手架。条形钢筋混凝土基础宽度超过 3 m 时和底面积超过 20 m^2 的设备基础也可按其上口面积计算基础满堂脚手架。

⑤独立柱按图示柱结构外围周长另加 3.6 m，乘以设计高度以面积计算，套用单排外脚手架子目。

⑥现浇混凝土单梁脚手架，以外露梁净长乘以地坪至梁底高度计算工程量。

⑦满堂脚手架，按室内净面积计算，其高度为 3.6～5.2 m 时，计算基本层，超过5.2 m 时，每增加 1.2 m 按增加一层计算，不足 0.6 m 的不计。以计算式表示如下：

$$满堂脚手架增加层=(室内净高度-5.2\ m)/1.2\ m \tag{4.63}$$

⑧地上高度超过 1.2 m 的贮水（油）池壁、贮仓壁、大型设备基础立板脚手架，以其外围周长乘以高出地面的高度以面积计算；地下深度超过 1.2 m 的壁、板脚手架，以其内壁周长乘以自然地坪距底板上表面的高度以面积计算；底板脚手架以底板面积计算。

⑨室外管道脚手架按面积计算，其高度以自然地坪至管道下皮（多层排列管道时，以最上一层管道下皮为准）的垂直距离计算，长度按管道的中心线计算。

⑩网架安装脚手架按网架水平投影面积计算。

⑪烟囱脚手架按设计图示的不同直径、室外地坪至烟囱顶部的筒身高度，以“座”计算，地面以下部分的脚手架已包括在定额子目内。

⑫滑升模板施工的钢筋混凝土烟囱、筒仓，不另计算脚手架。

⑬水塔脚手架的计算方法和烟囱相同，并按相应的烟囱脚手架子目人工乘以系数

1.1。

2)工程量计算及定额应用时应注意的问题

①脚手架适用于一般工业与民用建筑工程的建筑物(构筑物)所搭设的脚手架,无论钢管、木制、竹制均按本分部执行。

②脚手架子目中,已综合了斜道、防护栏杆、上料平台以及挖土、现场水平运输等的费用。

③综合脚手架:适用于能够按2010年11月3日出版的《建筑工程建筑面积计算规范》计算建筑面积的建筑工程的脚手架。不适用于房屋加层、构筑物及附属工程脚手架。

综合脚手架已综合考虑了施工主体、一般装饰和外墙抹灰脚手架。不包括无地下室的满堂基础架、室内净高超过3.6 m的天棚和内墙装饰架、悬挑脚手架、设备安装脚手架、人防通道、基础高度超过1.2 m的脚手架,该内容可另执行单项脚手架子目。

同一建筑物有不同檐高时,按建筑物竖向切面分别计算建筑面积,套用相应子目。

④单项脚手架:适用于不能按2010年11月3日出版的《建筑工程建筑面积计算规范》计算建筑面积的建筑工程。

室内高度在3.6 m以上时,可增列满堂脚手架,但内墙装饰不再计算脚手架,也不扣除抹灰子目内的简易脚手架费用。内墙高度在3.6 m以上且无满堂脚手架时,可另计算装饰用脚手架,执行脚手架相应子目。

高度在3.6 m以上的墙、柱、梁面及板底的单独勾缝,每100 m^2 增加设施费15.00元,不得计算满堂脚手架。单独板底勾缝确需搭设悬空脚手架者,可执行装饰分册中的相应子目。

贮水(油)池壁、贮仓壁、大型设备基础立板高出自然地坪1.2 m以上的,地上部分可计算双排外墙脚手架;自然地坪距底板上表面深度超过1.2 m的,地下部分可计算里脚手架;底板可计算满堂脚手架。

4.14.3.5 垂直运输机械费

(1)定额子目设置 垂直运输机械费清单综合单价定额中,包括基础及地下室垂直运输、檐高20 m以内建筑物垂直运输、檐高20 m以上建筑物垂直运输和构筑物垂直运输4部分。其中:

1)基础及地下室垂直运输分为地下室垂直运输和无地下室的埋置深度在4 m及以上的基础垂直运输两个分项。其中,地下室垂直运输分项又分为一层和二层及以上两个子目。

2)檐高20 m以内建筑物垂直运输分为单层厂房和民用建筑两个分项。其中,单层厂房分项又分为现浇框架、预制排架和其他结构3个子目。

3)檐高20 m以上建筑物垂直运输仅根据建筑物檐高(m)分为30以内、40以内、50以内、60以内、70以内、80以内、90以内、100以内、110以内、120以内、130以内、140以内、150以内13个子目。

4)构筑物垂直运输,略。

(2)工程量计算与定额应用

1)工程量计算规则

①建筑物垂直运输工程量,区分不同建筑物类型及檐高以建筑面积计算。

②无地下室且埋置深度在4 m及以上的基础、地下水池垂直运输工程量,按混凝土或砌体的设计尺寸以体积计算。

③烟囱、水塔、筒仓垂直运输以“座”计算。超过规定高度时再按每增高1 m定额子目计算,其高度不足1 m时,亦按1 m计算。

2)工程量计算及定额应用时应注意的问题

①建筑物的檐高是指设计室外地坪至檐口(屋面结构板面)的垂直距离,突出主体建筑屋顶的电梯间、水箱间等不计入檐口高度之内。构筑物的高度,是指从设计室外地坪至构筑物顶面的高度。

②垂直运输费依据建筑物的不同檐高划分为基础及地下室、檐高20 m以内工程、檐高20 m以上工程。

③垂直运输费子目的工作内容,包括单位工程在合理工期内完成全部工程项目所需的垂直运输机械台班,不包括机械的场外往返运输、一次安装拆除及路基铺垫和轨道铺拆等的费用。

④同一建筑物有不同檐高时,按建筑物竖向切面分别计算建筑面积,套用相应子目。

⑤檐高4 m以内的单层建筑,不计算垂直运输费。

⑥混凝土构件混凝土采用泵送浇筑者,相应子目中的塔式起重机台班数量乘以0.5。所减少的台班数量可计算停滞费。

⑦建筑物中的地下室应单独计算垂直运输机械费。

⑧建筑工程外墙装饰另单独分包时,垂直运输费扣减8%。

⑨无地下室且埋置深度在4 m及以上的基础,地下水池可按相应项目计算垂直运输费。

4.14.3.6 现浇混凝土泵送费

(1)定额子目设置 现浇混凝土泵送费清单综合单价定额中,包括±0.00以下混凝土泵送费和±0.00以上混凝土泵送费两个专用分项。其中,±0.00以上混凝土泵送费分项根据泵送高度(m)又分为30以内、50以内、70以内和70以上4个定额子目。

(2)工程量计算与定额应用 混凝土泵送工程量按混凝土泵送部位的相应子目中规定的混凝土消耗量体积计算。

思考题

1. 简述工程量计算的顺序。
2. 简述工程量计算应遵循的原则。
3. 运用统筹法计算工程量的要点是什么?
4. 如何确定工程量的计算顺序?
5. 建筑面积计算的意义是什么?
6. 怎样计算地槽工程量?

7. 如何区分地槽、地坑、土方?

8. 如何计算现浇灌注混凝土桩工程量?

9. 砖基础工程量如何计算?

10. 计算砖墙工程量时,应扣什么,不应扣什么?应增加什么,不应增加什么?

11. 什么情况下计算综合脚手架?

12. 什么情况下计算单项脚手架?

13. 什么情况下可计算满堂脚手架?

14. 现浇或预制钢筋混凝土构件一般包括哪些项目?各项目工程量如何计算?

15. 如何区分有梁板、无梁板、平板?

16. 如何计算屋面防水及保温层工程量?

17. 措施项目费包括哪些内容?各费用如何计算?

习 题

1. 计算×××公司办公楼的建筑面积。(注意外墙保温层要计算建筑面积)

2. 计算×××公司办公楼的挖土方工程量、综合费及人工消耗量。

3. 计算×××公司办公楼砖基础、一层平面图中砖墙体、砌块砌体的工程量、综合费、人工及主要材料消耗量。

4. 计算×××公司办公楼混凝土基础的混凝土工程量、综合费、人工及主要材料消耗量。

5. 计算×××公司办公楼框架梁 KL9 混凝土的工程量、综合费、人工及主要材料消耗量。

6. 计算×××公司办公楼一层框架柱混凝土的工程量、综合费、人工及主要材料消耗量。7 计算×××公司办公楼一层现浇板混凝土的工程量、综合费、人工及主要材料消耗量。

8. 计算×××公司办公楼框架梁 KL9 钢筋的工程量、综合费、人工及主要材料消耗量。

9. 计算×××公司办公楼一层框架柱钢筋的工程量、综合费、人工及主要材料消耗量。

10. 计算×××公司办公楼一层现浇板钢筋的工程量、综合费、人工及主要材料消耗量。

11. 计算×××公司办公楼混凝土基础钢筋工程量、综合费、人工及主要材料消耗量。

12. 计算×××公司办公楼屋面工程工程量、综合费、人工及主要材料消耗量。

13. 计算×××公司办公楼混凝土基础模板工程量、综合费、人工及主要材料消耗量。

14. 计算×××公司办公楼框架梁 KL9 模板工程量、综合费、人工及主要材料消耗量。

15. 计算×××公司办公楼一层框架柱模板工程量、综合费、人工及主要材料消耗量。

16. 计算×××公司办公楼一层现浇板模板工程量、综合费、人工及主要材料消耗量。

17. 计算×××公司办公楼综合脚手架工程量、综合费、人工消耗量。

18. 计算×××公司办公楼垂直运输工程量、综合费、人工消耗量。

第5章 装饰工程工程量计算与定额计价

学习要求 掌握楼地面工程、墙柱面工程、天棚工程、门窗工程、油漆涂料裱糊工程的工程量计算与定额应用；熟悉其他工程工程量计算与定额应用；熟悉单独承包装饰工程超高费工程量计算与定额应用；掌握装饰工程措施项目费工程量计算与定额应用。

装饰工程预算定额是指在正常的施工技术和合理的装饰施工组织条件下，确定一定计量单位的装饰分项工程的人工、材料、机械台班消耗量的标准及费用标准，它是编制装饰施工图预算的主要依据，以装饰工程中各分部分项工程为单位进行编制，它是计算装饰工程综合费用的依据。目前，河南省执行的装饰工程预算定额是《河南省建设工程工程量清单综合单价(B装饰装修工程2008)》(以下简称《河南省综合单价(B装饰装修工程2008)》)。

5.1 楼地面工程

5.1.1 概述

楼地面是底层地面和楼面的总称。要求表面平整、光洁、防滑、不起尘、易清洁、耐磨、坚固、有弹性，给人以舒适感，而且隔音好。特殊的房间还要求防水、防火、耐腐蚀等。

地面的构造层次一般由垫层、防潮层、找平层、结合层、面层等组成。楼面的构造层次一般由找平层、结合层、面层组成。

5.1.1.1 楼地面工程的定额内容

楼地面工程的定额内容包括整体面层、块料面层、橡塑面层、其他材料面层、踢脚线、楼梯装饰、扶手栏杆栏板、台阶装饰、零星装饰项目、地面垫层、散水坡道等。

5.1.1.2　楼地面工程定额项目的划分

楼地面工程定额项目划分主要考虑以下因素：

(1)整体面层按材料分　分为水泥砂浆、水泥豆石浆、现浇普通水磨石、彩色镜面水磨石、细石混凝土、石屑混凝土、防水混凝土、菱苦土等楼地面。

(2)块料面层按材料分　分为方整石、大理石、花岗岩、水泥花砖、混凝土板、预制水磨石板、地板砖、陶瓷锦砖、广场砖、缸砖等楼地面。

(3)橡塑面层按材料分　分为橡胶板、塑料板、塑料卷材等楼地面。

(4)其他材料面层按材料分　分为地毯、木地板、防静电活动地板、金属复合地板等楼地面。

(5)踢脚线按材料分　分为水泥砂浆、大理石、花岗岩、预制水磨石板、缸砖、釉面砖、地板砖、现浇水磨石、塑料板、橡胶板、硬木、松木、细木工板、金属等踢脚线。

(6)楼梯装饰按材料分　分为大理石、花岗岩、预制水磨石板、缸砖、地板砖、水泥砂浆、水泥豆石浆、现浇普通水磨石、地毯等楼梯面层。

(7)扶手栏杆栏板按材料分　分为金属、硬木、塑料扶手栏杆栏板等。

(8)台阶装饰按材料分　分为大理石、花岗岩、水泥花砖、预制水磨石板、缸砖、地板砖、水泥砂浆、现浇普通水磨石、斩假石等台阶面层。

(9)零星装饰项目按材料分　分为大理石、花岗岩等。

(10)地面垫层按材料分　分为灰土、碎砖三合土、中粗砂、级配砂石、毛石、碎(砾)石、碎砖、炉(矿)渣、混凝土、炉渣混凝土等垫层。

(11)散水、坡道按材料分　分为水泥砂浆散水、水泥砂浆面坡道、水刷豆石面坡道、斩假石面坡道等。

5.1.2　楼地面工程工程量计算及定额应用

5.1.2.1　垫层工程量计算及定额应用

(1)工程量计算　地面、散水和坡道垫层按设计图示尺寸以体积计算。应扣除凸出地面的构筑物、设备基础、室内铁道、地沟等所占体积，不扣除间壁墙和0.3 m^2 以内的柱、垛、附墙烟囱及孔洞所占体积。

(2)定额使用要领　混凝土强度等级及灰土、三合土、水泥砂浆、水泥石子浆等的配合比，如与设计规定不同，可按定额附录表进行换算。

5.1.2.2　整体和块料地面工程量计算及定额应用

(1)工程量计算

1)整体面层和块料面层均按设计图示尺寸以面积计算。应扣除凸出地面的构筑物、设备基础、室内管道、地沟等所占面积，不扣除间壁墙和0.3 m^2 以内的柱、垛附墙烟囱及孔洞所占面积。门洞、空圈、暖气包槽、壁龛的开口部分不增加面积。

2)橡塑面层和其他材料面层按设计图示尺寸以面积计算。门洞、空圈、暖气包槽、壁龛的开口部分并入相应的工程量内。

3)踢脚线按设计图示长度乘以高度以面积计算。

4)现浇水磨石地面铜条工程量按设计图纸规定计算,图中没有规定的,可按照每 100 m^2 水磨石地面包含 250 m 铜条计算。

(2)定额使用要领

1)水泥砂浆、水泥石子浆等的配合比,如设计规定与定额不同时,允许换算,砂浆厚度、饰面材料规格可按设计要求调整。

2)楼地面整体面层系按现行 05YJ 标准图集编制。水泥砂浆地面、一次抹光、混凝土地面子目未考虑找平层;水磨石楼地面子目仅包括一道 18 mm 的找平层,不包括防水层,超出一道的防水层和找平层另列项目计算。

3)整体面层楼地面子目已包含门洞、空圈、暖气包槽、壁龛开口部分面层的费用,块料面层楼地面子目未包含门洞、空圈、暖气包槽、壁龛开口部分铺贴块料的费用,块料面层计价时,可将门洞、空圈、暖气包槽、壁龛开口部分工程量的费用考虑在综合单价内。

4)水磨石嵌玻璃条整体面层如采用金属嵌条时,可另列项计算,相应子目减少人工 4.25 工日并取消玻璃数量。

5)菱苦土楼地面、现浇水磨石定额项目已包括酸洗打蜡工料。

6)楼地面块料面层系按现行 05YJ 标准图集编制,仅含水泥砂浆结合层和面层。防水层和非结合层的找平层另列项目计算。

7)本分部内含有混凝土消耗量的子目中,不包括现浇混凝土的现场搅拌费用。如在现场搅拌时,可按《河南省综合单价(A 建筑工程 2008)》第 4 分部中的有关子目计算现场搅拌费。如采用商品混凝土,可直接进行换算或调差价,商品混凝土运输费执行《河南省综合单价(A 建筑工程 2008)》第 4 分部中的有关子目。

例 5.1 如图 5.1 所示,某会议室嵌铜条的彩色镜面现浇水磨石地面,地面做法为:混凝土结构基层;素水泥浆结合层一道;30 厚 1∶2.5 水泥砂浆找平层;素水泥浆结合层一道;25 厚 1∶2 白水泥彩色石子浆磨光,嵌 12×2 铜条(市场预算价为 5 元/m);面层酸洗打蜡。计算该水磨石地面的工程量、综合费及铜条的材料差价。(注:整体面层楼地面子目已经包含门洞、空圈、暖气包槽、壁龛的开口部分费用。)

解 (1)工程量计算

彩色镜面水磨石地面工程量:

$(13.5-0.24)\times(9.0-0.24)=116.16(m^2)$

12×2 铜条工程量:

$250\ m/100\ m^2\times116.16\ m^2\div100=290.4(m)$

(2)定额套用

“彩色镜面水磨石地面”套用《河南省综合单价(B 装饰装修工程 2008)》子目 B(1-13),综合单价:10179.05 元/100 m^2。综合单价调整如下:

1)水泥砂浆找平层的厚度由 20 mm 变为 30 mm,套用 A(7-207)子目,综合单价增加:199.19×2=398.38 元/100 m^2。

2)水泥砂浆找平层的配合比由 1∶3 变为 1∶2.5,综合单价增加:$(0.51\times2+2.02)\times(218.62-195.94)=68.95$ 元/100 m^2。

3)1∶2 白水泥彩色石子浆厚度增加 5 mm,套用《河南省综合单价(B 装饰装修工程

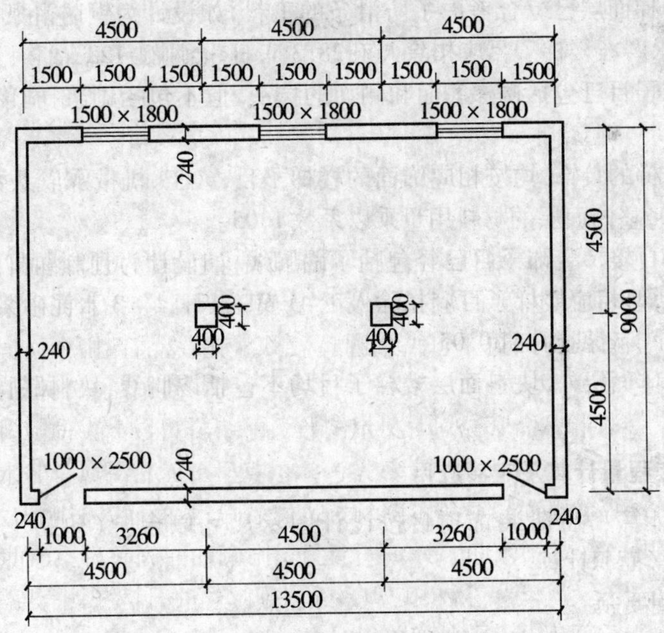

图5.1　某会议室平面图(单位:mm)

2008)》子目B(1-14),综合单价增加:397.66元/100 m²。

4)综合单价中玻璃条改为铜条,相应定额子目中人工工日减少4.25工日,扣除玻璃用量,综合单价减少:-(4.25×43.00+5.38×12)=-247.31元/100 m²。

B(1-13)换算综合单价=10179.05+398.38+68.95+397.66-247.31

=10796.73元/100 m²

"嵌铜条"套用《河南省综合单价(B装饰装修工程2008)》B(1-16)子目,综合单价:710.14元/100 m。

(3)综合费合计

116.16÷100×10796.73+290.4÷100×710.14=12541.48+2062.25=14603.73(元)

(4)铜条的材料差价:

290.4÷100×106×(5.0-6.2)=-369.39(元)

5.1.2.3　楼梯工程量计算及定额应用

(1)工程量计算

1)楼梯装饰按设计图示尺寸以楼梯(包括踏步、平台以及小于500 mm宽的楼梯井)水平投影面积计算。楼梯与楼地面相连时,算至梯口梁内侧边沿;无梯口梁者,算至最上一层踏步边沿加300 mm。

2)防滑条按设计图示长度计算。设计未明确时,防滑条按楼梯踏步两端距离减300 mm以延长米计算。

(2)定额使用要领

1)水泥砂浆楼梯面层不包括防滑条,如设计有防滑条时,另执行防滑条子目。

2)水磨石楼梯面层已综合考虑了防滑条的工料,如设计为铜防滑条时,铜防滑条另执行相应子目,水磨石楼梯子目应扣除人工 28.3 工日、金刚砂 123 kg。

3)楼梯装饰子目已包括楼梯底面和侧面的抹灰,但不包括刷浆,刷浆应按 B.5 分部另列项目计算。

4)螺旋形楼梯的装饰,均按相应饰面的楼梯子目,人工、机械乘以系数 1.20,块料用量乘以系数 1.10,整体面层的材料用量乘以系数 1.05。

5)现浇水磨石楼梯装饰子目已经包括了踢脚线,如设计为预制踢脚线时,该踢脚线可另列项目计算,但相应楼梯子目应扣除人工 41.91 工日,1∶3 水泥砂浆 0.22 m^3,水泥白石子浆 0.15 m^3,灰浆搅拌机 0.05 台班。

6)除楼梯整体面层外,块料面层楼梯子目均不包括踢脚线,块料踢脚线可另列项目计算。

5.1.2.4 台阶工程量计算及定额应用

(1)工程量计算　台阶装饰项目按设计图示尺寸以台阶(包括上层踏步边沿加 300 mm)水平投影面积计算。

(2)定额使用要领

1)台阶子目均不包括踢脚线,踢脚线可另列项目计算。

2)台阶的垫层执行本分部的相应子目。

5.1.2.5 扶手、栏杆、栏板工程量计算及定额应用

(1)扶手、栏杆、栏板按设计图示尺寸以扶手中心线长度(包括弯头长度)计算。

(2)扶手、栏杆、栏板主要依据现行 05YJ 标准图集编制,适用于楼梯、走廊、回廊及其他装饰性栏杆、栏板。

(3)铁栏杆子目中的铁栏杆用量与设计用量不同时,其用量可以调整,其他不变。不锈钢(铝合金)栏杆子目中不锈钢(铝合金)管材、不锈钢装饰板、玻璃的规格和用量与设计要求不符时可以换算,其他不变。

(4)铸铁花饰栏杆木扶手子目中,铸铁花饰片的含量和价格均可按设计要求调整,其他不变。

(5)铁栏杆和铁艺栏杆仅包括一般除锈,如设计要求特殊除锈,可按安装定额规定另列项目计算。

5.1.2.6 零星装饰工程量计算及定额应用

(1)零星装饰项目按设计图示尺寸以面积计算。

(2)本分部中的"零星装饰"项目,适用于小便池、蹲位、池槽、台阶的牵边和侧面装饰、0.5 m^2 以内少量分散的楼地面装修等。其他未列的项目,可按墙、柱面中相应子目计算。

(3)定额子目中,均已包括素水泥浆一道和结合层的工料,但不包括找平层的工料。

5.1.2.7 散水、坡道工程量计算及定额应用

(1)地面、散水和坡道垫层按设计图示尺寸以体积计算。

(2)散水、防滑坡道按图示尺寸以水平投影面积计算(不包括翼墙、花池等)。

(3)散水面层水泥砂浆抹面子目中,已包括素水泥浆一道和水泥砂浆面层的工料。

(4)防滑坡道面层各子目中,均已包括素水泥浆一道和相应面层材料的工料。

例5.2　如图5.2所示,某建筑物门前平台及台阶,采用水泥砂浆粘贴300 mm×300 mm珍珠花火烧板花岗岩(市场预算价为70元/m²),计算平台及台阶的工程量、综合费及材料差价。

解　(1)工程量计算

花岗岩平台工程量:

(6.0-0.3)×(3.5-0.3)=18.24(m²)

花岗岩台阶工程量:

(6.0+0.3×2)×0.3×3+(3.5-0.3)×0.3×3=8.82(m²)

或　(6.0+0.3×2)×(3.5+0.3×2)-18.24=8.82(m²)

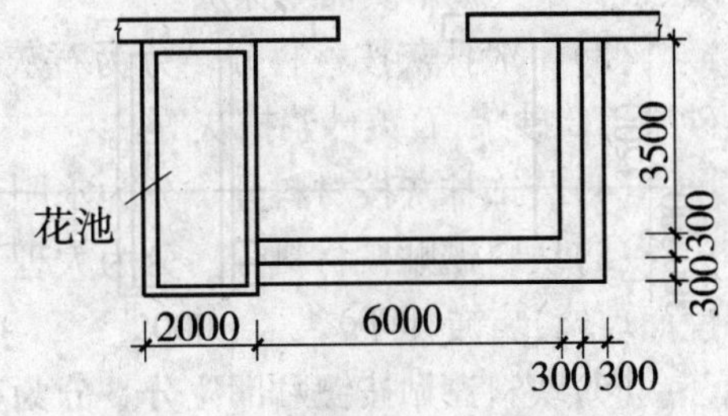

图5.2　台阶平面图(单位:mm)

(2)定额套用

"花岗岩平台"套用《河南省综合单价(B装饰装修工程2008)》B(1-25)子目,综合单价:18385.08(元/100 m²)。

"花岗岩台阶"套用《河南省综合单价(B装饰装修工程2008)》B(1-120)子目,综合单价:24016.88(元/100 m²)。

(3)综合费合计

8.82÷100×24016.88+18.24÷100×18385.08

=2118.29+3353.44=5471.73(元)

(4)材料差价

珍珠花火烧板平台差价:

18.24÷100×101.5×(70-150)=-1481.09(元)

珍珠花火烧板台阶差价:

8.82÷100×156.88×(70-120)=-691.84(元)

材料差价合计:

-1481.09 -691.84=-2172.93(元)

5.2　墙、柱面工程

5.2.1　概述

5.2.1.1　墙、柱面工程定额内容

墙、柱面装饰工程的定额分为三部分,即抹灰工程、块料镶贴工程和板材骨架饰面工程等。其中抹灰工程又分为一般抹灰工程和装饰抹灰工程;块料镶贴工程又分为石质块料镶贴工程和烧制陶瓷块料镶贴工程;板材骨架饰面工程又分为依靠墙柱面的附墙(柱)护壁装饰工程和上下生根于楼板地面,左右生根于墙壁的隔墙、隔断和幕墙装饰工程。

5.2.1.2 墙、柱面工程定额项目的划分

(1)抹灰工程按抹灰部位分　分为墙面、梁柱面、装饰线条和门窗套、挑檐天沟、腰线等的零星项目抹灰。

(2)抹灰工程按基层材料分　分为砖墙、毛石墙、混凝土墙、加气混凝土墙、钢板网墙、板材及其他木质面等抹灰。

(3)一般抹灰按材料分　分为石灰砂浆、水泥砂浆、混合砂浆、水泥珍珠岩砂浆、石膏砂浆、TG 砂浆、石英砂浆抹灰等。

(4)装饰抹灰按材料分　分为水刷石、水磨石、斩假石、拉毛灰等。

(5)块料镶贴按材料分　分为大理石、花岗岩、陶瓷锦砖、瓷片、外墙面砖、波形面砖、镜面玻璃、装饰板等。

(6)块料镶贴按镶贴部位分　分为墙面墙裙、梁柱面、零星项目镶贴。

(7)块料镶贴按墙体位置分　分为内墙、外墙镶贴。

(8)块料镶贴按分缝情况分　分为密贴、勾缝镶贴。

(9)石材镶贴按施工工艺分　分为粘贴、挂贴、干挂。

(10)间壁墙按龙骨材料分　分为木龙骨、钢龙骨、铝合金龙骨等。

(11)间壁墙按面层材料分　分为抹灰间壁墙、钉板间壁墙、玻璃间壁墙、石棉瓦墙、石膏板墙、石棉板墙、铝合金幕墙等。

(12)幕墙装饰按龙骨材料分　分为钢龙骨、铝合金龙骨等。

(13)幕墙装饰按结构层次分　分为带骨架幕墙、全玻幕墙两种。

(14)幕墙装饰按面层材料分　分为玻璃、铝板、不锈钢板等饰面。

5.2.2 墙、柱面工程工程量计算及定额应用

5.2.2.1 抹灰工程工程量计算与定额应用

(1)墙面抹灰工程量计算　墙面抹灰按设计图示尺寸以面积计算。扣除墙裙、门窗洞口及单个 0.3 m^2 以上的孔洞面积,不扣除踢脚线、挂镜线和墙与构件交接处的面积,门窗洞口和孔洞的侧壁及顶面不增加面积。附墙柱、梁、垛、烟囱侧壁并入相应的墙面面积内。

具体计算方法为:

1)外墙抹灰面积按外墙垂直投影面积计算。

2)外墙裙抹灰面积按其长度乘以高度计算。

3)内墙抹灰面积按主墙间的净长乘以高度计算;无墙裙的,高度按室内楼地面至天棚底面计算;有墙裙的,高度按墙裙顶至天棚底面计算。

4)内墙裙抹灰面按内墙净长乘以高度计算。

(2)柱面抹灰工程量计算　柱面抹灰按设计图示柱断面周长乘以高度以面积计算。

(3)定额使用要领

1)本分部墙面的一般抹灰、装饰抹灰和块料镶贴系按现行 05YJ 标准图集编制,相应子目均包括基层、面层,但石材镶贴未含刷防护材料,如有设计要求,可另计算,其价格由

双方协商。

2)本分部子目中凡注明砂浆种类、配合比、饰面材料型号规格的,如与设计要求不同时,可按设计要求调整,但人工数量不变。

3)本分部子目已考虑了搭拆3.6 m以内的简易脚手架用工和材料摊销费,不另计算措施项目费。

4)抹灰均按手工操作考虑,如采用不同施工方法时,亦不得换算。

5)抹灰厚度如设计与本分部取定不同时,可区分基层和面层分别按比例换算。

6)圆形柱面抹灰,执行相应柱面抹灰子目,人工乘以系数1.2,其他不变。柱帽、柱脚抹线脚者,另套用装饰线条或零星抹灰子目。圆弧形、锯齿形、不规则墙面抹灰、镶贴块料、饰面,按相应子目人工乘系数1.15。块料面层要求在现场磨光45°、60°斜角时,另按《河南省综合单价(B装饰装修工程2008)》中第6分部相应子目计算。

7)化粪池、检查井、水池、贮仓壁抹灰,执行墙面抹灰子目,人工乘以系数1.1。

8)圆柱水磨石饰面执行方柱子目,人工乘以系数1.09。圆柱斩假石石饰面执行方柱子目,人工乘以系数1.05。

9)斩假石墙、柱面子目未考虑分格费用,如设计要求时,仍执行相应子目,并按表5.1增加费用。

表5.1　墙、柱面装饰抹灰分格增加工料表

名称	分格方法	增加工料	
		人工调增系数	板方综合规格木材/m^3
斩假石墙面	木条分格	1.09	0.023
斩假石柱面	木条分格	1.25	0.023

5.2.2.2　块料镶贴工程量计算与定额应用

(1)工程量计算

1)墙、柱面镶贴块料、零星镶贴块料和零星抹灰按饰面设计图示尺寸以面积计算。

2)干挂石材钢骨架按设计图示尺寸以质量计算。

(2)定额使用要领

1)外墙贴块料釉面砖子目分密贴和勾缝列项,其人工、材料已综合考虑。如灰缝超过20 mm以上者,其块料及灰缝材料用量允许调整,其他不变。

2)干挂大理石、花岗岩勾缝子目的勾缝缝宽是按10 mm以内考虑的,如设计要求不同者,石材和密封胶用量允许调整。

3)块料镶贴和装饰抹灰的“零星项目”适用于挑檐、天沟、腰线、窗台线、门窗套、压顶、栏板、扶手、遮阳板、雨篷周边、0.5 m^2以内少量分散的饰面等。一般抹灰的“零星项目”适用于各种壁柜、过人洞、暖气壁龛、池槽、花台以及1 m^2以内的抹灰。抹灰的“装饰线条”适用于门窗套、挑檐、腰线、压顶、遮阳板、楼梯边梁、宣传栏边框等凸出墙面或灰面展开宽度小于300 mm的竖、横线条抹灰。超过300 mm的线条抹灰按“零星项目”执行。

例5.3　某工程有圆弧形外墙面,采用水泥砂浆粘贴60 mm×240 mm×8 mm 外墙面砖(勾缝1.5 mm),工程量760 m^2,顶端面砖要求现场磨光45°斜角工程量80 m,计算外墙面砖的消耗量和综合费。

解　(1)工程量计算

弧形外墙面砖工程量:760 m^2。

顶端面砖现场磨光45°斜角工程量:80 m。

(2)定额套用

1)“圆弧形外墙面砖”套用《河南省综合单价(B 装饰装修工程 2008)》B(2-83)子目,人工费需要调整。人工费增加:

2914.97×0.15=437.25(元)

B(2-83)换算综合单价=6757.45+437.25=7194.70(元/100 m^2)

2)“顶端面砖现场磨光45°斜角”套用《河南省综合单价(B 装饰装修工程 2008)》B(6-44)子目,综合单价:456.40 元/100 m。

(3)面砖消耗量

查 B(2-83)子目,60 mm×240 mm×8 mm 面砖含量:6.011 千块/100 m^2。

面砖消耗量为:760÷100×6.011×1.15=52.54(千块)

(4)综合费合计

760÷100×7194.70+80÷100×456.40=54679.72+365.12=55044.84(元)

其中:

人工费=760÷100×2914.97×1.15+80÷100×236.50=25476.87+189.2
=25666.07(元)

材料费=760÷100×1951.13+80÷100×21.2=14828.59+16.96
=14845.55(元)

机械费=760÷100×23.49+80÷100×48.0=178.52+38.4=216.92(元)

管理费=760÷100×1117.99+80÷100×90.2=8496.72+72.16
=8568.88(元)

利润=760÷100×749.87+80÷100×60.5=5699.01+48.4=5747.41(元)

5.2.2.3　饰面工程、隔断、幕墙工程量计算与定额应用

(1)工程量计算

1)墙饰面按设计图示墙净长乘以净高以面积计算。扣除门窗洞口及单个0.3 m^2 以上的孔洞所占面积。

2)柱(梁)饰面按设计图示外围尺寸以面积计算。柱帽、柱墩并入相应柱饰面工程量内。

3)隔断按设计图示尺寸以面积计算。扣除0.3 m^2 以上的孔洞所占面积;浴厕门的材质与隔断相同时,门的面积并入隔断面积内。

4)浴厕隔断,高度自下横枋底算至上横枋顶面。浴厕门扇和隔断面积合并计算,安装的工料已包括在厕所隔断子目内,不另计算。

5)带骨架幕墙按设计图示框外围尺寸以面积计算。与幕墙同种材质的窗所占面积

不扣除。

6)全玻璃幕墙按设计图示尺寸以面积计算。带肋全玻璃幕墙按设计图示尺寸以展开面积计算。

(2)定额使用要领

1)定额除注明者外,均以一、二类木种为准,如采用三、四类木种,其人工及木工机械乘以系数1.3。

2)定额中的木装饰子目木材均为板方综合规格材,其施工损耗按定额附表取定,木材干燥损耗率为7%,凡注明允许换算木材用量时,所调整的木材用量应包括其损耗在内,并计算相应的木材干燥费用。

3)面层、隔墙(间壁)、隔断定额内,除注明者外均未包括压条、收边、装饰线(板),如设计要求时,另按《河南省综合单价(B装饰装修工程2008)》中第6分部相应子目计算。

4)木龙骨、木基层及面层均未包括刷防火涂料,如设计要求时,另按《河南省综合单价(B装饰装修工程2008)》中第5分部相应子目计算。

5)单面木龙骨隔断子目未考虑龙骨刨光费用,如设计要求刨光者,仍执行该子目,人工增加0.09工日,增加单面压刨床0.12台班。

6)幕墙、隔墙(间壁)、隔断所用的轻钢、铝合金龙骨和幕墙用胶,如子目内容与设计要求不同时允许按设计调整,但人工不变。

7)木龙骨基层是按双向计算的,设计为单向时,材料、人工用量乘以系数0.55。木龙骨与设计图纸规格不同时,可按表5.2换算用量。表中没有的,可以按设计木龙骨规格及中距计算含量。

8)玻璃隔墙如设计有平开、推拉窗者,玻璃隔墙应扣除平开、推拉窗面积,平开、推拉窗另按《河南省综合单价(B装饰装修工程2008)》中第4分部相应子目执行。玻璃幕墙设有开启窗时,可按《河南省综合单价(B装饰装修工程2008)》中第4分部中铝合金窗五金配件表增加开启窗的五金配件费。

9)木龙骨无论采用哪种方法固定,均执行相应子目,不得换算。现场采用木龙骨和装饰板制作的装饰柱、梁,可执行柱、梁木龙骨无夹板基层装饰板饰面的相应子目,其中的木材用量可按设计要求调整。

10)钢板网间壁子目中的灰板条以百根或立方米计算,板条的规格为7.5 mm×38 mm×1000 mm,其损耗率(包括清水的刨光损耗)已包括在该子目内。

表5.2　墙面、墙裙饰面基层木龙骨各种规格含量表

顺序	材料名称	规格/(mm×mm)	中距/(mm×mm)	每100 m^2 面积含量/m^3
一	双向木龙骨	24×30	450×450	0.387
		25×40	450×450	0.537
		30×40	450×450	0.645
		40×40	450×450	0.860
		40×50	450×450	1.075

续表 5.2

顺序	材料名称	规格/(mm×mm)	中距/(mm×mm)	每 100 m^2 面积含量/m^3
二	单向木龙骨	24×30	450×450	0.200
		25×40	450×450	0.277
		30×40	450×450	0.333
		25×50	450×450	0.347
		40×40	450×450	0.444
		40×50	450×450	0.555
三	双向木龙骨	24×30	500×500	0.343
		25×40	500×500	0.477
		30×40	500×500	0.572
		25×50	500×500	0.596
		40×40	500×500	0.763
		40×50	500×500	0.953
四	单向木龙骨	24×30	500×500	0.175
		25×40	500×500	0.243
		30×40	500×500	0.291
		25×50	500×500	0.303
		40×40	500×500	0.388
		40×50	500×500	0.485

注:设计图纸的基层木龙骨规格中距不同时,可按本表相应的规格换算,但人工、机械不允许换算。

例 5.4 某工程有 16 根断面为 500 mm×500 mm 的混凝土柱子,高 3.3 m。计算下列情况的工程量及综合费。

(1)斩假石柱面。

(2)四面挂贴 600 mm×600 mm×20 mm 宝石红花岗岩,30 mm 厚 1∶3 水泥砂浆灌缝。

解 (1)斩假石柱面

1)工程量计算

斩假石柱面工程量:

$0.5×4×3.3×16=105.6(m^2)$

2)定额套用

"斩假石柱面"套用《河南省综合单价(B 装饰装修工程 2008)》B(2-53)子目,综合单价:8571.04 元/100 m^2。

3)综合费

105.6÷100×8571.04=9051.02(元)

(2)柱面挂贴花岗岩

1)工程量计算

宝石红花岗岩工程量:

$0.6\times4\times3.3\times16=126.72(m^2)$

2)定额套用

“混凝土柱面挂贴花岗岩”套用《河南省综合单价(B 装饰装修工程 2008)》B(2-95)子目,综合单价:26809.58 元/100 m^2,调整灌缝砂浆配合比,将 1∶2.5 水泥砂浆换算为 1∶3 水泥砂浆。

水泥砂浆费用调整:

$3.65\times(195.94-218.62)=-82.78$(元/100 m^2)

B(2-95)换算综合单价=26809.58-82.78=26726.80(元/100 m^2)

3)综合费

$126.72\div100\times26726.80=33868.20$(元)

5.3 天棚工程

5.3.1 概述

5.3.1.1 天棚工程定额内容

天棚装饰工程定额内容有天棚抹灰、天棚吊顶、天棚其他装饰等。

5.3.1.2 天棚工程定额项目划分

(1)天棚抹灰按基层材料分为钢板网基层、木质基层、混凝土基层。

(2)天棚抹灰按面层材料分为水泥砂浆和混合砂浆。

(3)天棚吊顶龙骨按材料分为木龙骨、轻钢龙骨、铝合金龙骨。

(4)天棚面层按材料分为木质面层、铝合金板面层、不锈钢板面层、塑料板面层、复合板面层、磨砂玻璃、镜面玻璃等。

(5)天棚其他装饰包括灯带、送(回)风口、天棚检查孔及走道板铺设等。

5.3.2 天棚装饰工程量计算及定额应用

5.3.2.1 工程量计算

(1)天棚抹灰按设计图示尺寸以水平投影面积计算,不扣除间壁墙、垛、柱、附墙烟囱、检查口和管道所占的面积。带梁天棚,梁两侧抹灰面积,并入天棚面积内计算。

(2)檐口天棚抹灰按设计图示尺寸以面积计算,并入相同的天棚抹灰工程量内计算。

(3)阳台底面抹灰按设计图示尺寸以水平投影面积计算,并入相应天棚面积内。阳台如带悬臂梁者,其工程量乘系数 1.30。

(4)雨篷、挑檐、飘窗、空调板、遮阳板的单面抹灰按设计图示尺寸以水平投影面积计算。雨篷顶面带反沿或反梁者,其工程量按其水平投影面积乘以系数 1.2。

板顶面、底面和沿口均为一般抹灰时,其工程量可按水平投影面积乘以系数 2.2 计算。

雨篷沿口线如为镶贴块料时,可另行计算,执行《河南省综合单价(B 装饰装修工程

2008)》中墙柱面零星镶贴块料中的相应子目。

(5)天棚吊顶骨架按设计图示尺寸以水平投影面积计算。不扣除间壁墙、检查口、附墙烟囱、柱、垛和管道所占面积。天棚中的折线、跌落等圆弧形及高低吊灯槽等面积也不展开计算。

(6)天棚面层按设计图示尺寸以面积计算。不扣除间壁墙、检查口、附墙烟囱、附墙垛和管道所占面积,应扣除单个0.3 m^2 以上的孔洞、独立柱及与天棚相连的窗帘盒所占的面积。

天棚中的跌落侧面、曲面造型、高低灯槽、假梁装饰及其他艺术形式的天棚面层均按展开面积计算,合并在天棚面层工程量内。

(7)灯孔、灯槽、送风口和回风口按设计图示数量计算。

(8)天棚检查口按设计图示数量计算。

(9)天棚走道板按设计图示长度计算。

5.3.2.2 **定额使用要领**

(1)定额上凡注明砂浆种类、配合比、饰面材料型号规格的,如与设计要求不同时,可按设计要求调整,但人工数量不变。天棚抹灰厚度与设计要求不符时,可按《河南省综合单价(B装饰装修工程2008)》中第2分部各种砂浆抹灰层厚度每增减1 mm子目进行调整,人工乘以系数1.1,其他不变。

(2)雨篷、挑檐抹灰子目,仅适用于单个水平投影面积在5 m^2 以内的雨篷、挑檐、遮阳板、飘窗、空调板等的一般抹灰。超过者可以按展开工程量并入天棚计算。

(3)板底勾缝子目,仅适用于板底只勾缝、不抹灰的情况。

(4)密肋梁、井字梁天棚抹灰工程量,以展开面积计算,执行《河南省综合单价(B装饰装修工程2008)》中第2分部的梁、柱面抹灰子目。

(5)天棚吊顶系按现行05YJ标准图集编制,轻钢龙骨架、铝合金龙骨架均按双层龙骨结构考虑(即次龙骨紧贴在主龙骨底面吊挂)。各种龙骨架按标准图05YJ1、05YJ7做法取定,如与设计要求的龙骨品种、用量和价格不同时,可按设计要求调整龙骨用量和价格,其他不变。

(6)天棚面层在同一标高或者标高差在200 mm以内者为平面天棚,天棚面层不在同一标高且高差在200 mm以上者为跌级式天棚。

(7)曲面造型的天棚龙骨架执行跌级式天棚子目,人工乘以系数1.50。

(8)如工程设计为单层结构的龙骨架(即主、次龙骨底面在同一标高)时,仍执行相应的子目,但应扣除该子目中的小龙骨及相应的配件,且人工乘以下述系数:平面天棚0.83,跌级天棚0.85。

(9)天棚木龙骨架用于板条、钢板网、木丝板天棚面层时,应扣除天棚方木龙骨子目中的木材0.904 m^3,增加圆钉8.63 kg。

(10)吊顶子目中未包括抹灰基层,抹灰基层应执行天棚抹灰子目。

(11)天棚面层子目除胶合板面层外,其他面层均按平面天棚取定;如为跌级天棚或曲面造型天棚时,天棚面层执行相应天棚子目,分别乘以以下系数:

跌级天棚其他面层人工乘以1.3,饰面板乘以1.03,其他不变。曲面造型其他天棚面层人工乘以1.5,饰面板乘以1.05,其他不变。

(12)胶合板如现场制作钻吸音孔时,相应子目增加人工6.67工日。

(13)天棚面层子目,除注明者外均未包括压条、收边、装饰线,如设计要求时,另按《河南省综合单价(B装饰装修工程2008)》第6分部相应子目计算。

(14)天棚面层子目中的灰板条以"百根"或"m^3"计算,板条的规格为7.5 mm×38 mm×1000 mm,其损耗率(包括清水的刨光损耗)已包括在该子目内。

(15)装饰雨篷按其构造做法执行相应的天棚子目。

(16)木龙骨、木基层及面层均未包括防火涂料,如设计要求时,另按相应子目计算。

(17)采光天棚和设保温隔热吸音层时,按建筑工程分部相关项目列项。

(18)天棚装饰分部已包括3.6 m以下简易脚手架搭设及拆除,不另计算。

5.4 门窗工程

5.4.1 概述

5.4.1.1 门窗工程定额内容

门窗工程定额包括木门、木窗、金属门窗、金属卷帘门、其他门、门窗套、窗帘盒、窗帘轨、窗台板等。

5.4.1.2 门窗工程定额项目的划分

门窗工程定额项目划分如下。

(1)按门窗材料分 分为木门窗、铝合金门窗、钢门窗、塑料门窗、塑钢门窗、彩板窗等。

(2)按门窗的开启方式分 分为固定窗、平开门窗、推拉门窗、地弹门、卷闸门、上悬窗、中悬窗、下悬窗等。

(3)按扇数多少分 分为单扇、双扇、三扇、四扇及四扇以上等。

(4)按亮子情况分 分为无亮门窗、有亮门窗,有亮门窗又分为带上亮、带侧亮等形式。

5.4.2 门窗工程工程量计算与定额应用

5.4.2.1 门窗工程工程量计算

(1)各类门、窗工程量除特别规定者外,均按设计图示尺寸以门、窗洞口面积计算。框帽走头、木砖及立框所需的拉条、护口条以及填缝灰浆,均已包括在定额内,不得另行增加。

(2)纱窗、纱亮的工程量分别按其安装对应的开启窗扇、亮扇面积计算。

(3)铝合金、塑钢纱窗制作安装按其设计图示尺寸以纱窗扇面积计算。

(4)金属卷帘门安装按设计图示洞口尺寸以面积计算。电动装置安装以"套"计算,小门安装以"个"计算,同时扣除原卷帘门中小门的面积。

(5)无框玻璃门指无铝合金框,如带固定亮子无框(上亮、侧亮),工程量按门及亮子洞口面积分别计算,并执行相应子目。

(6)硬木门窗扇与框应分别列项计算工程量:硬木门窗框按设计图示尺寸以门窗洞口面积计算,硬木门窗扇均以扇的净面积计算。

(7)特殊五金按设计图示数量计算。

(8)门窗贴脸、门窗套按设计图示门窗洞口尺寸以长度计算。

(9)筒子板按设计图示尺寸以展开面积计算。

(10)窗帘盒、窗帘轨按设计图示尺寸以长度计算。设计未注明时,可按窗洞口宽度两边共加 300 mm 计算。

(11)窗台板按设计图示尺寸以面积计算。设计未注明者,长度可按窗洞口宽两边共加 100 mm,挑出墙面外的宽度,按 50 mm 计算。

(12)镀锌铁皮包木材面按设计图示尺寸以展开面积计算。

(13)挂镜线按设计图示长度计算。挂镜点按图示数量计算。

5.4.2.2 门窗工程定额使用要领

(1)木门窗木材种类定额均以一、二类木种为准。采用三、四类木种时,分别乘以下列系数:相应子目中的木门窗制作,人工和机械乘以系数 1.3;木门窗安装,人工和机械乘以系数 1.16。

(2)定额中木门窗、木饰面子目采用的木材均为板方综合规格木材,子目中已考虑了施工损耗、木材的干燥费用及干燥损耗(7%)。凡注明允许换算木材用量时,所增减的木材用量均应计入施工损耗、木材的干燥费用及干燥损耗(7%)。

(3)子目中所注明的木材断面或厚度均以毛料为准。如设计图纸注明的断面或厚度为净料时,应增加刨光损耗。木材单面刨光增加 3 mm,两面刨光增加 5 mm。凡设计规定的木材断面或厚度与本分部不符时,可按断面比例换算木材用量。

(4)木门分为普通木门和装饰木门。普通木门子目内容由外购普通成品门扇、现场框和亮制作、安装三部分组成。装饰木门子目内容由外购成品装饰木门扇、筒子板框现场制作安装、门扇安装三部分组成。外购成品木门扇的取定单价与施工合同约定价格不同时,可以调整。外购的门窗运费可计入成品价格内。

(5)普通木门子目是按单层门、框料断面 58 cm^2 考虑的,框料断面如与设计不同时,按本说明第(2)、(3)条调整,其他不变。即:

木材调整量=(设计毛断面积÷定额规定断面积 58 cm^2-1)×定额规定的木材量

木材调整价=木材调整量×(定额木材单价+干燥费单价)

其中:设计毛断面积=(框断面较大尺寸+刨光损耗)×(框断面较小尺寸+刨光损耗)

(6)装饰木门的筒子板框,是按 05YJ4-1 标准图做法取定的,如与工程设计要求不同时,可按设计要求另行计算。

(7)普通木窗的框、扇梃断面是按 05YJ4-1 标准图做法取定的,如与工程设计要求不同时,可按设计要求另行计算。定额子目内容由框制作、扇和亮制作、安装三部分组成。其中窗扇是按单层玻璃窗考虑的,如为双层玻璃窗者,相应子目中安装人工乘以系数1.6,其他人工、材料和机械均乘以系数 2.0。如设计有纱窗、纱亮者,应另列项目计算。设计要求的玻璃厚度不同时，可以换算。

(8)玻璃橱窗为现场制作安装，包括框制作安装、玻璃安装和框包镜面不锈钢，如子目内的材料消耗量与设计不同时，可以调整，但人工、机械不变。

(9)成品门窗安装子目中的门窗含量，如与设计图示用量不同时，相应子目中的含量可以调整，其他不变。

(10)成品金属门窗安装子目，均是以外购成品现场安装编制的。成品门窗供应价格应包括门窗框扇制作安装费、玻璃和五金配件及安装费、现场安装固定人工费、供应地至现场的运杂费、采购保管费等。安装子目中的人工仅为周边塞口和清扫的人工。

(11)无框玻璃门安装子目不包括五金，五金可按设计要求另列项目计算。

(12)木门窗子目已包括了普通的小五金费用，特殊拉手、弹簧合页、门锁等可单列项目计算。

(13)镀锌铁皮、镜面不锈钢、人造革包门扇，切片皮、塑料装饰面、装饰三合板贴门扇面，均按双面考虑，如设计为单面包、贴时，相应子目乘以系数0.67。

(14)铁栅门子目中，是按钢板、圆钢、扁钢、角钢等材料混合制作的。设计要求的材料品种、规格、数量不同时，可以换算，其他不变。铁件用量不同时，可以调整，其他不变。防锈漆的工料已包括，不得另列项目计算。

(15)各子目中，均不包括油漆的工料，应另列项目计算，执行《河南省综合单价(B装饰装修工程2008)》第5分部相应子目。

例5.5 某房间：门为钢质防盗门1000 mm×2500 mm共2樘(市场预算价为220元/m^2)，窗为90系列白色成品铝合金推拉窗1500 mm×1800 mm共3樘(市场预算价为148元/m^2)，设计图示纱窗扇面积占窗的1/3(市场预算价为47元/m^2)，窗帘盒为塑料窗帘盒(市场预算价为42元/m)，带不锈钢单杆窗帘杆(市场预算价为25元/m)，塑料窗帘高2.0 m(市场预算价为35元/m^2)，计算综合费及材料差价。

解 (1)工程量计算

钢质防盗门工程量=1.00×2.50×2=5.0(m^2)

铝合金推拉窗工程量= 1.50×1.80×3=8.1(m^2)

纱窗扇工程量= 8.1×1/3=2.7(m^2)

塑料窗帘盒工程量=(1.50+0.3)×3=5.4(m)

不锈钢窗帘杆工程量=5.4(m)

塑料窗帘工程量=(1.50+0.3)×1.80×3=9.72(m^2)

(2)定额套用

“钢质防盗门”套用《河南省综合单价(B装饰装修工程2008)》(4-20)子目，综合单价:15197.72元/100 m^2。

“铝合金推拉窗”套用《河南省综合单价(B装饰装修工程2008)》B(4-53)子目，综合单价:20068.44元/100 m^2。

“纱窗扇”套用《河南省综合单价(B装饰装修工程2008)》B(4-55)子目，综合单价:6000.00元/100 m^2。

“塑料窗帘盒”套用《河南省综合单价(B装饰装修工程2008)》B(4-104)子目，综合单价:5758.87 元/100 m。

“不锈钢窗帘杆”套用《河南省综合单价(B 装饰装修工程 2008)》B(4-108)子目,综合单价:3006.97 元/100 m。

“塑料窗帘”套用《河南省综合单价(B 装饰装修工程 2008)》B(6-76)子目,综合单价:2972.17 元/100 m^2。

(3)综合费合计

5.0÷100×15197.72+8.1÷100×20068.44+2.7÷100×6000.00+5.4÷100×5758.87+5.4÷100×3006.97+9.72÷100×2972.17

=759.89+1625.54+162+310.98+162.38+288.89=3309.68(元)

(4)材料差价

钢质防盗门材差=5.0÷100×96.2×(220-135)=408.85(元)

铝合金推拉窗材差=8.1÷100×94.64×(148-190)=-321.97(元)

纱窗扇材差=2.7×(47-60)=-35.1(元)

塑料窗帘盒材差=5.4÷100×102×(42-35)=38.56(元)

不锈钢窗帘杆材差=5.4÷100×125×(25-20)=33.75(元)

塑料窗帘材差=9.72÷100×102×(35-28)=69.40(元)

材料差价合计:

408.85-321.97-35.1+38.56+33.75+69.40=193.49(元)

5.5 油漆、涂料、裱糊工程

5.5.1 概述

5.5.1.1 油漆、涂料及裱糊工程定额内容

油漆、涂料及裱糊工程定额内容有木材面油漆、金属面油漆、抹灰面油漆、涂料、裱糊。

5.5.1.2 油漆、涂料及裱糊工程定额项目划分

(1)按油漆基层材料分为木材面、金属面、抹灰面油漆。

(2)木材面油漆按油漆部位分为单层木门、单层木窗、木扶手及其他板条线条、其他木材面层、木地板油漆。

(3)木材面油漆按油漆材料分为调和漆、聚氨酯漆、醇酸磁漆、醇酸清漆、硝基清漆、过氯乙烯漆、防火漆等。

(4)金属面油漆按油漆部位分为单层钢门、单层钢窗、其他金属面。

(5)金属面油漆按油漆材料分为调和漆、红丹防锈漆、醇酸磁漆、沥青漆、银粉漆、过氯乙烯漆、防火漆等。

(6)抹灰面油漆按油漆部位分为楼地面、墙柱面、天棚面、拉毛面油漆等。

(7)抹灰面油漆按油漆材料分为调和漆、乳胶漆、过氯乙烯漆、乙烯漆类、航标漆、水性水泥漆、真石漆等。

(8)涂料按粉刷部位分为墙面、梁柱面、天棚面、花饰、线条等刷涂料。

(9)涂料按材料分为彩砂涂料、防霉涂料、888 仿瓷涂料、大白浆、石灰浆、可赛银浆、白水泥浆、红土子浆等。

(10)裱糊按裱糊部位分为墙面、柱面、天棚面裱糊。

(11)裱糊按材料分为墙纸、金属墙纸、织锦缎。

(12)墙纸按花型分为对花、不对花。

5.5.2　油漆、涂料、裱糊工程工程量计算与定额应用

5.5.2.1　工程量计算

(1)木材面油漆

1)各种木门窗油漆均按设计图示尺寸以单面洞口面积计算。

2)双层和其他木门窗的油漆执行相应的单层木门窗油漆子目,并分别乘以表 5.3、表 5.4 中的系数。

3)各种木扶手油漆按设计图示尺寸以长度计算。

4)带托板的木扶手及其他板条线条的油漆执行木扶手(不带托板)油漆子目,并分别乘以表 5.5 中的系数。

5)木板、胶合板天棚和其他木材面油漆按设计图示尺寸以面积计算。

6)木板、胶合板天棚和其他木材面油漆均执行其他木材面油漆子目,并分别乘以表 5.6 中的系数。

7)木地板及木踢脚线油漆按设计图示尺寸以面积计算。空洞、空圈、暖气包槽、壁龛的开口部分并入相应的工程量内。

8)木楼梯油漆(不含底面)按设计图示尺寸以水平投影面积计算,执行木地板油漆子目并乘以系数 2.3。

9)木龙骨刷涂料按设计图示的由龙骨组成的木格栅外围尺寸以面积计算。

表 5.3　木门油漆综合单价计算系数表

项目名称	调整系数	工程量计算方法
单层木门	1.00	按设计图示尺寸以单面洞口面积计算
双层(一板一纱)木门	1.36	
双层木门	2.00	
全玻门	0.83	
半玻门	0.93	
半百叶门	1.30	
厂库大门	1.10	
无框装饰门、成品门扇	1.10	按设计图示尺寸以门扇面积计算

表 5.4 木窗油漆综合单价计算系数表

项目名称	调整系数	工程量计算方法
单层玻璃窗	1.00	按设计图示尺寸以单面洞口面积计算
双层(一玻一纱)窗	1.36	
双层窗	2.00	
三层(二玻一纱)窗	2.60	
单层组合窗	0.83	
双层组合窗	1.13	
木百叶窗	1.50	

表 5.5 木扶手及其他板条线条油漆综合单价计算系数表

项目名称	调整系数	工程量计算方法
木扶手(不带托板)	1.00	按设计图示长度计算
木扶手(带托板)	2.60	
窗帘盒	2.04	
封檐板、顺水板	1.74	
挂衣板	0.52	
装饰线条(宽度 60 mm 内)	0.50	
装饰线条(宽度 60 ~ 100 mm)	0.65	

表 5.6 其他木材面油漆综合单价计算系数表

项目名称	调整系数	工程量计算方法
木板、纤维板、胶合板天棚、檐口	1.00	按设计图示尺寸以面积计算
板条天棚、檐口	1.20	
木方格吊顶天棚	1.30	
带木线的板饰面(墙裙、柱面)	1.07	
窗台板、门窗套(筒子板)	1.10	
屋面板(带檩条)	1.11	按设计图示尺寸以斜面积计算
暖气罩	1.28	按设计图示尺寸以单面外围面积计算
木间壁、木隔断	1.90	
玻璃间壁露明墙筋	1.65	
木栅栏、木栏杆(带扶手)	1.82	
木屋架	1.79	按设计图示的跨度(长)×中高× 1/2 计算
衣柜、壁柜	1.05	按设计图示尺寸以展开面积计算
零星木装修	1.15	

(2)金属面油漆

1)各种钢门窗油漆均按设计图示的单面洞口面积计算。

2)各种钢门窗和金属间壁、平板屋面等油漆均执行单层钢门窗油漆子目,并分别乘以表5.7中的系数。

3)钢屋架、天窗架、挡风架、屋架梁、支撑、檩条和其他金属构件油漆均按设计图示尺寸以质量计算。

4)金属构件油漆均执行其他金属面油漆子目,并分别乘以表5.8中的系数。

5)金属面涂刷沥青漆、磷化及锌黄底漆均按设计图示尺寸以面积计算。

6)其他金属面涂刷沥青漆、磷化及锌黄底漆执行平板面刷沥青漆、磷化及锌黄底漆子目,并分别乘以表5.9中的系数。

7)金属结构刷防火涂料按构件的设计图示尺寸以展开面积计算。

8)铁皮排水和金属构件面积换算可参考表5.10、表5.11计算。

(3)墙、柱、天棚抹灰面油漆、刷涂料按设计图示尺寸以面积计算。

(4)折板、肋形梁板等底面的涂刷按设计图示尺寸的水平投影面积计算,执行墙、柱、天棚抹灰面油漆及涂料子目,并分别乘以表5.12中的系数。

(5)混凝土空花格、栏杆按设计图示尺寸以单面外围面积计算。

(6)裱糊工程量按设计图示尺寸以面积计算。

表5.7　钢门窗、间壁及屋面油漆综合单价计算系数表

项目名称	调整系数	工程量计算方法
单层钢门窗	1.00	按设计图示尺寸以单面洞口面积计算
双层(一玻一纱)钢门窗	1.48	
钢百叶钢门(窗)	2.74	
半截百叶钢门	2.22	
满钢门或包铁皮门	1.63	
钢折叠门	2.30	
射线防护门	2.96	按设计图示尺寸以框(扇)外围面积计算
厂库房平开、推拉门	1.70	
铁丝网大门	0.81	
平板屋面	0.74	按设计图示尺寸以面积计算
间壁	1.85	
排水、伸缩缝盖板	0.78	按设计图示尺寸以展开面积计算
吸气罩	1.63	按设计图示尺寸以水平投影面积

表 5.8　金属构件油漆综合单价计算系数表

项目名称	调整系数	工程量计算方法
钢屋架、天窗架、挡风架、屋架梁、支撑、檩条	1.00	按设计图示尺寸以质量计算
墙架(空腹式)	0.50	
墙架(格板式)	0.82	
钢柱、吊车梁、花式梁柱、空花构件	0.63	
操作台、走台、制动梁、钢梁车挡	0.71	
钢栅栏门、栏杆、窗栅	1.71	
铸铁花饰栏杆、铸铁花片	1.90	
钢爬梯	1.18	
轻型屋架	1.42	
踏步式钢扶梯	1.05	
零星铁件	1.32	

表 5.9　金属面涂刷磷化、锌黄底漆综合单价系数表

项目名称	调整系数	工程量计算方法
平面板	1.00	按设计图示尺寸以面积计算
排水、伸缩缝盖板	1.05	按设计图示尺寸以展开面积计算
吸气罩	2.20	按设计图示尺寸以水平投影面积计算
包镀锌铁皮门	2.20	按设计图示尺寸以单面洞口面积计算

表 5.10　镀锌铁皮排水管沟、零件单位面积折算表

单位	管沟及泛水								
	水落管 Φ100	檐沟	天沟	天窗窗台泛水	天窗侧面泛水	通气管泛　水	烟囱泛水	滴水檐头泛水	滴水
m^2/m	0.32	0.30	1.30	0.50	0.70	0.22	0.80	0.24	0.11

单位	排水零件		
	水斗	漏斗	下水口
m^2/个	0.40	0.16	0.45

表 5.11　金属构件单位面积折算表

单位	钢屋架支撑、檩条	钢梁柱	钢墙架	平台操作台	钢栅栏栏杆	钢梯	球节点网架	零星构件
m^2/t	38	38	19	27	65	45	28	50

表5.12　抹灰面油漆、涂料综合单价计算系数表

项目名称	调整系数	工程量计算方法
墙、柱、天棚平面	1.00	按设计图示尺寸以面积计算
槽形板底、混凝土折板	1.30	
有梁板底	1.10	
密肋、井字梁板底	1.50	
混凝土平板式楼梯底	1.30	按设计图示尺寸以水平投影面积计算

5.5.2.2　定额使用要领

(1)定额中刷涂、刷油操作方法为综合取定,与设计要求不同时不得调整。

(2)定额子目未显示的一些木材面和金属面油漆应按本节工程量计算规则中的规定,执行相应子目。

(3)油漆浅、中、深各种颜色已综合在定额内,颜色不同时不另调整。

(4)门窗油漆子目已综合考虑了门窗贴脸、披水条、盖口条油漆以及同一平面上的分色和门窗内外分色,执行中不得另计。如需做美术图案者可另行计算。

(5)一玻一纱门窗油漆按双层门窗油漆子目执行。

(6)定额规定的刷涂遍数,如与设计要求不同时,可按每增加一遍的相应子目调整。

5.6　其他工程

5.6.1　概述

5.6.1.1　其他工程定额内容

其他装饰工程定额内容有暖气罩、浴厕配件、压条、装饰条、雨篷饰面、招牌、灯箱、窗帘等。

5.6.1.2　其他工程定额项目划分

(1)暖气罩按材料分为胶合板、柚木板、塑料板、铝合金、钢板暖气罩。

(2)暖气罩按安装的位置分为靠墙式、明式、挂板式、平墙式。

(3)浴厕配件按用途分为洗漱台、帘子杆、毛巾杆、毛巾架、拉手等。

(4)镜面玻璃按面积分为1 m^2 以内、1 m^2 以外。

(5)镜面玻璃按边框情况分为带框、不带框两种。

(6)压条、装饰线按材料分为铝合金装饰条、木装饰条、石材装饰条、硬塑料装饰条、石膏装饰条、镜面玻璃装饰条、镜面不锈钢装饰条等。

(7)雨篷饰面按材料分为铝条天棚、铝合金扣板雨篷。

(8)招牌基层按形状分为平面招牌、箱式招牌、竖式标箱。

(9)招牌基层按材料分为木结构、钢结构。

(10)牌面板按材料分为金属牌面板、大理石牌面板、木质牌面板。

(11)牌面板按规格分为0.5 m^2 以内、0.5 m^2 以外。

(12)窗帘按材料分为布窗帘、丝窗帘、塑料窗帘、豪华垂直窗帘。

5.6.2 工程量计算规则与定额应用

5.6.2.1 定额使用要领

(1)《河南省综合单价(B装饰装修工程2008)》中的装修木材树种分类除注明者外,均以一、二类木种为准,如采用三、四类木种,其人工及木工机械乘以系数1.3。

(2)木装修子目中木材均为板方综合规格材,其施工损耗按定额附表取定,木材干燥损耗率为7%,凡注明允许换算木材用量时,所调整的木材用量应包括其损耗在内,同时计算相应的木材干燥费用。

(3)定额子目中除铁件带防锈漆一度外,均未包括油漆、防火漆的工料,如设计需要刷油漆、防火漆,另列项计算。

(4)定额安装子目中的主材,如与设计的主材材质、品种、规格不同时可以换算,其他不变。

(5)暖气罩挂板式是指钩挂在暖气片上,平墙式是指凹入墙内,明式是指凸出墙面,半凹半凸套用明式定额子目。

(6)压条、装饰条以成品安装为准。如在现场制作木压条者,木材体积按设计图示净断面加刨光损耗计算,并增加人工0.025工日。如在天棚面上钉压条、装饰条者,相应子目的人工按表5.13系数调增。

表5.13 现场制作木压条人工调增表

项目名称	相应子目人工调增系数
木基层天棚面钉装饰条	1.34
轻钢龙骨天棚面钉装饰条	1.68
木装饰条做图案	1.80

(7)招牌基层:

1)平面招牌是安装在门前墙上的,箱式招牌、竖式标箱是招牌六面体固定在墙上的,生根于雨篷、檐口、阳台的立式招牌套用平面招牌复杂子目计算。

2)一般招牌和矩形招牌是指正立面平整无凸面的招牌基层,复杂招牌和异形招牌是指正立面有凹凸或造型的招牌基层,招牌的灯饰均不包括在定额内。

(8)招牌面层执行天棚面层子目,人工乘以系数0.8。

(9)透光彩按安装在墙面(墙体)、雨篷、檐口上综合考虑。安装在独立柱上时,独立柱另行计算,其他不变。

5.6.2.2 工程量计算规则

(1)暖气罩按设计图示的边框外围尺寸,以垂直投影面积(不展开)计算。

(2)浴厕配件：

1)洗漱台区分单、双孔，分别按设计图示数量计算。

2)毛巾杆、帘子杆、浴缸拉手、毛巾环、毛巾架均按设计图示数量计算。

3)镜面玻璃按设计图示尺寸以边框外围面积计算。

(3)压条、装饰线按设计图示尺寸以长度计算。

(4)雨篷吊挂饰面按设计图示尺寸以水平投影面积计算。

(5)招牌：

1)平面招牌基层，按设计图示尺寸以正立面边框外围面积计算，复杂形的凸凹造型部分不增加面积。

2)生根于雨篷、檐口或阳台的立式招牌基层，按设计图示尺寸以展开面积计算。

3)箱式招牌和竖式标箱基层，按设计图标尺寸以外围体积计算。突出箱外的灯饰、店徽及其他艺术装潢等另行计算。

4)招牌的面层按设计图示尺寸以展开面积计算。

(6)透光彩按设计图示的正立面投影面积计算。

(7)窗帘安装按设计图示尺寸以展开面积计算。

5.7　单独承包装饰工程超高费

5.7.1　定额使用要领

(1)本定额仅适用于单独承包的超过6层或檐高超过20 m的装饰工程。

(2)超高费包含的内容：超高施工的人工及机械降效、自来水加压及附属设施、其他。

(3)本定额子目的划分是以建筑物檐高及层数两种指标界定的，两种指标达到其中之一即可执行相应子目。

5.7.2　工程量计算规则

(1)超高费以装饰工程的合计定额工日为基数计算。

(2)同一建筑物高度不同时，可按不同高度的竖向切面分别计算人工，执行超高费的相应子目。

5.8　装饰工程措施项目费

5.8.1　定额使用要领

措施项目是指完成工程项目施工，发生于该工程施工前和施工过程中技术、生活、安全等方面的工程实体项目。措施项目费即实施措施项目所发生的费用。措施项目费由组织措施项目费和技术措施项目费组成。

组织措施费包括现场安全文明施工措施费、材料二次搬运费、夜间施工增加费、冬雨季施工增加费，分别以规定的费率计取。具体费率详见表5.14～表5.17。

表5.14 现场安全文明施工措施费费率表

序号	工程分类	费率基数	安全文明措施费费率			
			基本费	考评费	奖励费	合计
1	建筑工程	综合工日×34	10.06%	4.74%	2.96%	17.76%
2	单独构件吊装		6.04%	2.84%	1.78%	10.66%
3	单独土方工程		5.03%	2.37%	1.48%	8.88%
4	单独桩基工程		5.03%	2.37%	1.48%	8.88%
5	装饰装修工程		5.03%	2.37%	1.48%	8.88%
6	安装工程		10.06%	4.74%	2.96%	17.76%
7	市政道桥工程		13.40%	6.30%	3.94%	23.64%
8	园林绿化工程		6.70%	3.15%	1.97%	11.82%
9	仿古建工程		5.03%	2.37%	1.48%	8.88%
10	其他工程		4.03%	1.89%	1.18%	7.10%
11	清单计价工程		10.06%	4.74%	2.96%	17.76%
12	改造、拆除工程		另行规定			

注：①依据建设部建办(2005)89号文、豫建设标(2006)82文的规定制定。

②基本费应足额计取；考评费在工程竣工结算时，按当地造价管理机构核发的《安全文明施工措施费率表》进行核算；奖励费根据施工现场文明获奖级别计算，省级为全额，市级为70%，县(区)级为50%。

③非单独发包的土方、构件吊装、桩基应并入建筑工程计算。

表5.15 材料二次搬运费费率表

序号	现场面积/首层面积	费率/(元/工日)
1	4.5	0
2	>3.5	1.02
3	>2.5	1.36
4	>1.5	2.04
5	≤1.5	3.40

表5.16 夜间施工增加费费率表

序号	合同工期/定额工期	费率/(元/工日)
1	$1>t>0.9$	0.68
2	$t>0.8$	1.36

表5.17 冬雨季施工增加费费率表

序号	合同工期/定额工期	费率/(元/工日)
1	$1>t>0.9$	0.68
2	$t>0.8$	1.29

注:冬雨季施工增加费是在冬雨季施工期间,采取防寒保温或防雨措施所增加的费用。

本定额所列入的措施项目费有垂直运输费、成品保护费、脚手架使用费。如实际发生施工排水、降水费和大型机械设备进出场、安拆费时,可执行《河南省综合单价(A建筑工程2008)》分册YA.12(建筑工程措施项目费)措施项目费中的相应子目。

5.8.1.1 垂直运输费

(1)建筑物的檐高是指设计室外地坪至檐口(屋面结构板面)的垂直距离,突出主体建筑屋顶的电梯间、水箱间等不计入檐口高度之内。构筑物的高度,是指从设计室外地坪至构筑物顶面的高度。

(2)垂直运输费子目的划分按建筑物的檐高界定。

(3)檐高4 m以内的单层建筑,不计算垂直运输费。

5.8.1.2 脚手架使用费

(1)室内高度在3.6 m以上时,可按《河南省综合单价(A建筑工程2008)》分册YA.12(建筑工程措施项目费)分部相应子目列项计算满堂脚手架,但内墙装饰不再计算脚手架,也不扣除抹灰子目内的简易脚手架费用。内墙高度在3.6 m以上,无满堂脚手架时,可另计算装饰用脚手架,执行《河南省综合单价(A建筑工程2008)》YA.12(建筑工程措施项目费)分部里脚手架子目。

(2)高度在3.6 m以上的墙、柱、梁面及板底单独的勾缝、刷浆或喷浆工程,每100 m^2增加设施费15.00元,不得计算满堂脚手架。单独板底勾缝、刷浆确需搭设悬空脚手架者,可按本分部列项计算悬空脚手架。

5.8.2 工程量计算规则

(1)垂直运输费以装饰工程的合计定额工日为基数计算。

(2)满堂脚手架、里脚手架计算同《河南省综合单价(A建筑工程2008)》YA.12(建筑工程措施项目费)分部。

(3)挑阳台突出墙面超高80 cm的正立面装饰和门厅外大雨篷外边缘的装饰可计算挑脚手架。挑阳台挑脚手架按其图示正立面长度和搭设层数以长度计算。门厅外大雨篷挑脚手架按其图示外围长度计算。

(4)悬空脚手架按搭设水平投影面积计算。

(5)吊篮脚手架按使用该架子的墙面面积计算。

(6)高度超过3.6 m的内墙装饰架按内墙装饰的面积计算。

(7)外墙装饰架均按外墙装饰的面积计算。

思考题

1. 简述装饰工程预算定额的适用范围。
2. 简述楼地面装饰工程整体面层工程量计算规则。
3. 简述楼地面装饰工程定额内容及项目划分。
4. 简述墙柱面镶贴块料工程量计算规则。
5. 简述墙柱面装饰工程的定额内容及项目划分。
6. 简述天棚抹灰工程量计算规则。
7. 简述天棚面装饰工程的定额内容及项目划分。
8. 简述门窗及窗帘盒的工程量计算规则。
9. 简述门窗工程的定额内容及项目划分。
10. 油漆和涂料、裱糊工程量计算应注意哪些方面?
11. 单独承包装饰工程超高费如何计算?
12. 装饰工程措施项目费如何计算?

习　题

1. 计算×××公司办公楼一层平面图活动室地面及踢脚线工程量、综合费、人工及主要材料消耗量。

2. 计算×××公司办公楼一层平面图卫生间地面工程量、综合费、人工及主要材料消耗量。

3. 计算×××公司办公楼二层平面图会议室地面及踢脚线工程量、综合费、人工及主要材料消耗量。

4. 计算×××公司办公楼两个楼梯地面工程量、综合费、人工及主要材料消耗量。

5. 计算×××公司办公楼一层平面图台阶及平台地面工程量、综合费、人工及主要材料消耗量。

6. 计算×××公司办公楼二层平面图会议室墙面抹灰及刷涂料工程量、综合费、人工及主要材料消耗量。

7. 计算×××公司办公楼四层平面图多功能房间墙面抹灰及刷涂料工程量、综合费、人工及主要材料消耗量。

8. 计算×××公司办公楼二层平面图会议室天棚抹灰及刷涂料工程量、综合费、人工及主要材料消耗量。

9. 计算×××公司办公楼四层平面图多功能房间天棚抹灰及刷涂料工程量、综合费、人工及主要材料消耗量。

10. 计算×××公司办公楼门窗工程量、综合费、人工及主要材料消耗量。

11. 计算×××公司办公楼木门 M-2、M-3 油漆工程量、综合费、人工及主要材料消耗量。

第6章 建筑与装饰工程定额计价实例

×××公司办公楼建筑与装饰工程定额计价预算书编制的所有施工图纸见附图，依据《河南省建设工程工程量清单综合单价》(2008 建筑工程、装饰装修工程)、《混凝土结构设计规范》(GB 50010—2010)及河南省建设工程设计标准图集(05YJ)等有关新规范、新标准编写。主要内容如下：①工程预算书封面(图6.1)；②编制说明(图6.2)；③工程费用汇总表(表6.1)；④工程预算表(表6.2)；⑤施工措施费用表(表6.3)；⑥组织措施项目费(表6.4)；⑦其他项目清单计价表(表6.5)；⑧技术措施费分部分项表(表6.6)；⑨材料价差表(表6.7)。

×××公司办公楼建筑和装饰

工程预算书

建 设 单 位：

工 程 名 称：　　×××公司办公楼

建 筑 面 积：　　1875.19 m^2

工 程 造 价：　　2342555.43 元

施 工 单 位：

编 制 单 位：

编 制 日 期：

编制人：　　审核人：

资 格 证 号：　　资 格 证 号：

图6.1　工程预算书封面

编制说明

一、编制依据

1. 本工程依据《建设工程工程量清单计价规范》(GB 50500—2008)、《河南省建筑工程工程量清单综合单价(2008)》(建筑工程、装饰装修工程)、《混凝土结构设计规范》(GB 50010—2010)、11G101—1 混凝土结构施工图平面整体表示方法制图规则和构造详图(现浇混凝土框架、剪力墙、梁、板)、11G101—2 混凝土结构施工图平面整体表示方法制图规则和构造详图(现浇混凝土板式楼梯)、11G101—3 混凝土结构施工图平面整体表示方法制图规则和构造详图(独立基础、条形基础、筏形基础及桩基承台)及河南省建设工程设计标准图集(05YJ)等有关新规范、新标准编写。

2. 依据×××公司办公楼建筑、装饰施工图纸。

3. 依据河南省标准定额站 2012 年 4 月发布的最新造价信息。

二、造价分析

工程总费用: 2342555.43 元人民币

单方造价: 0 元/m^2

图 6.2 编制说明

表 6.1 工程费用汇总表

工程名称:×××公司办公楼

序号	费用名称	取费基础	费率/%	金额/元
1	定额直接费: 1)定额人工费	分部分项人工费		279450.02
2	2)定额材料费	分部分项材料费+分部分项主材费+分部分项设备费		1030181.39
3	3)定额机械费	分部分项机械费		14884.06
4	定额直接费小计	定额直接费:1)定额人工费+2)定额材料费+3)定额机械费		1324515.47
5	综合工日	综合工日合计+技术措施项目综合工日合计		8598.06
6	措施费: 1)技术措施费	技术措施项目人工费+技术措施项目材料费+技术措施项目机械费		230029
7	2)安全文明措施费	现场安全文明施工措施费		51918.5
8	3)二次搬运费	材料二次搬运费		
9	4)夜间施工措施费	夜间施工增加费		
10	5)冬雨季施工措施费	冬雨季施工增加费		
11	6)其他			
12	措施费小计	措施费:1)技术措施费+2)安全文明措施费+3)二次搬运费+4)夜间施工措施费+5)冬雨季施工措施费+6)其他		281947.5

续表 6.1

序号	费用名称	取费基础	费率/%	金额/元
13	调整:1)人工费差价	人工价差		174345.02
14	2)材料费差价	材料价差		144339.13
15	3)机械费差价	机械价差		12356.72
16	4)其他			
17	调整小计	调整:1)人工费差价+2)材料费差价+3)机械费差价+4)其他		331040.87
18	直接费小计	定额直接费小计+措施费小计+调整小计		1937503.84
19	间接费:1)企业管理费	分部分项管理费+技术措施项目管理费		144190.29
20	2)规费:	①工程排污费+②工程定额测定费+③社会保障费+④住房公积金+⑤意外伤害保险		84089.03
21	①工程排污费			
22	②工程定额测定费	综合工日	0	
23	③社会保障费	综合工日	748	64313.49
24	④住房公积金	综合工日	170	14616.7
25	⑤意外伤害保险	综合工日	60	5158.84
26	间接费小计	间接费:1)企业管理费+①工程排污费+②工程定额测定费+③社会保障费+④住房公积金+⑤意外伤害保险		228279.32
27	工程成本	直接费小计+间接费小计		2165783.16
28	利润	分部分项利润+技术措施项目利润		98058.5
29	1)总承包服务费	总承包服务费		
30	2)零星工作项目费	零星工作项目费		
31	3)优质优价奖励费	优质优价奖励费		
32	4)检测费	检测费		
33	5)其他	其他项目其他费		
34	其他费用小计	1)总承包服务费+2)零星工作项目费+3)优质优价奖励费+4)检测费+5)其他		
35	税前造价合计	工程成本+利润+其他费用小计		2263841.66
36	税金	税前造价合计	3.477	78713.77
37	甲供材料费	甲供材料费		
38	工程造价总计	税前造价合计+税金-甲供材料费		2342555.43

表 6.2 工程预算表

工程名称:×××公司办公楼

序号	编号	名称	单位	工程量	单价	合价	其中				综合工日		
							人工合价	材料合价	机械合价	管理费合价	利润合价	含量	合计
	0101	土石方工程				13288.93							
1	1-1	平整场地	100 m^2	4.593	464.13	2131.84	1599.81			271.6	260.43	8.1	37.2
2	1-18 R*2	人工挖沟槽一般土深度(m)1.5以内 配合机械挖土:人工乘以系数2	100 m^3	0.019	2778.86	51.96	45.98			3.31	2.67	28.59	0.53
3	1-26 R*2	人工挖地坑一般土深度(m)1.5以内 配合机械挖土:人工乘以系数2	100 m^3	0.528	3117.79	1647.13	1457.34			105.06	84.73	32.08	16.95
4	1-36 *1.3	双轮车运土运距(m)50 以内子目乘以系数1.3	100 m^3	0.547	1829.16	1000.55	786.14	9.64		113.35	91.41	33.42	18.28
5	1-37 *1.3	双轮车运土运距400 m以内每增加50 m子目乘以系数1.3	100 m^3	0.547	213.51	116.79	91.73	1.17		13.23	10.67	3.9	2.13
6	1-40 *1.1	机械挖土汽车运土1 km一般土单位工程量小于2000 m^3:单价乘以系数1.1	1000 m^3	0.53	10431.49	5530.78	91.79	20.31	5196.26	113.16	109.26	24.53	13.01
7	1-63	基底钎探	100 m^2	3.907	372.45	1455.05	1091.92			185.37	177.75	6.5	25.39
8	1-B4	回填土 夯填	100 m^3	0.722	1091.05	787.41	564.18		35.61	95.78	91.84	18.18	13.12
9	1-128	原土打夯	100 m^2	9.134	62.12	567.42	377.06		64.94	64.03	61.38	0.96	8.77
	0103	砌筑工程				109265.92							
10	3-1	砖基础(M5 水泥砌筑砂浆)	10 m^3	2.83	2516.79	7121.76	1422.41	5126.82	55.97	278.67	237.89	12.01	33.98

续表 6.2

序号	编号	名称	单位	工程量	单价	合价	其中					综合工日	
							人工合价	材料合价	机械合价	管理费合价	利润合价	含量	合计
11	3-6 换	砖墙 1 砖（M2.5 混合砌筑砂浆）换为【水泥砂浆 M5 砌筑砂浆】	10 m^3	6.562	2587.69	16980.42	3831.81	11970.33	121.73	601.14	455.4	13.88	91.08
12	3-58	加气混凝土块墙（M5 混合砌筑砂浆）	10 m^3	39.992	2129.53	85163.74	16508.62	62572.77	197.96	3174.55	2709.84	9.68	387.12
	0104	混凝土及钢筋混凝土工程				657543.07							
13	4-5 换	独立基础混凝土（C15－40（32.5水泥）现浇碎石砼）换为【C30 商品砼 最大粒径 20 mm】	10 m^3	15.61	3374.61	52679.01	5672.04	42920.64	129.1	2638.16	1319.08	8.45	131.91
14	4-13 换	基础垫层混凝土（C10－40（32.5水泥）现浇碎石砼）换为【C15 商品砼 最大粒径 20 mm】	10 m^3	3.915	3127.36	12242.68	2021.67	8777.74	32.81	940.31	470.16	12.01	47.02
15	4-15 换	矩形柱柱断面周长（m）1.8 以内（C20-40（32.5 水泥）现浇碎石砼）换为【C25 商品砼 最大粒径 20 mm】	10 m^3	13.2	3898.11	51455.05	8792.12	33570.9	177.28	5029.86	3884.89	15.49	204.47
16	4-15 换	矩形柱柱断面周长（m）1.8 以内（C20-40（32.5 水泥）现浇碎石砼）换为【C30 商品砼 最大粒径 20 mm】	10 m^3	0.862	4101.11	3536.8	574.42	2368.37	11.58	328.62	253.81	15.49	13.36

续表 6.2

序号	编号	名称	单位	工程量	单价	合价	其中					综合工日	
							人工合价	材料合价	机械合价	管理费合价	利润合价	含量	合计
17	4-20	构造柱(C20-40(32.5 水泥)现浇碎石砼)	10 m^3	0.626	3388.08	2121.28	713.44	1110.73	8.41	194.12	94.57	26.5	16.59
18	4-20 换	构造柱(C20-40(32.5 水泥)现浇碎石砼) 换为【C30 商品砼 最大粒径 20 mm】	10 m^3	0.052	4342.48	226.68	59.48	142.43	0.7	16.18	7.88	26.5	1.38
19	4-22 换	单梁、连续梁(C20-40(32.5 水泥)现浇碎石砼) 换为【C30 商品砼 最大粒径 20 mm】	10 m^3	0.845	3541.25	2992.36	330.29	2315.83	11.35	188.95	145.94	9.09	7.68
20	4-26	圈(过)梁(C20-40(32.5 水泥)现浇碎石砼)	10 m^3	0.296	3027.79	895.01	249	541.28	3.97	67.75	33.01	19.59	5.79
21	4-33 换	有梁板板厚(mm)100 以内(C20-20(32.5 水泥)现浇碎石砼) 换为【C25 商品砼 最大粒径 20 mm】	10 m^3	24.892	3318.68	82607.59	8123.9	65893.31	334.3	4477.52	3778.56	7.59	188.93
22	4-34 换	有梁板板厚(mm)100 以上(C20-40(32.5 水泥)现浇碎石砼) 换为【C25 商品砼 最大粒径 20 mm】	10 m^3	2.86	3338.35	9547.35	1007.17	7478.21	38.41	555.11	468.45	8.19	23.42
23	4-42 换	雨篷(C20-20(32.5 水泥)现浇碎石砼) 换为【C25 商品砼 最大粒径 20 mm】	10 m^3	0.166	4225.31	702.25	152.08	439.65	4.41	70.73	35.37	21.28	3.54

续表 6.2

序号	编号	名称	单位	工程量	单价	合价	其中				综合工日		
							人工合价	材料合价	机械合价	管理费合价	利润合价	含量	合计
24	4-47 换	直形整体楼梯（C20-40（32.5 水泥）现浇碎石砼）换为【C25 商品砼 最大粒径 20 mm】	10 m²	9.27	965.35	8948.99	1865.54	5729.35	52.56	867.69	433.85	4.68	43.38
25	4-50	压顶（C20-40（32.5 水泥）现浇碎石砼）	10 m³	0.328	3354.13	1098.81	269.06	635	7.04	125.14	62.57	19.1	6.26
26	4-75	预制过梁（C20-40（32.5 水泥）预制碎石砼）	10 m³	1.14	5191.53	5920.42	1500.15	2465.54	798.33	770.93	385.47	33.8	38.55
27	4-168	现浇构件钢筋 Ⅰ 级钢筋 Φ10 以内	t	46.604	4172.87	194472.43	20680.99	158096.15	1223.36	9647.96	4823.98	10.35	482.35
28	4-169	现浇构件钢筋 Ⅰ 级钢筋 Φ10 以上	t	8.385	4028.5	33778.97	3255.81	27891.28	319.13	1541.83	770.92	9.19	77.06
29	4-170	现浇构件钢筋Ⅱ级钢筋综合	t	46.887	3949.38	185174.58	13649.27	156094.79	2348.57	7809.5	5272.44	7.03	329.52
30	4-175	砌体加固钢筋不绑扎	t	1.573	4084.8	6425.39	683.15	5265.62		317.75	158.87	10.1	15.89
31	4-188	电渣压力焊 接头	10 个	24.2	112.29	2717.42	957.35	622.42	408.01	486.42	243.21	1.01	24.32
	0107	屋面及防水工程				37131.61							
32	7-36	屋面高聚物改性沥青卷材（厚 3 mm 冷贴）满铺	100 m²	4.832	4447.06	21489.97	1134.55	19627.18		385.24	343	5.46	26.38
33	7-60	屋面隔离层（干铺）无纺织聚酯纤维布	100 m²	4.325	201.78	872.72	241.77	475.76		82.09	73.09	1.3	5.62
34	7-89	屋面细石防水混凝土厚 40 mm（C20-16（32.5 水泥）现浇碎石砼）	100 m²	4.325	1779.63	7697.08	2146.2	4127.27	38.88	732.5	652.23	11.6	50.17

续表 6.2

序号	编号	名称	单位	工程量	单价	合价	其中					综合工日	
							人工合价	材料合价	机械合价	管理费合价	利润合价	含量	合计
35	7-155	聚氨酯涂膜二遍厚1 mm平面	100 m^2	4.325	2611.66	11295.43	948.47	9738.17		322.04	286.75	5.1	22.06
36	7-157	聚氨酯涂膜二遍厚1.5 mm平面	100 m^2	0.154	3683.92	566.22	33.71	510.88		11.44	10.19	5.1	0.78
37	7-158	聚氨酯涂膜二遍厚1.5 mm立面	100 m^2	0.08	3798.3	303.48	22.88	265.92		7.77	6.92	6.66	0.53
38	7-203换	楼地面、屋面找平层细石混凝土在硬基层上厚30 mm(C20-16(32.5水泥)现浇碎石砼)换为【现浇碎石混凝土 粒径≤16(32.5水泥) C15】	100 m^2	0.502	1060.25	532.67	155.65	275.1	2.01	52.85	47.06	7.21	3.62
39	7-204换	楼地面、屋面找平层细石混凝土厚度每增减10 mm(C20-16(32.5水泥)现浇碎石砼)换为【现浇碎石混凝土 粒径≤16(32.5水泥) C15】	100 m^2	1.004	349.27	350.81	101.72	182.51	1.3	34.53	30.75	2.36	2.37
40	7-206换	楼地面、屋面找平层水泥砂浆在混凝土或硬基层上厚20 mm(1:3水泥砂浆)实际厚度(mm):15 换为【水泥砂浆1:2】	100 m^2	0.502	727.63	365.56	110.61	175.42	5.9	38.95	34.68	5.31	2.67

续表 6.2

序号	编号	名称	单位	工程量	单价	合价	其中				综合工日		
							人工合价	材料合价	机械合价	管理费合价	利润合价	含量	合计
41	7-209	楼地面、屋面找平层水泥砂浆加聚丙烯在填充料上厚20 mm（1：3 水泥砂浆）	100 m^2	4.479	1105.9	4953.1	1430.93	2475.57	88.59	506.78	451.24	7.75	34.71
	0108	防腐、隔热、保温工程				194162.26							
42	8-175	水泥珍珠岩 1：8	10 m^3	0.896	2042.47	1829.44	387.08	1218.21		134.13	90.02	10.05	9
43	8-184	聚苯乙烯泡沫塑料板厚 30 mm 点粘	100 m^2	4.325	1750.25	7570.01	792.27	6318.97		274.51	184.25	4.26	18.42
44	8-208	聚苯板外墙面保温块料饰面下	100 m^2	15.598	8669.42	135224.75	14755.61	111612.65	311.96	5112.99	3431.54	22	343.15
45	8-213	柱子隔热层包聚苯乙烯泡沫板	100 m^2	2.256	7496.32	16914.7	2779.77	12525.23		963.23	646.46	28.65	64.65
46	8-215	楼地面隔热聚苯乙烯泡沫板	100 m^2	4.137	7884.99	32623.36	4152.38	26066.45		1438.86	965.67	23.34	96.57
	0201	楼地面工程				146818.33							
47	借 1-36	地板砖楼地面 规格(mm) 300×300	100 m^2	0.506	5735.9	2900.07	737.23	1680.59	24.68	284.24	173.32	34.28	17.33
48	借 1-39	地板砖楼地面 规格(mm) 600×600	100 m^2	15.052	6902.04	103891.58	19533.97	71482.77	734.85	7541.5	4598.48	30.55	459.85
49	借 1-77	地板砖 踢脚线	100 m^2	1.687	8141.26	13732.68	4729.11	5653.18	78.52	1812.79	1459.08	65.53	110.54
50	借 1-90	地板砖 楼梯面层	100 m^2	0.927	13376.01	12399.56	4374.74	5047.47	161.53	1685.38	1130.44	110.86	102.77

续表 6.2

序号	编号	名称	单位	工程量	单价	合价	其中				综合工日		
							人工合价	材料合价	机械合价	管理费合价	利润合价	含量	合计
51	借 1-129	台阶面层 水泥砂浆 混凝土面	100 m^2	0.083	3296.11	274.24	126.07	65.38	1.7	48.53	32.55	35.57	2.96
52	借 1-136	地面垫层 3∶7 灰土	10 m^3	1.76	1098.17	1932.78	561.55	968.97	44.44	214.17	143.65	7.42	13.06
53	借 1-152 换	地面垫层 混凝土 换为【现浇碎石混凝土 粒径≤40（32.5 水泥）C15】	10 m^3	4.162	2321.41	9662.17	1700.26	6843.61	34.88	648.47	434.95	9.5	39.54
54	借 1-154	散水、坡道混凝土垫层	10 m^3	0.504	2857.86	1438.93	289.25	956.57	8.8	110.32	73.99	13.36	6.73
55	借 1-155	散水 混凝土面一次抹光	100 m^2	1.007	582.24	586.32	259.37	155.38	4.36	100.08	67.13	6.06	6.1
	0202	墙、柱面工程				216050.83							
56	借 2-6	混合砂浆 砖、混凝土墙厚(15+5)mm	100 m^2	9.697	1395.83	13534.94	6496.21	3641.3	167.85	2014.68	1214.9	15.86	153.79
57	借 2-10	混合砂浆 加气混凝土墙厚(15+5)mm	100 m^2	25.59	1558.2	39873.87	17660.73	10263.01	482.62	6863.67	4603.84	16.36	418.65
58	借 2-16	水泥砂浆 砖、混凝土墙厚(15+5)mm	100 m^2	4.902	1470.93	7210.2	3252.3	2260.81	81.22	1008.01	607.87	15.7	76.96
59	借 2-22	水泥砂浆 加气混凝土墙厚(15+5)mm	100 m^2	13.435	1623.49	21811.1	9219.97	6375.71	235.91	3579	2400.51	16.24	218.18
60	借 2-79	贴瓷砖 砖、混凝土墙 300×200	100 m^2	2.8	8046.37	22527.42	6987.27	10990.39	67.5	2682.81	1799.45	58.43	163.59

续表 6.2

序号	编号	名称	单位	工程量	单价	合价	其中					综合工日	
							人工合价	材料合价	机械合价	管理费合价	利润合价	含量	合计
61	借2–83	贴面砖(周长700 mm内) 砖、混凝土墙 勾缝	100 m^2	4.36	6757.45	29465.18	12710.44	8507.71	102.43	4874.88	3269.73	68.17	297.25
62	借2–85	贴面砖(周长700 mm内) 加气混凝土墙 勾缝	100 m^2	11.943	6834.58	81628.12	35405.25	23257.38	280.55	13577.85	9107.08	69.32	827.92
	0203	天棚工程				26550.19							
63	借3–6	天棚抹混合砂浆 混凝土面 厚(7+5)mm	100 m^2	17.493	1432.76	25063.7	13246.45	4108.65	227.06	4551.23	2930.3	17.82	311.73
64	借3–11	天棚混凝土面 水泥砂浆 厚(7+5)mm	100 m^2	0.377	1451.01	546.74	281.6	101.18	4.89	96.77	62.3	17.59	6.63
65	借3–17	雨篷、挑檐抹灰 水泥砂浆 厚(15+5)mm	100 m^2	0.166	5654.34	939.75	445.52	75.62	3.8	227.21	187.6	62.71	10.42
	0204	门窗工程				80630.84							
66	借4–5	装饰木门无亮单扇	100 m^2	0.535	30853.33	16518.87	1087.34	14703.81	90.5	414.7	222.52	47.23	25.29
67	借4–19	成品塑钢门安装平开门	100 m^2	0.781	22170.9	17319.91	1154.88	15484.31	3.91	440.46	236.34	34.38	26.86
68	借4–62	成品百叶窗安装铝合金百叶窗	100 m^2	0.007	25575.3	184.14	3.1	179.2	0.04	1.18	0.63	10	0.07
69	借4–67	成品窗安装塑钢推拉窗	100 m^2	2.318	19885.41	46084.44	2740.44	41726.38	11.59	1045.19	560.84	27.5	63.73
70	借4–77	弹子锁安装	10个	2.7	193.88	523.48	91.72	378		34.99	18.77	0.79	2.13

续表 6.2

序号	编号	名称	单位	工程量	单价	合价	其中				综合工日		
							人工合价	材料合价	机械合价	管理费合价	利润合价	含量	合计
	0205	油漆、涂料、裱糊工程				23262.13							
71	借 5-1	单层木门油调和漆 一底油二调和漆	100 m^2	0.535	2345.86	1255.97	468.5	438.82		178.68	169.97	20.35	10.9
72	借 5-183	内墙面 888 仿瓷涂料	100 m^2	35.286	397.4	14022.82	5841.66	4458.79		2227.98	1494.38	3.85	135.85
73	借 5-184	天棚面 888 仿瓷涂料	100 m^2	19.139	417.12	7983.34	3374.24	2459		1286.92	863.18	4.1	78.47
		合计				1504704.1	279450.02	1030181.4	14884.06	108421.34	71767.2		6554.9195

表6.3　施工措施费用表

工程名称:×××公司办公楼

序号	名称	单位	工程量	单价	合价
一	通用项目				51918.5
1	安全文明措施费	项	1	51918.5	51918.5
1.1	基本费	项	1	29408.79	29408.79
1.2	考评费	项	1	13856.63	13856.63
1.3	奖励费	项	1	8653.08	8653.08
2	二次搬运费	项	1		
3	夜间施工措施费	项	1		
4	冬雨季施工措施费	项	1		
二	建筑工程				292089.29
5	YA12.1　施工排水、降水费	项	1		
6	YA12.2　大型机械设备进出场及安拆费	项	1	52274.35	52274.35
7	YA12.3　现浇混凝土构件模板使用费	项	1	160435.46	160435.46
8	YA12.4　现场预制混凝土构件模板使用费	项	1	1853.07	1853.07
9	YA12.5　现浇构筑物模板使用费	项	1		
10	YA12.6　脚手架使用费	项	1	31283.42	31283.42
11	YA12.7　垂直运输机械费	项	1	25994.82	25994.82
12	YA12.8　现浇混凝土泵送费	项	1	20248.17	20248.17
	措施项目合计				344007.79

表6.4 组织措施项目费

工程名称:×××公司办公楼

序号	费用名称	费率/%	金额
1	安全文明措施费		51918.5
2	基本费	10.06	29408.79
3	考评费	4.74	13856.63
4	奖励费	2.96	8653.08
5	二次搬运费	0	
6	夜间施工措施费	0	
7	冬雨季施工措施费	0	
	组织措施项目费合计		51918.5

表6.5 其他项目清单计价表

工程名称:×××公司办公楼

序号	项目名称	取费基数	费率	费用金额	备注
1	总承包服务费				
2	零星工作项目费	零星工作费			
3	优质优价奖励费				
4	检测费				
5	其他				
	合　计			0	

表6.6 技术措施费分部分项表

工程名称:×××公司办公楼

编号		单位	工程量	单价	合价	其中					综合工日	
						人工合价	材料合价	机械合价	管理费合价	利润合价	含量	合计
1	YA12.1 施工排水、降水费	项										
2	YA12.2 大型机械设备进出场及安拆费	项										
12-14	塔吊基础铺拆费固定式带配重	座	1	33079.1	33079.1	7095	20820.33	286.9	2720.43	2156.44	165.88	165.88
12-51	场外运输费塔式起重机6 t	台次	1	10087.54	10087.54	516	2205.58	6454.56	508.4	403	31	31
12-16	安装拆卸费塔式起重机6 t	台次	1	9107.71	9107.71	2580	56	4207.91	1262.8	1001	77	77
	分部小计				52274.35	10191	23081.91	10949.37	4491.63	3560.44		273.88
3	YA12.3 现浇混凝土构件模板使用费	项										
12-62	独立基础模板	10 m^3	15.6104	430.58	6721.53	2523.89	2308.47	149.7	970.34	769.12	3.79	59.16
12-71	基础垫层模板	10 m^3	3.9147	488.82	1913.58	649.76	784	35.58	247.8	196.44	3.86	15.11

续表 6.6

编号		单位	工程量	单价	合价	其中					综合工日	
						人工合价	材料合价	机械合价	管理费合价	利润合价	含量	合计
12-73	矩形柱模板柱断面周长 1.8 m 以内	10 m^3	7.392	3192.64	23599.99	9335.43	6989.58	818.29	3601.68	2855.01	29.71	219.62
12-73	矩形柱模板柱断面周长 1.8 m 以内	10 m^3	5.808	3192.64	18542.85	7334.98	5491.81	642.95	2829.89	2243.22	29.71	172.56
12-73	矩形柱模板柱断面周长 1.8 m 以内	10 m^3	0.8624	3192.64	2753.33	1089.13	815.45	95.47	420.2	333.08	29.71	25.62
12-80	构造柱模板	10 m^3	0.3105	2022.75	628.06	296.27	153.77	21.51	91.13	65.39	22.4	6.96
12-80	构造柱模板	10 m^3	0.1503	2022.75	304.02	143.41	74.43	10.41	44.11	31.65	22.4	3.37
12-80	构造柱模板	10 m^3	0.0522	2022.75	105.59	49.81	25.85	3.62	15.32	10.99	22.4	1.17
12-80	构造柱模板	10 m^3	0.1653	2022.75	334.36	157.72	81.86	11.45	48.51	34.81	22.4	3.7
12-82	矩形梁模板	10 m^3	0.845	3015.33	2547.95	960.7	813.86	106.86	371.81	294.73	26.83	22.67
12-94	有梁板模板板厚 100 mm 以内	10 m^3	14.0113	3414.53	47842	14839.23	17206.44	2465.57	7688.14	5642.63	25.17	352.66
12-94	有梁板模板板厚 100 mm 以内	10 m^3	10.8804	3414.53	37151.45	11523.32	13361.57	1914.62	5970.18	4381.75	25.17	273.86

续表 6.6

编号		单位	工程量	单价	合价	其中					综合工日	
						人工合价	材料合价	机械合价	管理费合价	利润合价	含量	合计
12-95	有梁板模板板厚100 mm以上	10 m^3	2.6415	2601.58	6872.07	2145.61	2456.15	344.24	1110.8	815.27	19.29	50.95
12-95	有梁板模板板厚100 mm以上	10 m^3	0.0318	2601.58	82.73	25.83	29.57	4.14	13.37	9.81	19.29	0.61
12-95	有梁板模板板厚100 mm以上	10 m^3	0.1866	2601.58	485.45	151.57	173.51	24.32	78.47	57.59	19.29	3.6
12-103	雨篷模板	10 m^3	0.1662	8246.24	1370.53	485.85	518.52	32.05	186.37	147.73	68.38	11.36
12-109	楼梯模板直形	10 m^2	9.2702	798.17	7399.2	3471.97	1389.51	150.27	1331.76	1055.69	8.76	81.21
12-112	压顶模板	10 m^3	0.3276	5435.8	1780.77	810.41	401.7	13.6	309.62	245.43	57.63	18.88
	分部小计				160435.46	55994.89	53076.05	6844.65	25329.5	19190.34		1323.08
4	YA12.4 现场预制混凝土构件模板使用费	项										
12-137	预制过梁模板	10 m^3	1.1404	1624.93	1853.07	833.63	446.31	3.16	317.94	252.03	17	19.39
	分部小计				1853.07	833.63	446.31	3.16	317.94	252.03		19.39
5	YA12.5 现浇构筑物模板使用费	项										

续表 6.6

编号		单位	工程量	单价	合价	其中					综合工日	
						人工合价	材料合价	机械合价	管理费合价	利润合价	含量	合计
6	YA12.6 脚手架使用费	项										
12-207	综合脚手架多、高层建筑物檐高(m)25 以内	100 m^2	18.7519	1668.28	31283.42	10522.63	14115.49	1567.28	3276.89	1801.12	13.34	250.15
	分部小计				31283.42	10522.63	14115.49	1567.28	3276.89	1801.12		250.15
7	YA12.7 垂直运输机械费	项										
12-253	垂直运输费民用建筑	100 m^2	18.7519	1386.25	25994.82			22860.25	1953.2	1181.37	8.4	157.52
	分部小计				25994.82			22860.25	1953.2	1181.37		157.52
8	YA12.8 现浇混凝土泵送费	项										
12-279	混凝土泵送费±0.00以上泵送高度(m)30 以内	m	15.3	1323.41	20248.17			19542.38	399.79	306	1.25	19.13
	分部小计				20248.17			19542.38	399.79	306		19.13
	合计				292089.29	77542.15	90719.76	61767.09	35768.95	26291.3		2043.14

表 6.7 材料价差表

工程名称:×××公司办公楼

序号	材料名	单位	材料量	预算价	市场价	价差	价差合计
1	定额工日	工日	8302.144	43	64	21	174345.02
	人工价差合计						174345.02
2	C15 商品砼 最大粒径 20 mm	m^3	39.538	220	210	-10	-395.38
3	C25 商品砼 最大粒径 20 mm	m^3	439.872	245	230	-15	-6598.08
4	C30 商品砼 最大粒径 20 mm	m^3	176.306	265	240	-25	-4407.64
5	混凝土块 加气	m^3	385.121	145	160	15	5776.82
6	钢筋 Φ10 以内 I 级	t	51.332	3250	4550	1300	66732
7	钢筋 Φ10 以外 I 级	t	8.595	3200	4550	1350	11602.74
8	水泥 32.5	t	147.32	280	335	55	8102.59
9	生石灰	t	4.32	150	240	90	388.76
10	石灰膏	m^3	25.785	95	180	85	2191.71
11	水	m^3	1458.253	4.05	3.25	-0.8	-1166.6
12	碎石 20 ~ 40 mm	m^3	77.96	50	36	-14	-1091.45
13	碎石 10 ~ 20 mm	m^3	13.618	50	39	-11	-149.8
14	砂子 中粗	m^3	351.186	80	60	-20	-7023.71
15	砂子 细砂	m^3	0.023	30	45	15	0.35
16	钢筋 Ⅱ级	t	49.928	3200	4550	1350	67402.54
17	汽油 60# ~ 70#	kg	1739.345	5.92	7.63	1.71	2974.28
	材料价差合计						144339.13

续表 6.7

序号	材料名	单位	材料量	预算价	市场价	价差	价差合计
18	柴油	kg	1353.995	5.73	7.11	1.38	1868.51
19	电	kW·h	13800.965	0.63	0.782	0.152	2097.75
20	定额工日	工日	313.391	43	64	21	6581.2
21	汽油	kg	653.161	5.86	8.63	2.77	1809.26
	机械价差合计						12356.72
价差合计:331040.87							

模块三

工程量清单计价模式

第7章 建筑工程工程量清单编制及清单计价

学习要求 掌握土方工程、桩与地基基础工程、砌筑工程、混凝土及钢筋混凝土工程工程量清单计价，了解厂库房大门、特种门、木结构工程工程量清单计价，了解金属结构工程工程量清单计价，掌握屋面及防水工程工程量清单计价，熟悉防腐、隔热、保温工程工程量清单计价，掌握建筑工程措施项目费工程量清单计价。

建筑工程工程量清单项目及计算规则是编制建筑工程工程量清单的依据，包括的内容为土(石)方工程、桩与地基基础工程、砌筑工程、混凝土及钢筋混凝土工程、厂库房大门、特种门、木结构工程、屋面及防水工程以及防腐、隔热、保温工程和措施项目等。

建筑工程工程量清单项目及计算规则适用于采用工程量清单计价的工业与民用的建筑工程。

7.1 土(石)方工程

7.1.1 概述

7.1.1.1 土(石)方工程的工程量清单内容

土石方工程共3节10个项目，包括土方工程、石方工程、土石方回填，适应于建筑物和构筑物的土石方开挖与回填工程。

7.1.1.2 土(石)方工程工程量清单项目的划分

(1)土方工程　包括平整场地、挖土方、挖基础土方、挖冻土、挖淤泥流沙、管沟土方。

(2)石方工程　包括预裂爆破、石方开挖、管沟石方。

(3)土石方回填　包括土(石)方回填。

7.1.1.3 相关问题处理及注意事项

(1)土壤及岩石的分类见表7.1。

(2)土石方体积应按挖掘前的天然密实体积计算。如需按天然密实体积折算时，应按表7.2系数折算。

表 7.1 土壤及岩石(普氏)分类表

土石分类	普氏分类	土壤及岩石名称	天然湿度下平均容量/(kg/m³)	极限压碎强度/(kg/cm²)	用轻钻孔机钻进 1 m 耗时/min	开挖方法及工具	紧固系数 f
一、二类土壤	Ⅰ	砂 砂壤土 腐殖土 泥炭	1500 1600 1200 600			用尖锹开挖	0.5~0.6
	Ⅱ	轻壤和黄土类土 潮湿而松散的黄土,软的盐渍土和碱土 平均 15 mm 以内的松散而软的砾石 含有草根的密实腐殖土 含有直径在 30 mm 以内根类的泥炭和腐殖土 掺有卵石、碎石和石屑的砂和腐殖土 含有卵石或碎石杂质的胶结成块的填土 含有卵石、碎石和建筑料杂质的砂壤土	1600 1600 1700 1400 1100 1650 1750 1900			用锹开挖并少数用镐开挖	0.6~0.8
三类土壤	Ⅲ	肥黏土其中包括石炭纪、侏罗纪的黏土和冰黏土 重壤土、粗砾石,粒径为 15~40 mm 的碎石和卵石 干黄土和掺有碎石或卵石的自然含水量黄土 含有直径大于 30 mm 根类的腐殖土或泥炭 掺有碎石或卵石和建筑碎料的土壤	1800 1750 1790 1400 1900			用尖锹并同时用镐开挖(30%)	0.8~1.0

续表 7.1

土石分类	普氏分类	土壤及岩石名称	天然湿度下平均容量/(kg/m^3)	极限压碎强度/(kg/cm^2)	用轻钻孔机钻进1 m耗时/min	开挖方法及工具	紧固系数 f
四类土壤	Ⅳ	土含碎石重黏土其中包括侏罗纪和石英纪的硬黏土 含有碎石、卵石、建筑碎料和重达 25 kg 的顽石(总体积10%以内)等杂质的肥粘上和重壤土 冰渍黏土,含有重量在 50 kg 以内的巨砾其含量为总体积10%以内 泥板岩 不含或含有重量达 10 kg 的顽石	1950 1950 2000 2000 1950			用尖锹并同时用镐和撬棍开挖(30%)	1.0～1.5
松石	Ⅴ	含有重量在50 kg以内的巨砾(占体积10%以上)的冰渍石 矽藻岩和软白垩岩 胶结力弱的砾岩 各种不坚实的片岩 石膏	2100 1800 1900 2600 2200	小于200	小于3.5	部分用手凿工具部分用爆破来开挖	1.5～2.0
次坚石	Ⅵ	凝灰岩和浮石 松软多孔和裂隙严重的石灰岩和介质石灰岩 中等硬变的片岩 中等硬变的泥灰岩	1100 1200 2700 2300	200～400	3.5	用风镐和爆破法开挖	2～4
	Ⅶ	石灰石胶结的带有卵石和沉积岩的砾石 风化的和有大裂缝的黏土质砂岩 坚实的泥板岩 坚实的泥灰岩	2200 2000 2800 2500	400～600	6.0	用爆破方法开挖	4～6
	Ⅶ	砾质花岗岩 泥灰质石灰岩 黏土质砂岩 砂质云母片岩 硬石膏	2300 2300 2200 2300 2900	600～800	8.5		6～8

续表 7.1

土石分类	普氏分类	土壤及岩石名称	天然湿度下平均容量/(kg/m³)	极限压碎强度/(kg/cm²)	用轻钻孔机钻进1 m耗时/min	开挖方法及工具	紧固系数 f
普坚石	Ⅸ	严重风化的软弱的花岗岩、片麻岩和正长岩 滑石化的蛇纹岩 致密的石灰岩 含有卵石、沉积岩的渣质胶结的砾岩 砂岩 砂质石灰质片岩 菱镁矿	2500 2400 2500 2500 2500 2500 3000	800~1000	11.5		8~10
	Ⅹ	白云石 坚固的石灰岩 大理石 石灰胶结的致密砾石 坚固砂质片岩	2700 2700 2700 2600 2600	1000~1200	15.0		10~12
	Ⅺ	粗花岗岩 非常坚硬的白云岩 蛇纹岩 石灰质胶结的含有火成岩之卵石的 砾石 石英胶结的坚固砂岩 粗粒正长岩	2800 2900 2600 2800 2700 2700	1200~1400	18.5		12~14
	Ⅻ	具有风化痕迹的安山岩和玄武岩 片麻岩 非常坚固的石灰岩 硅质胶结的含有火成岩之卵石的砾岩 粗石岩	2700 2600 2900 2900 2600	1400~1600	22.0		14~16
	ⅩⅢ	中粒花岗岩 坚固的片麻岩 辉绿岩 玢岩 坚固的粗面岩 中粒正长岩	3100 2800 2700 2500 2800 2800	1600~1800	27.5		16~18

续表 7.1

土石分类	普氏分类	土壤及岩石名称	天然湿度下平均容量/(kg/m³)	极限压碎强度/(kg/cm²)	用轻钻孔机钻进1 m耗时/min	开挖方法及工具	紧固系数 f
普坚石	XⅣ	非常坚硬的细粒花岗岩 花岗岩麻岩 闪长岩 高硬度的石灰岩 坚固的玢岩	3300 2900 2900 3100 2700	1800～2000	32.5	用爆破方法开挖	18～20
	XⅤ	安山岩、玄武岩、坚固的角页岩 高硬度的辉绿岩和闪长岩 坚固的辉长岩和石英岩	3100 2900 2800	2000～2500	46.0		20～25
	XⅥ	拉长玄武岩和橄榄玄武岩 特别坚固的辉长辉绿岩、石英石和玢岩	3300 3300	大于2500	大于60		大于25

表 7.2 土石方体积折算系数表

天然密实度体积	虚方体积	夯实后体积	松填体积
1.00	1.30	0.87	1.08
0.77	1.00	0.67	0.83
1.15	1.49	1.00	1.24
0.93	1.20	0.81	1.00

(3)挖土方平均厚度应按自然地面测量标高至设计地坪标高间的平均厚度确定。基础土方、石方开挖深度应按基础垫层底表面标高至交付施工场地标高确定,无交付施工场地标高时,应按自然地面标高确定。

(4)建筑物场地厚度在±30 cm 以内的挖、填、运、找平,应按表 7.3 中平整场地项目编码列项;±30 cm 以外的竖向布置挖土或山坡切土,应按表 7.3 中挖土方项目编码列项。

(5)挖基础土方包括带形基础、独立基础、满堂基础(包括地下室基础)及设备基础、人工挖孔桩等的挖方。带形基础应按不同底宽和深度,独立基础和满堂基础应按不同底面积和深度分别编码列项。清单工程量中未包括施工组织规定的放坡、工作面及机械挖土进出场施工工作面的坡道等增加的土方量,其费用应包括在报价中。

(6)管沟土(石)方工程量应按设计图示尺寸以长度计算。有管沟设计时,平均深度以沟垫层底表面标高至交付施工场地标高计算;无管沟设计时,直埋管深度应按管底外表面标高至交付施工场地标高的平均高度计算。开挖加宽的工作面、放坡和接口处增加的土方量,其费用应包括在管沟土方的报价内。

(7)设计要求采用减震孔方式减弱爆破震动波时,应按表 7.4 中预裂爆破项目编码列项。

(8)湿土的划分应按地质资料提供的地下常水位为界,地下常水位以下为湿土。

(9)挖方出现流沙、淤泥时,可根据实际情况由发包人与承包人双方认证。

7.1.2 工程量清单项目设置及计算规则

7.1.2.1 土方工程

土方工程工程量清单项目设置及工程量计算规则见表7.3。

表7.3 土方工程(编码:010101)

<table>
<tr><th>项目编码</th><th>项目名称</th><th>项目特征</th><th>计量单位</th><th>工程量计算规则</th><th>工程内容</th></tr>
<tr><td>010101001</td><td>平整场地</td><td>1. 土壤类别
2. 弃土运距
3. 取土运距</td><td>m^2</td><td>按设计图示尺寸以建筑物首层面积计算</td><td>1. 土方挖填
2. 场地找平
3. 运输</td></tr>
<tr><td>010101002</td><td>挖土方</td><td>1. 土壤类别
2. 挖土平均厚度
3. 弃土运距</td><td rowspan="4">m^3</td><td>按设计图示尺寸以体积计算</td><td rowspan="2">1. 排地表水
2. 土方开挖
3. 挡土板支拆
4. 截桩头
5. 基底钎探
6. 运输</td></tr>
<tr><td>010101003</td><td>挖基础土方</td><td>1. 土壤类别
2. 基础类型
3. 垫层底宽、底面积
4. 挖土深度
5. 弃土运距</td><td>按设计图示尺寸以基础垫层底面积乘以挖土深度计算</td></tr>
<tr><td>010101004</td><td>冻土开挖</td><td>1. 冻土厚度
2. 弃土运距</td><td>按设计图示尺寸开挖面积乘以厚度以体积计算</td><td>1. 打眼、装药、爆破
2. 开挖
3. 清理
4. 运输</td></tr>
<tr><td>010101005</td><td>挖淤泥、流沙</td><td>1. 挖掘深度
2. 弃淤泥、流沙距离</td><td>按设计图示位置、界限以体积计算</td><td>1. 挖淤泥、流沙
2. 弃淤泥、流沙</td></tr>
<tr><td>010101006</td><td>管沟土方</td><td>1. 土壤类别
2. 管外径
3. 挖沟平均深度
4. 弃土石运距
5. 回填要求</td><td>m</td><td>按设计图示以管道中心线长度计算</td><td>1. 排地表水
2. 土方开挖
3. 挡土板支拆
4. 运输
5. 回填</td></tr>
</table>

7.1.2.2 石方工程

石方工程工程量清单项目设置及工程量计算规则见表7.4。

表7.4 石方工程(编码:010102)

项目编码	项目名称	项目特征	计量单位	工程量计算规则	工程内容
010102001	预裂爆破	1. 岩石类别 2. 单孔深度 3. 单孔装药量 4. 炸药品种、规格 5. 雷管品种、规格	m	按设计图示以钻孔总长度计算	1. 打眼、装药、放炮 2. 处理渗水、积水 3. 安全防护、警卫
010102002	石方开挖	1. 岩石类别 2. 开凿深度 3. 弃碴运距 4. 光面爆破要求 5. 基底摊座要求 6. 爆破石块直径要求	m^3	按设计图示尺寸以体积计算	1. 打眼、装药、放炮 2. 处理渗水、积水 3. 解小 4. 岩石开凿 5. 摊座 6. 清理 7. 运输 8. 安全防护、警卫
010102003	管沟石方	1. 岩石类别 2. 管外径 3. 开凿深度 4. 弃碴运距 5. 基底摊座要求 6. 爆破石块直径要求	m	按设计图示以管道中心线长度计算	1. 石方开凿、爆破 2. 处理渗水、积水 3. 解小 4. 摊座 5. 清理、运输、回填 6. 安全防护、警卫

7.1.2.3 土石方运输与回填

土石方运输与回填工程量清单项目设置及工程量计算规则见表7.5。

表 7.5　土石方回填(编码:010103)

项目编码	项目名称	项目特征	计量单位	工程量计算规则	工程内容
010103001	土(石)方回填	1. 土质要求 2. 密实度要求 3. 粒径要求 4. 夯填(碾压) 5. 松填 6. 运输距离	m^3	按设计图示尺寸以体积计算 注:1. 场地回填:回填面积乘以平均回填厚度 2. 室内回填:主墙间净面积乘以回填厚度 3. 基础回填:挖方体积减去设计室外地坪以下埋没的基础体积(包括基础垫层及其他构筑物)	1. 挖土方 2. 装卸、运输 3. 回填 4. 分层碾压、夯实

7.1.3　土(石)方工程工程量清单计价

例 7.1　某建筑物基础平面图、剖面图如图 7.1 所示,已知土壤为三类土,现场无积水,不支挡土板,人工运输土方 100 m,基底钎探,人工挖土方,试编制挖基础土方工程量清单及工程量清单报价。

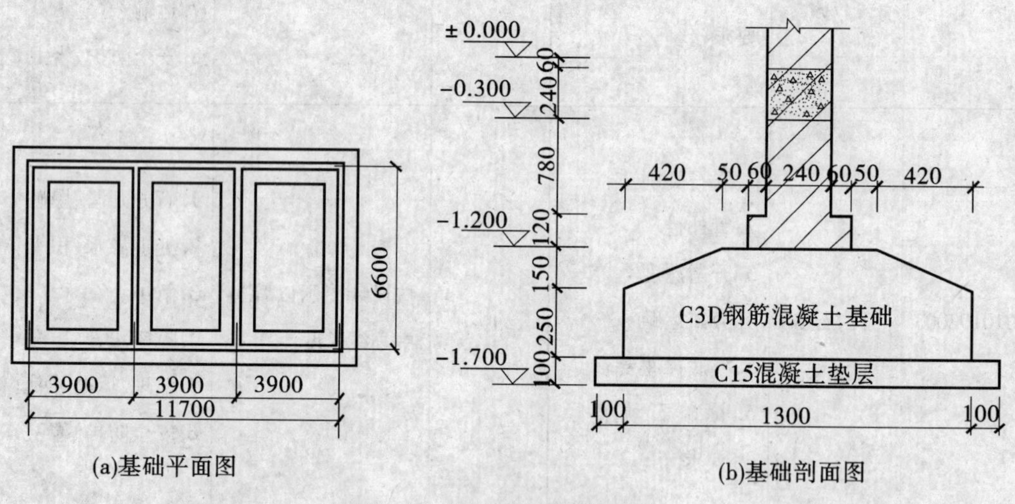

(a)基础平面图

(b)基础剖面图

图 7.1　基础平面图及剖面图

解　(1)编制分部分项工程量清单

挖基础土方清单工程量 $=[(11.7+6.6)\times2+(6.6-1.5)\times2]\times1.5\times(1.7-0.3)$

$=98.28(m^3)$

分部分项工程量清单与计价表

工程名称:某工程　　　　标段:　　　　第　页　共　页

序号	项目编码	项目名称	项目特征描述	计量单位	工程量	金额/元		
						综合单价	合价	其中:暂估价
1	010101003001	挖基础土方	1. 土壤类别: 三类土 2. 基础类型:带形基础 3. 垫层底宽: 1.5 m 4. 人工挖土深度:1.4 m 5. 人工运输土方 100 m 6. 基底钎探	m^3	98.28			
			本页小计					
			合计					

(2)分部分项工程量清单报价

分部分项工程量清单与计价表

工程名称:某工程　　　　标段:　　　　第　页　共　页

序号	项目编码	项目名称	项目特征描述	计量单位	工程量	金额/元		
						综合单价	合价	其中:暂估价
1	010101003001	挖基础土方	1. 土壤类别: 三类土 2. 基础类型:带形基础 3. 垫层底宽: 1.5 m 4. 人工挖土深度:1.4 m 5. 人工运输土方 100 m 6. 基底钎探	m^3	98.28	46.87	4606.38	
			本页小计				4606.38	
			合计				4606.38	

工程量清单综合单价分析表

工程名称:某工程　　　　标段:　　　　第　页　共　页

项目编码		010101003001		项目名称		挖基础土方				计量单位	m^3
清单综合单价组成明细											
定额编号	定额名称	定额单位	数量	单价				合价			
				人工费	材料费	机械费	管理费和利润	人工费	材料费	机械费	管理费和利润
A1-18 换	人工挖沟槽一般土深度(m)1.5 以内	100 m^3	0.01	1829.7	0	0	320.2	18.3	0	0	3.2
A1-36 换	双轮车运土运距(m)50 以内	100 m^3	0.01	1645.44	13.56	0	287.95	16.45	0.14	0	2.88
A1-37 换	双轮车运土运距 400 m 以内每增加 50 m	100 m^3	0.01	192	1.64	0	33.6	1.92	0.02	0	0.34
A1-63 换	基底钎探	100 m^2	0.0071	416	0	0	92.95	2.97	0	0	0.66
人工单价		小计						39.64	0.15	0	7.08
64 元/工日		未计价材料费						0			
清单项目综合单价								46.88			
材料费明细	主要材料名称、规格、型号					单位	数量	单价/元	合价/元	暂估单价/元	暂估合价/元
	其他材料费					元	0.152	1	0.15		
	其他材料费							—	0	—	0
	材料费小计							—	0.15	—	0

注:① 本章例题清单计价依据《建设工程工程量清单计价规范》(GB 50500—2008)、《河南省建设工程工程量清单综合单价》(2008 建筑工程)以及河南省郑州市 2012 年 4 月份材料市场价格。② 定额计价基底钎探工程量=(11.7+6.6)×2+(6.6-1.5)×2]×1.5=70.2(m^2),1 m^3挖基础土方中基底钎探含量=70.2÷98.28=0.71(m^2)。

7.2　桩与地基基础工程

7.2.1　概述

7.2.1.1　桩与地基基础工程的工程量清单内容

桩与地基基础工程共3节12个项目，包括混凝土桩、其他桩、地基与边坡处理，适应于地基与边坡的处理及加固。

7.2.1.2　桩与地基基础工程工程量清单项目的划分

(1)混凝土桩　包括预制钢筋混凝土桩、接桩、混凝土灌注桩。

(2)其他桩　包括砂石灌注桩、灰土挤密桩、旋喷桩、喷粉桩。

(3)地基与边坡处理　包括地下连续墙、振冲灌注碎石、地基强夯、锚杆支护、土钉支护。

7.2.1.3　相关问题处理及注意事项

(1)土壤级别的确定见表7.6。

表7.6　土质鉴别表

内容		土壤级别	
		一级土	二级土
砂夹层	砂层连续厚度	<1 m	>1 m
	砂层中卵石含量	—	<15%
物理性能	压缩系数	>0.02	<0.02
	孔隙比	>0.7	<0.7
力学性能	静力触探值	<15	>50
	动力触探系数	<12	>12
每米纯沉桩时间平均值		<2 min	>2 min
说明		桩经外力作用较易沉入的土，土壤中夹有较薄的砂层	桩经外力作用较难沉入的土，土壤中夹有不超过3 m的连续厚度砂层

(2)预制钢筋混凝土桩项目，预制桩刷防护材料，其费用应包括在报价中。

(3)混凝土灌注桩项目，人工挖孔时采用的护壁，钻孔固壁泥浆的搅拌、运输，泥浆池、泥浆沟槽的砌筑、拆除及清理，其费用应包括在报价中。

(4)混凝土灌注桩的钢筋笼、地下连续墙的钢筋网制作、安装，应按混凝土及钢筋混凝土中相关项目编码列项。

7.2.2 工程量清单项目设置及工程量计算规则

7.2.2.1 混凝土桩

混凝土桩工程量清单项目设置及工程量计算规则见表7.7。

表7.7 混凝土桩(编码:010201)

项目编码	项目名称	项目特征	计量单位	工程量计算规则	工程内容
010201001	预制钢筋混凝土桩	1.土壤级别 2.单桩长度、根数 3.桩截面 4.板桩面积 5.管桩填充材料种类 6.桩倾斜度 7.混凝土强度等级 8.防护材料种类	m/根	按设计图示尺寸以桩长(包括桩尖)或根数计算	1.桩制作、运输 2.打桩、试验桩、斜桩 3.送桩 4.管桩填充材料、刷防护材料 5.清理、运输
010201002	接桩	1.桩截面 2.接头长度 3.接桩材料	个/m	按设计图示规定以接头数量(板桩按接头长度)计算	1.桩制作、运输 2.接桩、材料运输
010201003	混凝土灌注桩	1.土壤级别 2.单桩长度、根数 2.桩截面 3.成孔方法 4.混凝土强度等级	m/根	按设计图示尺寸以桩长(包括桩尖)或根数计算	1.成孔、固壁 2.混凝土制作、运输、灌注、振捣、养护 3.泥浆及沟槽砌筑、拆除 4.泥浆制作、运输 5.清理、运输

7.2.2.2 其他桩

其他桩工程量清单项目设置及工程量计算规则见表7.8。

表7.8 其他桩(编码:010202)

项目编码	项目名称	项目特征	计量单位	工程量计算规则	工程内容
010202001	砂石灌注桩	1. 土壤级别 2. 桩长 3. 桩截面 4. 成孔方法 5. 砂石级配	m	按设计图示尺寸以桩长(包括桩尖)计算	1. 成孔 2. 砂石运输 3. 填充 4. 振实
010202002	灰土挤密桩	1. 土壤级别 2. 桩长 3. 桩截面 4. 成孔方法 5. 灰土级配			1. 成孔 2. 灰土拌和、运输 3. 填充 4. 夯实
010202003	旋喷桩	1. 桩长 2. 桩截面 3. 水泥强度等级			1. 成孔 2. 水泥浆制作、运输 3. 水泥浆旋喷
010202004	喷粉桩	1. 桩长 2. 桩截面 3. 粉体种类 4. 水泥强度等级 5. 石灰粉要求			1. 成孔 2. 粉体运输 3. 喷粉固化

7.2.2.3 地基与边坡处理

地基与边坡处理工程量清单项目设置及工程量计算规则见表7.9。

表 7.9　地基与边坡处理(编码:010203)

项目编码	项目名称	项目特征	计量单位	工程量计算规则	工程内容
010203001	地下连续墙	1. 墙体厚度 2. 成倍深度 3. 混凝土强度等级	m^3	按设什图示墙中心线长乘以厚度乘以槽深以体积计算	1. 挖土成槽、余土运输 2. 导墙制作、安装 3. 锁口管吊拔 4. 浇注混凝土连续墙 5. 材料运输
010203002	振冲灌注碎石	1. 振冲深度 2. 成孔直径 3. 碎石级配		按设计图示孔深乘以孔截面积以体积计算	1. 成孔 2. 碎石运输 3. 灌注、振实
010203003	地基强夯	1. 夯击能量 2. 夯击遍数 3. 地耐力要求 4. 夯填材料种类	m^2	按设计图示尺寸以面积计算	1. 铺夯填材料 2. 强夯 3. 夯填材料运输
010203004	锚杆支护	1. 锚扎直径 2. 锚孔平均深度 3. 锚固方法、浆液种类 4. 支护厚度、材料种类 5. 混凝土强度等 6. 砂浆强度等级		按设计图示尺寸以支护面积计算	1. 钻孔 2. 浆液制作、运输、压浆 3. 张拉锚固 4. 混凝土制作、运输、喷射、养护 5. 砂浆制作、运输、喷射、养护
010203005	土钉支护	1. 支护厚度、材料种类 2. 混凝土强度等级 3. 砂浆强度等级		按设计图示尺寸以支护面积计算	1. 钉土钉 2. 挂网 3. 混凝土制作、运输、喷射、养护 4. 砂浆制作、运输、喷射、养护

7.2.3 工程量清单计价

例7.2 某工程采用商品混凝土C30(20)灌注桩(沉管灌注桩),单根桩设计长为8 m(包括桩尖),Φ750,桩顶标高为-1.8 m,室内外高差为0.3 m,共20根,预制桩尖预制混凝土C30(碎石≤20 mm,32.5水泥),Φ850长1 m,试编制灌注桩混凝土工程工程量清单及工程量清单计价。

解 (1)编制混凝土灌注桩分部分项工程量清单

混凝土灌注桩清单工程量 $=3.14\times0.375^2\times8\times20=70.65(m^3)$

分部分项工程量清单与计价表

工程名称:某工程　　　　标段:　　　　第　页　共　页

序号	项目编码	项目名称	项目特征描述	计量单位	工程量	金额/元		
						综合单价	合价	其中:暂估价
1	010201003001	混凝土灌注桩	1. 桩的种类:沉管灌注混凝土灌注桩 2. 桩长 8 m;桩直径 750 mm;20根 3. 混凝土强度等级:商品混凝土C30(20) 4. 空桩费 5. 预制混凝土桩尖:C30(碎石≤20 mm, 32.5水泥),桩长1 m;桩直径900 mm	m^3	70.65			
本页小计								
合计								

(2)工程量清单报价

分部分项工程量清单与计价表

工程名称:某工程　　　　标段:　　　　第　页　共　页

序号	项目编码	项目名称	项目特征描述	计量单位	工程量	金额/元		
						综合单价	合价	其中:暂估价
1	010201003001	混凝土灌注桩	1. 桩的种类:沉管灌注混凝土灌注桩 2. 桩长 8 m,桩直径 750 mm,20 根 3. 混凝土强度等级:商品混凝土 C30(20) 4. 空桩费 5. 预制混凝土桩尖:C30(碎石≤20 mm,32.5 水泥),桩长 1 m,桩直径 900 mm	m^3	70.65	813.07	57443.4	
			本页小计				57443.4	
			合计				57443.4	

工程量清单综合单价分析表

工程名称:某工程　　　　标段:　　　　第　页　共　页

项目编码		010101003001		项目名称		混凝土灌注桩			计量单位	m³	
清单综合单价组成明细											
定额编号	定额名称	定额单位	数量	单价				合价			
				人工费	材料费	机械费	管理费和利润	人工费	材料费	机械费	管理费和利润
A2-24换 *1.031	沉管灌注混凝土桩桩长(m)15以内(C20-20(32.5水泥)现浇碎石砼)换为【C30商品砼 最大粒径20mm】子目乘以翻浆系数1.031	m³	1	187.06	315.45	129.38	68.88	187.06	315.45	129.38	68.88
A2-26换	沉管灌注混凝土桩桩长(m)15以内空桩费	m³	0.1563	83.2	13.43	125.49	33.65	13	2.1	19.61	5.26
A2-32换	预制钢筋混凝土桩尖(C20-20(32.5水泥)预制碎石砼)	m³	0.18	157.38	190.7	0.54	53.11	28.34	34.33	0.1	9.56
人工单价		小计						228.4	351.88	149.09	83.7
64元/工日		未计价材料费						0			
清单项目综合单价								813.07			

续表

	主要材料名称、规格、型号	单位	数量	单价/元	合价/元	暂估单价/元	暂估合价/元
材料费明细	水泥 32.5	t	0.0636	335	21.3		
	砂子中粗	m^3	0.0822	60	4.93		
	其他材料费	元	11.3265	1	11.33		
	C30 商品砼最大粒径 20 mm	m^3	1.2372	240	296.93		
	其他材料费			—	17.38		
	材料费小计			—	351.88		

注:① 定额计价考虑翻浆因素影响系数 k=(8+0.25)÷8=1.031。② 定额计价空桩费工程量=3.14×0.375^2×(1.5-0.25)×20=11.04(m^3)。③ 1 m^3 混凝土灌注桩中空桩费含量=11.04÷70.65=0.1563(m^3)。④ 定额计价预制混凝土桩尖工程量=3.14×0.45^2×1.0×20=12.72(m^3)。⑤ 1 m^3 混凝土灌注桩中预制混凝土桩尖含量=12.72÷70.65=0.180(m^3)。

7.3 砌筑工程

7.3.1 概述

7.3.1.1 砌筑工程的工程量清单内容

砌筑工程共6节25个项目,包括砖基础、砖砌体、砖构筑物、砌块砌体、石砌体、砖散水、地坪、地沟,适应于建筑物、构筑物的砌筑工程。

7.3.1.2 砌筑工程的工程量清单项目划分

(1)砖基础工程　包括砖基础。

(2)砖砌体工程　包括实心砖墙、空斗墙、空花墙、填充墙、实心砖柱、零星砌体。

(3)砖构筑物　包括砖烟囱水塔、砖烟道、砖窨井、检查井、砖水池化粪池。

(4)砌块砌体　包括空心砖墙砌块墙、空心砖柱砌块柱。

(5)石砌体　包括石基础、石勒脚、石墙、石挡土墙、石柱、石栏杆、石护坡、石台阶、石坡道、石地沟、石明沟。

(6)砖散水、地坪、地沟　包括砖散水地坪、砖地沟明沟。

7.3.1.3 相关问题处理及注意事项

(1)基础垫层包括在基础项目内。

(2)标准砖尺寸应为240 mm×115 mm×53 mm。标准砖墙厚度应按表7.10计算。

表7.10　标准墙计算厚度表

砖数(厚度)	1/4	1/2	3/4	1	$1\frac{1}{2}$	2	$2\frac{1}{2}$	3
计算厚度/mm	53	115	180	240	365	490	615	740

(3)砖基础与砖墙(身)划分应以设计室内地坪为界(有地下室的按地下室室内设计地坪为界),以下为基础,以上为墙(柱)身。基础与墙身使用不同材料,位于设计室内地坪±300 mm以内时以不同材料为界,超过±300 mm,应以设计室内地坪为界。砖围墙应以设计室外地坪为界,以下为基础,以上为墙身。

(4)框架外表面的镶贴砖部分,应单独按表7.11中相关零星项目编码列项。

(5)附墙烟囱、通风道、垃圾道,应按设计图示尺寸以体积(扣除孔洞所占体积)计算,并入所依附的墙体体积内。当设计规定孔洞内需抹灰时,应按相关项目编码列项。

(6)空斗墙的窗间墙、窗台下、楼板下等的实砌部分,应按表7.11中零星砌砖项目编码列项。

(7)零星砌砖项适应于台阶、台阶挡墙、梯带、锅台、炉灶、蹲台、池槽、池槽腿、花台、花池、楼梯栏板、阳台栏板、地垄墙、屋面隔热板下的砖墩、0.3 m^2 孔洞填塞等。砖砌锅台与炉灶可按外形尺寸以个计算,砖砌台阶可按水平投影面积以平方米计算,小便槽、地垄墙可按长度计算,其他工程量按立方米计算。

(8)砖烟囱应按设计室外地坪为界,以下为基础,以上为筒身。

(9)砖烟囱体积可按下式分段计算:$V = \sum H \times C \times \pi D$,式中 V 表示筒身体积,H 表示每段筒身垂直高度,C 表示每段筒壁厚度,D 表示每段筒壁平均直径。

(10)砖烟道与炉体的划分应以第一道闸门为界。

(11)水塔基础与塔身划分应以砖砌体的扩大部分顶面为界,以上为塔身,以下为基础。

(12)石基础、石勒脚、石墙身的划分:基础与勒脚应以设计室外地坪为界,勒脚与墙身应以设计室内地坪为界。石围墙内外地坪标高不同时,应以较低地坪标高为界,以下为基础;内外标高之差为挡土墙时,挡土墙以上为墙身。

(13)石梯带工程量应计算在石台阶工程量内。

(14)石梯膀应按表 7.15 石挡土墙项目编码列项。

(15)砌体内加筋的制作、安装,应按 7.4 节相关项目编码列项。

7.3.2 工程量清单项目设置及工程量计算规则

7.3.2.1 砖基础

砖基础工程量清单项目设置及工程量计算规则见表 7.11。

表 7.11 砖基础(编码:010301)

项目编码	项目名称	项目特征	计量单位	工程量计算规则	工程内容
010301001	砖基础	1. 砖品种、规格、强度等级 2. 基础类型 3. 基础深度 4. 砂浆强度等级	m^3	按设计图示尺寸以体积计算。包括附墙垛基础宽出部分体积,扣除地梁(圈梁)、构造柱所占体积,不扣除基础大放脚T形接头处的重叠部分及嵌入基础内的钢筋、铁件、管道、基础砂浆防潮层和单个面积 0.3 m^2 以内的孔洞所占体积,靠墙暖气沟的挑檐不增加 基础长度:外墙按中心线,内墙按净长线计算	1. 砂浆制作、运输 2. 砌砖 3. 防潮层铺设 4. 材料运输

7.3.2.2 砖砌体

砖砌体工程量清单项目设置及工程量计算规则见表 7.12。

表7.12 砖砌体(编码:010302)

项目编码	项目名称	项目特征	计量单位	工程量计算规则	工程内容
010302001	实心砖墙	1. 砖品种、规格、强度等级 2. 墙体类型 3. 墙体厚度 4. 墙体高度 5. 勾缝要求 6. 砂浆强度等级、配合比	m^3	按设计图示尺寸以体积计算。扣除门窗洞口、过人洞、空圈、嵌入墙内的钢筋混凝土柱、梁、圈梁、挑梁、过梁及凹进墙内的壁龛、管槽、暖气槽、消火栓箱所占体积。不扣除梁头、板头、擦头、垫木、木楞头、沿缘木、木砖、门窗走头、砖墙内加固钢筋、木筋、铁件、钢管及单个面积0.3 m^2以内的孔洞所占体积。凸出墙面的腰线、挑檐、压顶、窗台线、虎头砖、门窗套的体积亦不增加。凸出墙面的砖垛并入墙体体积内计算 1. 墙长度:外墙按中心线,内墙按净长计算 2. 墙高度 (1)外墙:斜(坡)屋面无檐口天棚者算至屋面板底;有屋架且室内外均有大棚者算至屋架下弦底另加200 mm;无天棚者算至屋架下弦底另加300 mm,出檐宽度超过600 mm时按实砌高度计算;平屋面算至钢筋混凝土板底 (2)内墙:位于屋架下弦者,算至屋架下弦底;无屋架者算至天棚底另加100 mm;有钢筋混凝土楼板隔层者算至楼板顶;有框架梁时算至梁底 (3)女儿墙:从屋面板上表面算至女儿墙顶面(如有混凝土压顶时算至压顶下表面) (4)内、外山墙:按其平均高度计算 3. 围墙:高度算至压顶上表面(如有混凝土压顶时算至压顶下表面),围墙柱并入围墙体积内	1. 砂浆制作、运输 2. 砌砖 3. 勾缝 4. 砖压顶砌筑 5. 材料运输

续表 7.12

项目编码	项目名称	项目特征	计量单位	工程量计算规则	工程内容
010302002	空斗墙	1. 砖品种、规格、强度等级 2. 墙体类型 3. 墙体厚度 4. 勾缝要求 5. 砂浆强度等级、配合比		按设计图示尺寸以空斗墙外形体积计算，墙角、内外墙交接处、门窗洞日立边、窗台砖、屋檐处的实砌部分体积并入空斗墙体积内	
010302003	空花墙	1. 砖品种、规格、强度等级 2. 墙体类型 3. 墙体厚度 4. 勾缝要求 5. 砂浆强度等级		按设计图示尺寸以空花部分外形体积计算，不扣除空洞部分体积	1. 砂浆制作、运输 2. 砌砖 3. 装填充料 4. 勾缝 5. 材料运输
010302004	填充墙	1. 砖品种、规格、强度等级 2. 墙体厚度 3. 填充材料种类 4. 勾缝要求 5. 砂浆强度等级	m^3	按设计图示尺寸以填充墙外形体积计算	
010302005	实心砖柱	1. 砖品种、规格、强度等级 2. 柱类型 3. 柱截面 4. 柱高 5. 勾缝要求 6. 砂浆强度等级、配合比		按设计图示尺寸以体积计算。扣除混凝土及钢筋混凝土梁垫、梁头、板头所占体积	1. 砂浆制作、运输 2. 砌砖 3. 勾缝 4. 材料运输
010302006	零星砌砖	1. 零星砌砖名称、部位 2. 勾缝要求 3. 砂浆强度等级、配合比	m^3（m^2、m、个）		

7.3.2.3　砖构筑物

砖构筑物工程量清单项目设置及工程量计算规则见表7.13。

表7.13　砖构筑物(编码:010303)

项目编码	项目名称	项目特征	计量单位	工程量计算规则	工程内容
010303001	砖烟囱、水塔	1.筒身高度 2.砖品种、规格、强度等级 3.耐火砖品种、规格 4.耐火泥品种 5.隔热材料种类 6.勾缝要求 7.砂浆强度等级、配合比	m^3	按设计图示筒壁平均中心线周长乘以厚度乘以高度以体积计算。扣除各种孔洞、钢筋混凝土圈梁、过梁等的体积。	1.砂浆制作、运输 2.砌砖 3.涂隔热层 4.装填充料 5.砌内衬 6.勾缝 7.材料运输
010303002	砖烟道	1.烟道截面形状、长度 2.砖品种、规格、强度等级 3.耐火砖品种规格 4.耐火泥品种 5.勾缝要求 6.砂浆强度等级、配合比		按图示尺寸以体积计算	

续表 7.13

项目编码	项目名称	项目特征	计量单位	工程量计算规则	工程内容
010303003	砖窨井、检查井	1. 井截面 2. 垫层材料种类、厚度 3. 底板厚度 4. 勾缝要求 5. 混凝土强度等级 6. 砂浆强度等级、配合比 7. 防潮层材料种类	座	按设计图示数量计算。	1. 土方挖运 2. 砂浆制作、运输 3. 铺设垫层 4. 底板混凝土制作、运输、浇筑、振捣、养护 5. 砌砖 6. 勾缝 7. 井池底、壁抹灰 8. 抹防潮层 9. 回填 10. 材料运输
010303004	砖水池、化粪池	1. 池截面 2. 垫层材料种类、厚度 3. 底板厚度 4. 勾缝要求 5. 混凝土强度等级 6. 砂浆强度等级、配合比			

7.3.2.4 砌块砌体

砌块砌体工程量清单项目设置及工程量计算规则见表 7.14。

表7.14　砌块砌体(编码:010304)

项目编码	项目名称	项目特征	计量单位	工程量计算规则	工程内容
010304001	空心砖墙、砌块墙	1. 墙体类型 2. 墙体厚度 3. 空心砖、砌块品种、规格、强度等级 4. 勾缝要求 5. 砂浆强度等级、配合比	m^3	按设计图示尺寸以体积计算。扣除门窗洞口、过人洞、空圈、嵌入墙内的钢筋混凝土柱、梁、圈梁、挑梁、过梁及凹进墙内的壁龛、管槽、暖气槽、消火栓箱所占体积,不扣除梁头、板头、檩头、垫木、木楞头、沿缘木、木砖、门窗走头、砖墙内加固钢筋、木筋、铁件、钢管及单个面积0.3 m^2 以内的孔洞所占体积,凸出墙面的腰线、挑檐、压顶、窗台线、虎头砖、门窗套的体积不增加,凸出墙面的砖垛并入墙体体积内。 1. 墙长度:外墙按中心线,内墙按净长计算。 2. 墙高度: (1)外墙:斜(坡)屋面无檐口天棚者算至屋面板底;有屋架且室内外均有天棚者算至屋架下弦底另加200 mm;无天棚者算至屋架下弦底另加300 mm,出檐宽度超过600 mm时按实砌高度计算;平屋面算至钢筋混凝土板底。 (2)内墙:位于屋架下弦者,算至屋架下弦底;无屋架者算至天棚底另加100 mm;有钢筋混凝土楼板隔层者算至楼板顶;有框架梁时算至梁底。 (3)女儿墙:从屋面板上表面算至女儿墙顶面(如有压顶时算至压顶下表面)。 (4)内、外山墙:按其平均高度计算。 3. 围墙:高度算至压顶上表面(如有混凝土压顶时算至压顶下表面),围墙往并入围墙体积内。	1. 砂浆制作、运输 2. 砌砖、砌块 3. 勾缝 4. 材料运输
010304002	空心砖柱、砌块柱	1. 柱高度 2. 柱截面 3. 空心砖、砌块品种、规格、强度等级 4. 勾缝要求 5. 砂浆强度等级、配合比		按设计图示尺寸以体积计算。扣除混凝土及钢筋混凝土梁垫、梁头、板头所占体积。	

7.3.2.5　石砌体

石砌体工程量清单项目设置及工程量计算规则见表7.15。

表 7.15　石砌体(编码:010305)

项目编码	项目名称	项目特征	计量单位	工程量计算规则	工程内容
010305001	石基础	1. 石料种类、规格 2. 基础深度 3. 基础类型 4. 砂浆强度等级、配合比	m^3	按设计图示尺寸以体积计算。包括附墙垛基础宽出部分体积,不扣除基础砂浆防潮层及单个面积 0.3 m^2 以内的孔洞所占体积,靠墙暖气沟的挑檐不增加体积。基础长度:外墙按中心线,内墙按净长计算	1. 砂浆制作、运输 2. 砌石 3. 防潮层铺设 4. 材料运输
010305002	石勒脚	1. 石料种类、规格 2. 石表面加工要求 3. 勾缝要求 4. 砂浆强度等级、配合比		按设计图示尺寸以体积计算。扣除单个 0.3 m^2 以外的孔洞所占的体积	1. 砂浆制作、运输 2. 砌石 3. 石表面加工 4. 勾缝 5. 材料运输
010305003	石墙	1. 石料种类、规格 2. 墙厚 3. 石表面加工要求 4. 勾缝要求 5. 砂浆强度等级、配合比		按设计图示尺寸以体积计算。扣除门窗洞口、过人洞、空圈、嵌入墙内的钢筋混凝土柱、梁、圈梁、挑梁、过梁及凹进墙内的壁龛、管槽、暖气槽、消火栓箱所占体积,不扣除梁头、板头、檩头、垫木、木楞头、沿缘木、木砖、门窗走头、砖墙内加固钢筋、木筋、铁件、钢管及单个面积 0.3 m^2 以内的孔洞所占体积,凸出墙面的腰线、挑檐、压顶、窗台线、虎头砖、门窗套不增加体积,凸出墙面的砖垛并入墙体体积内 1. 墙长度:外墙按中心线,内墙按净长计算 2. 墙高度: (1)外墙:斜(坡)屋面无檐口天棚者算至屋面板底;有屋架且室内外均有天棚者算至屋架下弦底另加 200 mm;无天棚者算至屋架下弦底另加 300 mm,出檐宽度超过 600 mm 时按实砌高度计算;平屋面算至钢筋混凝土板底 (2)内墙:位于屋架下弦者,算至屋架下弦底;无屋架者算至天棚底另加 100 mm;有钢筋混凝土楼板隔层者算至楼板顶;有框架梁时算至梁底 (3)女儿墙:从屋面板上表面算至女儿墙顶面(如有压顶时算至压顶下表面) (4)内、外山墙:按其平均高度计算 3. 围墙:高度算至压顶上表面(如有混凝土压顶时算至压顶下表面),围墙柱、砖压顶并入围墙体积内	

续表 7.15

项目编码	项目名称	项目特征	计量单位	工程量计算规则	工程内容
010305004	石挡土墙	1. 石料种类、规格 2. 墙厚 3. 石表面加工要求 4. 勾缝要求 5. 砂浆强度等级、配合	m^3	按设计图示尺寸以体积计算	1. 砂浆制作、运输 2. 砌石 3. 压顶抹灰 4. 勾缝 5. 材料运输
010305005	石柱	1. 石料种类、规格 2. 柱截面 3. 石表面加工要求 4. 勾缝要求 5. 砂浆强度等级、配合比			1. 砂浆制作、运输 2. 砌石 3. 石表面加工 4. 勾缝 5. 材料运输
010305006	石栏杆		m	按设计图示以长度计算	
010305007	石护坡	1. 垫层材料种类、厚度 2. 石料种类、规格 3. 护坡厚度、高度 4. 石表面加工要求 5. 勾缝要求 6. 砂浆强度等级、配合比	m^3	按设计图示尺寸以体积计算	
010305008	石台阶				1. 铺设垫层 2. 石料加工 3. 砂浆制作、运输 4. 砌石 5. 石表面加工 6. 勾缝 7. 材料运输
010305009	石坡道		m^2	按设计图示尺寸以水平投影面积计算	
010305010	石地沟、石明沟	1. 沟截面尺寸 2. 垫层种类、厚度 3. 石料种类、规格 4. 石表面加工要求 5. 勾缝要求 6. 砂浆强度等级、配合比	m	按设计图示以中心线长度计算。	1. 土石挖运 2. 砂浆制作、运输 3. 铺设垫层 4. 砌石 5. 石表面加工 6. 勾缝 7. 回填 8. 材料运输

7.3.2.6 砖散水、地坪、地沟

砖散水、地坪、地沟工程量清单项目设置及工程量计算规则见表7.16。

表7.16 砖散水、地坪、地沟(编码:010306)

项目编码	项目名称	项目特征	计量单位	工程量计算规则	工程内容
010306001	砖散水、地坪	1. 垫层材料种类、厚度 2. 散水、地坪厚度 3. 面层种类、厚度 4. 砂浆强度等级、配合比	m^2	按设计图示尺寸以面积计算	1. 地基找平、夯实 2. 铺设垫层 3. 砌砖散水、地 4. 抹砂浆面层
010306002	砖地沟、明沟	1. 沟截面尺寸 2. 垫层材料种类、厚度 3. 混凝土强度等级 4. 砂浆强度等级、配合比	m	按设计图示以中心线长度计算	1. 挖运土石 2. 铺设垫层 3. 底板混凝土制作、运输、浇筑、振捣、养护 4. 砌砖 5. 勾缝、抹灰 6. 材料运输

7.3.3 工程量清单计价

例7.3 根据图7.1,地圈梁以下采用MU10机制煤矸砖,M10水泥砂浆砌筑砖基础,地圈梁以上采用MU10机制煤矸砖,M7.5混合砂浆砌筑。试编制砖基础工程量清单及工程量清单计价表。

解 (1)编制砖基础工程量清单

基础与墙身分界线在地圈梁顶部。

砖基础清单工程量 $=[(1.70-0.5-0.24-0.06+0.066)\times0.24][(11.7+6.6)\times2+(6.6-0.24)\times2]$

$=11.43(m^3)$

分部分项工程量清单与计价表

工程名称:某建筑工程　　　　标段:　　　　第　页　共　页

序号	项目编码	项目名称	项目特征描述	计量单位	工程量	金额/元		
						综合单价	合价	其中:暂估价
1	010301001001	砖基础	1.砖品种、规格、强度等级:MU10 煤矸砖 240×115×53 2.基础类型:带形基础 3.基础深度 4.砂浆强度等级:M10 的水泥砂浆	m^3	11.43			
本页小计								
合计								

(2)编制工程量清单计价表

分部分项工程量清单与计价表

工程名称:某建筑工程　　　　标段:　　　　第　页　共　页

序号	项目编码	项目名称	项目特征描述	计量单位	工程量	金额/元		
						综合单价	合价	其中:暂估价
1	010301001001	砖基础	1.砖品种、规格、强度等级:MU10 煤矸砖 240×115×53 2.基础类型:带形基础 3.基础深度 4.砂浆强度等级:M10 水泥砂浆	m^3	11.43	279.54	3195.14	
本页小计							3195.14	
合计							3195.14	

工程量清单综合单价分析表

工程名称：某建筑工程　　　　标段：　　　　第　页　共　页

项目编码		010101003001		项目名称		砖基础				计量单位	m^3
清单综合单价组成明细											
定额编号	定额名称	定额单位	数量	单价				合价			
				人工费	材料费	机械费	管理费和利润	人工费	材料费	机械费	管理费和利润
A3-1 换	砖基础（M5 水泥砌筑砂浆）换为【水泥砂浆 M10 砌筑砂浆】	10 m^3	0.1	748.16	1838.14	26.5	182.55	74.82	183.81	2.65	18.26
人工单价		小计						74.82	183.81	2.65	18.26
64 元/工日		未计价材料费						0			
清单项目综合单价清单项目综合单价								279.54			
材料费明细	主要材料名称、规格、型号					单位	数量	单价/元	合价/元	暂估单价/元	暂估合价/元
	水泥 32.5					t	0.0676	335	22.64		
	砂子中粗					m^3	0.2489	60	14.93		
	机砖 240×115×53					千块	0.52	280	145.6		
	其他材料费							—	0.64		
	材料费小计							—	183.81		

例7.4　某宿舍楼采用M5混合砂浆砌240 mm厚炉渣砖实心砖墙，双面原浆勾缝，墙长290 m、高7.2 m，墙上有C-1:1500 mm×1800 mm共20樘，M-1:2100 mm×2500 mm共20樘，试编制实心砖墙工程量清单及工程量清单计价。

解　(1)编制实心砖墙工程量清单

240 mm实心砖墙工程量=(290×7.2-1.5×1.8×20-2.1×2.5×20)×0.24

=462.96(m^3)

分部分项工程量清单与计价表

工程名称：某宿舍楼　　标段：　　第　页共　页

序号	项目编码	项目名称	项目特征描述	计量单位	工程量	金额/元		
						综合单价	合价	其中：暂估价
1	010302001001	实心砖墙	1. 砖品种、规格、强度等级：炉渣砖MU10,240×115×53 2. 墙体类型：实心砖墙 3. 墙体厚度：240 mm 4. 墙体高度：7.2 m 5. 砂浆强度等级：M5混合砂浆 6. 双面勾缝：M5混合砂浆	m^3	462.96			
本页小计								
合计								

(2)工程量清单计价

分部分项工程量清单与计价表

工程名称:某宿舍楼　　　　标段:　　　　第　页　共　页

序号	项目编码	项目名称	项目特征描述	计量单位	工程量	金额/元		
						综合单价	合价	其中:暂估价
1	010302001001	实心砖墙	1. 砖品种、规格、强度等级:炉渣砖 MU10,240×115×53 2. 墙体类型:实心砖墙 3. 墙体厚度:240 mm 4. 墙体高度:7.2m 5. 砂浆强度等级:M5 混合砂浆 6. 双面勾缝:M5 混合砂浆	m^3	462.96	311.55	144235.19	
			本页小计				144235.19	
			合计				144235.19	

工程量清单综合单价分析表

工程名称：某宿舍楼　　　　标段：　　　　第　页　共　页

项目编码		010101003001		项目名称		实心砖墙				计量单位	m^3
清单综合单价组成明细											
定额编号	定额名称	定额单位	数量	单价				合价			
				人工费	材料费	机械费	管理费和利润	人工费	材料费	机械费	管理费和利润
3-6 HCP 1650 CP1640	砖墙1砖（混合砂浆M5砌筑砂浆）	10 m^3	0.1	869.12	1826.03	24.85	161.01	86.91	182.6	2.49	16.1
3-22 HCP 1650 CP1640	砖墙面勾缝原浆（混合砂浆M5砌筑砂浆）	100 m^2	0.0902	192	30.42	2.48	35.15	17.32	2.74	0.22	3.17
人工单价		小计						104.23	185.34	2.71	19.27
64元/工日		未计价材料费									
清单项目综合单价								311.55			

材料费明细	主要材料名称、规格、型号	单位	数量	单价/元	合价/元	暂估单价/元	暂估合价/元
	水泥 32.5	t	0.0553	335.00	18.53		
	石灰膏	m^3	0.0261	95.00	2.48		
	水	m^3	0.106	4.05	0.43		
	水	m^3	0.1024	4.05	0.41		
	砂子 中粗	m^3	0.261	60.00	15.66		
	机砖 240×115×53	千块	0.528	280.00	147.84		
	其他材料费			—		—	
	材料费小计			—	185.34	—	

注：① 定额计价中双面勾缝工程量$=290\times7.2\times2=4176(m^2)$。② 1 m^3 实心砖墙中墙面勾缝含量$=4176/462.96=9.02$。

7.4 混凝土及钢筋混凝土工程

7.4.1 概述

7.4.1.1 现浇混凝土基础工程工程量清单内容

混凝土及钢筋混凝土工程共17节70个项目，包括现浇混凝土基础、现浇混凝土柱、现浇混凝土梁、现浇混凝土板、现浇混凝土楼梯、后浇带、预制混凝土柱、预制混凝土屋架、预制混凝土板、预制混凝土楼梯、其他预制构件、混凝土构筑物、钢筋工程、螺栓、铁件 适应于建筑物及构筑物的混凝土工程。

7.4.1.2 现浇混凝土基础工程工程量清单项目划分

(1)现浇混凝土基础:包括带形基础、独立基础、满堂基础、设备基础、桩承台基础、垫层。

(2)现浇混凝土柱:包括矩形柱、异形柱。

(3)现浇混凝土梁:包括基础梁、矩形梁、异形梁、圈梁、过梁、弧形、拱形梁。

(4)现浇混凝土墙:包括直行墙、弧形墙。

(5)现浇混凝土板:包括有梁板、无梁板、平板、拱板、薄壳板、栏板、天沟挑檐板、雨篷阳台板、其他板。

(6)现浇混凝土楼梯:包括直行楼梯、弧形楼梯。

(7)现浇混凝土其他构件:包括其他构件、散水坡道、电缆沟地沟。

(8)后浇带:包括后浇带。

(9)预制混凝土柱:包括矩形柱、异形柱。

(10)预制混凝土梁:包括矩形梁、异形梁、过梁、拱形梁、鱼腹式吊车梁、风道梁。

(11)预制混凝土屋架:包括折线型屋架、组合屋架、薄腹屋架、门式钢架屋架、天窗架屋架。

(12)预制混凝土板:包括平板、空心板、槽型板、网架板、折线板、带肋板、大型板。

(13)预制混凝土楼梯。

(14)其他预制构件:包括烟道垃圾道通风道、其他构件、水磨石构件。

(15)混凝土构筑物:包括 贮水池、贮仓、水塔、烟囱。

(16)钢筋工程:包括现浇混凝土钢筋、预制构件钢筋、钢筋网片、钢筋笼、先张法预应力钢筋、后张法预应力钢筋、预应力钢丝、预应力钢绞线。

(17)螺栓、铁件:包括螺栓、预埋铁件。

7.4.1.3 相关问题处理及注意事项

(1)混凝土垫层包括在基础项目内。

(2)有肋带形基础、无肋带形基础应分别编码(第五级编码)列项，并注明肋高。

(3)箱式满堂基础，可按表7.17~表7.21中满堂基础、柱、梁、墙、板分别编码列项，也可利用表7.17的第五级编码分别列项。

(4)框架式设备基础,可按表7.17~表7.21中设备基础、柱、梁、墙、板分别编码列项,也可利用 表7.17的第五级编码分别列项。

(5)构造柱应按表7.18中矩形柱项目编码列项,嵌入墙身的部分并入柱身体积。

(6)现浇挑檐、大沟板、雨篷、阳台与板(包括屋面板、楼板)连接时,以外墙外边线为分界线;与圈梁(包括其他梁)连接时,以梁外边线为分界线。外边线以外为挑檐、天沟、雨篷或阳台。

(7)整体楼梯(包括直形楼梯、弧形楼梯)水平投影面积包括休息平台、平台梁、斜梁和楼梯的连接梁。当整体楼梯与现浇楼板无梯梁连接时,以楼梯的最后一个踏步边缘加300 mm为界。

(8)现浇混凝土小型池槽、压顶、扶手、垫块、台阶、门框等,应按表7.23中其他构件项目编码列项。其中扶手、压顶(包括伸入墙内的长度)应按延长米计算,台阶应按水平投影面积计算。

(9)三角形屋架应按表7.27中折线型屋架项目编码列项。

(10)不带肋的预制遮阳板、雨篷板、挑檐板、栏板等,应按表7.28中平板项目编码列项。

(11)预制F形板、双T形板、单肋板和带反挑檐的雨篷板、挑檐板、遮阳板等,应按表7.28中带肋板项目编码列项。

(12)预制大型墙板、大型楼板、大型屋面板等,应按表7.28中大型板项目编码列项。

(13)预制钢筋混凝土楼梯,可按斜梁、踏步分别编码(第五级编码)列项。

(14)预制钢筋混凝土小型池槽、压顶、扶手、垫块、隔热板、花格等,应按表7.30中其他构件项目编码列项。

(15)贮水(油)池的池底、池壁、池盖可分别编码(第五级编码)列项。有壁基梁的,应以壁基梁底为界,以上为池壁,以下为池底;无壁基梁的,锥形坡底应算至其上口,池壁下部的八字靴脚应并入池底体积内。无梁池盖的柱高应从池底上表面算至池盖下表面,柱帽和柱座应并在柱体积内。肋形池盖应包括主、次梁体积;球形池盖应以池壁顶面为界,边侧梁应并入球形池盖体积内。

(16)贮仓立壁和贮仓漏斗可分别编码(第五级编码)列项,应以相互交点水平线为界,壁上圈梁应并入漏斗体积内。

(17)滑模筒仓按表7.31中贮仓项目编码列项,滑膜的提升设备(入千斤顶、液压操作台等),应列入措施项目清单。

(18)水塔基础、塔身、水箱可分别编码(第五级编码)列项。筒式塔身应以筒座上表面或基础底板上表面为界;柱式(框架式)塔身应以柱脚与基础底板或梁顶为界,与基础板连接的梁应并入基础体积内。塔身与水箱应以箱底相连接的圈梁下表面为界,以上为水箱,以下为塔身。依附于塔身的过梁、雨篷、挑檐等,应并入塔身体积内;柱式塔身应不分柱、梁合并计算。依附于水箱壁的柱、梁,应并入水箱壁体积内。

(19)现浇构件中固定位置的支撑钢筋、双层钢筋用的“铁马”、伸出构件的锚固钢筋、预制构件的吊钩等,应并入钢筋工程量内。

7.4.2 工程量清单项目设置及工程量计算规则

7.4.2.1 现浇混凝土基础

现浇混凝土基础工程量清单项目设置及工程量计算规则见表7.17。

表7.17 现浇混凝土基础(编码:010401)

项目编码	项目名称	项目特征	计量单位	工程量计算规则	工程内容
010401001	带形基础	1. 混凝土强度等级 2. 混凝土拌和料要求 3. 砂浆强度等级	m^3	按设计图示尺寸以体积计算。不扣除构件内钢筋、预埋铁件和伸入承台基础的桩头所占体积	1. 混凝土制作、运输、浇筑、振捣、养护 2. 地脚螺栓二次灌浆
010401002	独立基础				
010401003	满堂基础				
010401004	设备基础				
010401005	桩承台基础				
010401006	垫层				

7.4.2.2 现浇混凝土柱

现浇混凝土柱工程量清单项目设置及工程量计算规则见表7.18。

表7.18 现浇混凝土柱(编码:010402)

项目编码	项目名称	项目特征	计量单位	工程量计算规则	工程内容
010402001	矩形柱	1. 柱高度 2. 柱截面尺寸 3. 混凝土强度等级 4. 混凝土拌和料要求	m^3	按设计图示尺寸以体积计算。不扣除构件内钢筋、预埋铁件所占体积。 柱高: 1. 有梁板的柱高,应自柱基上表面(或楼板上表面)至上一层楼板上表面之间的高度计算 2. 无梁板的柱高,应自柱基上表面(或楼板上表面)至柱帽下表面之间的高度计算 3. 框架柱的柱高,应自柱基上表面至柱顶高度计算 4. 构造柱按全高计算,嵌接墙体部分并入柱身体积 5. 依附柱上的牛腿和升板的柱帽,并入柱身体积计算	混凝土制作、运输、浇筑、振捣、养护
	异形柱				

7.4.2.3　现浇混凝土梁

现浇混凝土梁工程量清单项目设置及工程量计算规则见表7.19。

表7.19　现浇混凝土梁(编码:010403)

项目编码	项目名称	项目特征	计量单位	工程量计算规则	工程内容
010403001	基础梁	1. 梁底标高 2. 梁截面 3. 混凝土强度等级 4. 混凝土拌和料要求	m^3	按设计图示尺寸以体积计算。不扣除构件内钢筋、预埋铁件所占体积,伸入墙内的梁头、梁垫并入梁体积内 梁长: 1. 梁与柱连接时,梁长算至柱侧面 2. 主梁与次梁连接时,次梁长算至主梁侧面	混凝土制作、运输、浇筑、振捣、养护
010403002	矩形梁				
010403003	异形梁				
010403004	圈梁				
010403005	过梁				
010403006	弧形、拱形梁				

7.4.2.4　现浇混凝土墙

现浇混凝土墙工程量清单项目设置及工程量计算规则见表7.20。

表7.20　现浇混凝土墙(编码:010404)

项目编码	项目名称	项目特征	计量单位	工程量计算规则	工程内容
010404001	直形墙	1. 墙类型 2. 墙厚度 3. 混凝土强度等级 4. 混凝土拌和料要求	m^3	按设计图示尺寸以体积计算。不扣除构件内钢筋、预埋铁件所占体积,扣除门窗洞口及单个面积0.3 m^2 以外的孔洞所占体积,墙垛及突出墙面部分并入墙体体积内计算	混凝土制作、运输、浇筑、振捣、养护
010404002	弧形墙				

7.4.2.5　现浇混凝土板

现浇混凝土板工程量清单项目设置及工程量计算规则见表7.21。

表 7.21　现浇混凝土板(编码:010405)

项目编码	项目名称	项目特征	计量单位	工程量计算规则	工程内容
010405001	有梁板	1. 板底标高 2. 板厚度 3. 混凝土强度等级 4. 混凝土拌和料要求	m^3	按设计图示尺寸以体积计算。不扣除构件内钢筋、预埋铁件及单个面积 0.3 m^2 以内的孔洞所占体积。有梁板(包括主、次梁与板)按梁、板体积之和计算,无梁板按板和柱帽体积之和计算,各类板伸入墙内的板头并入板体积内计算,薄壳板的肋、基梁并入薄壳体积内计算。	混凝土制作、运输、浇筑、振捣、养护
010405002	无梁板				
010405003	平板				
010405004	拱板				
010405005	薄壳板				
010405006	栏板				
010405007	天沟、挑檐板	1. 混凝土强度等级 2. 混凝土拌和料要求		按设计图示尺寸以体积计算。	
010405008	雨篷、阳台板			按设计图示尺寸以墙外部分体积计算。包括伸出墙外的牛腿和雨篷反挑檐的体积。	
010405009	其他板			按设计图示尺寸以体积计算。	

7.4.2.6　现浇混凝土楼梯

现浇混凝土楼梯工程量清单项目设置及工程量计算规则见表 7.22。

表 7.22　现浇混凝土楼梯(编码:010406)

项目编码	项目名称	项目特征	计量单位	工程量计算规则	工程内容
010406001	直形楼梯	1. 混凝土强度等级 2. 混凝土拌和料要求	m^3	按设计图示尺寸以水平投影面积计算。不扣除宽度小于 500 mm 的楼梯井,伸入墙内部分不计算。	混凝土制作、运输、浇筑、振捣、养护
010406002	弧形楼梯				

7.4.2.7　现浇混凝土其他构件

现浇混凝土其他构件工程量清单项目设置及工程量计算规则见表 7.23。

表 7.23　现浇混凝土其他构件(编码:010407)

项目编码	项目名称	项目特征	计量单位	工程量计算规则	工程内容
010407001	其他构件	1. 构件的类型 2. 构件规格 3. 混凝土强度等级 4. 混凝土拌和要求	m^3 (m^2、m)	按设计图示尺寸以体积计算。不扣除构件内钢筋、预埋铁件所占体积	混凝土制作、运输、浇筑、振捣、养护
010407002	散水、坡道	1. 垫层材料种类、厚度 2. 面层厚度 3. 混凝土强度等级 4. 混凝土拌和料要求 5. 填塞材料种类	m^2	按设计图示尺寸以面积计算。不扣除单个 0.3 m^2 以内的孔洞所占面积	1. 地基夯实 2. 铺设垫层 3. 混凝土制作、运输、浇筑、振捣、养护 4. 变形缝填塞
010407003	电缆沟、地沟	1. 沟截面 2. 垫层材料种类、厚度 3. 混凝土强度等级 4. 混凝土拌和料要求 5. 防护材料种类	m	按设计图示以中心线长度计算	1. 挖运土石 2. 铺设垫层 3. 混凝土制作、运输、浇筑、振捣、养护 4. 刷防护材料

7.4.2.8　后浇带

后浇带工程量清单项目设置及工程量计算规则见表 7.24。

表 7.24　后浇带(编码:010408)

项目编码	项目名称	项目特征	计量单位	工程量计算规则	工程内容
010408001	后浇带	1. 部位 2. 混凝土强度等级 3. 混凝土拌和料要求	m^3	按设计图示尺寸以体积计算	混凝土制作、运输、浇筑、振捣、养护

7.4.2.9　预制混凝土柱

预制混凝土柱工程量清单项目设置及工程量计算规则见表 7.25。

表 7.25 预制混凝土柱(编码:010409)

<table>
<tr><th>项目编码</th><th>项目名称</th><th>项目特征</th><th>计量单位</th><th>工程量计算规则</th><th>工程内容</th></tr>
<tr><td>010409001</td><td>矩形柱</td><td rowspan="2">1. 柱类型
2. 单件体积
3. 安装高度
4. 混凝土强度等级
5. 砂浆强度等级</td><td rowspan="2">m^3
(根)</td><td rowspan="2">1. 按设计图示尺寸以体积计算。不扣除构件内钢筋、预埋铁件所占体积
2. 按设计图示尺寸以“数量”计算</td><td rowspan="2">1. 混凝土制作、运输、浇筑、振捣、养护
2. 构件制作、运输
3. 构件安装
4. 砂浆制作、运输
5. 接头灌缝、养护</td></tr>
<tr><td>010409002</td><td>异形柱</td></tr>
</table>

7.4.2.10 预制混凝土梁

预制混凝土梁工程量清单项目设置及工程量计算规则见表 7.26。

表 7.26 预制混凝土梁(编码:010410)

<table>
<tr><th>项目编码</th><th>项目名称</th><th>项目特征</th><th>计量单位</th><th>工程量计算规则</th><th>工程内容</th></tr>
<tr><td>010410001</td><td>矩形梁</td><td rowspan="6">1. 单件体积
2. 安装高度
3. 混凝土强度等级
4. 砂浆强度等级</td><td rowspan="6">m^3
(根)</td><td rowspan="6">按设计图示尺寸以体积计算。不扣除构件内钢筋、预埋铁件所占体积</td><td rowspan="6">1. 混凝土制作、运输、浇筑、振捣、养护
2. 构件制作、运输
3. 构件安装
4. 砂浆制作、运输
5. 接头灌缝、养护</td></tr>
<tr><td>010410002</td><td>异形梁</td></tr>
<tr><td>010410003</td><td>过梁</td></tr>
<tr><td>010410004</td><td>拱形梁</td></tr>
<tr><td>010410005</td><td>鱼腹式吊车梁</td></tr>
<tr><td>010410006</td><td>风道梁</td></tr>
</table>

7.4.2.11 预制混凝土屋架

预制混凝土屋架工程量清单项目设置及工程量计算规则见表 7.27。

表7.27 预制混凝土屋架(编码:010411)

项目编码	项目名称	项目特征	计量单位	工程量计算规则	工程内容
010411001	折线型屋架	1. 屋架的类型、跨度 2. 单件体积 3. 安装高度 4. 混凝土强度等级 5. 砂浆强度等级	m^3 (榀)	按设计图示尺寸以体积计算。不扣除构件内钢筋、预埋铁件所占体积	1. 混凝土制作、运输、浇筑、振捣、养护 2. 构件制作、运输 3. 构件安装 4. 砂浆制作、运输 5. 接头灌缝、养护
010411002	组合屋架				
010411003	薄腹屋架				
010411004	门式刚架屋架				
010411005	天窗架屋架				

7.4.2.12 **预制混凝土板**

预制混凝土板工程量清单项目设置及工程量计算规则见表7.28。

表7.28 预制混凝土板(编码:010412)

项目编码	项目名称	项目特征	计量单位	工程量计算规则	工程内容
010412001	平板	1. 构件尺寸 2. 安装高度 3. 混凝土强度等级 4. 砂浆强度等级	m^3 (块)	按设计图示尺寸以体积计算。不扣除构件内钢筋、预埋铁件及单个尺寸300 mm×300 mm以内的孔洞所占体积,扣除空心板空洞体积	1. 混凝土制作、运输、浇筑、振捣、养护 2. 构件制作、运输 3. 构件安装 4. 升板提升 5. 砂浆制作、运输 6. 接头灌缝、养护
010412002	空心板				
010412003	槽形板				
010412004	网架板				
010412005	折线板				
010412006	带肋板				
010412007	大型板				
010412008	沟盖板、井盖板、井圈	1. 构件尺寸 2. 安装高度 3. 混凝土强度等级 4. 砂浆强度等级	m^3 (块、套)	按设计图示尺寸以体积计算。不扣除构件内钢筋、预埋铁件所占体积	1. 混凝土制作、运输、浇筑、振捣、养护 2. 构件制作、运输 3. 构件安装 4. 砂浆制作、运输 5. 接头灌缝、养护

7.4.2.13 预制混凝土楼梯

预制混凝土楼梯工程量清单项目设置及工程量计算规则见表7.29。

表7.29 预制混凝土楼梯(编码:010413)

项目编码	项目名称	项目特征	计量单位	工程量计算规则	工程内容
010413001	楼梯	1. 楼梯类型 2. 单件体积 3. 混凝土强度等级 4. 砂浆强度等级	m^3	按设计图示尺寸以体积计算。不扣除构件内钢筋、预埋铁件所占体积,扣除空心踏步板空洞体积	1. 混凝土制作、运输、浇筑、振捣、养护 2. 构件制作、运输 3. 构件安装 4. 砂浆制作、运输 5. 接头灌缝、养护

7.4.2.14 其他预制构件

其他预制构件工程量清单项目设置及工程量计算规则见表7.30。

表7.30 其他预制构件(编码:010414)

项目编码	项目名称	项目特征	计量单位	工程量计算规则	工程内容
010414001	烟道、垃圾道、通风道	1. 构件类型 2. 单件体积 3. 安装高度 4. 混凝土强度等级 5. 砂浆强度等级	m^3	按设计图示尺寸以体积计算。不扣除构件内钢筋、预埋铁件及单个尺寸300 mm×300 mm以内的孔洞所占体积,扣除烟道、垃圾道、通风道的孔洞所占体积	1. 混凝土制作、运输、浇筑、振捣、养护 2. (水磨石)构件制作、运输 3. 构件安装 4. 砂浆制作、运输 5. 接头灌缝、养护 6. 酸洗、打蜡
010414002	其他构件	1. 构件的类型 2. 单件体积 3. 水磨石面层厚度 4. 安装高度 5. 混凝土强度等级 6. 水泥石子浆配合比 7. 石子品种、规格、颜色 8. 酸洗、打蜡要求			
010414003	水磨石构件				

7.4.2.15　混凝土构筑物

混凝土构筑物工程量清单项目设置及工程量计算规则见表7.31。

表7.31　混凝土构筑物(编码:010415)

项目编码	项目名称	项目特征	计量单位	工程量计算规则	工程内容
010415001	贮水(油)池	1.池类型 2.池规格 3.混凝土强度等级 4.混凝土拌和料要求	m^3	按设计图示尺寸以体积计算。不扣除构件内钢筋、预埋铁件及单个面积0.3 m^2以内的孔洞所占体积	混凝土制作、运输、浇筑、振捣、养护
010415002	贮仓	1.类型、高度 2.混凝土强度等级 3.混凝土拌和料要求			
010415003	水塔	1.类型 2.支筒高度、水箱容积 3.倒圆锥形罐壳厚度、直径 4.混凝土强度等级 5.混凝土拌和料要求 6.砂浆强度等级			1.混凝土制作、运输、浇筑、振捣、养护 2.预制倒圆锥形罐壳、组装、提升、就位 3.砂浆制作、运输 4.接头灌缝、养护
010415004	烟囱	1.高度 2.混凝土强度等级 3.混凝土拌和料要求混凝土制作、运输、浇筑、振捣、养护			混凝土制作、运输、浇筑、振捣、养护

7.4.2.16　钢筋工程

钢筋工程工程量清单项目设置及工程量计算规则见表7.32。

表 7.32 钢筋工程(编码:010416)

项目编码	项目名称	项目特征	计量单位	工程量计算规则	工程内容
010416001	现浇混凝土钢筋	钢筋种类、规格	t	按设计图示钢筋(网)长度(面积)乘以单位理论质量计算	1. 钢筋(网、笼)制作、运输 2. 钢筋(网、笼)安装
010416002	预制构件钢筋				
010416003	钢筋网片				
010416004	钢筋笼				
010416005	先张法预应力钢筋	1. 钢筋种类、规格 2. 锚具种类		按设计图示钢筋长度乘以单位理论质量计算	1. 钢筋制作、运输 2. 钢筋张拉
010416006	后张法预应力钢筋	1. 钢筋种类、规格 2. 钢丝束种类、规格 3. 钢绞线种类、规格 4. 锚具种类 5. 砂浆强度等级		按设计图示钢筋(丝束、绞线)长度乘以单位理论质量计算 1. 低合金钢筋两端均采用螺杆锚具时,钢筋长度按孔道长度减0.35 m计算,螺杆另行计算 2. 低合金钢筋一端采用镦头插片、另一端采用螺杆锚具时,钢筋长度按孔。道长度计算,螺杆另行计算 3. 低合金钢筋一端采用镦头插片、另一端采用帮条锚具时,钢筋增加0.15 m计算;两端均采用帮条锚具时,钢筋长度按孔道长度增加0.3 m计算 4. 低合金钢筋采用后张混凝土自锚时,钢筋长度按孔道长度增加0.35 m计算 5. 低合金钢筋(钢绞线)采用JM、XM、QM型锚具,孔道长度在20 m以内时,钢筋长度增加1 m计算;孔道长度20 m以外时,钢筋(钢绞线)长度按、孔道长度增加1.8 m计算 6. 碳素钢丝采用锥形锚具,孔道长度在20 m以内时,钢丝束长度按孔道长度增加1 m计算;孔道长在20 m以上时,钢丝束长度按孔道长度增加1.8 m计算 7. 碳素钢丝束采用镦头锚具时,钢丝束长度按孔道长度增力0.35 m计算	1. 钢筋、钢丝束、钢绞线制作、运输 2. 钢筋、钢丝束、钢绞线安装 3. 预埋管孔道铺设 4. 锚具安装 5. 砂浆制作、运输 6. 孔道压浆、养护
010416007	预应力钢丝				
010416008	预应力钢绞线				

7.4.2.17　螺栓、铁件

螺栓、铁件工程量清单项目设置及工程量计算规则见表7.33。

表7.33　螺栓、铁件(编码:010417)

<table>
<tr><th>项目编码</th><th>项目名称</th><th>项目特征</th><th>计量单位</th><th>工程量计算规则</th><th>工程内容</th></tr>
<tr><td>010417001</td><td>螺栓</td><td rowspan="2">1. 钢材种类、规格
2. 螺栓长度
3. 铁件尺寸</td><td rowspan="2">t</td><td rowspan="2">按设计图示尺寸以质量计算</td><td rowspan="2">1. 螺栓(铁件)制作、运输
2. 螺栓(铁件)安装</td></tr>
<tr><td>010417002</td><td>预埋铁件</td></tr>
</table>

7.4.3　工程量清单计价

例7.5　根据图7.1条件,混凝土基础采用C30(最大粒径40 mm,32.5水泥)现浇碎石混凝土,垫层采用C15(最大粒径40 mm,32.5水泥)现浇碎石混凝土,地圈梁采用C25(最大粒径40 mm,32.5水泥)现浇碎石混凝土,所有混凝土均采用现场搅拌,试编制混凝土基础、垫层及地圈梁混凝土工程量清单及工程量清单报价。

解　(1)编制混凝土基础、混凝土垫层及地圈梁混凝土工程量清单

$$\begin{aligned}\text{基础混凝土工程量} &= [(11.7+6.6)\times2+(6.6-1.3)\times2]\times[1.3\times0.25+(0.46+1.3)\times \\ &\quad 0.15\div2]+4\times[0.42\times0.15\times(2\times0.46+1.3)\div6] \\ &= 47.2\times0.457+4\times0.023 \\ &= 21.57+0.092 \\ &= 21.66(\mathrm{m}^3)\end{aligned}$$

$$\begin{aligned}\text{垫层混凝土工程量} &= 1.5\times0.1\times[(11.7+6.6)\times2+(6.6-1.5)\times2] \\ &= 7.02(\mathrm{m}^3)\end{aligned}$$

$$\begin{aligned}\text{地圈梁混凝土工程量} &= 0.24\times0.24\times[(11.7+6.6)\times2+(6.6-0.24)\times2] \\ &= 2.84(\mathrm{m}^3)\end{aligned}$$

分部分项工程量清单与计价表

工程名称:某建筑工程　　　　标段:　　　　第　页共　页

序号	项目编码	项目名称	项目特征描述	计量单位	工程量	金额/元		
						综合单价	合价	其中:暂估价
1			1. 混凝土强度等级:C30(最大粒径40,32.5水泥)现浇碎石混凝土 2. 混凝土拌和要求:现场搅拌	m^3	21.66			
	010401006001	基础垫层	1. 混凝土强度等级:C15(最大粒径40,32.5水泥)现浇碎石混凝土 2. 混凝土拌和料要求:现场搅拌	m^3	7.02			
2	010403004001	地圈梁	1. 圈梁截面:240×240 2. 混凝土强度等级:C25(最大粒径40,32.5水泥)现浇碎石混凝土 3. 混凝土拌和料要求:现场搅拌	m^3	2.84			
			本页小计					
			合计					

(2)工程量清单报价

分部分项工程量清单与计价表

工程名称:某建筑工程　　标段:　　第 页 共 页

序号	项目编码	项目名称	项目特征描述	计量单位	工程量	金额/元		
						综合单价	合价	其中:暂估价
1	010401001001	带形基础	1. 混凝土强度等级:C30(最大粒径40,32.5水泥)现浇碎石混凝土 2. 混凝土拌和要求:现场搅拌	m^3	21.66	348.11	7540.06	
	010401006001	基础垫层	1. 混凝土强度等级:C15(最大粒径40,32.5水泥)现浇碎石混凝土 2. 混凝土拌和料要求:现场搅拌	m^3	7.02	331.07	2324.11	
2	010403004001	地圈梁	1. 圈梁截面:240×240 2. 混凝土强度等级:C25(最大粒径40,32.5水泥)现浇碎石混凝土 3. 混凝土拌和料要求:现场搅拌	m^3	2.84	415.69	1180.56	
本页小计							11044.73	
合计							11044.73	

工程量清单综合单价分析表

工程名称:某建筑工程　　　　标段:　　　　第　页　共　页

项目编码	010101003001	项目名称		带形基础				计量单位		m^3	
清单综合单价组成明细											
定额编号	定额名称	定额单位	数量	单价				合价			
				人工费	材料费	机械费	管理费和利润	人工费	材料费	机械费	管理费和利润
A4-3 换	带形基础混凝土无梁式(C15-40(32.5 水泥)现浇碎石砼)换为【现浇碎石混凝土 粒径≤40(32.5 水泥)C30】	10 m^3	0.1	552.96	2124.53	8.27	241.92	55.3	212.45	0.83	24.19
A4-197	现场搅拌混凝土加工费	10 m^3	0.1015	195.2	0	214.11	135.9	19.81	0	21.73	13.79
人工单价		小计						75.11	212.45	22.56	37.99
64 元/工日		未计价材料费						0			
清单项目综合单价								348.11			

材料费明细	主要材料名称、规格、型号	单位	数量	单价/元	合价/元	暂估单价/元	暂估合价/元
	水泥 32.5	t	0.4476	335	149.95		
	砂子中粗	m^3	0.3654	60	21.92		
	碎石 20～40 mm	m^3	0.8526	39	33.25		
	其他材料费			—	7.33	—	0
	材料费小计			—	212.45	—	0

工程量清单综合单价分析表

工程名称:某建筑工程　　　　标段:　　　　第　页　共　页

<table>
<tr><td colspan="2">项目编码</td><td colspan="2">010101003001</td><td colspan="2">项目名称</td><td colspan="3">垫层</td><td colspan="2">计量单位</td><td>m³</td></tr>
<tr><td colspan="12">清单综合单价组成明细</td></tr>
<tr><td rowspan="2">定额编号</td><td rowspan="2">定额名称</td><td rowspan="2">定额单位</td><td rowspan="2">数量</td><td colspan="4">单价</td><td colspan="4">合价</td></tr>
<tr><td>人工费</td><td>材料费</td><td>机械费</td><td>管理费和利润</td><td>人工费</td><td>材料费</td><td>机械费</td><td>管理费和利润</td></tr>
<tr><td>4-13 换</td><td>基础垫层混凝土(C10-40(32.5 水泥)现浇碎石砼)换为【现浇碎石混凝土 粒径≤40(32.5 水泥)C15】</td><td>10 m³</td><td>0.1</td><td>768.64</td><td>1622.72</td><td>8.38</td><td>360.3</td><td>76.86</td><td>162.27</td><td>0.84</td><td>36.03</td></tr>
<tr><td>4-197</td><td>现场搅拌混凝土加工费</td><td>10 m³</td><td>0.101</td><td>195.2</td><td>0</td><td>214.11</td><td>135.9</td><td>19.71</td><td>0</td><td>21.62</td><td>13.73</td></tr>
<tr><td colspan="2">人工单价</td><td colspan="6">小计</td><td>96.58</td><td>162.27</td><td>22.46</td><td>49.76</td></tr>
<tr><td colspan="2">64 元/工日</td><td colspan="6">未计价材料费</td><td colspan="4">0</td></tr>
<tr><td colspan="8">清单项目综合单价</td><td colspan="4">331.07</td></tr>
<tr><td rowspan="6">材料费明细</td><td colspan="5">主要材料名称、规格、型号</td><td>单位</td><td>数量</td><td>单价/元</td><td>合价/元</td><td>暂估单价/元</td><td>暂估合价/元</td></tr>
<tr><td colspan="5">水泥 32.5</td><td>t</td><td>0.2959</td><td>335</td><td>99.14</td><td></td><td></td></tr>
<tr><td colspan="5">砂子中粗</td><td>m³</td><td>0.4545</td><td>60</td><td>27.27</td><td></td><td></td></tr>
<tr><td colspan="5">碎石 20 ~ 40 mm</td><td>m³</td><td>0.8484</td><td>39</td><td>33.09</td><td></td><td></td></tr>
<tr><td colspan="7">其他材料费</td><td>—</td><td>2.78</td><td>—</td><td>0</td></tr>
<tr><td colspan="7">材料费小计</td><td>—</td><td>162.27</td><td>—</td><td>0</td></tr>
</table>

工程量清单综合单价分析表

工程名称：某建筑工程　　　　标段：　　　　第　页　共　页

项目编码		010101003001		项目名称		圈梁				计量单位	m³
清单综合单价组成明细											
定额编号	定额名称	定额单位	数量	单价				合价			
				人工费	材料费	机械费	管理费和利润	人工费	材料费	机械费	管理费和利润
A4-26 换	圈（过）梁（C20-40（32.5 水泥）现浇碎石砼）换为【现浇碎石混凝土 粒径≤40（32.5 水泥）C25】	10 m³	0.1	1253.76	1995.36	13.43	340.86	125.38	199.54	1.34	34.09
A4-197	现场搅拌混凝土加工费	10 m³	0.1015	195.2	0	214.11	135.9	19.82	0	21.74	13.8
人工单价		小计						145.19	199.54	23.08	47.88
64 元/工日		未计价材料费						0			
清单项目综合单价								415.69			
材料费明细	主要材料名称、规格、型号					单位	数量	单价/元	合价/元	暂估单价/元	暂估合价/元
	水泥 32.5					t	0.3928	335	131.59		
	砂子中粗					m³	0.406	60	24.36		
	碎石 20～40 mm					m³	0.8526	39	33.25		
	其他材料费							—	10.34	—	0
	材料费小计							—	199.54	—	0

7.5 厂库房大门、特种门、木结构工程

7.5.1 概述

7.5.1.1 厂库房大门、特种门、木结构工程工程量清单内容

厂库房大门、特种门、木结构工程共3节11个项目,包括厂库房大门、特种门、木屋架、木构件,适用于建筑物及构筑物的特种门和木结构工程。

7.5.1.2 厂库房大门、特种门、木结构工程量清单项目划分

(1)厂库房大门、特种门:包括木板大门、钢木大门、全钢板大门、特种门、围墙铁丝门。

(2)木屋架:包括木屋架、刚木屋架。

(3)木结构:包括木柱、木梁、木楼梯、其他木构件。

7.5.1.3 相关问题处理及注意事项

(1)冷藏门、冷冻间门、保温门、变电室门、隔音门、防射线门、人防门、金库门等,应按表7.34中特种门项目编码列项。

(2)屋架的跨度应以上、下弦中心线两交点之间的距离计算。

某屋架项目中与屋架相连接的挑檐木,钢夹板构件、连接螺栓应包括在报价内。钢木屋架项目中下弦钢拉杆、受拉腹杆、钢夹板连接螺栓应包括在报价内,屋架中钢杆件和木杆件需刷防火漆或防火涂料时,其费用应加入报价内。

(3)带气楼的屋架和马尾、折角以及正交部分的半屋架,应按相关屋架项目编码列项。

(4)木楼梯的栏杆(栏板)、扶手,应按装饰工程相关项目编码列项。

7.5.2 工程量清单项目设置及工程量计算规则

7.5.2.1 厂库房大门、特种门

厂库房大门、特种门工程量清单项目设置及工程量计算规则见表7.34。

表 7.34 厂库房大门、特种门(编码:010501)

项目编码	项目名称	项目特征	计量单位	工程量计算规则	工程内容
010501001	木板大门	1. 开启方式 2. 有框、无框 3. 含门扇数 4. 材料品种、规格 5. 五金种类、规格 6. 防护材料种类 7. 油漆品种、刷漆遍数	樘/m^2	按设计图示数量或设计图示洞口尺寸以面积计算	1. 门(骨架)制作、运输 2. 门、五金配件安装 3. 刷防护材料、油漆
010501002	钢木大门				
010501003	全钢板大门				
010501004	特种门				
010501005	围墙铁丝门				

7.5.2.2 **木屋架**

木屋架工程量清单项目设置及工程量计算规则见表 7.35。

表 7.35 木屋架(编码:010502)

项目编码	项目名称	项目特征	计量单位	工程量计算规则	工程内容
010502001	木屋架	1. 跨度 2. 安装高度 3. 材料品种、规格 4. 刨光要求 5. 防护材料种类 6. 油漆品种、刷漆遍数	榀	按设计图示数量计算	1. 制作、运输 2. 安装 3. 刷防护材料、油漆
010502002	钢木屋架				

7.5.2.3 **木构件**

木构件工程量清单项目设置及工程量计算规则见表 7.36。

表7.36　木构件(编码:010503)

项目编码	项目名称	项目特征	计量单位	工程量计算规则	工程内容
010503001	木柱	1. 构件高度、长度 2. 构件截面 3. 木材种类 4. 刨光要求 5. 防护材料种类 6. 油漆品种、刷漆遍数	m^3	按设计图示尺寸以体积计算	1. 制作 2. 运输 3. 安装 4. 刷防护材料、油漆
010503002	木梁				
010503003	木楼梯	1. 木材种类 2. 刨光要求 3. 防护材料种类 4. 油漆品种、刷漆遍数	m^2	按设计图示尺寸以水平投影面积计算。不扣除宽度小于300 mm的楼梯井,伸入墙内部分不计算	
010503004	其他木构件	1. 构件名称 2. 构件截面 3. 木材种类 4. 刨光要求 5. 防护材料种类 6. 油漆品种、刷漆遍数	m^3 (m)	按设计图示尺寸以体积或、长度计算	

7.6　金属结构工程

7.6.1　概述

7.6.1.1　金属结构工程工程量清单内容

金属结构工程共7节24个项目,包括钢屋架、钢网架、钢托架、钢桁架、钢柱、钢梁、压型钢板楼板、墙板、钢构件、金属网,适用于建筑物及构筑物的钢结构工程。

7.6.1.2　金属结构工程工程量清单项目内容

(1)钢屋架、钢网架:包括钢屋架、钢网架。

(2)钢托架、钢桁架:包括钢托架、钢桁架。

(3)钢柱:包括实腹柱、空腹柱、钢管柱。

(4)钢梁:包括钢梁、钢吊车梁。

(5)压型钢板楼板、墙板:包括压型钢板楼板、压型钢板墙板。

(6)钢构件:包括钢支撑、钢檩条、钢天窗架、钢挡风架、钢墙架、钢平台、钢走道、钢梯、钢栏杆、钢漏斗、钢支架、零星钢构件。

(7)金属网。

7.6.1.3 相关问题处理及注意事项

(1)型钢混凝土柱、梁浇筑混凝土和压型钢板楼板上浇筑钢筋混凝土,混凝土和钢筋应按6.4节中相关项目编码列项。

(2)钢墙架项目包括墙架柱、墙架梁和连接杆件。

(3)加工铁件等小型构件,应按表7.42中零星钢构件项目编码列项。

钢构件的除锈刷防锈漆应包括在报价内。

金属构件设计要求探伤时,其所需费用应计如报价内。

金属构件如发生运输其所需费用应计入相应项目报价内。

7.6.2 工程量清单项目设置及工程量计算规则

7.6.2.1 钢屋架、钢网架

钢屋架、钢网架工程量清单项目设置及工程量计算规则见表7.37。

表7.37 钢屋架、钢网架(编码:010601)

项目编码	项目名称	项目特征	计量单位	工程量计算规则	工程内容
010601001	钢屋架	1. 钢材品种、规格 2. 单榀屋架的重量 3. 屋架跨度、安装高度 4. 探伤要求 5. 油漆品种、刷漆遍数	t (榀)	按设计图示尺寸以质量计算。不扣除孔眼、切边、切肢的质量,焊条、铆钉、螺栓等不另增加质量,不规则或多边形钢板以其外接矩形面积乘以厚度乘以单位理论质量计算	1. 制作 2. 运输 3. 拼装 4. 安装 5. 探伤 6. 刷油漆
010601002	钢网架	1. 钢材品种、规格 2. 网架节点形式、连接方式 3. 网架跨度、安装高度 4. 探伤要求 5. 油漆品种、刷漆遍数			

7.6.2.2 钢托架、钢桁架

钢托架、钢桁架工程量清单项目设置及工程量计算规则见表7.38。

表7.38 钢托架、钢桁架(编码:010602)

项目编码	项目名称	项目特征	计量单位	工程量计算规则	工程内容
010602001	钢托架	1. 钢材品种、规格 2. 单榀重量 3. 安装高度 4. 探伤要求 5. 油漆品种、刷漆遍数	t	按设计图示尺寸以质量计算。不扣除孔眼、切边、切肢的质量,焊条、铆钉、螺栓等不另增加质量,不规则或多边形钢板,以其外接矩形面积乘以厚度乘以单位理论质量计算	1. 制作 2. 运输 3. 拼装 4. 安装 5. 探伤 6. 刷油漆
010602002	钢桁架				

7.6.2.3 **钢柱**

钢柱工程量清单项目设置及工程量计算规则见表7.39。

表7.39 钢柱(编码:010603)

项目编码	项目名称	项目特征	计量单位	工程量计算规则	工程内容
010603001	实腹柱	1. 钢材品种、规格 2. 单根柱重量 3. 探伤要求 4. 油漆品种、刷漆遍数	t	按设计图示尺寸以质量计算。不扣除孔眼、切边、切肢的质量,焊条、铆钉、螺栓等不另增加质量,不规则或多边形钢板,以其外接矩形面积乘以厚度乘以单位理论质量计算,依附在钢柱上的牛腿及悬臂梁等并入钢柱工程量内	1. 制作 2. 运输 3. 拼装 4. 安装 5. 探伤 6. 刷油漆
010603002	空腹柱				
010603003	钢管柱	1. 钢材品种、规格 2. 单根柱重量 3. 探伤要求 4. 油漆种类、刷漆遍数		按设计图示尺寸以质量计算。不扣除孔眼、切边、切肢的质量,焊条、铆钉、螺栓等不另增加质量,不规则或多边形钢板,以其外接矩形面积乘以厚度乘以单位理论质量计算,钢管柱上的节点板、加强环、内衬管、牛腿等并入钢管柱工程量内	1. 制作 2. 运输 3. 安装 4. 探伤 5. 刷油漆

7.6.2.4 钢梁

钢梁工程量清单项目设置及工程量计算规则见表 7.40。

表 7.40 钢梁(编码:010604)

<table>
<tr><th>项目编码</th><th>项目名称</th><th>项目特征</th><th>计量单位</th><th>工程量计算规则</th><th>工程内容</th></tr>
<tr><td>010604001</td><td>钢梁</td><td rowspan="2">1. 钢材品种、规格
2. 单根重量
3. 安装高度
4. 探伤要求
5. 油漆品种、刷漆遍数</td><td rowspan="2">t</td><td rowspan="2">按设计图示尺寸以质量计算。不扣除孔眼、切边、切肢的质量,焊条、铆钉、螺栓等不另增加质量,不规则或多边形钢板,以其外接矩形面积乘以厚度乘以单位理论质量计算,制动梁、制动板、制动桁架、车挡并入钢吊车梁工程量内</td><td rowspan="2">1. 制作
2. 运输
3. 安装
4. 探伤要求
5. 刷油漆</td></tr>
<tr><td>010604002</td><td>钢吊车梁</td></tr>
</table>

7.6.2.5 压型钢板楼板、墙板

压型钢板楼板、墙板工程量清单项目设置及工程量计算规则见表 7.41。

表 7.41 压型钢板楼板、墙板(编码:010605)

<table>
<tr><th>项目编码</th><th>项目名称</th><th>项目特征</th><th>计量单位</th><th>工程量计算规则</th><th>工程内容</th></tr>
<tr><td>010605001</td><td>压型钢板楼板</td><td>1. 钢材品种、规格
2. 压型钢板厚度
3. 油漆品种、刷漆遍数</td><td rowspan="2">m²</td><td>按设计图示尺寸以铺设水平投影面积计算。不扣除柱、垛及单个 0.3 m² 以内的孔洞所占面积。</td><td rowspan="2">1. 制作
2. 运输
3. 安装
4. 刷油漆</td></tr>
<tr><td>010605002</td><td>压型钢板墙板</td><td>1. 钢材品种、规格
2. 压型钢板厚度、复合板厚度
3. 复合板夹芯材料种类、层数、型号、规格</td><td>按设计图示尺寸以铺挂面积计算。不扣除单个 0.3 m² 以内的孔洞所占面积,包角、包边、窗台泛水等不另增加面积。</td></tr>
</table>

7.6.2.6 钢构件

钢构件工程量清单项目设置及工程量计算规则见表 7.42。

表7.42 钢构件(编码:010606)

项目编码	项目名称	项目特征	计量单位	工程量计算规则	工程内容
010606001	钢支撑	1.钢材品种、规格 2.单式、复式 3.支撑高度 4.探伤要求 5.油漆品种、刷漆遍数	t	按设计图示尺寸以质量计算。不扣除孔眼、切边、切肢的质量,焊条、铆钉、螺栓等不另增加质量,不规则或多边形钢板以其外接矩形面积乘以厚度乘以单位理论质量计算	1.制作 2.运输 3.安装 4.探伤 5.刷油漆
010606002	钢檩条	1.钢材品种、规格 2.型钢式、格构式 3.单根重量 4.安装高度 5.油漆品种、刷漆遍数			
010606003	钢天窗架	1.钢材品种、规格 2.单榀重量 3.安装高度 4.探伤要求 5.油漆品种、刷漆遍数			
010606004	钢挡风架	1.钢材品种、规格 2.单榀重量 3.探伤要求 4.油漆品种、刷漆遍数			
010606005	钢墙架				
010606006	钢平台	1.钢材品种、规格 2.油漆品种、刷漆遍数			
010606007	钢走道				
010606008	钢梯	1.钢材品种、规格 2.钢梯形式 3.油漆品种、刷漆遍数			
010606009	钢栏杆	1.钢材品种、规格 2.油漆品种、刷漆遍数			
010606010	钢漏斗	1.钢材品种、规格 2.方形、圆形 3.安装高度 4.探伤要求 5.油漆品种、刷漆遍数		按设计图示尺寸以重量计算。不扣除扎眼、切边、切肢的质量,焊条、铆钉、螺栓等不另增加质量,不规则或多边形钢板以其外接矩形面积乘以厚度乘以单位理论质量计算,依附漏斗的型钢并入漏斗工程量内	
010606011	钢支架	1.钢材品种、规格 2.单件重量 3.油漆品种、刷漆遍数		按设计图示尺寸以质量计算。不扣除孔眼、切边、切肢的质量,焊条、铆钉、螺栓等不另增加质量,不规则或多边形钢板以其外接矩形面积乘以厚度乘以单位理论质量计算	
010606012	零星钢构件	1.钢材品种、规格 2.构件名称 3.油漆品种、刷漆遍数			

7.6.2.7 金属网

金属网工程量清单项目设置及工程量计算规则见表7.43。

表7.43 金属网(编码:010607)

项目编码	项目名称	项目特征	计量单位	工程量计算规则	工程内容
010607001	金属网	1. 材料品种、规格 2. 边框及立柱型钢品种、规格 3. 油漆品种、刷漆遍数	m^2	按设计图示尺寸以面积计算	1. 制作 2. 运输 3. 安装 4. 刷油漆

7.7 屋面及防水工程

7.7.1 概述

7.7.1.1 屋面及防水工程工程量清单内容

屋面及防水工程共3节12个项目,包括瓦、型材屋面、屋面防水、墙、地面防水、防潮,适用于建筑物屋面工程。

7.7.1.2 屋面及防水工程工程量清单项目划分

(1)瓦型材屋面:包括瓦屋面、型材屋面、膜结构屋面。

(2)屋面防水:包括屋面卷材防水、屋面涂膜防水、屋面刚性防水、屋面排水管、屋面天沟、檐沟。

(3)墙、地面防水、防潮:包括卷材防水、涂膜防水、砂浆防水、变形缝。

7.7.1.3 相关问题处理及注意事项

(1)天沟、檐沟表面需刷防护材料时,其价款应计入报价内。

(2)砂浆防水项目中防水层的外加剂,设计要求加钢丝网片,其费用应包括在报价内。

(3)变形缝项目中嵌缝材料填塞、止水带安装、盖板制作安装应包括在报价内,表面需刷防护材料时,其价款应计入报价内。

(4)小青瓦、水泥平瓦、琉璃瓦等,应按表7.44中瓦屋面项目编码列项。

(5)压型钢板、阳光板、玻璃钢等,应按表7.44中型材屋面编码列项。

7.7.2 工程量清单项目设置及工程量计算规则

7.7.2.1 瓦、型材屋面

瓦、型材屋面工程量清单项目设置及工程量计算规则见表7.44。

表7.44 瓦、型材屋面(编蚂:010701)

项目编码	项目名称	项目特征	计量单位	工程量计算规则	工程内容
010701001	瓦屋面	1. 瓦品种、规格、品牌、颜色 2. 防水材料种类 3. 基层材料种类 4. 楔条种类、截面 5. 防护材料种类	m²	按设计图示尺寸以斜面积计算。不扣除房上烟囱、风帽底座、风道、小气窗、斜沟等所占面积,小气窗的出檐部分不增加面积	1. 檩条、椽子安装 2. 基层铺设 3. 铺防水层 4. 安顺水条和挂瓦条 5. 安瓦 6. 刷防护材料
010701002	型材屋面	1. 型材品种、规格、品牌、颜色 2. 骨架材料品种、规格 3. 接缝、嵌缝材料种类			1. 骨架制作、运输、安装 2. 屋面型材安装 3. 接缝、嵌缝
010701003	膜结构屋面	1. 膜布品种、规格、颜色 2. 支柱(网架)钢材品种、规格 3. 钢丝绳品种、规格 4. 油漆品种、刷漆遍数		按设计图示尺寸以需要覆盖的水平面积计算	1. 膜布热压胶接 2. 支柱(网架)制作、安装 3. 膜布安装 4. 穿钢丝绳、锚头锚固 5. 刷油漆

7.7.2.2 屋面防水

屋面防水工程量清单项目设置及工程量计算规则见表7.45。

表 7.45 屋面防水(编码:010702)

项目编码	项目名称	项目特征	计量单位	工程量计算规则	工程内容
010702001	屋面卷材防水	1. 卷材品种、规格 2. 防水层做法 3. 嵌缝材料种类 4. 防护材料种类	m^2	按设计图示尺寸以面积计算。 1. 斜屋顶(不包括平屋顶找坡)按斜面积计算,平屋顶按水平投影面积计算 2. 不扣除房上烟囱、风帽底座、风道、屋面小气窗和斜沟所占面积 3. 屋面的女儿墙、伸缩缝和天窗等处的弯起部分,并入屋面工程量内	1. 基层处理 2. 抹找平层 3. 刷底油 4. 铺油毡卷材、接缝、嵌缝 5. 铺保护层
010702002	屋面涂膜防水	1. 防水膜品种 2. 涂膜厚度、遍数、增强材料种类 3. 嵌缝材料种类 4. 防护材料种类			1. 基层处理 2. 抹找平层 3. 涂防水膜 4. 铺保护层
010702003	屋面刚性防水	1. 防水层厚度 2. 嵌缝材料种类 3. 混凝土强度等级		按设计图示尺寸以面积计算。不扣除房上烟囱、风帽底座、风道等所占面积	1. 基层处理 2. 混凝土制作、运输、铺筑、养护
010702004	屋面排水管	1. 排水管品种、规格、品牌、颜色 2. 接缝、嵌缝材料种类 3. 油漆品种、刷漆遍数	m	按设计图示尺寸以长度计算。如设计未标注尺寸,以檐口至设计室外散水上表面垂直距离计算	1. 排水管及配件安装、固定 2. 雨水斗、雨水箅子安装 3. 接缝、嵌缝
010702005	屋面天沟、沿沟	1. 材料品种 2. 砂浆配合比 3. 宽度、坡度 4. 接缝、嵌缝材料种类 5. 防护材料种类	m^2	按设计图示尺寸以面积计算。铁皮和卷材天沟按展开面积计算	1. 砂浆制作、运输 2. 砂浆找坡、养护 3. 天沟材料铺设 4. 天沟配件安装 5. 接缝、嵌缝 6. 刷防护材料

7.7.2.3　墙、地面防水防潮

墙、地面防水防潮工程量清单项目设置及工程量计算规则见表7.46。

表7.46　墙、地面防水防潮(编码:010703)

项目编码	项目名称	项目特征	计量单位	工程量计算规则	工程内容
010703001	卷材防水	1. 卷材、涂膜品种 2. 涂膜厚度、遍数、增强材料种类 3. 防水部位 4. 防水做法 5. 接缝、嵌缝材料种类 6. 防护材料种类	m^2	按设计图示尺寸以面积计算。 1. 地面防水:按主墙间净空面积计算,扣除凸出地面的构筑物、设备基础等所占面积,不扣除间壁墙及单个0.3 m^2以内的柱、垛、烟囱和孔洞所占面积 2. 墙基防水:外墙按中心线,内墙按净长乘以宽度计算	1. 基层处理 2. 抹找平层 3. 刷黏结剂 4. 铺防水卷材 5. 铺保护层 6. 接缝、嵌缝
010703002	涂膜防水				1. 基层处理 2. 抹找平层 3. 刷基层处理剂 4. 铺涂膜防水层 5. 铺保护层
010703003	砂浆防水(潮)	1. 防水(潮)部位 2. 防水(潮)厚度、层数 3. 砂浆配合比 4. 外加剂材料种类			1. 基层处理 2. 挂钢丝网片 3. 设置分格缝 4. 砂浆制作、运输、摊铺、养护
010703004	变形缝	1. 变形缝部位 2. 嵌缝材料种类 3. 止水带材料种类 4. 盖板材料 5. 防护材料种类	m	按设计图示以长度计算	1. 清缝 2. 填塞防水材料 3. 止水带安装 4. 盖板制作 5. 刷防护材料

7.7.3　工程量清单计价

例7.6　某工程屋面为卷材防水,轴线尺寸为50 m×14 m墙厚240 mm,四周女儿墙防水高250 mm,沿横向从中间项两边找坡2%,屋面做法如下。

防水层:高聚物改性沥青卷材4 mm(冷贴)满铺。

找平层:20 mm厚1∶3水泥砂浆,砂浆中掺聚丙烯。

保温层:100 mm 厚加气混凝土块保温。

找坡层:水泥加气混凝土碎渣 1∶8 找 2% 坡(最薄处 20 厚)。

找平层:20 mm 厚 1∶3 水泥砂浆,砂浆中掺聚丙烯。

结构层:钢筋混凝土板。

试编制屋面卷材防水工程量清单及工程量清单报价。

解 (1)编制分部分项工程量清单

屋面卷材防水工程量 $=(50-0.24)\times(14-0.24)+[(50-0.24)+(14-0.24)]\times2\times0.25$

$=684.70+31.76=716.46(\text{m}^2)$

分部分项工程量清单与计价表

工程名称:某建筑工程　　标段:　　第 页 共 页

序号	项目编码	项目名称	项目特征描述	计量单位	工程量	金额/元		
						综合单价	合价	其中:暂估价
1	010703001001	屋面卷材防水	1. 防水层:高聚物改性沥青卷材 4 mm(冷贴)满铺,四周女儿墙防水高 250 mm 2. 找平层:20 mm 厚 1∶3水泥砂浆,砂浆中掺聚丙烯 3. 保温层:100 mm 厚加气混凝土块保温 4. 找坡层:水泥加气混凝土碎渣 1∶8 找 2% 坡(最薄处 20厚) 5. 找平层:20 mm 厚 1∶3水泥砂浆,砂浆中掺聚丙烯	m^2	716.46			
本页小计								
合计								

(2)编制分部分项工程量清单计价表

分部分项工程量清单与计价表

工程名称:某建筑工程　　　　标段:　　　　第 页 共 页

序号	项目编码	项目名称	项目特征描述	计量单位	工程量	金额/元		
						综合单价	合价	其中:暂估价
1	010703001001	屋面卷材防水	1. 防水层:高聚物改性沥青卷材4 mm(冷贴)满铺,四周女儿墙防水高250 mm 2. 找平层:20 mm厚1∶3水泥砂浆,砂浆中掺聚丙烯 3. 保温层:100 mm厚加气混凝土块保温 4. 找坡层:水泥加气混凝土碎渣1∶8找2%坡(最薄处20 mm厚) 5. 找平层:20 mm厚1∶3水泥砂浆,砂浆中掺聚丙烯	m^2	716.46	109.88	78724.62	
本页小计							78724.62	
合计							78724.62	

工程量清单综合单价分析表

工程名称:某建筑工程　　　　标段:　　　　第　页　共　页

项目编码		010101003001		项目名称		屋面卷材防水			计量单位		m³
清单综合单价组成明细											
定额编号	定额名称	定额单位	数量	单价				合价			
				人工费	材料费	机械费	管理费和利润	人工费	材料费	机械费	管理费和利润
A7-40 换	屋面高聚物改性沥青卷材(厚4 mm冷贴)满铺	100 m^2	0.01	349.44	4368.58	0	150.7	3.49	43.69	0	1.51
A7-209 换	楼地面、屋面找平层水泥砂浆加聚丙烯在填充料上厚20 mm(1:3水泥砂浆)	100 m^2	0.0096	475.52	557.33	26.5	213.9	4.54	5.33	0.25	2.04
A8-178 换	加气混凝土块	10 m^3	0.0096	290.56	1551.5	0	113.05	2.78	14.83	0	1.08
A8-171 换	水泥加气混凝土碎渣1:8	10 m^3	0.0085	643.2	1481.86	0	250.25	5.46	12.58	0	2.12
A7-210 换	楼地面、屋面找平层水泥砂浆加聚丙烯在混凝土或硬基层上厚20 mm(1:3水泥砂浆)	100 m^2	0.0096	412.8	447.36	20.71	184.92	3.95	4.28	0.2	1.77
人工单价		小计						20.22	80.69	0.45	8.52
64元/工日		未计价材料费						0			
清单项目综合单价								109.88			

续表

	主要材料名称、规格、型号	单位	数量	单价/元	合价/元	暂估单价/元	暂估合价/元
材料费明细	水泥 32.5	t	0.0345	335	11.57		
	砂子中粗	m^3	0.0444	60	2.66		
	其他材料费	元	0.1908	1	0.19		
	高聚物改性沥青卷材 4 mm	m^2	1.145	28	32.06		
	高聚物改性沥青卷材 2 mm	m^2	0.11	20	2.2		
	PVC 卷材基层处理剂	kg	0.3	5	1.5		
	改性沥青粘结剂	kg	0.5575	10	5.58		
	石油液化气	kg	0.24	9	2.16		
	混凝土块加气	m^3	0.1023	145	14.83		
	加气混凝土碎渣	m^3	0.1039	65	6.75		
	其他材料费			—	1.2	—	0
	材料费小计			—	80.69	—	0

注：①定额计价中 20 mm 厚 1:3 水泥砂浆（掺聚丙烯）工程量=(50−0.24)×(14−0.24)=684.70(m^2)。② 1 m^2 屋面卷材防水中 20 mm 厚 1:3 水泥砂浆（掺聚丙烯）含量=684.70÷716.46=0.96(m^2)。③ 定额计价中加气混凝土保温层工程量=(50−0.24)×(14−0.24)×0.1=68.47(m^3)。④ 1 m^2 屋面卷材防水中加气混凝土保温层含量=68.47÷716.46=0.096(m^3)。⑤定额计价中 1:8 水泥膨胀珍珠岩工程量=$(50-0.24)\times(14-0.24)\times[(14-0.24)\times\frac{1}{2}\times2\%\times\frac{1}{2}+0.02]$=684.7×0.0888=60.80($m^3$)。⑥ 1 m^2 屋面卷材防水中 1 : 8 水泥膨胀珍珠岩含量=60.80÷716.46=0.085(m^3)。

7.8 防腐、隔热、保温工程

7.8.1 概述

7.8.1.1 防腐、隔热、保温工程工程量清单内容

防腐、隔热、保温工程共3节14个项目,包括防腐面层、其他防腐、隔热、保温工程,适用于工业与民用建筑的基础、地面、墙面防腐,楼地面、墙面、屋面的保温隔热工程。

7.8.1.2 防腐、隔热、保温工程工程量清单项目划分

(1)防腐面层:包括防腐混凝土面层、防腐砂浆面层、防腐胶泥面层、玻璃钢防腐面层、聚氯乙烯板面层、块料防腐面层。

(2)其他防腐:包括隔离层、砌筑沥青浸渍砖、防腐涂料。

(3)隔热、保温:包括保温隔热屋面、保温隔热天棚、保温隔热墙、保温柱、隔热楼地面。

7.8.1.3 相关问题处理及注意事项

(1)保温隔热墙项目中,外墙外保温和内保温的面层应包括在保温隔热墙项目报价内,其装饰层应按装饰装修工程工程量清单计价办法相关项目编码列项;内保温的内墙保温踢脚线应包括在保温隔热墙项目报价内;外保温、内保温、内墙保温的基层抹灰或刮腻子应包括在该项目报价内;保温隔热墙如需做木龙骨时,木龙骨的制作安装及防腐、防火处理应包括在报价内。

(2)保温隔热墙的装饰面层,应按装饰工程相关项目编码列项。

(3)柱帽保温隔热应并入天棚保温隔热工程量内。

(4)池槽保温隔热及池壁、池底应分别编码列项,池壁应并入墙面保温隔热工程量内,池底应并入地面保温隔热工程量内。

7.8.2 工程量清单项目设置及工程量计算规则

7.8.2.1 防水面层

防腐面层工程量清单项目设置及工程量计算规则见表7.47。

表7.47 防腐面层(编码:010801)

项目编码	项目名称	项目特征	计量单位	工程量计算规则	工程内容
010801001	防腐混凝土面层	1. 防腐部位 2. 面层厚度 3. 砂浆、混凝土、胶泥种类	m^2	按设计图示尺寸以面积计算。 1. 平面防腐:扣除凸出地面的构筑物、设备基础等所占面积 2. 立面防腐:砖垛等突出部分按展开面积并入墙面积内	1. 基层清理 2. 基层刷稀胶泥 3. 砂浆制作、运输、摊铺、养护 4. 混凝土制作、运输、摊铺、养护
010801002	防腐砂浆面层				
010801003	防腐胶泥面层				1. 基层清理 2. 胶泥调制、摊铺
010801004	玻璃钢防腐面层	1. 防腐部位 2. 玻璃钢种类 3. 贴布层数 4. 面层材料品种			1. 基层清理 2. 刷底漆、刮腻子 3. 胶浆配制、涂刷 4. 粘布、涂刷面层
010801005	聚氯乙烯板面层	1. 防腐部位 2. 面层材料品种 3. 黏结材料种类		按设计图示尺寸以面积计算。 1. 平面防腐:扣除凸出地面的构筑、物、设备基础等所占面积 2. 立面防腐:砖垛等突出部分按展、开面积并入墙面积内 3. 踢脚板防腐:扣除门洞所占面积并相应增加门洞侧壁面积	1. 基层清理 2. 配料、涂胶 3. 聚氯乙烯板铺设 4. 铺贴踢脚板
010801006	块料防腐面层	1. 防腐部位 2. 块料品种、规格 3. 黏结材料种类 4. 勾缝材料种类			1. 基层清理 2. 砌块料 3. 胶泥调制、勾缝

7.8.2.2 **其他防腐**

其他防腐工程量清单项目设置及工程量计算规则见表7.48。

表 7.48　其他防腐(编码:010802)

项目编码	项目名称	项目特征	计量单位	工程量计算规则	工程内容
010802001	隔离层	1. 隔离层部位 2. 隔离层材料品种 3. 隔离层做法 4. 粘贴材料种类	m^2	按设计图示尺寸以面积计算。 1. 平面防腐:扣除凸出地面的构筑物、设备基础等所占面积 2. 立面防腐:砖垛等突出部分按展开面积并入墙面积内	1. 基层清理、刷油 2. 煮沥青 3. 胶泥调制 4. 隔离层铺设
010802002	砌筑沥青浸渍砖	1. 砌筑部位 2. 浸渍砖规格 3. 浸渍砖砌法(平砌、立砌)	m^3	按设计图示尺寸以体积计算	1. 基层清理 2. 胶泥调制 3. 浸渍砖铺砌
010802003	防腐涂料	1. 涂刷部位 2. 基层材料类型 3. 涂料品种、刷涂遍数	m^2	按设计图示尺寸以面积计算 1. 平面防腐:扣除凸出地面的构筑物、设备基础等所占面积 2. 立面防腐:砖垛等突出部分按展开面积并入墙面积内	1. 基层清理 2. 刷涂料

7.8.2.3　隔热、保温

隔热、保温工程量清单项目设置及工程量计算规则见表 7.49。

表7.49　隔热、保温(编码:010803)

项目编码	项目名称	项目特征	计量单位	工程量计算规则	工程内容
010803001	保温隔热屋面	1. 保温隔热部位 2. 保温隔热方式(内保温、外保温、夹心保温) 3. 踢脚线、勒脚线保温做法 4. 保温隔热面层材料品种、规格、性能 5. 保温隔热材料品种、规格 6. 隔气层厚度 7. 黏结材料种类 8. 防护材料种类	m^2	按设计图示尺寸以面积计算。不扣除柱、垛所占面积	1. 基层清理 2. 铺粘保温层 3. 刷防护材料
010803002	保温隔热天棚				
010803003	保温隔热墙			按设计图示尺寸以面积计算。扣除门窗洞口所占面积;门窗洞口侧壁需做保温时,并入保温墙体工程量内	1. 基层清理 2. 底层抹灰 3. 粘贴龙骨 4. 填贴保温材料 5. 粘贴面层 6. 嵌缝 7. 刷防护材料
010803004	保温柱			按设计图示以保温层中心线展开长度乘以保温层高度计算	
010803005	隔热楼地面			按设计图示尺寸以面积计算。不扣除柱、垛所占面积	1. 基层清理 2. 铺设粘贴材料 3. 铺贴保温层 4. 刷防护材料

7.9　措施项目

建筑工程措施项目见表7.50。

表 7.50 措施项目

序号	项目名称
1.1	混凝土、钢筋混凝土模板及支架
1.2	脚手架
1.3	垂直运输机械

思考题

1. 简述平整场地工程量计算规则及工作内容。
2. 简述挖基础土方工程量计算规则及工作内容。
3. 简述钢筋混凝土桩灌注工程量计算规则及工作内容。
4. 简述砖基础工程量计算规则及工作内容。
5. 简述带形基础工程量计算规则及工作内容。
6. 简述独立基础工程量计算规则及工作内容。
7. 简述有梁板工程量计算规则及工作内容。
8. 简述直形楼梯工程量计算规则及工作内容。
9. 简述弧形楼梯工程量计算规则及工作内容。
10. 简述矩形柱工程量计算规则及工作内容。
11. 简述屋面卷材防水工程量计算规则及工作内容。
12. 简述屋面保温隔热工程量计算规则及工作内容。
13. 简述保温隔热墙工程量计算规则及工作内容。

习　题

1. 编制×××公司办公楼的挖土方清单工程量及清单计价。
2. 编制×××公司办公楼砖基础、一层平面图中砖墙体、砌块砌体的清单工程量及清单计价。
3. 编制×××公司办公楼混凝土基础的混凝土的清单工程量及清单计价。
4. 编制×××公司办公楼框架梁 KL9 混凝土的清单工程量及清单计价。
5. 编制×××公司办公楼一层框架柱混凝土的清单工程量及清单计价。
6. 编制×××公司办公楼一层现浇板混凝土的清单工程量及清单计价。
7. 编制×××公司办公楼框架梁 KL9 钢筋的清单工程量及清单计价。
8. 编制×××公司办公楼一层框架柱钢筋的清单工程量及清单计价。
9. 编制×××公司办公楼一层现浇板钢筋的清单工程量及清单计价。
10. 编制×××公司办公楼混凝土基础钢筋的清单工程量及清单计价。

11. 编制×××公司办公楼屋面工程的清单工程量及清单计价。
12. 编制×××公司办公楼混凝土基础模板的清单工程量及清单计价。
13. 编制×××公司办公楼框架梁 KL9 模板的清单工程量及清单计价。
14. 编制×××公司办公楼一层框架柱模板的清单工程量及清单计价。
15. 编制×××公司办公楼一层现浇板模板的清单工程量及清单计价。
16. 编制×××公司办公楼综合脚手架的清单工程量及清单计价。
17. 编制×××公司办公楼垂直运输的清单工程量及清单计价。

第8章 装饰工程工程量清单编制与清单计价

学习要求 掌握楼地面工程工程量清单计价、墙柱面工程工程量清单计价、天棚工程工程量清单计价、门窗工程工程量清单计价、油漆、涂料、裱糊工程工程量清单计价、装饰工程措施项目费工程量清单计价，熟悉其他工程工程量清单计价。

8.1 楼地面工程

8.1.1 概述

8.1.1.1 楼地面工程的工程量清单内容

楼地面工程共9节42个项目，包括整体面层、块料面层、橡塑面层、其他材料面层、踢脚线、楼梯装饰、扶手、栏杆、栏板装饰、台阶装饰、零星装饰等项目，适用于楼地面、楼梯、台阶等装饰工程。

8.1.1.2 楼地面工程工程量清单项目的划分

(1)整体面层 包括水泥砂浆楼地面、现浇水磨石楼地面、细石混凝土楼地面、菱苦土楼地面。

(2)块料面层 包括石材楼地面、块料楼地面。

(3)橡胶面层 包括橡胶楼地面、橡胶卷材楼地面、塑料板楼地、塑料卷材楼地面。

(4)其他材料面层 包括楼地面地毯、竹木地板、金属复合地板、防静电活动地板。

(5)踢脚线 包括水泥砂浆踢脚线、石材踢脚线、块料踢脚线、现浇水磨石踢脚线、塑料板踢脚线、木质踢脚线、金属踢脚线、防静电踢脚线。

(6)楼梯装饰 石材楼梯面层、块料楼梯面层、水泥砂浆楼梯面、现浇水磨石楼梯面、地毯楼梯面、木板楼梯面。

(7)扶手、栏杆、栏板装饰 包括有金属扶手带栏杆栏板、硬木扶手带栏杆栏板、塑料扶手带栏杆栏板、金属靠墙扶手、硬木靠墙扶手、塑料靠墙扶手。

(8)台阶装饰　包括石材台阶、块料台阶面、水泥砂浆台阶面、现浇水磨石台阶面、剁假石台阶面。

(9)零星装饰项目　包括石材零星项目、碎拼石材零星项目、块料零星项目、水泥砂浆零星项目。

8.1.2　工程量清单项目设置及计算规则

8.1.2.1　整体面层

整体面层工程量清单项目设置及工程量计算规则见表8.1。

表8.1　整体面层(编码:020101)

项目编码	项目名称	项目特征	计量单位	工程量计算规则	工程内容
020101001	水泥砂浆楼地面	1. 垫层材料种类、厚度 2. 找平层厚度、砂浆配合比 3. 防水层厚度、材料种类 4. 面层厚度、砂浆配合比	m^2	按设计图示尺寸以面积计算。扣除凸出地面构筑物、设备基础、室内铁道、地沟等所占面积，不扣除间壁墙和0.3 ㎡以内的柱、垛、附墙烟囱及孔洞所占面积。门洞、空圈、暖气包槽、壁龛的开口部分不增加面积	1. 基层清理 2. 垫层铺设 3. 抹找平层 4. 防水层铺设 5. 抹面层 6. 材料运输
020101002	现浇水磨石楼地面	1. 垫层材料种类、厚度 2. 找平层厚度、砂浆配合比 3. 防水层厚度、材料种类 4. 面层厚度、水泥石子浆配合比 5. 嵌条材料种类、规格 6. 石子种类、规格、颜色 7. 颜料种类、颜色 8. 图案要求 9. 磨光、酸洗、打蜡要求			1. 基层清理 2. 垫层铺设 3. 抹找平层 4. 防水层铺设 5. 面层铺设 嵌缝条安装 7. 磨光、酸洗、打蜡 8. 材料运输
020101003	细石混凝土地面	1. 垫层材料种类、厚度 2. 找平层厚度、砂浆配合比 3. 防水层厚度、材料种类 4. 面层厚度、混凝土强度等级			1. 基层清理 2. 垫层铺设 3. 抹找平层 4. 防水层铺设 5. 面层铺设 6. 材料运输
020101004	菱苦土楼地面	1. 垫层材料种类、厚度 2. 找平层厚度、砂浆配合比 3. 防水层厚度、材料种类 4. 面层厚度 5. 打蜡要求			1. 清理基层 2. 垫层铺设 3. 抹找平层 4. 防水层铺设 5. 面层铺设 6. 打蜡 7. 材料运输

8.1.2.2 块料面层

块料面层工程量清单项目设置及工程量计算规则见表8.2。

表8.2 块料面层(编码:020102)

项目编码	项目名称	项目特征	计量单位	工程量计算规则	工程内容
020102001	石材楼地面	1. 垫层材料种类、厚度 2. 找平层厚度、砂浆配合比 3. 防水层、材料种类 4. 填充材料种类、厚度 5. 结合层厚度、砂浆配合比 6. 面层材料品种、规格、品牌、颜色 7. 嵌缝材料种类 8. 防护层材料种类 9. 酸洗、打蜡要求	m^2	按设计图示尺寸以面积计算。扣除凸出地面构筑物、设备基础、室内铁道、地沟等所占面积,不扣除间壁墙和0.3 m^2以内的柱、垛、附墙烟囱及孔洞所占面积。门洞、空圈、暖气包槽、壁龛的开口部分不增加面积	1. 基层清理、铺设垫层、抹找平层 2. 防水层铺设、填充层 3. 面层铺设 4. 嵌缝 5. 刷防护材料 6. 酸洗、打蜡 7. 材料运输
020102002	块料楼地面				

8.1.2.3 橡塑面层

橡塑面层工程量清单项目设置及工程量计算规则见表8.3。

表8.3 橡塑面层(编码:020103)

项目编码	项目名称	项目特征	计量单位	工程量计算规则	工程内容
020103001	橡胶板楼地面	1. 找平层厚度、砂浆配合比 2. 填充材料种类、厚度 3. 黏结层厚度、材料种类 4. 面层材料品种、规格、品牌、颜色 5. 压线条种类	m^2	按设计图示尺寸以面积计算。门洞、空圈、暖气包槽、壁龛的开口部分并入相应的工程量内。	1. 基层清理、抹找平层 2. 铺设填充层 3. 面层铺贴 4. 压缝条装钉 5. 材料运输
020103002	橡胶卷材楼地面				
020103003	塑料板楼地面				
020103004	塑料卷材楼地面				

8.1.2.4 其他材料面层

其他材料面层工程量清单项目设置及工程量计算规则见表8.4。

表8.4 其他材料面层(编码020104)

项目编码	项目名称	项目特征	计量单位	工程量计算规则	工程内容
020104001	楼地面地毯	1. 找平层厚度、砂浆配合比 2. 填充材料种类、厚度 3. 面层材料品种、规格、品牌、颜色 4. 防护材料种类 5. 黏结材料种类 6. 压线条种类	m²	按设计图示尺寸以面积计算。门洞、空圈、暖气包槽、壁龛的开口部分并入相应的工程量内	1. 基层清理、抹找平层 2. 铺设填充层 3. 铺贴面层 4. 刷防护材料 5. 装钉压条 6. 材料运输
020104002	竹木地板	1. 找平层厚度、砂浆配合比 2. 填充材料种类、厚度、找平层厚度、砂浆配合比 3. 龙骨材料种类、规格、铺设间距 4. 基层材料种类、规格 5. 面层材料品种、规格、品牌、颜色 6. 黏结材料种类 7. 防护材料种类 8. 油漆品种、刷漆遍数			1. 基层清理、抹找平层 2. 铺设填充层 3. 龙骨铺设 4. 铺设基层 5. 面层铺贴 6. 刷防护材料 7. 材料运输
020104003	防静电活动地板	1. 找平层厚度、砂浆配合比 2. 填充材料种类、厚度,找平层厚度、砂浆配合比 3. 支架高度、材料种类 4. 面层材料品种、规格、品牌、颜色 5. 防护材料种类			1. 清理基层、抹找平层 2. 铺设填充层 3. 固定支架安装 4. 活动面层安装 5. 刷防护材料 6. 材料运输
020104004	金属复合地板	1. 找平层厚度、砂浆配合比 2. 填充材料种类、厚度,找平层厚度、砂浆配合比 3. 龙骨材料种类、规格、铺设间距 4. 基层材料种类、规格 5. 面层材料品种、规格、品牌 6. 防护材料种类			1. 清理基层、抹找平层 2. 铺设填充层 3. 龙骨铺设 4. 基层铺设 5. 面层铺贴 6. 刷防护材料 7. 材料运输

8.1.2.5 踢脚线

踢脚线工程量清单项目设置及工程量计算规则见表8.5。

表8.5 踢脚线(编码:020105)

项目编码	项目名称	项目特征	计量单位	工程量计算规则	工程内容
020105001	水泥砂浆踢脚线	1.踢脚线高度 2.底层厚度、砂浆配合比 3.面层厚度、砂浆配合比	m^2	按设计图示长度乘以高度以面积计算	1.基层清理 2.底层抹灰 3.面层铺贴 4.勾缝 5.磨光、酸洗、打蜡 6.刷防护材料 7.材料运输
020105002	石材踢脚线	1.踢脚线高度 2.底层厚度、砂浆配合比 3.粘贴层厚度、材料种类 4.面层材料品种、规格、品牌、颜色 5.勾缝材料种类 6.防护材料种类			
020105003	块料踢脚线				
020105004	现浇水磨石踢脚线	1.踢脚线高度 2.底层厚度、砂浆配合比 3.面层厚度、水泥石子浆配合比 4.石子种类、规格、颜色 5.颜料种类、颜色 6.磨光、酸洗、打蜡要求			
020105005	塑料板踢脚线	1.踢脚线高度 2.底层厚度、砂浆配合比 3.黏结层厚度、材料种类 4.面层材料种类、规格、品牌、颜色			
020105006	木质踢脚线	1.踢脚线高度 2.底层厚度、砂浆配合比 3.基层材料种类。 4.面层材料品种、规格、品牌、颜色 5.防护材料种类 6.油漆品种、刷漆遍数			1.基层清理 2.底层抹灰 3.基层铺贴 4.面层铺贴 5.刷防护材料 6.刷油漆 7.材料运输
020105007	金属踢脚线				
020105008	防静电踢脚线				

8.1.2.6　楼梯装饰

楼梯装饰工程量清单项目设置及工程量计算规则见表8.6。

表8.6　楼梯装饰(编码:020106)

项目编码	项目名称	项目特征	计量单位	工程量计算规则	工程内容
020106001	石材楼梯面层	1. 找平层厚度、砂浆配合比 2. 黏结层厚度、材料种类 3. 面层材料品种、规格、品牌、颜色 4. 防滑条材料种类、规格 5. 勾缝材料种类 6. 防护层材料种类 7. 酸洗、打蜡要求	m^2	按设计图示尺寸以楼梯(包括踏步、休息平台及500 mm以内的楼梯井)水平投影面积计算。楼梯与楼地面相连时,算至梯口梁内侧边沿;无梯口梁者,算至最上一层踏步边沿加300 mm	1. 基层清理 2. 抹找平层 3. 面层铺贴 4. 贴嵌防滑条 5. 勾缝 6. 刷防护材料 7. 酸洗、打蜡 8. 材料运输
020106002	块料楼梯面层	1. 找平层厚度、砂浆配合比 2. 黏结层厚度、材料种类 3. 面层材料品种、规格、品牌、颜色 4. 防滑条材料种类、规格 5. 勾缝材料种类 6. 防护层材料种类 7. 酸洗、打蜡要求	m^2	按设计图示尺寸以楼梯(包括踏步、休息平台及500 mm以内的楼梯井)水平投影面积计算。楼梯与楼地面相连时,算至梯口梁内侧边沿;无梯口梁者,算至最上一层踏步边沿加300 mm	1. 基层清理 2. 抹找平层 3. 面层铺贴 4. 贴嵌防滑条 5. 勾缝 6. 刷防护材料 7. 酸洗、打蜡 8. 材料运输
020106003	水泥砂浆楼梯面	1. 找平层厚度、砂浆配合比 2. 面层厚度、砂浆配合比 3. 防滑条材料种类、规格	m^2	按设计图示尺寸以楼梯(包括踏步、休息平台及500 mm以内的楼梯井)水平投影面积计算。楼梯与楼地面相连时,算至梯口梁内侧边沿;无梯口梁者,算至最上一层踏步边沿加300 mm	1. 基层清理 2. 抹找平层 3. 抹面层 4. 抹防滑条 5. 材料运输
020106004	现浇水磨石楼梯面	1. 找平层厚度、砂浆配合比 2. 面层厚度、水泥石子浆配合比 3. 防滑条材料种类、规格 4. 石子种类、规格、颜色 5. 颜料种类、颜色 6. 磨光、酸洗、打蜡要求	m^2	按设计图示尺寸以楼梯(包括踏步、休息平台及500 mm以内的楼梯井)水平投影面积计算。楼梯与楼地面相连时,算至梯口梁内侧边沿;无梯口梁者,算至最上一层踏步边沿加300 mm	1. 基层清理 2. 抹找平层 3. 抹面层 4. 贴嵌防滑条 5. 磨光、酸洗、打蜡 6. 材料运输
020106005	地毯楼梯面	1. 基层种类 2. 找平层厚度、砂浆配合比 3. 面层材料品种、规格、品牌、颜色 4. 防护材料种类 5. 黏结材料种类 6. 固定配件材料种类、规格	m^2	按设计图示尺寸以楼梯(包括踏步、休息平台及500 mm以内的楼梯井)水平投影面积计算。楼梯与楼地面相连时,算至梯口梁内侧边沿;无梯口梁者,算至最上一层踏步边沿加300 mm	1. 基层清理 2. 抹找平层 3. 铺贴面层 4. 固定配件安装 5. 刷防护材料 6. 材料运输
020106006	木板楼梯面	1. 找平层厚度、砂浆配合比 2. 基层材料种类、规格 3. 面层材料品种、规格、品牌、颜色 4. 黏结材料种类 5. 防护材料种类 6. 油漆品种、刷漆遍数	m^2	按设计图示尺寸以楼梯(包括踏步、休息平台及500 mm以内的楼梯井)水平投影面积计算。楼梯与楼地面相连时,算至梯口梁内侧边沿;无梯口梁者,算至最上一层踏步边沿加300 mm	1. 基层清理 2. 抹找平层 3. 基层铺贴 4. 面层铺贴 5. 刷防护材料、油漆 6. 材料运输

8.1.2.7 扶手、栏杆、栏板装饰

扶手、栏杆、栏板装饰工程量清单项目设置及工程量计算规则见表8.7。

表8.7 扶手、栏杆、栏板装饰(编码:020107)

项目编码	项目名称	项目特征	计量单位	工程量计算规则	工程内容
020107001	金属扶手带栏杆、栏板	1. 扶手材料种类、规格、品牌、颜色 2. 栏杆材料种类、规格、品牌、颜色 3. 栏板材料种类、规格、品牌、颜色 4. 固定配件种类 5. 防护材料种类 6. 油漆品种、刷漆遍数	m	按设计图纸尺寸以扶手中心线长度(包括弯头长度)计算	1. 制作 2. 运输 3. 安装 4. 刷防护材料 5. 刷油漆
020107002	硬木扶手带栏杆、栏板				
020107003	塑料扶手带栏杆、栏板				
020107004	金属靠墙扶手	1. 扶手材料种类、规格、品牌、颜色 2. 固定配件种类 3. 防护材料种类 4. 油漆品种、刷漆遍数			
020107005	硬木靠墙扶手				
020107006	塑料靠墙扶手				

8.1.2.8 台阶装饰

台阶装饰工程量清单项目设置及工程量计算规则见表8.8。

表8.8　台阶装饰(编码:020108)

项目编码	项目名称	项目特征	计量单位	工程量计算规则	工程内容
020108001	石材台阶面	1. 垫层材料种类、厚度 2. 找平层厚度、砂浆配合比 3. 黏结层材料种类 4. 面层材料品种、规格、品牌、颜色 5. 勾缝材料种类 6. 防滑条材料种类、规格 7. 防护材料种类	m^2	按设计图示尺寸以台阶(包括最上层踏步边沿加300 mm)水平投影面积计算	1. 基层清理 2. 铺设垫层 3. 抹找平层 4. 面层铺贴 5. 贴嵌防滑条 6. 勾缝 7. 刷防护材料 8. 材料运输
020108002	块料台阶面				1. 清理基层 2. 铺设垫层 3. 抹找平层 4. 抹面层 5. 抹防滑条 6. 材料运
020108003	水泥砂浆台阶面	1. 垫层材料种类、厚度 2. 找平层厚度、砂浆配合比 3. 面层厚度、砂浆配合比 4. 防滑条材料种类			1. 清理基层 2. 铺设垫层 3. 抹找平层 4. 抹面层 5. 贴嵌防滑条 6. 打磨、酸洗、打蜡 7. 材料运输
020108004	现浇水磨石台阶面	1. 垫层材料种类、厚度 2. 找平层厚度、砂浆配合比 3. 面层厚度、砂浆配合比 4. 防滑条材料种类 5. 石子种类、规格、颜色 6. 颜料种类、规格、颜色 7. 磨光、酸洗、打蜡要求			1. 垫层材料种类、厚度 2. 找平层厚度、砂浆配合比 3. 面层厚度、水泥石子浆配合比 4. 防滑条材料种类、规格 5. 石子种类、规格、颜色 6. 颜料种类、颜色 7. 磨光、酸洗、打蜡要求
020108005	剁假石台阶面	1. 垫层材料种类、厚度 2. 找平层厚度、砂浆配合比 3. 面层厚度、砂浆配合比 4. 剁假石要求			1. 清理基层 2. 铺设垫层 3. 抹找平层 4. 抹面层 5. 剁假石 6. 材料运输

8.1.2.9 零星装饰项目

零星装饰项目工程量清单项目设置及工程量计算规则见表8.9。

表8.9 零星装饰项目(编码:020109)

项目编码	项目名称	项目特征	计量单位	工程量计算规则	工程内容
020109001	石材零星项目	1. 工程部位 2. 找平层厚度、砂浆配合比 3. 贴结合层厚度、材料种类 4. 面层材料品种、规格、品牌、颜色 5. 勾缝材料种类 6. 防护材料种类 7. 酸洗、打蜡要求	m^2	按设计图示尺寸以面积计算。	1. 清理基层 2. 抹找平层 3. 面层铺贴 4. 勾缝 5. 刷防护材料 6. 酸洗、打蜡 7. 材料运输
020109002	碎拼石材零星项目				
020109003	块料零星项目				
020109004	水泥砂浆零星项目	1. 工程部位 2. 找平层厚度、砂浆配合比 3. 面层厚度、砂浆厚度			1. 清理基层 2. 抹找平层 3. 抹面层 4. 材料运输

8.1.2.10 其他相关问题

其他相关问题应按下列规定处理:

(1)楼梯、阳台、走廊、回廊及其他的装饰性扶手、栏杆、栏板,应按表8.7项目编码列项。

(2)楼梯、台阶侧面装饰及0.5 m^2 以内少量分散的楼地面装修,应按表8.9中项目编码列项。

8.1.3 工程量清单计价

例8.1 某商店平面如图8.1所示,现浇艺术形式水磨石地面做法:C20(最大粒径16 mm,32.5水泥)现浇碎石混凝土垫层80 mm厚,1∶3水泥砂浆找平层18 mm厚,1∶2白水泥彩色石子水磨石面层12 mm厚,12 mm×2 mm铜条分隔,按照单独承包装饰工程,编制水磨石地面工程量清单及工程量清单计价。

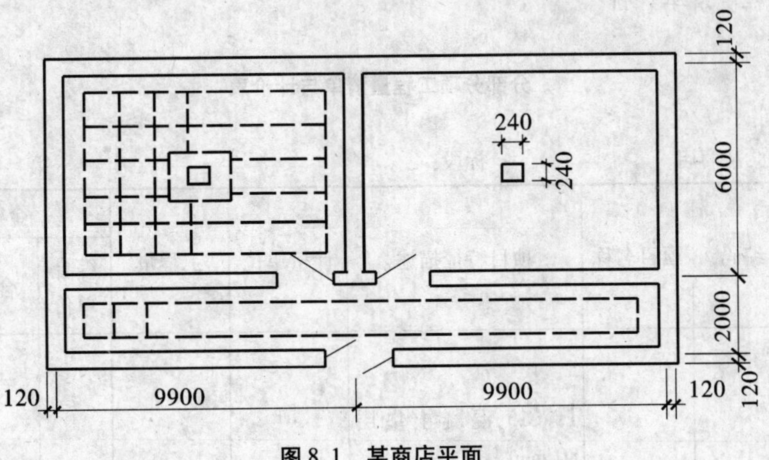

图 8.1　某商店平面

解　(1) 工程量清单编制

现浇艺术形式水磨石地面清单工程量 = (9.9−0.24)×(6−0.24)×2+(9.9×2−0.24)×(2−0.24) = 145.71(m²)

分部分项工程量清单与计价表

工程名称:某商店　　　　标段:　　　　第　页 共　页

序号	项目编码	项目名称	项目特征描述	计量单位	工程量	金额/元		
						综合单价	合价	其中:暂估价
1	020101002001	现浇水磨石楼地面	1. C15 混凝土垫层 80 mm 厚 2. 1∶3 水泥砂浆找平层 18 mm 厚 3. 1∶2 白水泥彩色石子水磨石面层 12 mm厚 4. 12 mm×2 mm 铜条分隔	m²	145.71			
			本页小计					
			合计					

(2)工程量清单计价

分部分项工程量清单与计价表

工程名称:某商店　　　　标段:　　　　第　页　共　页

序号	项目编码	项目名称	项目特征描述	计量单位	工程量	金额/元		
						综合单价	合价	其中:暂估价
1	020101002001	现浇水磨石楼地面	1. C15 混凝土垫层 80 mm厚 2. 1:3 水泥砂浆找平层 18 mm 厚 3. 1:2 白水泥彩色石子水磨石面层 12 mm厚 4. 12 mm×2 mm 铜条分隔	m^2	145.71	128.22	18682.94	
本页小计								
合计								

工程量清单综合单价分析表

工程名称:某商店　　　　　　　　标段:　　　　　　　　　第　页　共　页

项目编码		010101003001		项目名称		现浇水磨石楼地面			计量单位		m^2
清单综合单价组成明细											
定额编号	定额名称	定额单位	数量	单价				合价			
				人工费	材料费	机械费	管理费和利润	人工费	材料费	机械费	管理费和利润
B1-152 换	地面垫层 混凝土(C20-16(32.5 水泥)现浇碎石砼)	10 m^3	0.008	731.5	1542.22	8.38	260.3	5.85	12.34	0.07	2.09
B1-12 换	水磨石楼地面 艺术形式厚(18+12)mm	100 m^2	0.01	4285.05	2091.84	312.77	1649.21	42.85	20.92	3.13	16.49
B1-16 换	水磨石楼地面嵌铜条	100 m	0.025	56.21	901	1.55	20	1.41	22.53	0.04	0.5
人工单价人工单价		小计						50.11	55.79	3.24	19.08
定额工日 77 元/工日		未计价材料						0.00			
清单项目综合单价								128.22			

续表

	主要材料名称、规格、型号	单位	数量	单价/元	合价/元	暂估单价/元	暂估合价/元
材料费明细	水泥 32.5	t	0.0331	335.00	11.09		
	白水泥	kg	10.0698	0.42	4.23		
	碎石 20～40 mm	m^3	0.0687	36.00	2.47		
	砂子 中粗	m^3	0.056	60.00	3.36		
	彩色石子	kg	19.6768	0.46	9.05		
	铜条 12×2	m	2.65	8.50	22.53		
	其他材料费	元			3.06		
	材料费小计				55.79		

注:① 定额计价中地面垫层混凝土工程量=145.71×0.08=11.66(m^3)。② 1 m^2 现浇水磨石楼地面中地面垫层混凝土含量=11.66÷145.71=0.08(m^3)。③ 定额计价中铜条工程量=145.71×(250÷100)=364.275(m)。④ 1 m^2 现浇水磨石楼地面中铜条含量=364.275÷145.71=2.5(m)。

例8.2 某工程室内要求简单图案花岗岩地面，中间粘贴山东白麻磨光花岗岩，四周边粘贴山西黑磨光花岗岩，业主编制工程量清单见下表，按照单独承包装饰工程，试编制工程量清单计价。

分部分项工程量清单与计价表

工程名称：某工程　　　　标段：　　　　第　页　共　页

序号	项目编码	项目名称	项目特征描述	计量单位	工程量	金额/元		
						综合单价	合价	其中：暂估价
1	020102001001	石材楼地面	楼面30 mm厚1∶3水泥砂浆粘贴600 mm×600 mm山东白麻磨光花岗岩，进行酸洗打蜡和用麻袋进行成品保护	m^2	25.86			
2	020102001002	石材楼地面	楼面30 mm厚1∶3水泥砂浆粘贴600 mm×200 mm山西黑磨光花岗岩走边，进行酸洗打蜡和用麻袋进行成品保护	m^2	5.60			
合计								

解 (1)分部分项工程量清单计价

分部分项工程量清单与计价表

工程名称：某工程　　　　标段：　　　　第　页　共　页

序号	项目编码	项目名称	项目特征描述	计量单位	工程量	金额/元		
						综合单价	合价	其中：暂估价
1	020102001001	石材楼地面	楼面30 mm厚1∶3水泥砂浆粘贴600 mm×600 mm山东白麻磨光花岗岩，进行酸洗打蜡和用麻袋进行成品保护	m^2	22.86	111.55	2550.03	
2	020102001002	石材楼地面	楼面30 mm厚1∶3水泥砂浆粘贴600 mm×200 mm山西黑磨光花岗岩走边，进行酸洗打蜡和用麻袋进行成品保护	m^2	5.60	186.86	1040.82	
合计							3590.85	

(2)工程量清单综合单价分析

工程量清单综合单价分析表

工程名称：某工程　　　　标段：　　　　第　页　共　页

项目编码	010101003001	项目名称	石材楼地面	计量单位	m^2

清单综合单价组成明细

定额编号	定额名称	定额单位	数量	单价				合价			
				人工费	材料费	机械费	管理费和利润	人工费	材料费	机械费	管理费和利润
B1-26 换	花岗岩楼地面 简单图案（30 mm 厚水泥砂浆 1∶3）山东白麻磨光花岗岩	100 m^2	0.01	2953.72	6100.08	93.49	1218.95	29.54	61.00	0.93	12.19
B1-31 换	块料面层酸洗打蜡	100 m^2	0.01	338.8	59.2	9	120.56	3.39	0.59	0.09	1.2
B8-19 换	麻袋保护 地面	100 m^2	0.01	150.15	61.36	0	51.87	1.50	0.61	0	0.51
人工单价		小计						34.43	62.2	1.02	13.9
定额工日 77 元/工日		未计价材料						0.00			
清单项目综合单价								111.55			

材料费明细	主要材料名称、规格、型号	单位	数量	单价/元	合价/元	暂估单价/元	暂估合价/元
	山东白麻磨光花岗岩板 600×600×30	m^2	1.0759	50.00	53.8		
	水泥 32.5	t	0.0138	335.00	4.62		
	砂子 中粗	m^3	0.0311	60.00	1.87		
	白水泥	kg	0.1	0.42	0.04		
	其他材料费	元			1.87		
	材料费小计				62.2		

工程量清单综合单价分析表

工程名称:某工程　　　　标段:　　　　第　页　共　页

项目编码		010101003001		项目名称		石材楼地面				计量单位	m^2
清单综合单价组成明细											
定额编号	定额名称	定额单位	数量	单价				合价			
				人工费	材料费	机械费	管理费和利润	人工费	材料费	机械费	管理费和利润
B1-26 换	山西黑磨光花岗岩楼地面简单图案(30 mm 厚水泥砂浆 1∶3)	100 m^2	0.01	2953.72	13631.38	93.49	1218.95	29.54	136.31	0.93	12.19
B1-31 换	块料面层酸洗打蜡	100 m^2	0.01	338.8	59.2	9	120.56	3.39	0.59	0.09	1.2
B8-19 换	麻袋保护 地面	100 m^2	0.01	150.15	61.36	0	51.87	1.50	0.61	0	0.51
人工单价		小计						34.43	137.51	1.02	13.9
定额工日 77 元/工日		未计价材料						0.00			
清单项目综合单价								186.86			

材料费明细	主要材料名称、规格、型号	单位	数量	单价/元	合价/元	暂估单价/元	暂估合价/元
	山西黑磨光花岗岩板 600×600×30	m^2	1.0759	120.00	129.108		
	水泥 32.5	t	0.0138	335.00	4.62		
	白水泥	kg	0.1	0.42	0.04		
	砂子 中粗	m^3	0.0311	60.00	1.87		
	其他材料费	元			1.872		
	材料费小计			137.51			

8.2 墙、柱面工程

8.2.1 概述

8.2.1.1 墙、柱面工程工程量清单内容

墙、柱面工程共10节25个项目,包括墙面抹灰、柱面抹灰、零星抹灰、墙面镶贴块料、柱面镶贴块料、零星镶贴块料,墙饰面、柱(梁)饰面、隔断、幕墙等工程,适用于一般抹灰、装饰抹灰工程。

8.2.1.2 墙、柱面工程工程量清单项目的划分

(1)墙面抹灰:包括墙面一般抹灰、墙面装饰抹灰、墙面勾缝。

(2)柱面抹灰:包括柱面一般抹灰、柱面装饰抹灰、柱面勾缝。

(3)零星抹灰:包括零星项目一般抹灰、零星项目装饰抹灰。

(4)墙面镶贴块料:包括石材墙面、碎拼石材墙面、块料墙面、干挂石材钢骨架。

(5)柱(梁)面镶贴块料:包括石材柱面、拼碎石材柱面、块料柱面、石材梁面、块料梁面。

(6)零星镶贴块料:包括石材零星项目、拼碎石材零星项目、块料零星项目。

(7)墙饰面。

(8)柱(梁)饰面。

(9)隔断。

(10)幕墙:包括带骨架幕墙、全玻幕墙。

8.2.2 工程量清单项目设置及计算规则

8.2.2.1 墙面抹灰

墙面抹灰工程量清单项目设置及工程量计算规则见表8.10。

表 8.10　墙面抹灰（编码：020201）

<table>
<tr><th>项目编码</th><th>项目名称</th><th>项目特征</th><th>计量单位</th><th>工程量计算规则</th><th>工程内容</th></tr>
<tr><td>020201001</td><td>墙面一般抹灰</td><td rowspan="2">1. 墙体类型
2. 底层厚度、砂浆配合比
3. 面层厚度、砂浆配合比
4. 装饰面材料种类
5. 分格缝宽度、材料种类</td><td rowspan="3">m²</td><td rowspan="3">按设计图示尺寸以面积计算。扣除墙裙、门窗洞口及单个 0.3 m² 以外的孔洞面积，不扣除踢脚线、挂镜线和墙与构件交接处的面积，门窗洞口和孔洞的侧壁及顶面不增加面积。附墙柱、梁、垛、烟囱侧壁并入相应的墙面面积内。
1. 外墙抹灰面积按外墙垂直投影面积计算
2. 外墙裙抹灰面积按其长度乘以高度计算
3. 内墙抹灰面积按主墙间的净长乘以高度计算
(1) 无墙裙的，高度按室内楼地面至天棚底面计算
(2) 有墙裙的，高度按墙裙顶至天棚底面计算
4. 内墙裙抹灰面按内墙净长乘以高度计算</td><td rowspan="2">1. 基层清理
2. 砂浆制作、运输
3. 底层抹灰
4. 抹面层
5. 抹装饰面
6. 勾分格缝</td></tr>
<tr><td>020201002</td><td>墙面装饰抹灰</td></tr>
<tr><td>020201003</td><td>墙面勾缝</td><td>1. 墙体类型
2. 勾缝类型
3. 勾缝材料种类</td><td>1. 基层清理
2. 砂浆制作、运输
3. 勾缝</td></tr>
</table>

8.2.2.2　柱面抹灰

柱面抹灰工程量清单项目设置及工程量计算规则见表 8.11。

表 8.11 柱面抹灰(编码:020202)

项目编码	项目名称	项目特征	计量单位	工程量计算规则	工程内容
020202001	柱面一般抹灰	1. 柱体类型 2. 底层厚度、砂浆配合比 3. 面层厚度、砂浆配合比 4. 装饰面材料种类 5. 分格缝宽度、材料种类	m^2	按设计图示柱断面周长乘以高度以面积计算	1. 基层清理 2. 砂浆制作、运输 3. 底层抹灰 4. 抹面层 5. 抹装饰面 6. 勾分格缝
020202002	柱面装饰抹灰				
020202003	柱面勾缝	1. 墙体类型 2. 勾缝类型 3. 勾缝材料种类			1. 基层清理 2. 砂浆制作、运输 3. 勾缝

8.2.2.3 **零星抹灰**

零星抹灰工程量清单项目设置及工程量计算规则,应按表 8.12 的规定执行。

表 8.12 零星抹灰(编码:020203)

项目编码	项目名称	项目特征	计量单位	工程量计算规则	工程内容
020203001	零星项目一般抹灰	1. 墙体类型 2. 底层厚度、砂浆配合比 3. 面层厚度、砂浆配合比 4. 装饰面材料种类 5. 分格缝宽度、材料种类	m^2	按设计图示尺寸以面积计算	1. 基层清理 2. 砂浆制作、运输 3. 底层抹灰 4. 抹面层 5. 抹装饰面 6. 勾分格缝
020203002	零星项目装饰抹灰				

8.2.2.4 **墙面镶贴块料**

墙面镶贴块料工程量清单项目设置及工程量计算规则见表 8.13。

表8.13 墙面镶贴块料(编码:020204)

项目编码	项目名称	项目特征	计量单位	工程量计算规则	工程内容
020204001	石材墙面	1. 墙体类型 2. 底层厚度、砂浆配合比 3. 黏结层厚度、材料种类 4. 挂贴方式 5. 干挂方式(膨胀螺栓、钢龙骨) 6. 面层材料品种、规格、品牌、颜色 7. 缝宽、嵌缝材料种类 8. 防护材料种类 9. 磨光、酸洗、打蜡要求	m^2	按设计图示尺寸以镶贴面积计算	1. 基层清理 2. 砂浆制作、运输 3. 底层抹灰 4. 结合层铺贴 5. 面层铺贴 6. 面层挂贴 7. 面层干挂 8. 嵌缝 9. 刷防护材料 10. 磨光、酸洗、打蜡
020204002	碎拼石材				
020204003	块料墙面				
020204004	干挂石材钢骨架	1. 骨架种类、规格 2. 油漆品种、刷油遍数	t	按设计图示尺寸以质量计算	1. 骨架制作、运输、安装 2. 骨架油漆

8.2.2.5 柱面镶贴块料

柱面镶贴块料工程量清单项目设置及工程量计算规则见表8.14。

表 8.14 柱面镶贴块料(编码:020205)

项目编码	项目名称	项目特征	计量单位	工程量计算规则	工程内容
020205001	石材柱面	1. 柱体材料 2. 柱截面类型、尺寸 3. 底层厚度、砂浆配合比 4. 黏结层厚度、材料种类 5. 挂贴方式 6. 干挂方式 7. 面层材料品种、规格、品牌、颜色 8. 缝宽、嵌缝材料种类 9. 防护材料种类 10. 磨光、酸洗、打蜡要求	m^2	按设计图示尺寸以镶贴面积计算。	1. 基层清理 2. 砂浆制作、运输 3. 底层抹灰 4. 结合层铺贴 5. 面层铺贴 6. 面层挂贴 7. 面层干挂 8. 嵌缝 9. 刷防护材料 10. 磨光、酸洗、打蜡
020205002	拼碎石材柱面				
020205003	块料柱面				
020205004	石材梁面	1. 底层厚度、砂浆配合比 2. 黏结层厚度、材料种类 3. 面层材料品种、规格、品牌、颜色 4. 缝宽、嵌缝材料种类 5. 防护材料种类 6. 磨光、酸洗、打蜡要求			1. 基层清理 2. 砂浆制作、运输 3. 底层抹灰 4. 结合层铺贴 5. 面层铺贴 6. 面层挂贴 7. 嵌缝 8. 刷防护材料 9. 磨光、酸洗、打蜡
020205005	块料梁面				

8.2.2.6 零星镶贴块料

零星镶贴块料工程量清单项目设置及工程量计算规则见表 8.15。

表 8.15　零星镶贴块料（编码:020206）

项目编码	项目名称	项目特征	计量单位	工程量计算规则	工程内容
020206001	石材零星项目	1. 柱、墙体类型 2. 底层厚度、砂浆配合比 3. 黏结层厚度、材料种类 4. 挂贴方式 5. 干挂方式 6. 面层材料品种、规格、品牌、颜色 7. 缝宽、嵌缝材料种类 8. 防护材料种类 9. 磨光、酸洗、打蜡要求	m^2	按设计图示尺寸以镶贴面积计算	1. 基层清理 2. 砂浆制作、运输 3. 底层抹灰 4. 结合层铺贴 5. 面层铺贴 6. 面层挂贴 7. 面层干挂 8. 嵌缝 9. 刷防护材料 10. 磨光、酸洗、打蜡
020206002	拼碎石材零星项目				
020206003	块料零星项目				

8.2.2.7　**墙饰面**

墙饰面工程量清单项目设置及工程量计算规则见表 8.16。

表 8.16　墙饰面（编码:020207）

项目编码	项目名称	项目特征	计量单位	工程量计算规则	工程内容
020207001	装饰板墙面	1. 墙体类型 2. 底层厚度、砂浆配合比 3. 龙骨材料种类、规格、中距 4. 隔离层材料种类、规格 5. 基层材料种类、规格 6. 面层材料品种、规格、品牌、颜色 7. 压条材料种类、规格 8. 防护材料种类 9. 油漆品种、刷漆遍数	m^2	按设计图示墙净长乘以净高以面积计算。扣除门窗洞口及单个 0.3 m^2 以上的孔洞所占面积	1. 基层清理 2. 砂浆制作、运输 3. 底层抹灰 4. 龙骨制作、运输、安装 5. 钉隔离层 6. 基层铺钉 7. 面层铺贴 8. 刷防护材料、油漆

8.2.2.8　**柱（梁）饰面**

柱（梁）饰面工程量清单项目设置及工程量计算规则见表 8.17。

表 8.17 柱(梁)饰面(编码:020208)

项目编码	项目名称	项目特征	计量单位	工程量计算规则	工程内容
020208001	柱(梁)面装饰	1. 柱(梁)体类型 2. 底层厚度、砂浆配合比 3. 龙骨材料种类、规格、中距 4. 隔离层材料种类 5. 基层材料种类、规格 6. 面层材料品种、规格、品种、颜色 7. 压条材料种类、规格 8. 防护材料种类 9. 油漆品种、刷漆遍数	m^2	按设计图示饰面外围尺寸以面积计算。柱帽、柱墩并入相应柱饰面工程量内	1. 清理基层 2. 砂浆制作、运 3. 底层抹灰 4. 龙骨制作、运输、安装 5. 钉隔离层 6. 基层铺钉 7. 面层铺贴 8. 刷防护材料、油漆

8.2.2.9 **隔断**

隔断工程量清单项目设置及工程量计算规则见表 8.18。

表 8.18 隔断(编码:020209)

项目编码	项目名称	项目特征	计量单位	工程量计算规则	工程内容
020209001	隔断	1. 骨架、边框材料种类、规格 2. 隔板材料品种、规格、品牌、颜色 3. 嵌缝、塞口材料品种 4. 压条材料种类 5. 防护材料种类 6. 油漆品种、刷漆遍数	m^2	按设计图示框外围尺寸以面积计算。扣除单个 0.3 m^2 以上的孔洞所占面积;浴厕门的材质与隔断相同时,门的面积并入隔断面积内	1. 骨架及边框制作、运输、安装 2. 隔板制作、运输、安装 3. 嵌缝、塞口 4. 装钉压条 5. 刷防护材料、油漆

8.2.2.10 **幕墙**

幕墙工程量清单项目设置及工程量计算规则见表 8.19。

表8.19　幕墙(编码:0202010)

项目编码	项目名称	项目特征	计量单位	工程量计算规则	工程内容
020210001	带骨架幕墙	1. 骨架材料种类、规格、中距 2. 面层材料品种、规格、品种、颜色 3. 面层固定方式 4. 嵌缝、塞口材料种类	m^2	按设计图示框外围尺寸以面积计算。与幕墙同种材质的窗所占面积不扣除	1. 骨架制作、运输、安装 2. 面层安装 3. 嵌缝、塞口 4. 清洗
020210002	全玻幕墙	1. 玻璃品种、规格、品牌、颜色 2. 黏结塞口材料种类 3. 固定方式		按设计图示尺寸以面积计算,带肋全玻幕墙按展开面积计算	1. 幕墙安装 2. 嵌缝、塞口 3. 清洗

8.2.2.11　其他相关问题

其他相关问题应按下列规定处理:

(1)石灰砂浆、水泥砂浆、水泥混合砂浆、聚合物水泥砂浆、麻刀石灰、纸筋石灰、石膏灰等的抹灰应按表8.12中一般抹灰项目编码列项,水刷石、斩假石(剁斧石、剁假石)、干粘石、假面砖等的抹灰应按表8.12中装饰抹灰项目编码列项。

(2)0.5 m^2 以内少量分散的抹灰和镶贴块料面层,应按表8.12和表8.15中相关项目编码列项。

8.2.3　工程量清单计价

例8.3　某工程如图8.2所示,M5混合砂浆砌筑煤矸砖墙,内墙面水泥砂浆抹灰,15 mm厚1∶2水泥砂浆打底,10 mm厚1∶3水泥砂浆面层,抹灰面刷乳胶漆,满刮成品腻子,一底漆三面漆;内墙裙高900 mm,1∶3水泥砂浆打底,1∶1水泥砂浆粘贴300 mm×200 mm瓷砖,门洞口侧面粘贴100 mm宽度瓷砖,该内墙装饰工程与建筑工程共同承包,编制工程量清单及工程量清单计价。(M:1000 mm×2700 mm共3个,C:1500 mm×1800 mm共4个)

解　(1)工程量清单编制

①内墙面抹灰工程量 $=[(4.50\times3-0.24\times2+0.12\times2)\times2+(5.40-0.24)\times4]\times(3.90-0.10-0.90)-1.00\times(2.70-0.90)\times3-1.50\times1.80\times4$

$=120.56(m^2)$

②内墙裙瓷砖工程量 $=[(4.50\times3-0.24\times2+0.12\times2)\times2+(5.40-0.24)\times4-1.00\times4]\times0.90+0.9\times0.1\times8$

$=39.56(m^2)$

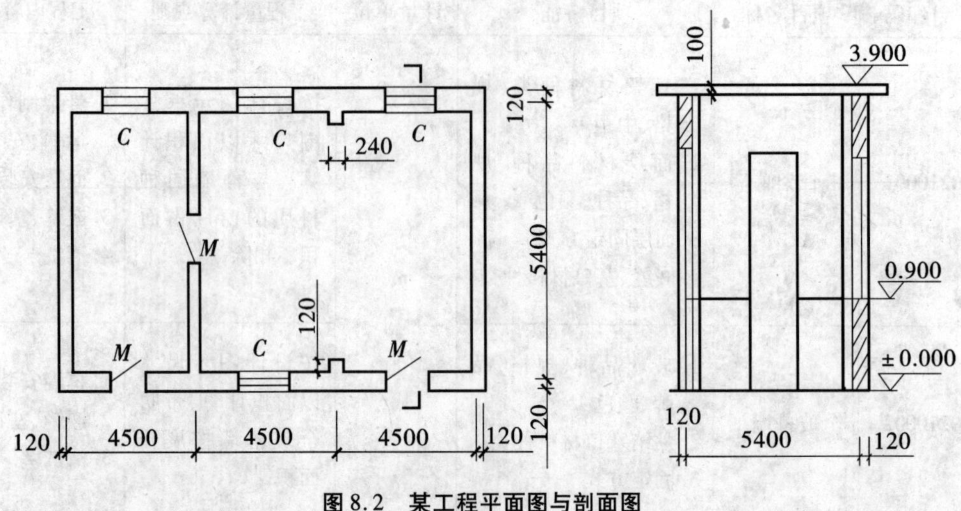

图 8.2 某工程平面图与剖面图

分部分项工程量清单与计价表

工程名称:某工程　　　　标段:　　　　第　页　共　页

序号	项目编码	项目名称	项目特征描述	计量单位	工程量	金额/元		
						综合单价	合价	其中:暂估价
1	020201002001	墙面一般抹灰	1. 15 mm 厚 1 : 2 水泥砂浆打底 2. 10 mm 厚 1 : 3 水泥砂浆面层 3. 抹灰面刷乳胶漆,满刮成品腻子,一底漆三面漆	m^2	120.56			
2	020204003001	块料墙面	1. 内墙裙高 900 mm 2. 1 : 3 水泥砂浆打底 3. 1 : 1 水泥砂浆粘贴 300 mm × 200 mm 瓷砖	m^2	39.56			
本页小计								
合计								

(2) 工程量清单计价

分部分项工程量清单与计价表

工程名称:某工程　　　　标段:　　　　第　页　共　页

序号	项目编码	项目名称	项目特征描述	计量单位	工程量	金额/元		
						综合单价	合价	其中:暂估价
1	020201001001	墙面一般抹灰	1. 15 mm 厚 1∶2 水泥砂浆打底 2. 10 mm 厚 1∶3 水泥砂浆面层 3. 抹灰面刷乳胶漆,满刮成品腻子,一底漆三面漆	m^2	120.56	48.88	5892.97	
2	020204003001	块料墙面	1. 内墙裙高 900 mm 2. 1∶3 水泥砂浆打底 3. 1∶1 水泥砂浆粘贴 300 mm × 200 mm 瓷砖	m^2	39.56	92.96	3677.50	
			合计				9570.47	

工程量清单综合单价分析表

工程名称:某工程　　　　标段:　　　　第　页　共　页

项目编码		010101003001		项目名称		墙面一般抹灰			计量单位		m²
清单综合单价组成明细											
定额编号	定额名称	定额单位	数量	单价				合价			
				人工费	材料费	机械费	管理费和利润	人工费	材料费	机械费	管理费和利润
B2-17 换	水泥砂浆 砖、混凝土墙厚(15+10)mm	100 m²	0.01	1109.12	592.61	28.41	371.14	11.09	5.93	0.28	3.72
B5-166 换	抹灰面刷乳胶漆 满刮成品腻子 一底漆二面漆	100 m²	0.01	483.84	1491.28	0	241.92	4.84	14.91	0	2.42
B5-168 换	抹灰面刷乳胶漆 满刮成品腻子 每增一遍面漆	100 m²	0.01	98.56	421.06	0	49.28	0.99	4.21	0	0.49
人工单价		小计						16.92	25.05	0.28	6.63
定额工日 64 元/工日		未计价材料						0.00			
清单项目综合单价								48.88			

材料费明细	主要材料名称、规格、型号	单位	数量	单价/元	合价/元	暂估单价/元	暂估合价/元
	水泥 32.5	t	0.0126	335.00	4.222		
	水	m³	0.0107	4.05	0.04		
	砂子 中粗	m³	0.027	60.00	1.62		
	其他材料费	元	0.212	1.00	0.21		
	乳胶底漆	kg	0.11	30.00	3.3		
	乳胶面漆	kg	0.37	35.00	12.95		
	建筑腻子	kg	1.545	1.75	2.7		
	材料费小计				25.05		

工程量清单综合单价分析表

工程名称：某工程　　　　　　标段：　　　　　　第　页　共　页

项目编码	010101003001	项目名称	块料墙面	计量单位	m²						
清单综合单价组成明细											
定额编号	定额名称	定额单位	数量	单价				合价			
				人工费	材料费	机械费	管理费和利润	人工费	材料费	机械费	管理费和利润
B2-79 换	贴瓷砖 砖、混凝土墙 300×200	100 m²	0.01	3714.56	3948.37	32.3	1600.98	37.15	39.48	0.32	16.01
人工单价		小计						37.15	39.48	0.32	16.01
定额工日 64 元/工日		未计价材料						0.00			
清单项目综合单价								92.96			

	主要材料名称、规格、型号	单位	数量	单价/元	合价/元	暂估单价/元	暂估合价/元
材料费明细	花瓷砖 300×200	千块	0.017	2000.00	34		
	水泥 32.5	t	0.011	335.00	3.686		
	水	m³	0.0083	4.05	0.03		
	砂子 中粗	m³	0.0189	60.00	1.134		
	白水泥	kg	0.15	0.42	0.06		
	建筑胶	kg	0.24	2.00	0.48		
	其他材料费	元	0.0848	1.00	0.08		
	材料费小计				39.48		

8.3 天棚工程

8.3.1 概述

8.3.1.1 天棚工程的工程量清单内容

天棚工程共3节9个项目，包括天棚抹灰、天棚吊顶、天棚其他装饰，适用于天棚装饰工程。

8.3.1.2 天棚工程工程量清单项目的划分

(1)天棚抹灰。

(2)天棚吊顶：包括天棚吊顶、格栅吊顶、吊筒吊顶、藤条造型悬挂吊顶、织物软雕吊顶、网架(装饰)吊顶。

格栅吊顶面层适用于木格栅、金属格栅、塑料格栅等。

吊筒吊顶适用于木(竹)质吊筒、金属吊筒、塑料吊筒，吊筒形状可以是圆形、矩形、扁钟形等。

(3)天棚其他装饰：包括灯带、送风口、回风口。

8.3.2 工程量清单项目设置及计算规则

8.3.2.1 天棚抹灰

天棚抹灰工程量清单项目设置及工程量计算规则见表8.20。

表8.20 天棚抹灰(编码:020301)

项目编码	项目名称	项目特征	计量单位	工程量计算规则	工程内容
020301001	天棚抹灰	1.基层类型 2.抹灰厚度、材料种类 3.装饰线条道数 4.砂浆配合比	m^2	按设计图示尺寸以水平投影面积计算。不扣除间壁墙、垛、柱、附墙烟囱、检查口和管道所占的面积，带梁天棚、梁两侧抹灰面积并入天棚面积内，板式楼梯底面抹灰按斜面积计算，锯齿形楼梯底板抹灰按展开面积计算	1.基层清理 2.底层抹灰 3.抹面层 4.抹装饰线条

8.3.2.2 天棚吊顶

天棚吊顶工程量清单项目设置及工程量计算规则见表8.21。

表8.21　天棚吊顶(编码:020302)

项目编码	项目名称	项目特征	计量单位	工程量计算规则	工程内容
020302001	天棚吊顶	1. 吊顶形式 2. 龙骨类型、材料种类、规格、中距 3. 基层材料种类、规格 4. 面层材料品种、规格、品牌、颜色 5. 压条材料种类、规格 6. 嵌缝材料种类 7. 防护材料种类 8. 油漆品种、刷漆遍数	m^2	按设计图示尺寸以水平投影面积计算。天棚面中的灯槽及跌级、锯齿形、吊挂式、藻井式天棚面积不展开计算。不扣除间壁墙、检查口、附墙烟囱、柱垛和管道所占面积,扣除单个0.3 m^2 以外的孔洞、独立柱及与天棚相连的窗帘盒所占的面积	1. 基层清理 2. 龙骨安装 3. 基层板铺贴 4. 面层铺贴 5. 嵌缝 6. 刷防护材料、油漆
020302002	格栅吊顶	1. 龙骨类型、材料种类、规格、中距 2. 基层材料种类、规格 3. 面层材料品种、规格、品牌、颜色 4. 防护材料种类 5. 油漆品种、刷漆遍数		按设计图示尺寸以水平投影面积计算	1. 基层清理 2. 底层抹灰 3. 安装龙骨 4. 基层板铺贴 5. 面层铺贴 6. 刷防护材料、油漆
020302003	吊筒吊顶	1. 底层厚度、砂浆配合比 2. 吊筒形状、规格、颜色、材料种类 3. 防护材料种类 4. 油漆品种、刷漆遍数			1. 基层清理 2. 底层抹灰 3. 吊筒安装 4. 刷防护材料、油漆
020302004	藤条造型悬挂吊顶	1. 底层厚度、砂浆配合比 2. 骨架材料种类、规格 3. 面层材料品种、规格、颜色 4. 防护层材料种类 5. 油漆品种、刷漆遍数			1. 基层清理 2. 底层抹灰 3. 龙骨安装 4. 铺贴面层 5. 刷防护材料、油漆
020302005	组物软雕吊顶				
020302006	网架(装饰)吊顶	1. 底层厚度、砂浆配合比 2. 面层材料品种、规格、颜色 3. 防护材料品种 4. 油漆品种、刷漆遍数			1. 基层清理 2. 底面抹灰 3. 面层安装 4. 刷防护材料、油漆

8.3.2.3　天棚其他装饰

天棚其他装饰工程量清单项目设置及工程量计算规则见表8.22。

表 8.22 天棚其他装饰(编码:020303)

项目编码	项目名称	项目特征	计量单位	工程量计算规则	工程内容
020303001	灯带	1. 灯带形式、尺寸 2. 格栅片材料品种、规格、品牌、颜色 3. 安装固定方式	m^2	按设计图示尺寸以框外围面积计算	安装、固定
020303002	送风口、回风口	1. 风口材料品种、规格、品牌、颜色 2. 安装固定方式 3. 防护材料种类	个	按设计图示数量计算	1. 安装、固定 2. 刷防护材料

8.3.2.4 其他相关问题

采光天棚和天棚设保温隔热吸音层时,应按表 8.21 中相关项目编码列项。

8.3.3 工程量清单计价

例 8.4 某室内天棚装饰工程量清单如下表,该装饰工程为单独承包,编制分部分项工程量清单计价。

分部分项工程量清单与计价表

工程名称:某室内天棚装饰工程　　标段:　　第　页　共　页

序号	项目编码	项目名称	项目特征描述	计量单位	工程量	金额/元		
						综合单价	合价	其中:暂估价
1	020302001001	天棚吊顶	天棚吊顶,不上人型装配式 U 形轻钢天棚龙骨面层规格 400 mm×600 mm,平面顶,纸面石膏板螺在 U 形轻钢龙骨上,满批成品腻子,立邦乳胶漆二底漆三面漆,筒灯孔 16 个	m^2	26.93			
本页小计								
合计								

解　分部分项工程量清单计价如下：

分部分项工程量清单与计价表

工程名称：某室内天棚装饰工程　　　　标段：　　　　第　页　共　页

序号	项目编码	项目名称	项目特征描述	计量单位	工程量	金额/元		
						综合单价	合价	其中：暂估价
1	020302001001	天棚吊顶	天棚吊顶，不上人型装配式U形轻钢天棚龙骨面层规格400 mm×600 mm，平面顶，纸面石膏板螺在U形轻钢龙骨上，满批成品腻子，立邦乳胶漆二底漆三面漆，筒灯孔16个	m^2	26.93	112.36	3025.86	
本页小计							3025.86	
合计							3025.86	

工程量清单综合单价分析表

工程名称：某室内天棚装饰工程　　　　标段：　　　　第　页　共　页

项目编码		010101003001		项目名称		天棚吊顶			计量单位		m²
清单综合单价组成明细											
定额编号	定额名称	定额单位	数量	单价				合价			
				人工费	材料费	机械费	管理费和利润	人工费	材料费	机械费	管理费和利润
B3-20换	天棚 U 型轻钢龙骨架(不上人)面层规格(mm)600×600 以内 平面	100 m²	0.01	1441.44	2609.12	0	745.06	14.41	26.09	0	7.45
B3-76换	天棚面层 石膏板 螺接 U 形龙骨	100 m²	0.01	919.38	1340.94	0	475.21	9.19	13.41	0	4.75
B3-119换	筒灯孔	10 个	0.06	15.4	30.66	0	7.96	0.92	1.84	0	0.48
B5-166换	抹灰面刷乳胶漆 满刮成品腻子 一底漆二面漆	100 m²	0.01	582.12	1491.28	0	241.92	5.82	14.91	0	2.42
B5-167换	抹灰面刷乳胶漆 满刮成品腻子 每增一遍底漆	100 m²	0.01	114.73	316.06	0	47.68	1.15	3.16	0	0.47
B5-168换	抹灰面刷乳胶漆 满刮成品腻子 每增一遍面漆	100 m²	0.01	118.58	421.06	0	49.28	1.19	4.21	0	0.49
人工单价		小计						32.68	63.62	0	16.06
定额工日 77 元/工日		未计价材料						0.00			

续表

	清单项目综合单价				112.36		
材料费明细	主要材料名称、规格、型号	单位	数量	单价/元	合价/元	暂估单价/元	暂估合价/元
	U形天棚轻钢大龙骨 h38	m	1.3333	2.85	3.8		
	U形天棚轻钢中龙骨 h19	m	2.4599	3.70	9.106		
	天棚轻钢中龙骨横撑 h19	m	2	3.70	7.4		
	U形轻钢中龙骨垂直吊挂件	个	2.35	0.50	1.18		
	铁件	kg	0.4	5.20	2.08		
	纸面石膏板 厚12 mm	m^2	1.05	11.30	11.87		
	自攻螺丝	百个	0.345	4.20	1.45		
	其他材料费	元	0.3392	1.00	0.34		
	乳胶底漆	kg	0.215	30.00	6.45		
	乳胶面漆	kg	0.37	35.00	12.95		
	建筑腻子	kg	1.545	1.75	2.7		
	其他材料费				4.294		
	材料费小计				63.62		

注:① 定额计价中筒灯孔工程量=16(个)。② 1 m^2 天棚吊顶中筒灯孔含量=16÷26.93=0.6(个)。

8.4 门窗工程

8.4.1 概述

8.4.1.1 门窗工程的工程量清单内容

门窗工程共9节57个项目,包括木门、金属门、金属卷帘门、其他门,木窗、金属窗、门窗套、窗帘盒、窗帘轨、窗台板,适用于门窗工程。

8.4.1.2 门窗工程工程量清单项目的划分

(1)木门:包括镶板木门、企口木板门、实木装饰门、胶合板门、夹板装饰门、木质防火门、木纱门、连窗门。

(2)金属门:包括金属平开门、金属推拉门、金属地弹门、彩板门、塑钢门、防盗门、钢质防火门。

(3)金层卷帘门:包括金属卷闸门、金属格栅门、防火卷帘门。

(4)其他门:包括电子感应门、转门、电子对讲门、电动伸缩门、全玻门(带扇框)、全玻自由门(无扇框)、半玻门(带扇框)、镜面不锈钢饰面门。

(5)木窗:包括木质平开窗、木质推拉窗、矩形木百叶窗、异形木百叶窗、木组合窗、木天窗、矩形木固定窗、异形木固定窗、装饰空花木窗。

(6)金属窗:包括金属推拉窗、金属平开窗、金属固定窗、金属百叶窗、金属组合窗、彩板窗、塑钢窗、金属防盗窗、金属格栅窗、特殊五金。

(7)门窗套:包括木门窗套、金属门窗套、石材门窗套、门窗木贴脸、硬木筒子板、饰面夹板筒子板。

(8)窗帘盒、窗帘轨:包括木窗帘盒、饰面夹板塑料窗帘盒、金属窗帘盒、金属窗帘轨。

(9)窗台板:木窗台板、铝塑窗台板、石材窗台板、金属窗台板。

8.4.2 工程量清单项目设置及计算规则

8.4.2.1 木门

木门工程量清单项目设置及工程量计算规则见表8.23。

表8.23　木门(编码:020401)

项目编码	项目名称	项目特征	计量单位	工程量计算规则	工程内容
020401001	镶板木门	1. 门类型 2. 框截面尺寸、单扇面积 3. 骨架材料种类 4. 面层材料品种、规格、品牌、颜色 5. 玻璃品种、厚度、五金材料、品种、规格 6. 防护层材料种类 7. 油漆品种、刷漆遍数	樘/m^2	按设计图示数量或设计图示洞口尺寸面积计算。	1. 门制作、运输、安装 2. 五金、玻璃安装 3. 刷防护材料、油漆
020401002	企口木板门				
020401003	实木装饰门				
020401004	胶合板门				
020401005	夹板装饰门	1. 门类型 2. 框截面尺寸、单扇面积 3. 骨架材料种类 4. 防火材料种类 5. 门纱材料品种、规格 6. 面层材料品种、规格、品牌、颜色 7. 玻璃品种、厚度、五金材料、品种、规格 8. 防护材料种类 9. 油漆品种、刷漆遍数按设计图示数量计算			
020401006	木质防火门				
020401007	木纱门				
020401008	连窗门	1. 门窗类型 2. 框截面尺寸、单扇面积 3. 骨架材料种类 4. 面层材料品种、规格、品牌、颜色 5. 玻璃品种、厚度、五金材料、品种、规格 6. 防护材料种类 7. 油漆品种、刷漆遍数			

8.4.2.2 金属门

金属门工程量清单项目设置及工程量计算规则见表8.24。

表8.24 金属门(编码:020402)

项目编码	项目名称	项目特征	计量单位	工程量计算规则	工程内容
020402001	金属平开门	1. 门类型 2. 框材质、外围尺寸 3. 扇材质、外围尺寸 4. 玻璃品种、厚度、五金材料、品种、规格 5. 防护材料种类 6. 油漆品种、刷漆遍数	樘/m^2	按设计图示数量或设计图示洞口尺寸面积计算	1. 门制作、运输、安装 2. 五金、玻璃安装 3. 刷防护材料、油漆
020402002	金属推拉门				
020402003	金属地弹门				
020402004	彩板门				
020402005	塑钢门				
020402006	防盗门				
020402007	钢质防火门				

8.4.2.3 金属卷帘门

金属卷帘门工程量清单项目设置及工程量计算规则见表8.25。

表8.25 金属卷帘门(编码:020403)

项目编码	项目名称	项目特征	计量单位	工程量计算规则	工程内容
020403001	金属卷闸门	1. 门材质、框外围尺寸 2. 启动装置品种、规格、品牌 3. 五金材料、品种、规格 4. 刷防护材料种类 5. 油漆品种、刷漆遍数	樘/m^2	按设计图示数量或设计图示洞口尺寸面积计算	1. 门制作、运输、安装 2. 启动装置、五金安装 3. 刷防护材料、油漆
020403002	金属格栅门				
020403003	防火卷帘门				

8.4.2.4 其他门

其他门工程量清单项目设置及工程量计算规则见表8.26。

表 8.26　其他门(编码:020404)

项目编码	项目名称	项目特征	计量单位	工程量计算规则	工程内容
020404001	电子感应门	1. 门材质、品牌、外围尺寸 2. 玻璃品种、厚度、五金材料、品种、规格 3. 电子配件品种、规格、品牌 4. 防护材料种类 5. 油漆品种、刷漆遍数	樘/m^2	按设计图示数量或设计图示洞口尺寸面积计算	1. 门制作、运输、安装 2. 五金、电子配件安装 3. 刷防护材料油漆
020404002	转门				
020404003	电子对讲门				
020404004	电动伸缩门				
020404005	全玻门(带扇框)	1. 门类型 2. 框材质、外围尺寸 3. 扇材质、外围尺寸 4. 玻璃品种、厚度、五金材料、品种、规格 5. 油漆品种、刷漆遍数			1. 门制作、运输、安装 2. 五金安装 3. 刷防护材料、油漆
020404006	全玻自由门(无扇框)				
020404007	半玻门(带扇框)				
020404008	镜面不锈钢饰面门				1. 门扇骨架及基层制作、运输、安装 2. 包面层 3. 五金安装 4. 刷防护材料

8.4.2.5　木窗

木窗工程量清单项目设置及工程量计算规则见表 8.27。

表 8.27 木窗(编码:020405)

项目编码	项目名称	项目特征	计量单位	工程量计算规则	工程内容
020405001	木质平开窗	1. 窗类型 2. 框材质、外围尺寸 3. 扇材质、外围尺寸 4. 玻璃品种、厚度、五金材料、品种、规格 5. 防护材料种类 6. 油漆品种、刷漆遍数	樘/m^2	按设计图示数量或设计图示洞口尺寸面积计算	1. 窗制作、运输、安装 2. 五金、玻璃安装 3. 刷防护材料、油漆
020405002	木质推拉窗				
020405003	矩形木百叶窗				
020405004	异形木百叶窗				
020405005	木组合窗				
020405006	木天窗				
020405007	矩形木固定窗				
020405008	异形木固定窗				
020405009	装饰空花木窗				

8.4.2.6 **金属窗**

金属窗工程量清单项目设置及工程量计算规则见表 8.28。

表 8.28 金属窗(编码:020406)

项目编码	项目名称	项目特征	计量单位	工程量计算规则	工程内容
020406001	金属推拉窗	1. 窗类型 2. 框材质、外围尺寸 3. 扇材质、外围尺寸 4. 玻璃品种、厚度、五金材料、品种、规格 5. 防护材料种类 6. 油漆品种、刷漆遍数	樘/m^2	按设计图示数量或设计图示洞口尺寸面积计算	1. 窗制作、运输、安装 2. 五金、玻璃安装 3. 刷防护材料、油漆
020406002	金属平开窗				
020406003	金属固定窗				
020406004	金属百叶窗				
020406005	金属组合窗				
020406006	彩板窗				
020406007	塑钢窗				
020406008	金属防盗窗				
020406009	金属格栅窗				
020406010	特殊五金	1. 五金名称、用途 2. 五金材料、品种、规格	个/套	按设计图示数量计算	1. 五金安装 2. 刷防护材料、油漆

8.4.2.7　门窗套

门窗套工程量清单项目设置及工程量计算规则见表8.29。

表8.29　门窗套(编码:020407)

项目编码	项目名称	项目特征	计量单位	工程量计算规则	工程内容
020407001	木门窗套	1. 底层厚度、砂浆配合比 2. 立筋材料种类、规格 3. 基层材料种类 4. 面层材料品种、规格、品种、品牌、颜色 5. 防护材料种类 6. 油漆品种、刷油遍数	m^2	按设计图示尺寸以展开面积开算	1. 清理基层 2. 底层抹灰 3. 立筋制作、安装 4. 基层板安装 5. 面层铺贴 6. 刷防护材料、油漆
020407002	金属门窗套				
020407003	石材门窗套				
020407004	门窗木贴脸				
020407005	硬木筒子板				
020407006	饰面夹板筒子板				

8.4.2.8　窗帘盒、窗帘轨

窗帘盒、窗帘轨工程量清单项目设置及工程量计算规则见表8.30。

表8.30　窗帘盒、窗帘轨(编码:020408)

项目编码	项目名称	项目特征	计量单位	工程量计算规则	工程内容
020408001	木窗帘盒	1. 窗帘盒材质、规格、颜色 2. 窗帘轨材质、规格 3. 防护材料种类 4. 油漆种类、刷漆遍数	m	按设计图示尺寸以长度计算	制作、运输、安装 刷防护材料、油漆
020408002	饰面夹板、塑料窗帘盒				
020408003	金属窗帘盒				
020408004	金属窗帘轨				

8.4.2.9　窗台板

窗台板工程量清单项目设置及工程量计算规则见表8.31。

表 8.31　窗台板(编码:020409)

项目编码	项目名称	项目特征	计量单位	工程量计算规则	工程内容
020409001	木窗台板	1. 找平层厚度、砂浆配合比 2. 窗台板材质、规格、颜色 3. 防护材料种类 4. 油漆种类、刷漆遍数	m	按设计图示尺寸以长度计算	1. 基层清理 2. 抹找平层 3. 窗台板制作、安装 4. 刷防护材料油漆
020409002	铝塑窗台板				
020409003	石材窗台板				
020409004	金属窗台板				

8.4.2.10　其他相关问题

其他相关问题应按下列规定处理:

(1)玻璃、百叶面积占其门扇面积一半以内者应为半玻门或半百叶门,超过一半时应为全玻百叶门。

(2)木门五金应包括折页、插销、风钩、弓背拉手、搭扣、木螺丝、弹簧折页(自动门)、管子拉手(自由门、地弹门)、地弹簧(地弹门)、角铁、门轧头(地弹门、自由门)等。

(3)木窗五金应包括折页、插销、风钩、木螺丝、滑轮滑轨(推拉窗)等。

(4)铝合金窗五金应包括卡锁、滑轮、铰拉、执手、拉把、拉手、风撑、角码、牛角制等。

(5)铝合门五金应包括地弹簧、门锁、拉手、门插、门铰、螺丝等。

(6)其他门五金应包括L形执手插锁(双舌)、球形执手锁(单舌)、门轧头、地锁、防盗门扣、门眼(猫眼)、门碰珠、电子销(磁卡销)、闭门器、装饰拉手等。

8.4.3　工程量清单计价

例 8.5　某学校宿舍楼,门为单扇无亮胶合板门 150 樘,弹子锁,单层木门油聚氨酯漆,一油粉三聚氨酯漆,洞口尺寸为 1000 mm×2000 mm,该门装饰工程与建筑工程共同承包,编制分部分项工程量清单及分部分项工程量清单计价表。

解　(1)单扇无亮胶合板门清单工程量 $=1.0\times2.0\times150=300(\text{m}^2)$

(2)工程量清单编制

分部分项工程量清单与计价表

工程名称:某学校宿舍楼　　　　标段:　　　　第　页　共　页

序号	项目编码	项目名称	项目特征描述	计量单位	工程量	金额/元		
						综合单价	合价	其中:暂估价
1	020401004001	胶合板门	1. 普通木门,单扇无亮胶合板门 2. 单层木门油聚氨酯漆 一油粉三聚氨酯漆 3. 安装弹子锁	m^2	300			
本页小计								
合计								

(3)工程量清单计价

分部分项工程量清单与计价表

工程名称:某学校宿舍楼　　　　标段:　　　　第　页　共　页

序号	项目编码	项目名称	项目特征描述	计量单位	工程量	金额/元		
						综合单价	合价	其中:暂估价
1	020401004001	胶合板门	1. 普通木门,单扇无亮胶合板门 2. 单层木门油聚氨酯漆 一油粉三聚氨酯漆 3. 安装弹子锁	m^2	300	245.95	73785.00	
本页小计							73785.00	
合计							73785.00	

工程量清单综合单价分析表

工程名称:某学校宿舍楼　　标段:　　第　页　共　页

项目编码	010101003001		项目名称		胶合板门			计量单位		m²	
清单综合单价组成明细											
定额编号	定额名称	定额单位	数量	单价				合价			
				人工费	材料费	机械费	管理费和利润	人工费	材料费	机械费	管理费和利润
B4-1 换	普通木门无亮单扇胶合板门	100 m²	0.01	2098.56	15171.76	96.77	826.31	20.99	151.72	0.97	8.27
B5-5 换	单层木门油聚氨酯漆 一油粉二聚氨酯漆	100 m²	0.01	2170.88	1095.53	0	1085.44	21.71	10.96	0	10.85
B5-14 换	单层木门油漆 每增加一遍聚氨酯漆	100 m²	0.01	396.16	399.57	0	198.08	3.96	4	0	1.99
B4-77 换	弹子锁安装	10 个	0.05	50.56	140	0	19.91	2.53	7	0	1
人工单价		小计						49.19	173.68	0.97	22.11
定额工日 64 元/工日		未计价材料						0.00			
清单项目综合单价								245.95			

续表

	主要材料名称、规格、型号	单位	数量	单价/元	合价/元	暂估单价/元	暂估合价/元
材料费明细	板方木材 综合规格	m^3	0.0238	1550.00	36.89	0	0
	木材干燥费	m^3	0.0208	59.38	1.24	0	0
	其他材料费	元	2.6606	1.00	2.66	0	0
	木门扇 成品	m^2	0.866	125.00	108.25	0	0
	石灰膏	m^3	0.0023	95.00	0.22	0	0
	小五金费	元	3.0184	1.00	3.02	0	0
	聚氨酯漆	kg	0.6226	19.00	11.83	0	0
	油漆溶剂油	kg	0.0754	3.50	0.26	0	0
	熟桐油(光油)	kg	0.0689	15.00	1.03	0	0
	清油	kg	0.0355	20.00	0.71	0	0
	大白粉	kg	0.1867	0.50	0.09	0	0
	二甲苯	kg	0.0766	5.30	0.41	0	0
	门锁 502-3 型双保险 弹子锁	把	0.5	14.00	7	0	0
	材料费小计			173.68			

注:① 定额计价中弹子锁工程量=150(个)。② 1 m^2 胶合板门中弹子锁含量=150÷300=0.5(个)。

8.5 油漆、涂料、裱糊工程

8.5.1 概述

8.5.1.1 油漆、涂料、裱糊工程的工程量清单内容

油漆、涂料、裱糊工程共9节29个项目，包括门油漆、窗油漆、扶手、板条面、线条面、木材面油漆、金属面油漆、抹灰面油漆、喷刷涂料、裱糊等，适用于门窗油漆、金属、抹灰面油漆工程。

8.5.1.2 油漆、涂料、裱糊工程工程量清单项目的划分

(1)门油漆。

(2)窗油漆。

(3)木扶手及其他板条线条油漆：包括木扶手油漆、窗帘盒油漆、封檐板、顺水板油漆、挂衣板黑板框油漆、挂镜线窗帘棍单独木线油漆。

(4)木材面油漆：包括木板纤维板胶合板油漆、木护墙木墙裙油漆、窗台板筒子板盖板门窗套踢脚线油漆、清水板条天棚檐口油漆、木方格吊顶天棚油漆、吸音板墙面、棚面油漆、暖气罩油漆、木间壁木隔断油漆、玻璃间壁露明墙筋油漆、木栅栏木栏杆(带扶手)油漆、衣柜壁柜油漆、梁柱饰面油漆、零星木装修油漆、木地板油漆土地板烫硬蜡面。

(5)金属面油漆。

(6)抹灰面油漆：包括抹灰面油漆、抹灰线条油漆。

(7)喷刷涂料。

(8)花饰、线条刷涂料：包括空花格、栏杆刷涂料、线条刷涂料。

(9)裱糊：包括墙纸裱糊、织锦缎裱糊。

8.5.2 工程量清单项目设置及计算规则

8.5.2.1 门油漆

门油漆工程量清单项目设置及工程量计算规则见表8.32。

表8.32 门油漆(编码:020501)

项目编码	项目名称	项目特征	计量单位	工程量计算规则	工程内容
020501001	门油漆	1. 门类型 2. 腻子种类 3. 刮腻子要求 4. 防护材料种类 5. 油漆品种、刷漆遍数	樘/m^2	按设计图示数量或设计图示单面洞口面积计算	1. 基层清理 2. 刮腻子 3. 刷防护材料油漆

8.5.2.2　窗油漆

窗油漆工程量清单项目设置及工程量计算规则见表8.33。

表8.33　窗油漆（编码：020502）

项目编码	项目名称	项目特征	计量单位	工程量计算规则	工程内容
020502001	窗油漆	1. 窗类型 2. 腻子种类 3. 刮腻子要求 4. 防护材料种类 5. 油漆品种、刷漆遍数	樘/m^2	按设计图示数量或设计图示单面洞口面积计算	1. 基层清理 2. 刮腻子 3. 刷防护材料、油漆

8.5.2.3　木扶手及其他板条线条油漆

木扶手及其他板条线条油漆工程量清单项目设置及工程量计算规则见表8.34。

表8.34　木扶手及其他板条线条油漆（编码：020503）

项目编码	项目名称	项目特征	计量单位	工程量计算规则	工程内容
020503001	木扶手油漆	1. 腻子种类 2. 刮腻子要求 3. 油漆体单位展开面积 4. 油漆体长度 5. 防护材料种类 6. 油漆品种、刷漆遍数	m	按设计图示尺寸以长度计算	1. 基层清理 2. 刮腻子 3. 刷防护材料、油漆
020503002	窗帘盒油漆				
020503003	封檐板、顺水板油漆				
020503004	挂衣板、黑板框油漆				
020503005	挂镜线、窗帘棍、单独木线油漆				

8.5.2.4　木材面油漆

木材面油漆工程量清单项目设置及工程量计算规则见表8.35。

表 8.35　木材面油漆(编码:020504)

项目编码	项目名称	项目特征	计量单位	工程量计算规则	工程内容
020504001	木板、纤维板、胶合板油漆	1. 腻子种类 2. 刮腻子要求 3. 防护材料种类 4. 油漆品种、刷漆遍数	m^2	按设计图示尺寸以面积计算	1. 基层清理 2. 刮腻子 3. 刷防护材料、油漆
020504002	木护墙、木墙裙油漆				
020504003	窗台板、筒子板、盖板、门窗套、踢脚线油漆				
020504004	清水板条天棚、檐口油漆				
020504005	木方格吊顶天棚油漆				
020504006	吸音板墙面、天棚面油漆				
020504007	暖气罩油漆				
020504008	木间壁、木隔断油漆			按设计图示尺寸以单面外围面积计算	
020504009	玻璃间壁露明墙筋油漆				
020504010	木栅栏、木栏杆(带扶手)油漆				
020504011	衣柜、壁柜油漆			按设计图示尺寸以油漆部分展开面积计算	
020504012	梁柱饰面油漆				
020504013	零星木装修油漆				
020504014	木地板油漆			按设计图示尺寸以面积计算。空洞、空圈、暖气包槽、壁龛的开口部分并入相应的工程量内	
020504015	木地板烫硬蜡面	1. 硬蜡品种 2. 面层处理要求			1. 基层清理 2. 烫蜡

8.5.2.5　金属面油漆

金属面油漆工程量清单项目设置及工程量计算规则见表 8.36。

表8.36 金属面油漆(编码:020505)

项目编码	项目名称	项目特征	计量单位	工程量计算规则	工程内容
020505001	金属面油漆	1. 腻子种类 2. 刮腻子要求 3. 防护材料种类 4. 油漆品种、刷漆遍数	t	按设计图示尺寸以质量计算	1. 基层清理 2. 刮腻子 3. 刷防护材料、油漆

8.5.2.6 抹灰面油漆

抹灰面油漆工程量清单项目设置及工程量计算规则见表8.37。

表8.37 抹灰面油漆(编码:020506)

项目编码	项目名称	项目特征	计量单位	工程量计算规则	工程内容
020506001	抹灰面油漆	1. 基层类型 2. 线条宽度、道数 3. 腻子种类 4. 刮腻子要求 5. 防护材料种类 6. 油漆品种、刷漆遍数	m^2	按设计图示尺寸以面积计算。	1. 基层清理 2. 刮腻子 3. 刷防护材料、油漆
020506002	抹灰线条油漆		m	按设计图示尺寸以长度计算。	

8.5.2.7 喷塑、涂料

喷塑、涂料工程量清单项目设置及工程量计算规则见表8.38。

表8.38 喷刷、涂料(编码:020507)

项目编码	项目名称	项目特征	计量单位	工程量计算规则	工程内容
020507001	刷喷涂料	1. 基层类型 2. 腻子种类 3. 刮腻子要求 4. 涂料品种、刷喷遍数	m^2	按设计图示尺寸以面积计算	1. 基层清理 2. 刮腻子 3. 刷、喷涂料

8.5.2.8 花饰、线条刷涂料

花饰、线条刷涂料工程量清单项目设置及工程量计算规则见表8.39。

表 8.39 花饰、线条刷涂料(编码:020508)

项目编码	项目名称	项目特征	计量单位	工程量计算规则	工程内容
020508001	空花格、栏杆刷涂料	1. 腻子种类 2. 线条宽度 3. 刮腻子要求 4. 涂料品种、刷喷遍数	m^2	按设计图示尺寸以单面外围面积计算。	1. 基层清理 2. 刮腻子 3. 刷、喷涂料
020508002	线条刷涂料		m	按设计图示尺寸以长度计算	

8.5.2.9 **裱糊**

裱糊工程量清单项目设置及工程量计算规则见表 8.40。

表 8.40 裱糊(编码:020509)

项目编码	项目名称	项目特征	计量单位	工程量计算规则	工程内容
020509001	墙纸裱糊	1. 基层类型 2. 裱糊构件部位 3. 腻子种类 4. 刮腻子要求 5. 黏结材料种类 6. 防护材料种类 7. 面层材料品种、规格、品牌、颜色	m^2	按设计图示尺寸以面积计算	1. 基层清理 2. 刮腻子 3. 面层铺粘 4. 刷防护材料
020509002	织锦缎裱糊				

8.5.2.10 **其他相关问题**

其他相关问题应按下列规定处理:

(1)门油漆应区分单层木门、双层(一玻一纱)木门、双层(单裁口)木门、全玻自由门、半玻自由门、装饰门及有框门或无框门等,分别编码列项。

(2)窗油漆应区分单层玻璃窗、双层(一玻一纱)木窗、双层框扇(单裁口)木窗、双层框三层(二玻一纱)木窗、单层组合窗、双层组合窗、木百叶窗、木推拉窗等,分别编码列项。

(3)木扶手应区分带托板与不带托板,分别编码列项。

8.5.3 工程量清单计价

例 8.6 如图 8.3 所示,某工程内墙面粘贴对花壁纸,门窗洞口侧面贴壁纸 100 mm,房间净高 3.0 m,踢脚板高 150 mm,墙面与天棚交接处粘钉 41×85 木装饰压角线,木线条油聚氨酯漆,一油粉二聚氨酯漆,该装饰工程为单独承包,编制工程量清单及工程量清单计价。

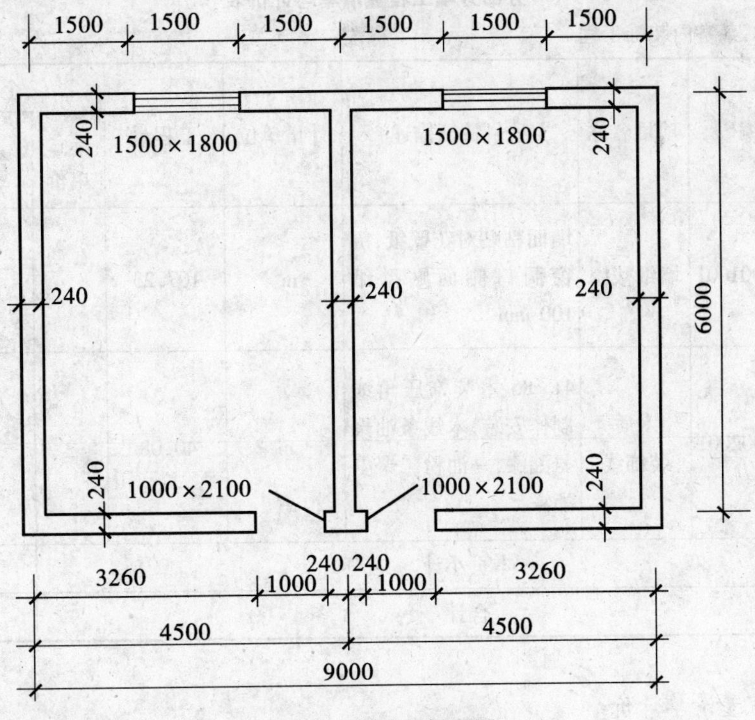

图8.3　某房间平面图

解　(1)工程量计算

墙面粘贴壁纸工程量：

[(6-0.24)+(4.5-0.24)]×2×(3.0-0.15)×2-1.0×(2.1-0.15)×2-1.5×1.8×2+[(2.1-0.15)×2+1.0]×0.1×2+(1.5+1.8)×2×0.1×2

=107.23(m^2)

41×85 木装饰压角线工程量：

(6-0.24+4.5-0.24)×2×2=40.08(m)

(2)工程量清单编制

分部分项工程量清单与计价表

工程名称:某室内装饰工程　　　　标段:　　　　第　页　共　页

序号	项目编码	项目名称	项目特征描述	计量单位	工程量	金额/元		
						综合单价	合价	其中:暂估价
1	020509001001	墙纸裱糊	墙面粘贴对花壁纸,门窗洞口侧面贴壁纸100 mm	m^2	107.23			
2	020604002001	木质装饰线	41×85 木装饰压角线制作安装,木线条油聚氨酯漆,一油粉二聚氨酯漆	m	40.08			
本页小计								
合计								

(3)工程量清单计价

分部分项工程量清单与计价表

工程名称:某室内装饰工程　　　　标段:　　　　第　页　共　页

序号	项目编码	项目名称	项目特征描述	计量单位	工程量	金额/元		
						综合单价	合价	其中:暂估价
1	020509001001	墙纸裱糊	墙面粘贴对花壁纸,门窗洞口侧面贴壁纸100 mm	m^2	107.23	41.04	4400.72	
2	020604002001	木质装饰线	41×85 木装饰压角线制作安装,木线条油聚氨酯漆,一油粉二聚氨酯漆	m	40.08	20.58	824.85	
本页小计							5225.57	
合　计							5225.57	

工程量清单综合单价分析表

工程名称:某室内装饰工程　　　　标段:　　　　第　页　共　页

<table>
<tr><td colspan="2">项目编码</td><td colspan="2">010101003001</td><td colspan="2">项目名称</td><td colspan="3">墙纸裱糊</td><td colspan="2">计量单位</td><td>m²</td></tr>
<tr><td colspan="12">清单综合单价组成明细</td></tr>
<tr><td rowspan="2">定额编号</td><td rowspan="2">定额名称</td><td rowspan="2">定额单位</td><td rowspan="2">数量</td><td colspan="4">单价</td><td colspan="4">合价</td></tr>
<tr><td>人工费</td><td>材料费</td><td>机械费</td><td>管理费和利润</td><td>人工费</td><td>材料费</td><td>机械费</td><td>管理费和利润</td></tr>
<tr><td>B5-195 换</td><td>墙面贴装饰纸 墙纸 对花</td><td>100 m²</td><td>0.01</td><td>1466.85</td><td>2027.96</td><td>0</td><td>609.6</td><td>14.67</td><td>20.28</td><td>0</td><td>6.09</td></tr>
<tr><td colspan="2">人工单价</td><td colspan="6">小计</td><td>14.67</td><td>20.28</td><td>0</td><td>6.09</td></tr>
<tr><td colspan="2">定额工日 77 元/工日</td><td colspan="6">未计价材料</td><td colspan="4">0.00</td></tr>
<tr><td colspan="8">清单项目综合单价</td><td colspan="4">41.04</td></tr>
<tr><td rowspan="5">材料费明细</td><td colspan="5">主要材料名称、规格、型号</td><td>单位</td><td>数量</td><td>单价/元</td><td>合价/元</td><td>暂估单价/元</td><td>暂估合价/元</td></tr>
<tr><td colspan="5">纸基塑料壁纸</td><td>m²</td><td>1.1579</td><td>15.00</td><td>17.369</td><td>0</td><td>0</td></tr>
<tr><td colspan="5">聚醋酸乙烯乳胶(白乳胶)</td><td>kg</td><td>0.251</td><td>6.20</td><td>1.56</td><td>0</td><td>0</td></tr>
<tr><td colspan="7">其他材料费</td><td>1.35</td><td></td><td></td><td></td></tr>
<tr><td colspan="7">材料费小计</td><td>20.28</td><td></td><td></td><td></td></tr>
</table>

工程量清单综合单价分析表

工程名称:某室内装饰工程　　　　标段:　　　　第　页　共　页

项目编码	010101003001	项目名称		木质装饰线					计量单位	m	
清单综合单价组成明细											
定额编号	定额名称	定额单位	数量	单价				合价			
				人工费	材料费	机械费	管理费和利润	人工费	材料费	机械费	管理费和利润
B6-37 换	木装饰条 大压角线 宽60 mm以上	100 m	0.01	186.34	1210.48	8	66.31	1.86	12.1	0.08	0.67
B5-50 * 0.65 换	木扶手(无托板)油聚氨酯漆 一油粉二聚氨酯漆[装饰线条(装饰线条宽度60~100 mm)]	100 m	0.01	366.87	68.27	0	152.47	3.67	0.68	0	1.52
人工单价		小计						5.53	12.78	0.08	2.19
定额工日 77 元/工日		未计价材料						0.00			
清单项目综合单价								20.58			
材料费明细	主要材料名称、规格、型号					单位	数量	单价/元	合价/元	暂估单价/元	暂估合价/元
	木压角线 三线以上 41×85					m	1.03	11.50	11.845	0	0
	其他材料费							0.935			
	材料费小计							12.78			

8.6　其他工程

8.6.1　概述

8.6.1.1　其他工程的工程量清单内容

其他工程本章共7节48个项目,包括柜类、货架、暖气罩、浴厕配件、压条、装饰线、雨篷、旗杆、招牌、灯箱、美术字等项目,适用于装饰物件的制作、安装工程。

8.6.1.2　其他工程工程量清单项目的划分

(1)柜类、货架:包括柜台、酒柜、衣柜、存包柜、鞋柜、书柜、厨房壁柜、木壁柜、厨房低柜、厨房吊柜、矮柜、吧台背柜、酒吧吊柜、酒吧台、展台、收银台、试衣间、货架、书架、服务台。

(2)暖气罩:包括饰面板暖气罩、塑料板暖气罩、金属暖气罩。

(3)浴厕配件:包括洗漱台、晒衣架、帘子杆、浴缸拉手、毛巾杆(架)、毛巾环、卫生纸盒、肥皂盒、镜面玻璃、镜箱。

(4)压条、装饰线:包括金属装饰线、木质装饰线、石材装饰线、石膏装饰线、镜面玻璃线、铝塑装饰线、塑料装饰线。

(5)雨篷、旗杆:包括雨篷吊挂饰面、金属旗杆。

(6)招牌、灯箱:包括平面箱式招牌、竖式标箱、灯箱。

(7)美术字:包括泡沫塑料字、有机玻璃字、木质字、金属字。

8.6.2　工程量清单项目设置及计算规则

8.6.2.1　柜类、货架

柜类、货架工程量清单项目设置及工程量计算规则见表8.41。

表 8.41 柜类、货架(编码:020601)

项目编码	项目名称	项目特征	计量单位	工程量计算规则	工程内容
020601001	柜台	1. 台柜规格 2. 材料种类、规格 3. 五金种类、规格 4. 防护材料种类 5. 油漆品种、刷漆遍数	个	按设计图示数量计算	1. 台柜制作、运输、安装(安放) 2. 刷防护材料、油漆
020601002	酒柜				
020601003	衣柜				
020601004	存包柜				
020601005	鞋柜				
020601006	书柜				
020601007	厨房壁柜				
020601008	木壁柜				
020601009	厨房吊柜				
020601010	房吊柜厨				
020601011	矮柜				
020601012	吧台背柜				
020601013	酒吧吊柜				
020601014	酒吧台				
020601015	展台				
020601016	收银台				
020601017	试衣间				
020601018	货架				
020601019	书架				
020601020	服务台				

8.6.2.2 **暖气罩**

暖气罩工程量清单项目设置及工程量计算规则见表 8.42。

表 8.42　暖气罩(编码:020602)

项目编码	项目名称	项目特征	计量单位	工程量计算规则	工程内容
020602001	饰面板暖气罩	1. 暖气罩材质 2. 单个罩垂直投影面积 3. 防护材料种类 4. 油漆品种、刷漆遍数	m^3	按设计图示尺寸以垂直投影面积(不展开)计算	1. 暖气罩制作、运输、安装 2. 刷防护材料、油漆
020602002	塑料板暖气罩				
020602003	金属暖气罩				

8.6.2.3　浴厕配件

浴厕配件工程量清单项目设置及工程量计算规则见表 8.43。

表 8.43　浴厕配件(编码:020603)

项目编码	项目名称	项目特征	计量单位	工程量计算规则	工程内容
020603001	洗漱台	1. 材料品种、规格、品牌、颜色 2. 支架、配件品种、规格、品牌 3. 油漆品种、刷漆遍数	m^2	按设计图示尺寸以台面外接矩形面积计算。不扣除孔洞、挖弯、削角所占面积,挡板、吊沿板面积并入台面面积内	1. 台面及支架制作、运输、安装 2. 杆、环、盒、配件安装 3. 刷油漆
020603002	晒衣架		根(套)	按设计图示数量计算	
020603003	帘子杆				
020603004	浴缸拉手				
020603005	毛巾杆(架)				
020603006	毛巾环		副		
020603007	卫生纸盒		个		
020603008	肥皂盒				

续表 8.43

项目编码	项目名称	项目特征	计量单位	工程量计算规则	工程内容
020603009	镜面玻璃	1. 镜面玻璃品种、规格 2. 框材质、断面尺寸 3. 基层材料种类 4. 防护材料种类 5. 油漆品种、刷漆遍数	m^2	按设计图示尺寸以边框外围面积计算	1. 基层安装 2. 玻璃及框制作、运输、安装 3. 刷防护材料、油漆
020603010	镜箱	1. 箱材质、规格 2. 玻璃品种、规格 3. 基层材料种类 4. 防护材料种类 5. 油漆品种、刷漆遍、数	个	按设计图示数量计算	1. 基层安装 2. 箱体制作、运输、安装 3. 玻璃安装 4. 刷防护材料、油漆

8.6.2.4　**压条、装饰线**

压条、装饰线工程量清单项目设置及工程量计算规则见表 8.44。

表 8.44　压条、装饰线(编码:020604)

项目编码	项目名称	项目特征	计量单位	工程量计算规则	工程内容
020604001	金属装饰线	1. 基层类型 2. 线条材料品种、规格、颜色 3. 防护材料种类 4. 油漆品种、刷漆遍数	m	按设计图示尺寸以长度计算	1. 线条制作、安装 2. 刷防护材料、油漆
020604002	木质装饰线				
020604003	石材装饰线				
020604004	石膏装饰线				
020604005	镜面玻璃线				
020604006	铝塑装饰线				
020604007	塑料装饰线				

8.6.2.5　**雨篷、旗杆**

雨篷、旗杆工程量清单项目设置及工程量计算规则见表 8.45。

表8.45　雨篷、旗杆(编码:020605)

项目编码	项目名称	项目特征	计量单位	工程量计算规则	工程内容
020605001	雨篷吊挂饰面	1.基层类型 2.龙骨材料种类、规格、中距 3.面层材料品种、规格、品牌 4.吊顶(天棚)材料、品种、规格、品牌 5.嵌缝材料种类 6.防护材料种类 7.油漆品种、刷漆遍数	m^2	按设计图示尺寸以水平投影面积计算	1.底层抹灰 2.龙骨基层安装 3.面层安装 4.刷防护材料、油漆
020605002	金属旗杆	1.旗杆材料、种类、规格 2.旗杆高度 3.基础材料种类 4.基座材料种类 5.基座面层材料、种类、规格	根	按设计图示数量计算。	1.土(石)方挖填 2.基础混凝土浇注 3.旗杆制作、安装 4.旗杆台座制作、饰面

8.6.2.6　招牌、灯箱

招牌、灯箱工程量清单项目设置及工程量计算规则见表8.46。

表8.46　招牌、灯箱(编码:020606)

项目编码	项目名称	项目特征	计量单位	工程量计算规则	工程内容
020606001	平面、箱式招牌	1.箱体规格 2.基层材料种类 3.面层材料种类 4.防护材料种类 5.油漆品种、刷漆遍数	m^2	按设计图示尺寸以正立面边框外围面积计算。复杂形的凸凹造型部分不增加面积	1.基层安装 2.箱体及支架制作、运输、安装 3.面层制作、安装 4.刷防护材料、油漆
020606002	竖式标箱		个	按设计图示数量计算	
020606003	灯箱				

8.6.2.7 美术字

美术字工程量清单项目设置及工程量计算规则见表8.47。

表8.47 美术字(编码:020607)

项目编码	项目名称	项目特征	计量单位	工程量计算规则	工程内容
020607001	泡沫塑料字	1.基层类型 2.镌字材料品种、颜色 3.字体规格 4.固定方式 5.油漆品种、刷漆遍数	个	按设计图示数量计算。	1.字制作、运输、安装 2.刷油漆
020607002	有机玻璃字				
020607003	木质字				
020607004	金属字				

8.7 措施项目

8.7.1 概述

措施项目共3个项目,包括脚手架、室内空气污染测试、垂直运输机械。

8.7.2 工程量清单项目设置及计算规则

装饰工程措施项目见表8.48。

表8.48 措施项目

序号	项目名称
2.1	脚手架
2.2	垂直运输机械
2.3	室内空气污染测试

思考题

1.楼地面工程项目中,整体面层、块料面层、橡胶面层和其他材料面层的清单工程量计算规则有什么区别?

2.简述现浇水磨石楼地面工程量计算规则及工作内容。

3.简述块料楼地面工程量计算规则及工作内容。

4. 简述块料踢脚线工程量计算规则及工作内容。

5. 零星装饰适用于哪些工程项目?

6. 简述块料楼梯工程量计算规则及工作内容。

7. 简述块料面层台阶面工程量计算规则及工作内容。

8. 简述柱面一般抹灰工程量计算规则及工作内容。

9. 墙柱面工程项目中,内墙面、外墙面抹灰的高度如何确定?

10. 简述块料墙面工程量计算规则及工作内容。

11. 简述块料柱面工程量计算规则及工作内容。

12. 简述装饰板墙面工程量计算规则及工作内容。

13. 简述天棚吊顶工程量计算规则及工作内容。

14. 简述金属卷闸门工程量计算规则及工作内容。

15. 简述木门油漆工程量计算规则及工作内容。

16. 窗帘盒、窗台板,如为弧形时,其长度如何确定?

17. 简述墙纸裱糊工程量计算规则及工作内容。

18. 简述木质装饰线工程量计算规则及工作内容。

19. 美术字的工程量清单中,应如何描述其项目特征?

习　题

1. 编制×××公司办公楼一层平面图活动室地面及踢脚线清单工程量及清单计价。

2. 计算×××公司办公楼一层平面图卫生间地面清单工程量及清单计价。

3. 编制×××公司办公楼二层平面图会议室地面及踢脚线清单工程量及清单计价。

4. 编制×××公司办公楼两个楼梯地面清单工程量及清单计价。

5. 编制×××公司办公楼一层平面图台阶及平台地面清单工程量及清单计价。

6. 编制×××公司办公楼二层平面图会议室墙面抹灰及刷涂料清单工程量及清单计价。

7. 编制×××公司办公楼四层平面图多功能房间墙面抹灰及刷涂料清单工程量及清单计价。

8. 编制×××公司办公楼二层平面图会议室天棚抹灰及刷涂料清单工程量及清单计价。

9. 编制×××公司办公楼四层平面图多功能房间天棚抹灰及刷涂料清单工程量及清单计价。

10. 编制×××公司办公楼门窗清单工程量及清单计价。

11. 编制×××公司办公楼木门 M-2、M-3 油漆清单工程量及清单计价。

第9章 建筑与装饰工程工程量清单计价实例

9.1 ×××公司办公楼建筑与装饰工程工程量清单编制实例

×××公司办公楼建筑与装饰工程工程量清单编制实例所有的施工图纸见附图,依据《建设工程工程量清单计价规范》(GB 50500—2008)、《混凝土结构设计规范》(GB 50010—2010)、11G101—1 混凝土结构施工图平面整体表示方法制图规则和构造详图(现浇混凝土框架、剪力墙、梁、板)、11G101—2 混凝土结构施工图平面整体表示方法制图规则和构造详图(现浇混凝土板式楼梯)、11G101—3 混凝土结构施工图平面整体表示方法制图规则和构造详图(独立基础、条形基础、筏形基础及桩基承台)及河南省建设工程设计标准图集(05YJ)等有关新规范、新标准编写。主要内容如下:

(1)工程量清单封面,见图9.1。

(2)工程量清单编制说明见图9.2。

(3)分部分项工程量清单与计价表,见表9.1。

(4)措施项目清单与计价表(一),见表9.2。

(5)措施项目清单与计价表(二),见表9.3。

(6)其他项目清单与计价汇总表,见表9.4。

(7)暂列金额明细表,见表9.5。

(8)材料暂估价表,见表9.6。

(9)专业工程暂估价表,见表9.7。

(10)计日工表,见表9.8。

(11)总承包服务费计价表,见表9.9。

(12)规费、税金项目清单与计价表,见表9.10。

×××公司办公楼(1)工程

工 程 量 清 单

工程造价

招　标　人：____________　　　　咨　询　人：____________

（单位盖章）　　　　　　　　　　（单位资质专用章）

法定代表人　　　　　　　　　　　法定代表人

或其授权人：____________　　　　或其授权人：____________

（签字或盖章）　　　　　　　　　（签字或盖章）

编　制　人：____________　　　　复　核　人：____________

（造价人员签字盖专用章）　　　　（造价工程师签字盖专用章）

编制时间：　年　月　日　　　　　复核时间：　年　月　日

图9.1 工程量清单封面

工程名称：×××公司办公楼　　　　第1页　共1页

一、工程概况

1. 工程概况：本工程由×××公司投资兴建的办公楼；坐落于××市新区，建筑面积：1875.19 m^2，占地面积：468.80 m^2；建筑高度：16.2 m，层高4.2 m、3.3 m，层数4层，结构形式：框架结构；基础类型：独立基础；装饰标准：普通装饰。本期工程范围包括：建筑工程与装饰工程。

2. 编制依据：本工程依据《建设工程工程量清单计价规范》(GB 50500—2008)、《混凝土结构设计规范》(GB 50010—2010)河南省建设工程设计标准图集(05YJ)等有关新规范、新标准编写。根据×××设计院设计的办公楼施工设计图计算实物工程量。

3. 材料价格按照本地市场价计入。

4. 管理费。

5. 利润。

6. 特殊材料、设备情况说明。

7. 其他需特殊说明的问题。

二、现场条件

三、编制工程量清单的依据及有关资料

四、对施工工艺、材料的特殊要求

五、其他

图9.2　工程量清单编制说明

表 9.1　分部分项工程量清单与计价表

工程名称:×××公司办公楼　　　　标段:　　　　第　页　共　页

序号	项目编码	项目名称	项目特征	计量单位	工程数量	金额/元		
						综合单价	合价	其中:暂估价
		A.1 土石方工程						
1	010101001001	平整场地	1. 土壤类别:三类土	m^2	459.32			
2	010101003001	挖基础土方	1. 土壤类别:三类土 2. 基础类型:条形基础 3. 挖土深度:1.4 m 4. 基底钎探 5. 槽底打夯 6. 弃土运距:100 m	m^3	18.65			
3	010101003002	挖基础土方	1. 土壤类别:三类土 2. 基础类型:独立基础 3. 挖土深度:1.4 m 4. 弃土运距:100 m	m^3	528.29			
4	010103001001	土(石)方回填	1. 土质要求:密实状态 2. 夯填(碾压):夯填	m^3	72.17			
		A.3 砌筑工程						
5	010301001001	砖基础	1. 砖品种、规格、强度等级:煤矸砖 2. 基础类型:独立基础 3. 砂浆强度等级:M5 水泥砂浆	m^3	28.3			

续表 9.1

序号	项目编码	项目名称	项目特征	计量单位	工程数量	金额/元		
						综合单价	合价	其中:暂估价
6	010302001001	实心砖墙	1. 砖品种、规格、强度等级:煤矸砖 2. 墙体类型:外墙 3. 墙体厚度:240 4. 砂浆强度等级、配合比:M5 水泥砂浆	m^3	65.62			
7	010304001001	空心砖墙、砌块墙	1. 墙体类型:女儿墙 2. 墙体厚度:240 3. 空心砖、砌块品种、规格、强度等级:加气混凝土轻质砌块 4. 砂浆强度等级、配合比:M5 混合砂浆	m^3	19.84			
8	010304001002	空心砖墙、砌块墙	1. 墙体类型:外墙 2. 墙体厚度:240 3. 空心砖、砌块品种、规格、强度等级:加气混凝土轻质砌块 4. 砂浆强度等级、配合比:M5 混合砂浆	m^3	159.4			
9	010304001003	空心砖墙、砌块墙	1. 墙体类型:填充墙 2. 墙体厚度:120 3. 空心砖、砌块品种、规格、强度等级:加气混凝土轻质砌块 4. 砂浆强度等级、配合比:M5 混合砂浆	m^3	2.74			

续表 9.1

序号	项目编码	项目名称	项目特征	计量单位	工程数量	金额/元		
						综合单价	合价	其中:暂估价
10	010304001004	空心砖墙、砌块墙	1. 墙体类型:加气混凝土砌块 2. 墙体厚度:240 3. 空心砖、砌块品种、规格、强度等级:加气混凝土轻质砌块 4. 砂浆强度等级、配合比:M5 混合砂浆	m^3	217.11			
11	010304001005	空心砖墙、砌块墙	1. 墙体厚度:120 2. 空心砖、砌块品种、规格、强度等级:加气混凝土轻质砌块 3. 砂浆强度等级、配合比:M5 混合砂浆	m^3	0.7			
		A.4 混凝土及钢筋混凝土工程						
12	010401002001	独立基础	1. 混凝土强度等级:C30 2. 混凝土拌和料要求:商品混凝土	m^3	156.1			
13	010401006001	垫层	1. 垫层材料种类、厚度:混凝土垫层 100 mm厚 2. 混凝土强度等级:C15 3. 混凝土拌合料要求:商品混凝土	m^3	39.15			

续表 9.1

序号	项目编码	项目名称	项目特征	计量单位	工程数量	金额/元		
						综合单价	合价	其中:暂估价
14	010402001001	矩形柱	1. 柱高度:4.2 m 2. 柱截面尺寸:400 mm×500 mm 3. 混凝土强度等级:C25 4. 混凝土拌和料要求:商品混凝土	m^3	73.92			
15	010402001002	矩形柱	1. 柱高度:3.3 m 2. 柱截面尺寸:400 mm×500 mm 3. 混凝土强度等级:C25 4. 混凝土拌和料要求:商品混凝土	m^3	58.08			
16	010402001003	矩形柱	1. 柱截面尺寸:400 mm×500 mm 2. 混凝土强度等级:C30 3. 混凝土拌和料要求:商品混凝土	m^3	8.62			
17	Y010402004001	构造柱	1. 柱高度:4.2 m 2. 柱截面尺寸:240 mm×240 mm 3. 混凝土强度等级:C20 4. 混凝土拌合料要求:现场搅拌混凝土	m^3	3.11			
18	Y010402004002	构造柱	1. 柱截面尺寸:240 mm×240 mm 2. 混凝土强度等级:C20 3. 混凝土拌合料要求:现场搅拌混凝土	m^3	1.5			

续表 9.1

序号	项目编码	项目名称	项目特征	计量单位	工程数量	金额/元		
						综合单价	合价	其中:暂估价
19	Y010402004003	构造柱	1. 柱截面尺寸:240 mm×240 mm 2. 混凝土强度等级:C30 3. 混凝土拌合料要求:商品混凝土	m^3	0.52			
20	Y010402004004	构造柱	1. 柱截面尺寸:240 mm×240 mm 2. 混凝土强度等级:C20 3. 混凝土拌合料要求:现场拌制混凝土	m^3	1.65			
21	010403002001	矩形梁	1. 梁截面:250 mm×600 mm 2. 混凝土强度等级:C30 3. 混凝土拌和料要求:商品混凝土	m^3	8.45			
22	010403004001	圈梁	1. 梁截面:120 mm×200 mm 2. 混凝土强度等级:C20 3. 混凝土拌和料要求:现场搅拌混凝土	m^3	0.14			
23	010403004002	圈梁	1. 梁截面:240 mm×200 mm 2. 混凝土强度等级:C20 3. 混凝土拌和料要求:现场搅拌混凝土	m^3	2.81			
24	010405001001	有梁板	1. 层高:4.2 m 2. 板厚度:100 mm 3. 混凝土强度等级:C25 4. 混凝土拌和料要求:商品混凝土	m^3	140.11			

续表 9.1

序号	项目编码	项目名称	项目特征	计量单位	工程数量	金额/元		
						综合单价	合价	其中:暂估价
25	010405001002	有梁板	1. 层高:3.3 m 2. 板厚度:100 mm 3. 混凝土强度等级:C25 4. 混凝土拌和料要求:商品混凝土	m^3	108.8			
26	010405001003	有梁板	1. 板厚度:140 mm 2. 混凝土强度等级:C25 3. 混凝土拌和料要求:商品混凝土	m^3	26.41			
27	010405001004	有梁板	1. 板厚度:120 mm 2. 混凝土强度等级:C25 3. 混凝土拌和料要求:商品混凝土	m^3	0.32			
28	010405001005	有梁板	1. 层高:3.3 m 2. 板厚度:120 mm 3. 混凝土强度等级:C25 4. 混凝土拌和料要求:商品混凝土	m^3	1.87			
29	010405008001	雨蓬、阳台板	1. 混凝土强度等级:C25 2. 混凝土拌和料要求:商品混凝土	m^3	1.66			
30	010406001001	直形楼梯	1. 混凝土强度等级:C25 2. 混凝土拌和料要求:商品混凝土	m^2	92.7			
31	010407001001	其他构件(混凝土压顶)	1. 构件的类型:女儿墙压顶 2. 混凝土强度等级:C20	m^3	3.28			

续表 9.1

序号	项目编码	项目名称	项目特征	计量单位	工程数量	金额/元		
						综合单价	合价	其中:暂估价
32	010410003001	过梁	1. 混凝土强度等级:C20 预制混凝土 2. 砂浆强度等级:黏土 1:4	m^3	11.41			
33	010416001001	现浇混凝土钢筋(及砌体加固钢筋)	1. 钢筋种类、规格:现浇构件钢筋Ⅰ级钢筋 Φ10 以内	t	46.604			
34	010416001002	现浇混凝土钢筋(及砌体加固钢筋)	1. 钢筋种类、规格:现浇构件钢筋Ⅰ级钢筋 Φ10 以上	t	8.385			
35	010416001003	现浇混凝土钢筋(及砌体加固钢筋)	1. 钢筋种类、规格:现浇构件钢筋Ⅱ级钢筋综合	t	46.887			
36	010416001004	现浇混凝土钢筋(及砌体加固钢筋)	1. 钢筋种类、规格:砌体加固钢筋不绑扎	t	1.573			
37	Y010416009001	钢筋接头	1. 接头种类、规格:电渣压力焊接	个	242			
		A.7 屋面及防水工程						
38	010702001001	屋面卷材防水	图集号:05YJ1 屋 1 、05YJ1 1/92 1. 保护层:C20 细石混凝土 2. 隔离层:干铺无纺聚酯纤维布一层 3. 保温层:挤塑聚苯乙烯泡沫板 4. 找平层:1:3 水泥砂浆,砂浆中掺聚丙烯或绵纶-6 纤维 0.75~0.90 kg/m^3 5. 找坡层:1:8 水泥膨胀珍珠岩 2% 坡	m^2	459.88			

续表 9.1

序号	项目编码	项目名称	项目特征	计量单位	工程数量	金额/元		
						综合单价	合价	其中:暂估价
39	010702001002	屋面卷材防水	图集号:05YJ1 12/98 1. 保护层:涂料或粒料 2. 找平层:1∶3 水泥砂浆,砂浆中掺聚丙烯或绵纶-6 纤维 0.75 ~ 0.90 kg/m^3 3. 找坡层:1:8 水泥膨胀珍珠岩 2% 坡	m^2	23.36			
		A.8 防腐、隔热、保温工程						
40	010803003001	保温隔热墙	1. 图集号:05YJ3-1 D2-3 05YJ3-1 D2-1	m^2	1559.8			
41	010803004001	保温柱	图集号:05YJ3-1 D2-3 ,05YJ3-1 D2-1	m^2	225.64			
		B.1 楼地面工程						
42	020102002001	块料楼地面	图集号:05YJ1 地 53 1. 8 ~ 10 厚地砖铺实拍平 2. 20 厚 1∶4 干硬性水泥砂浆 3. 15 厚 1∶2 水泥砂浆找平 4. 80 厚 C15 混凝土 5. 素土夯实 6. 1.5 厚聚氨酯防水涂料 7. 50 厚 C15 细石混凝土	m^2	12.56			

续表 9.1

序号	项目编码	项目名称	项目特征	计量单位	工程数量	金额/元		
						综合单价	合价	其中:暂估价
43	020102002002	块料楼地面	图集号:05YJ1 楼 10 1.8～10 厚地砖铺实拍平 2.20 厚 1∶4 干硬性水泥砂浆 3. 素水泥浆结合层一遍	m^2	1106.07			
44	020102002003	块料楼地面	图集号:05YJ1 地 20 1.8～10 厚地砖铺实拍平 2.20 厚 1∶4 干硬性水泥砂浆 3. 素水泥浆结合层一遍 4.100 厚 C15 混凝土 5. 素土夯实	m^2	401.18			
45	020102002004	块料楼地面	图集号:05YJ1 楼 28 1.8～10 厚地砖铺实拍平 2.20 厚 1∶4 干硬性水泥砂浆 3.15 厚 1∶2 水泥砂浆找平 4.50 厚 C15 细石混凝土 5.1.5 厚聚氨酯防水涂料	m^2	37.67			
46	020105003001	块料踢脚线	图集号:05YJ1 踢 22 1. 踢脚线高度:150 mm 2.17 厚 1∶3 水泥砂浆 3.3～4 厚 1∶1 水泥砂浆加水重 20% 4.8～10 厚面砖	m^2	1103.74			

续表 9.1

序号	项目编码	项目名称	项目特征	计量单位	工程数量	金额/元		
						综合单价	合价	其中:暂估价
47	020106002001	块料楼梯面层	1. 面层材料品种、规格、品牌、颜色:地板砖 楼梯面层	m^2	92.7			
48	020108003001	水泥砂浆台阶面	图集号:05YJ9-1 2A/60 1. 60 厚 C15 混凝土随打随抹,上撒 1:1 水泥沙子压实赶光 2. 300 厚 3:7 灰土 3. 素土回填	m^2	8.32			
49	Y020111001001	散水	图集号:05YJ9-1 3/51 1. 50 厚 C15 混凝土上撒 1:1 水泥沙子压实赶光 2. 150 厚 3:7 灰土 3. 素土夯实	m^2	100.7			
		B. 2 墙、柱面工程						
50	020201001001	墙面一般抹灰	图集号:05YJ1 内墙 4 1. 15 厚 1:1:6 水泥石灰砂浆 2. 5 厚 1:0.5:3 水泥石灰砂浆	m^2	969.67			
51	020201001002	墙面一般抹灰	图集号:05YJ1 内墙 4 1. 15 厚 1:1:6 水泥石灰砂浆 2. 5 厚 1:0.5:3 水泥石灰砂浆	m^2	2558.96			

续表 9.1

序号	项目编码	项目名称	项目特征	计量单位	工程数量	金额/元		
						综合单价	合价	其中:暂估价
52	020204003001	块料墙面	图集号:05YJ1 内墙 11 1.15 厚 2∶1∶8 水泥石灰砂浆,分两次抹灰 2.3～4 厚 1∶1 水泥砂浆加水重 20% 3.4～5 厚玻璃锦砖,白水泥浆擦缝	m^2	75.56			
53	020204003002	块料墙面	图集号:05YJ1 外墙 12 1.15 厚 1∶3 水泥砂浆 2. 刷素水泥砂浆一遍 3.4～5 厚 1∶1 水泥砂浆加水重 20% 4.8～10 厚面砖,1:1 水泥砂浆勾缝	m^2	436.04			
54	020204003003	块料墙面	图集号:05YJ1 外墙 12 1.15 厚 1∶3 水泥砂浆 2. 刷素水泥砂浆一遍 3.4～5 厚 1∶1 水泥砂浆加水重 20% 4.8～10 厚面砖,1∶1 水泥砂浆勾缝	m^2	1194.34			
55	020204003004	块料墙面	图集号:05YJ1 内墙 11 1.15 厚 1∶3 水泥砂浆 2. 刷素水泥砂浆一遍 3.4～5 厚 1∶1 水泥砂浆加水重 20% 4.8～10 厚面砖,1∶1 水泥砂浆勾缝	m^2	216.43			

续表 9.1

序号	项目编码	项目名称	项目特征	计量单位	工程数量	金额/元		
						综合单价	合价	其中:暂估价
		B.3 天棚工程						
56	020301001001	天棚抹灰	图集号:05YJ1 顶3(防瓷涂料) 1.7厚1:1:4水泥石灰砂浆 2.5厚1:0.5:3水泥石灰砂浆	m^2	1749.33			
57	020301001002	天棚抹灰	图集号:05YJ1 顶4(防瓷涂料) 1.7厚1:3水泥砂浆 2.5厚1:2水泥砂浆 3.防瓷涂料 4.表面喷漆涂料另选	m^2	37.67			
58	Y020301002001	雨篷、挑檐抹灰	1.基层类型:混凝土面 2.抹灰厚度、材料种类:20 mm厚水泥砂浆	m^2	16.62			
		B.4 门窗工程						
59	020401005001	夹板装饰门	1.门类型:装饰木门 2.一底油二调和漆 3.弹子锁	m^2	53.54			
60	020402005001	塑钢门	1.门类型:塑钢平开门	m^2	78.12			
61	020406004001	金属百叶窗	1.窗类型:百叶窗	m^2	0.72			

续表 9.1

序号	项目编码	项目名称	项目特征	计量单位	工程数量	金额/元		
						综合单价	合价	其中：暂估价
62	020406007001	塑钢窗	1. 窗类型：塑钢推拉窗	m^2	231.75			
		B.5 油漆、涂料、裱糊工程						
63	020507001001	刷喷涂料	1. 天棚仿瓷涂料	m^2	1787.01			
64	020507001002	刷喷涂料	1. 内墙面仿瓷涂料	m^2	3528.64			
合计								

表9.2　措施项目清单与计价表(一)

工程名称:×××公司办公楼　　　　标段:　　　　第　页　共　页

序号	项目名称	计算基础	费率/%	金额/元
1	安全文明措施费			
1.1	基本费			
1.2	考评费			
1.3	奖励费			
2	二次搬运费			
3	夜间施工措施费			
4	冬雨季施工措施费			
5	施工排水、降水费			
6	大型机械设备进出场及安拆费			
7	现浇混凝土构件模板使用费			
011231001	现浇混凝土基础模板使用费			
011232001	现浇混凝土柱模板使用费			
011233001	现浇混凝土梁模板使用费			
011235001	现浇混凝土板模板使用费			
011236001	现浇混凝土楼梯模板使用费			
011237001	现浇混凝土其他构件模板使用费			
8	现场预制混凝土构件模板使用费			
011242001	现场预制梁模板使用费			
9	现浇构筑物模板使用费			
10	脚手架使用费			
11	垂直运输机械费			
12	现浇混凝土泵送费			
合计				

表 9.3 措施项目清单与计价表(二)

工程名称:×××公司办公楼　　标段:　　第1页 共1页

序号	项目编码	项目名称	项目特征描述	计量单位	工程数量	金额/元	
						综合单价	合价
1	011231001	现浇混凝土基础模板使用费		项	1		
2	011232001	现浇混凝土柱模板使用费		项	1		
3	011233001	现浇混凝土梁模板使用费		项	1		
4	011235001	现浇混凝土板模板使用费		项	1		
5	011236001	现浇混凝土楼梯模板使用费		项	1		
6	011237001	现浇混凝土其他构件模板使用费		项	1		
7	011242001	现场预制梁模板使用费		项	1		
8	011237001	现浇混凝土其他构件模板使用费		m^3	1		
9	011242001	现场预制梁模板使用费		m^3	1		
10	011261001	综合脚手架		m^2	1875.19		
11	011272001	檐高20 m以内建筑物垂直运输		m^2	1875.19		
12	011282001	±0.00以上混凝土泵送费		m^3	437.2		
本页小计							
合计							

表9.4　其他项目清单与计价汇总表

工程名称:×××公司办公楼　　　　标段:　　　　第1页　共1页

序号	项目名称	计量单位	金额/元	备注
1	暂列金额	项	178557.66	
2	暂估价			
2.1	材料暂估价		—	
2.2	专业工程暂估价	项		
3	计日工			
4	总承包服务费			
合计				—

表9.5　暂列金额明细表

工程名称:×××公司办公楼　　　　标段:　　　　第1页　共1页

序号	名称	计量单位	暂定金额/元	备注
1	暂列金额	项	178557.66	
合计				—

表9.6　材料暂估单价表

工程名称:×××公司办公楼　　　　标段:　　　　第1页　共1页

序号	材料名称、规格、型号	计量单位	单价/元	备注

表 9.7 专业工程暂估价表

工程名称:×××公司办公楼　　标段:　　第 1 页　共 1 页

序号	工程名称	工程内容	金额/元	备注
1				
合计				—

表 9.8 计日工表

工程名称:×××公司办公楼　　标段:　　第 1 页　共 1 页

编号	项目名称	单位	暂定数量	综合单价	合价
一	人工				
1					
人工小计					
二	材料				
1					
材料小计					
三	施工机械				
1					
施工机械小计					
总计					

表 9.9 总承包服务费计价表

工程名称:×××公司办公楼　　标段:　　第 1 页　共 1 页

序号	项目名称	项目价值(元)	服务内容	费率/%	金额/元
1					
合计					

表9.10 规费、税金项目清单与计价表

工程名称:×××公司办公楼　　　　标段:　　　　第1页 共1页

序号	项目名称	计算基础	费率/%	金额/元
1	规费	其中:1)工程排污费+2)定额测定费+3)社会保障费+4)住房公积金+5)意外伤害保险		
1.1	其中:1)工程排污费			
1.2	2)定额测定费	综合工日合计+技术措施项目综合工日合计		
1.3	3)社会保障费	综合工日合计+技术措施项目综合工日合计		
1.4	4)住房公积金	综合工日合计+技术措施项目综合工日合计		
1.5	5)意外伤害保险	综合工日合计+技术措施项目综合工日合计		
2	税金	税前造价合计		
本页合计				
合计				

9.2 ×××公司办公楼建筑与装饰工程工程量清单投标报价实例

×××公司办公楼建筑与装饰工程工程量清单编制实例所有的施工图纸见附图,依据《建设工程工程量清单计价规范》(GB 50500—2008)、《河南省建设工程工程量清单综合单价》(2008 建筑工程、装饰装修工程)、《混凝土结构设计规范》(GB 50010—2010)、11G101—1 混凝土结构施工图平面整体表示方法制图规则和构造详图(现浇混凝土框架、剪力墙、梁、板)、11G101—2 混凝土结构施工图平面整体表示方法制图规则和构造详图(现浇混凝土板式楼梯)、11G101—3 混凝土结构施工图平面整体表示方法制图规则和构造详图(独立基础、条形基础、筏形基础及桩基承台)及河南省建设工程设计标准图集(05YJ)等有关新规范、新标准编写。主要内容如下:

(1)工程量清单投标报价封面,见图9.3。

(2)投标总价,见图9.4。

(3)工程量清单投标报价编制说明,见图9.5。

(4)单位工程投标标价汇总表,见表9.11。

(5)分部分项工程量清单与计价表,见表9.12。

(6)措施项目清单与计价表(一),见表9.13。

(7)措施项目清单与计价表(二),见表9.14。

(8)其他项目清单与计价汇总表,见表9.15。

(9)暂列金额表,见表9.16。

(10)材料暂估单价表,见表9.17。

(11)专业工程暂估价表,见表9.18。

(12)计日工表,见表9.19。

(13)总承包服务费计价表,见表9.20。

(14)规费、税金项目清单与计价表,见表9.21。

(15)工程量清单综合单价分析表,见表9.22。限于篇幅,表中只列出部分分项工程工程量清单综合单价分析。

×××公司办公楼建筑和装饰工程

工程量清单报价表

投标人:	(单位签字盖章)
法定代表人:	(签字盖章)
造价工程师及注册证号:	(签字盖执业专用章)
编制时间:	

图9.3 工程量清单投标报价封面

投标总价

招　标　人：

工 程 名 称：×××公司办公楼

投标总价(小写)：2529065.35 元

　　　　(大写)：贰佰伍拾贰万玖仟零陆拾伍元叁角伍分

投　标　人：

（单位盖章）

法定代表人

或其授权人：

（签字或盖章）

编　制　人：

（造价人员签字盖专用章）

编 制 时 间：

图 9.4　投标总价

工程名称：×××公司办公楼　　　　第1页　共1页

编　制　说　明

一、工程概况

1. 工程概况：本工程由×××公司投资兴建的办公楼；坐落于××市新区，建筑面积：1875.19 m^2，占地面积：468.80 m^2；建筑高度：16.2 m，层高 4.2 m、3.3 m，层数 4 层，结构形式：框架结构；基础类型：独立基础；装饰标准：普通装饰。本期工程范围包括：建筑工程与装饰工程。

2. 编制依据：本工程依据《建设工程工程量清单计价规范》(GB 50500—2008)、《河南省建筑工程工程量清单综合单价(2008)》(建筑工程、装饰装修工程)、《混凝土结构设计规范》(GB 50010—2010)及河南省建设工程设计标准图集(05YJ)等有关新规范、新标准编写。根据×××设计院设计的办公楼施工设计图计算实物工程量。

3. 材料价格按照本地市场价计入。

4. 管理费。

5. 利润。

6. 特殊材料、设备情况说明。

7. 其他需特殊说明的问题。

二、现场条件

三、编制工程量清单的依据及有关资料

四、对施工工艺、材料的特殊要求

五、其他

图 9.5　工程量清单投标报价编制说明

表 9.11 单位工程投标报价汇总表

工程名称:×××公司办公楼　　　　标段:　　　　第 1 页　共 1 页

序号	汇总内容	金额/元	其中:暂估价/元
1	分部分项工程	1785576.62	
1.1	土石方工程	16607.1	
1.2	砌筑工程	125571.24	
1.3	混凝土及钢筋混凝土工程	822121.87	
1.4	屋面及防水工程	48761.54	
1.5	防腐、隔热、保温工程	162159.62	
1.6	楼地面工程	203330.98	
1.7	墙、柱面工程	262753.58	
1.8	天棚工程	33857.55	
1.9	门窗工程	84610.74	
1.10	油漆、涂料、裱糊工程	25802.4	
2	措施项目	395861.26	
2.1	技术措施费	343942.76	
2.2	安全文明施工费	51918.5	
3	其他项目	178557.66	
3.1	暂列金额	178557.66	
3.2	专业工程暂估价	0	
3.3	计日工	0	
3.4	总承包服务费	0	
4	规费	84088.99	
5	税金	84980.82	
投标报价合计=1+2+3+4+5		2529065.35	

表 9.12 分部分项工程量清单与计价表

工程名称:×××公司办公楼　　　　标段:　　　　第　页 共　页

序号	项目编码	项目名称	项目特征	计量单位	工程数量	金额/元		
						综合单价	合价	其中:暂估价
		A.1 土石方工程						
1	010101001001	平整场地	1. 土壤类别:三类土	m^2	459.32	6.34	2912.09	
2	010101003001	挖基础土方	1. 土壤类别:三类土 2. 基础类型:条形基础 3. 挖土深度:1.4 m 4. 基底钎探 5. 槽底打夯 6. 弃土运距:100 m	m^3	18.65	12.26	228.65	
3	010101003002	挖基础土方	1. 土壤类别:三类土 2. 基础类型:独立基础 3. 挖土深度:1.4 m 4. 弃土运距:100 m	m^3	528.29	23.47	12398.97	
4	010103001001	土(石)方回填	1. 土质要求:密实状态 2. 夯填(碾压):夯填	m^3	72.17	14.79	1067.39	
		分部小计					16607.1	
		A.3 砌筑工程						

续表 9.12

工程名称:×××公司办公楼　　　　标段:　　　　第　页　共　页

序号	项目编码	项目名称	项目特征	计量单位	工程数量	金额/元		
						综合单价	合价	其中:暂估价
5	010301001001	砖基础	1. 砖品种、规格、强度等级:煤矸砖 2. 基础类型:独立基础 3. 砂浆强度等级:M5 水泥砂浆	m^3	28.3	274.77	7775.99	
6	010302001001	实心砖墙	1. 砖品种、规格、强度等级:煤矸砖 2. 墙体类型:外墙 3. 墙体厚度:240 4. 砂浆强度等级、配合比:M5 水泥砂浆	m^3	65.62	285.86	18758.13	
7	010304001001	空心砖墙、砌块墙	1. 墙体类型:女儿墙 2. 墙体厚度:240 3. 空心砖、砌块品种、规格、强度等级:加气混凝土轻质砌块 4. 砂浆强度等级、配合比:M5 混合砂浆	m^3	19.84	247.6	4912.38	
8	010304001002	空心砖墙、砌块墙	1. 墙体类型:外墙 2. 墙体厚度:240 3. 空心砖、砌块品种、规格、强度等级:加气混凝土轻质砌块 4. 砂浆强度等级、配合比:M5 混合砂浆	m^3	159.4	247.65	39475.41	

续表 9.12

工程名称：×××公司办公楼　　　　标段：　　　　第　页　共　页

序号	项目编码	项目名称	项目特征	计量单位	工程数量	金额/元		
						综合单价	合价	其中：暂估价
9	010304001003	空心砖墙、砌块墙	1. 墙体类型：填充墙 2. 墙体厚度：120 3. 空心砖、砌块品种、规格、强度等级：加气混凝土轻质砌块 4. 砂浆强度等级、配合比：M5 混合砂浆	m^3	2.74	250.45	686.23	
10	010304001004	空心砖墙、砌块墙	1. 墙体类型：加气混凝土砌块 2. 墙体厚度：240 3. 空心砖、砌块品种、规格、强度等级：加气混凝土轻质砌块 4. 砂浆强度等级、配合比：M5 混合砂浆	m^3	217.11	247.75	53789	
11	010304001005	空心砖墙、砌块墙	1. 墙体厚度：120 2. 空心砖、砌块品种、规格、强度等级：加气混凝土轻质砌块 3. 砂浆强度等级、配合比：M5 混合砂浆	m^3	0.7	248.71	174.1	
		分部小计					125571.24	
		A.4 混凝土及钢筋混凝土工程						

续表 9.12

工程名称:×××公司办公楼　　　　标段:　　　　第　页　共　页

序号	项目编码	项目名称	项目特征	计量单位	工程数量	金额/元		
						综合单价	合价	其中:暂估价
12	010401002001	独立基础	1. 混凝土强度等级:C30 2. 混凝土拌和料要求:商品混凝土	m^3	156.1	328.99	51355.34	
13	010401006001	垫层	1. 垫层材料种类、厚度:混凝土垫层 100 mm 厚 2. 混凝土强度等级:C15 3. 混凝土拌合料要求:商品混凝土	m^3	39.15	327.48	12820.84	
14	010402001001	矩形柱	1. 柱高度:4.2 m 2. 柱截面尺寸:400 mm×500 mm 3. 混凝土强度等级:C25 4. 混凝土拌和料要求:商品混凝土	m^3	73.92	406.12	30020.39	
15	010402001002	矩形柱	1. 柱高度:3.3 m 2. 柱截面尺寸:400 mm×500 mm 3. 混凝土强度等级:C25 4. 混凝土拌和料要求:商品混凝土	m^3	58.08	406.12	23587.45	
16	010402001003	矩形柱	1. 柱截面尺寸:400 mm×500 mm 2. 混凝土强度等级:C30 3. 混凝土拌和料要求:商品混凝土	m^3	8.62	416.45	3589.8	

续表 9.12

工程名称:×××公司办公楼　　　　标段:　　　　第　页　共　页

序号	项目编码	项目名称	项目特征	计量单位	工程数量	金额/元		
						综合单价	合价	其中:暂估价
17	Y010402004001	构造柱	1. 柱高度:4.2 m 2. 柱截面尺寸:240 mm×240 mm 3. 混凝土强度等级:C20 4. 混凝土拌合料要求:现场搅拌混凝土	m^3	3.11	391.57	1217.78	
18	Y010402004002	构造柱	1. 柱截面尺寸:240 mm×240 mm 2. 混凝土强度等级:C20 3. 混凝土拌合料要求:现场搅拌混凝土	m^3	1.5	392.98	589.47	
19	Y010402004003	构造柱	1. 柱截面尺寸:240 mm×240 mm 2. 混凝土强度等级:C30 3. 混凝土拌合料要求:商品混凝土	m^3	0.52	465.66	242.14	
20	Y010402004004	构造柱	1. 柱截面尺寸:240 mm×240 mm 2. 混凝土强度等级:C20 3. 混凝土拌合料要求:现场拌制混凝土	m^3	1.65	392.9	648.29	
21	010403002001	矩形梁	1. 梁截面:250 mm×600 mm 2. 混凝土强度等级:C30 3. 混凝土拌和料要求:商品混凝土	m^3	8.45	347.21	2933.92	

续表 9.12

工程名称:×××公司办公楼　　　　标段:　　　　第　页　共　页

序号	项目编码	项目名称	项目特征	计量单位	工程数量	金额/元		
						综合单价	合价	其中:暂估价
22	010403004001	圈梁	1. 梁截面:120 mm×200 mm 2. 混凝土强度等级:C20 3. 混凝土拌和料要求:现场搅拌混凝土	m^3	0.14	351.06	49.15	
23	010403004002	圈梁	1. 梁截面:240 mm×200 mm 2. 混凝土强度等级:C20 3. 混凝土拌和料要求:现场搅拌混凝土	m^3	2.81	341.58	959.84	
24	010405001001	有梁板	1. 层高:4.2 m 2. 板厚度:100 mm 3. 混凝土强度等级:C25 4. 混凝土拌和料要求:商品混凝土	m^3	140.11	331.07	46386.22	
25	010405001002	有梁板	1. 层高:3.3 m 2. 板厚度:100 mm 3. 混凝土强度等级:C25 4. 混凝土拌和料:商品混凝土	m^3	108.8	331.07	36020.42	
26	010405001003	有梁板	1. 板厚度:140 mm 2. 混凝土强度等级:C25 3. 混凝土拌和料要求:商品混凝土	m^3	26.41	334.63	8837.58	

续表 9.12

工程名称：×××公司办公楼　　标段：　　第　页　共　页

序号	项目编码	项目名称	项目特征	计量单位	工程数量	金额/元		
						综合单价	合价	其中：暂估价
27	010405001004	有梁板	1. 板厚度：120 mm 2. 混凝土强度等级：C25 3. 混凝土拌和料要求：商品混凝土	m^3	0.32	332.48	106.39	
28	010405001005	有梁板	1. 层高：3.3 m 2. 板厚度：120 mm 3. 混凝土强度等级：C25 4. 混凝土拌和料要求：商品混凝土	m^3	1.87	333.85	624.3	
29	010405008001	雨蓬、阳台板	1. 混凝土强度等级：C25 2. 混凝土拌和料要求：商品混凝土	m^3	1.66	451.02	748.69	
30	010406001001	直形楼梯	1. 混凝土强度等级：C25 2. 混凝土拌和料要求：商品混凝土	m^2	92.7	102.47	9498.97	
31	010407001001	其他构件（混凝土压顶）	1. 构件的类型：女儿墙压顶 2. 混凝土强度等级：C20	m^3	3.28	371.45	1218.36	
32	010410003001	过梁	1. 混凝土强度等级：C20 预制混凝土 2. 砂浆强度等级：黏土 1∶4	m^3	11.41	592.03	6755.06	
33	010416001001	现浇混凝土钢筋（及砌体加固钢筋）	1. 钢筋种类、规格：现浇构件钢筋 Ⅰ 级钢筋 Φ10 以内	t	46.604	5731.73	267121.54	

续表 9.12

工程名称:×××公司办公楼　　　　标段:　　　　第　页　共　页

序号	项目编码	项目名称	项目特征	计量单位	工程数量	金额/元		
						综合单价	合价	其中:暂估价
34	010416001002	现浇混凝土钢筋(及砌体加固钢筋)	1. 钢筋种类、规格:现浇构件钢筋Ⅰ级钢筋 Φ10 以上	t	8.385	5610.07	47040.44	
35	010416001003	现浇混凝土钢筋(及砌体加固钢筋)	1. 钢筋种类、规格:现浇构件钢筋Ⅱ级钢筋综合	t	46.887	5493.55	257576.08	
36	010416001004	现浇混凝土钢筋(及砌体加固钢筋)	1. 钢筋种类、规格:砌体加固钢筋不绑扎	t	1.573	5635.9	8865.27	
37	Y010416009001	钢筋接头	1. 接头种类、规格:电渣压力焊接	个	242	13.67	3308.14	
		分部小计					822121.87	
		A.7 屋面及防水工程						
38	010702001001	屋面卷材防水	图集号:05YJ1 屋 1 、05YJ1 1/92 1. 保护层:C20 细石混凝土 2. 隔离层:干铺无纺聚酯纤维布一层 3. 保温层:挤塑聚苯乙烯泡沫板 4. 找平层:1∶3 水泥砂浆,砂浆中掺聚丙烯或绵纶-6 纤维 0.75 ~0.90 kg/m^3 5. 找坡层:1∶8 水泥膨胀珍珠岩 2% 坡	m^2	459.88	101.18	46530.66	

续表 9.12

工程名称:×××公司办公楼　　　　标段:　　　　第　页共　页

序号	项目编码	项目名称	项目特征	计量单位	工程数量	金额/元		
						综合单价	合价	其中:暂估价
39	010702001002	屋面卷材防水	图集号:05YJ1 12/98 1. 保护层:涂料或粒料 2. 找平层:1:3 水泥砂浆,砂浆中掺聚丙烯或绵纶-6 纤维 0.75~0.90 kg/m^3 3. 找坡层:1:8 水泥膨胀珍珠岩 2% 坡	m^2	23.36	95.5	2230.88	
		分部小计					48761.54	
		A.8 防腐、隔热、保温工程						
40	010803003001	保温隔热墙	1. 图集号:05YJ3-1 D2-3 05YJ3-1 D2-1	m^2	1559.8	91.32	142440.94	
41	010803004001	保温柱	图集号:05YJ3-1 D2-3 ,05YJ3-1 D2-1	m^2	225.64	87.39	19718.68	
		分部小计					162159.62	
		B.1 楼地面工程						
42	020102002001	块料楼地面	图集号:05YJ1 地 53 1.8~10 厚地砖铺实拍平 2.20 厚 1:4 干硬性水泥砂浆 3.15 厚 1:2 水泥砂浆找平 4.80 厚 C15 混凝土 5. 素土夯实 6.1.5 厚聚氨酯防水涂料 7.50 厚 C15 细石混凝土	m^2	12.56	206.32	2591.38	

续表 9.12

工程名称:×××公司办公楼　　　　标段:　　　　第　页　共　页

序号	项目编码	项目名称	项目特征	计量单位	工程数量	金额/元		
						综合单价	合价	其中:暂估价
43	020102002002	块料楼地面	图集号:05YJ1 楼 10 1.8～10 厚地砖铺实拍平 2.20 厚 1∶4 干硬性水泥砂浆 3.素水泥浆结合层一遍	m^2	1106.07	75.27	83253.89	
44	020102002003	块料楼地面	图集号:05YJ1 地 20 1.8～10 厚地砖铺实拍平 2.20 厚 1∶4 干硬性水泥砂浆 3.素水泥浆结合层一遍 4.100 厚 C15 混凝土 5.素土夯实	m^2	401.18	192.6	77267.27	
45	020102002004	块料楼地面	图集号:05YJ1 楼 28 1.8～10 厚地砖铺实拍平 2.20 厚 1∶4 干硬性水泥砂浆 3.15 厚 1∶2 水泥砂浆找平 4.50 厚 C15 细石混凝土 5.1.5 厚聚氨酯防水涂料	m^2	37.67	94.09	3544.37	

续表 9.12

工程名称:×××公司办公楼　　　　标段:　　　　第　页 共　页

序号	项目编码	项目名称	项目特征	计量单位	工程数量	金额/元		
						综合单价	合价	其中:暂估价
46	020105003001	块料踢脚线	图集号:05YJ1 踢 22 1. 踢脚线高度:150 mm 2. 17 厚 1:3 水泥砂浆 3. 3~4 厚 1:1 水泥砂浆加水重 20% 4. 8~10 厚面砖	m^2	1103.74	14.54	16048.38	
47	020106002001	块料楼梯面层	1. 面层材料品种、规格、品牌、颜色:地板砖 楼梯面层	m^2	92.7	163.66	15171.28	
48	020108003001	水泥砂浆台阶面	图集号:05YJ9-1 2A/60 1. 60 厚 C15 混凝土随打随抹,上撒 1:1 水泥沙子压实赶光 2. 300 厚 3:7 灰土 3. 素土回填	m^2	8.32	100.76	838.32	
49	Y020111001001	散水	图集号:05YJ9-1 3/51 1. 50 厚 C15 混凝土上撒 1:1 水泥沙子压实赶光 2. 150 厚 3:7 灰土 3. 素土夯实	m^2	100.7	45.84	4616.09	
		分部小计					203330.98	

续表 9.12

工程名称:×××公司办公楼　　　　标段:　　　　第　页　共　页

序号	项目编码	项目名称	项目特征	计量单位	工程数量	金额/元		
						综合单价	合价	其中:暂估价
		B.2 墙、柱面工程						
50	020201001001	墙面一般抹灰	图集号:05YJ1 内墙 4 1.15 厚 1:1:6 水泥石灰砂浆 2.5 厚 1:0.5:3 水泥石灰砂浆	m^2	969.67	17.44	16911.04	
51	020201001002	墙面一般抹灰	图集号:05YJ1 内墙 4 1.15 厚 1:1:6 水泥石灰砂浆 2.5 厚 1:0.5:3 水泥石灰砂浆	m^2	2558.96	19.18	49080.85	
52	020204003001	块料墙面	图集号:05YJ1 内墙 11 1.15 厚 2:1:8 水泥石灰砂浆,分两次抹灰 2.3~4 厚 1:1 水泥砂浆加水重 20% 3.4~5 厚玻璃锦砖,白水泥浆擦缝	m^2	75.56	107.15	8096.25	
53	020204003002	块料墙面	图集号:05YJ1 外墙 12 1.15 厚 1:3 水泥砂浆 2.刷素水泥砂浆一遍 3.4~5 厚 1:1 水泥砂浆加水重 20% 4.8~10 厚面砖,1:1 水泥砂浆勾缝	m^2	436.04	99.43	43355.46	

续表 9.12

工程名称:×××公司办公楼　　　　标段:　　　　第　页 共　页

序号	项目编码	项目名称	项目特征	计量单位	工程数量	金额/元		
						综合单价	合价	其中:暂估价
54	020204003003	块料墙面	图集号:05YJ1 外墙 12 1.15 厚 1:3 水泥砂浆 2.刷素水泥砂浆一遍 3.4~5 厚 1:1 水泥砂浆加水重 20% 4.8~10 厚面砖,1:1 水泥砂浆勾缝	m^2	1194.34	102.08	121918.23	
55	020204003004	块料墙面	图集号:05YJ1 内墙 11 1.15 厚 1:3 水泥砂浆 2.刷素水泥砂浆一遍 3.4~5 厚 1:1 水泥砂浆加水重 20% 4.8~10 厚面砖,1:1 水泥砂浆勾缝	m^2	216.43	108.08	23391.75	
		分部小计					262753.58	
		B.3 天棚工程						
56	020301001001	天棚抹灰	图集号:05YJ1 顶 3(防瓷涂料) 1.7 厚 1:1:4 水泥石灰砂浆 2.5 厚 1:0.5:3 水泥石灰砂浆	m^2	1749.33	18.25	31925.27	
57	020301001002	天棚抹灰	图集号:05YJ1 顶 4(防瓷涂料) 1.7 厚 1:3 水泥砂浆 2.5 厚 1:2 水泥砂浆 3.防瓷涂料 4.表面喷漆涂料另选	m^2	37.67	18.28	688.61	

续表 9.12

工程名称:×××公司办公楼　　标段:　　第　页　共　页

序号	项目编码	项目名称	项目特征	计量单位	工程数量	金额/元		
						综合单价	合价	其中:暂估价
58	Y020301002001	雨篷、挑檐抹灰	1. 基层类型:混凝土面 2. 抹灰厚度、材料种类:20 mm 厚水泥砂浆	m^2	16.62	74.83	1243.67	
		分部小计					33857.55	
		B.4 门窗工程						
59	020401005001	夹板装饰门	1. 门类型:装饰木门 2. 一底油二调和漆 3. 弹子锁	m^2	53.54	357.08	19118.06	
60	020402005001	塑钢门	1. 门类型:塑钢平开门	m^2	78.12	228.93	17884.01	
61	020406004001	金属百叶窗	1. 窗类型:百叶窗	m^2	0.72	257.87	185.67	
62	020406007001	塑钢窗	1. 窗类型:塑钢推拉窗	m^2	231.75	204.63	47423	
		分部小计					84610.74	
		B.5 油漆、涂料、裱糊工程						
63	020507001001	刷喷涂料	1. 天棚仿瓷涂料	m^2	1787.01	5.02	8970.79	
64	020507001002	刷喷涂料	1. 内墙面仿瓷涂料	m^2	3528.64	4.77	16831.61	
		分部小计					25802.4	
合计							1785576.62	

表9.13　措施项目清单计价表(一)

工程名称:×××公司办公楼　　　　第1页　共1页

序号	项目名称	计算基础	费率/%	金额/元
1	安全文明措施费			51918.5
1.1	基本费	(ZHGR+JSCS_ZHGR)*34	10.06	29408.79
1.2	考评费	(ZHGR+JSCS_ZHGR)*34	4.74	13856.63
1.3	奖励费	(ZHGR+JSCS_ZHGR)*34	2.96	8653.08
2	二次搬运费	ZHGR+JSCS_ZHGR	0	
3	夜间施工措施费	ZHGR+JSCS_ZHGR	0	
4	冬雨季施工措施费	ZHGR+JSCS_ZHGR	0	
5	施工排水、降水费			
6	大型机械设备进出场及安拆费			63343.92
7	现浇混凝土构件模板使用费			189656.76
011231001	现浇混凝土基础模板使用费			10232.91
011232001	现浇混凝土柱模板使用费			55699.25
011233001	现浇混凝土梁模板使用费			3046.61
011235001	现浇混凝土板模板使用费			109361.65
011236001	现浇混凝土楼梯模板使用费			9136.16
011237001	现浇混凝土其他构件模板使用费			2180.18
8	现场预制混凝土构件模板使用费			2260.66
011242001	现场预制梁模板使用费			2260.66
9	现浇构筑物模板使用费			
10	脚手架使用费			36899.42
11	垂直运输机械费			30082.93
12	现浇混凝土泵送费			21699.07
合计				395861.26

表9.14 措施项目清单与计价表(二)

工程名称:×××公司办公楼　　标段:　　第1页 共1页

序号	项目编码	项目名称	项目特征描述	计量单位	工程数量	金额/元	
						综合单价	合价
1	6	YA12.2 大型机械设备进出场及安拆费		项	1	63343.92	63343.92
2	Y011221001	大型机械设备安拆费		台次	1	52007.73	52007.73
3	Y011222001	大型机械设备进出场费		台次	1	11336.19	11336.19
4	7	YA12.3 现浇混凝土构件模板使用费		项	1	189656.76	189656.76
5	Y011231001	现浇混凝土基础模板使用费		m^3	1	10232.91	10232.91
6	Y011232001	现浇混凝土柱模板使用费		m^3	1	55699.25	55699.25
7	Y011233001	现浇混凝土梁模板使用费		m^3	1	3046.61	3046.61
8	Y011235001	现浇混凝土板模板使用费		m^3	1	109361.65	109361.65
9	Y011236001	现浇混凝土楼梯模板使用费		m^2	1	9136.16	9136.16
10	Y011237001	现浇混凝土其他构件模板使用费		m^3	1	2180.18	2180.18
11	8	YA12.4 现场预制混凝土构件模板使用费		项	1	2260.66	2260.66
12	Y011242001	现场预制梁模板使用费		m^3	1	2260.66	2260.66
13	10	YA12.6 脚手架使用费		项	1	36903.74	36903.74
14	Y011261001			m^2	1875.19	19.68	36903.74
15	11	YA12.7 垂直运输机械费		项	1	30078.05	30078.05
16	Y011272001	檐高20 m以内建筑物垂直运输		m^2	1875.19	16.04	30078.05
17	12	YA12.8 现浇混凝土泵送费		项	1	21698.24	21698.24
18	Y011282001	±0.00以上混凝土泵送费		m^3	437.2	49.63	21698.24
本页小计							343941.37
合计							343941.37

表9.15 其他项目清单计价汇总表

工程名称:×××公司办公楼　　　　标段:　　　　第1页　共1页

序号	项目名称	计量单位	金额/元	备注
1	暂列金额	项	178557.66	明细详见表12-21
2	暂估价			
2.1	材料暂估价		—	明细详见表12-22
2.2	专业工程暂估价	项		明细详见表12-23
3	计日工			明细详见表12-24
4	总承包服务费			明细详见表12-26
合计			178557.66	—

表9.16 暂列金额明细表

工程名称:×××公司办公楼　　　　标段:　　　　第1页　共1页

序号	项目名称	计量单位	暂定金额/元	备注
1	暂列金额	项	178557.66	
合计				—

表9.17 材料暂估单价表

工程名称:×××公司办公楼　　　　标段:　　　　第1页　共1页

序号	材料名称、规格、型号	计量单位	单价/元	备注

表 9.18 专业工程暂估价表

工程名称:×××公司办公楼　　　　标段:　　　　第1页　共1页

序号	工程名称	工程内容	金额(元)	备注
合计				—

表 9.19 计日工表

工程名称:×××公司办公楼　　　　标段:　　　　第1页　共1页

编号	项目名称	单位	暂定数量	综合单价	合价
一	人工				
人工小计					
二	材料				
材料小计					
三	施工机械				
施工机械小计					
总计					

表9.20　总承包服务费计价表

工程名称:×××公司办公楼　　　　标段:　　　　第1页　共1页

序号	项目名称	项目价值/元	服务内容	费率/%	金额
合计					

表9.21　规费、税金项目清单计价表

工程名称:×××公司办公楼　　　　标段:　　　　第1页　共1页

序号	项目名称	计算基础	费率/%	金额/元
1	规费	F34+F35+F36+F37+F38		84088.99
1.1	其中:1)工程排污费			
1.2	2)定额测定费	ZHGR+JSCS_ZHGR	0	
1.3	3)社会保障费	ZHGR+JSCS_ZHGR	748	64313.46
1.4	4)住房公积金	ZHGR+JSCS_ZHGR	170	14616.7
1.5	5)意外伤害保险	ZHGR+JSCS_ZHGR	60	5158.83
2	税金	F39	3.477	84980.82
本页小计				169069.81
合计				169069.81

表 9.22 工程量清单综合单价分析表

工程名称:×××公司办公楼　　　　标段:　　　　第 1 页 共 7 页

项目编码		010101003001		项目名称		挖基础土方			计量单位		m^3
清单综合单价组成明细											
定额编号	定额名称	定额单位	数量	单价				合价			
				人工费	材料费	机械费	管理费和利润	人工费	材料费	机械费	管理费和利润
1-26 R*2	人工挖地坑一般土深度(m)1.5 以内 配合机械挖土:人工乘以系数 2	100 m^3	0.001	4105.73	0	0	359.25	4.11	0	0	0.36
1-63	基底钎探	100 m^2	0.0071	416	0	0	92.95	2.97	0	0	0.66
1-40 *1.1	机械挖土汽车运土 1 km 一般土单位工程量小于 2000 m^3:单价乘以系数 1.1	1000 m^3	0.001	257.66	30.75	11240.41	419.51	0.26	0.03	11.24	0.42
1-128	原土打夯	100 m^2	0.0071	61.44	0	7.9	13.73	0.44	0	0.06	0.1
1-36 *1.3	双轮车运土运距(m)50 以内子目乘以系数 1.3	100 m^3	0.001	2139.07	17.63	0	374.34	2.14	0.02	0	0.37
1-37 *1.3	双轮车运土运距 400 m 以内每增加 50 m 子目乘以系数 1.3	100 m^3	0.001	249.6	2.13	0	43.68	0.25	0	0	0.04
人工单价		小计						10.16	0.05	11.3	1.96
64 元/工日		未计价材料费						0			
清单项目综合单价								23.47			
材料费明细	主要材料名称、规格、型号				单位	数量		单价/元	合价/元	暂估单价/元	暂估合价/元
	其他材料费							—	0.05	—	0
	材料费小计							—	0.05	—	0

续表 9.22

工程名称：×××公司办公楼　　　　标段：　　　　第 2 页　共 7 页

项目编码	010101003001	项目名称		有梁板					计量单位		m^3
清单综合单价组成明细											
定额编号	定额名称	定额单位	数量	单价				合价			
				人工费	材料费	机械费	管理费和利润	人工费	材料费	机械费	管理费和利润
4-33 换	有梁板板厚(mm)100 以内(C20-20(32.5 水泥)现浇碎石砼)换为【C25 商品砼最大粒径 20 mm】	10 m^3	0.1	485.76	2478.95	14.19	331.68	48.58	247.9	1.42	33.17
人工单价		小计						48.58	247.9	1.42	33.17
64 元/工日		未计价材料费						0			
清单项目综合单价								331.07			
材料费明细	主要材料名称、规格、型号				单位	数量		单价/元	合价/元	暂估单价/元	暂估合价/元
	C25 商品砼最大粒径 20 mm				m^3	1.015		230	233.45		
	其他材料费							—	14.45	—	0
	材料费小计							—	247.9	—	0

续表 9.22

工程名称:×××公司办公楼　　　　标段:　　　　第 3 页　共 7 页

项目编码	010101003001		项目名称		屋面卷材防水					计量单位	m^2
清单综合单价组成明细											
定额编号	定额名称	定额单位	数量	单价				合价			
				人工费	材料费	机械费	管理费和利润	人工费	材料费	机械费	管理费和利润
7-36	屋面高聚物改性沥青卷材(厚 3 mm 冷贴)满铺	100 m^2	0.01	349.44	4061.58	0	150.7	3.49	40.62	0	1.51
7-60	屋面隔离层(干铺)无纺织聚酯纤维布	100 m^2	0.0094	83.2	110	0	35.88	0.78	1.03	0	0.34
7-89	屋面细石防水混凝土厚 40 mm(C20-16(32.5 水泥)现浇碎石砼)	100 m^2	0.0094	738.56	1029.1	10.58	320.16	6.95	9.68	0.1	3.01
7-209	楼地面、屋面找平层水泥砂浆加聚丙烯在填充料上厚 20 mm(1∶3 水泥砂浆)	100 m^2	0.0094	475.52	556.73	26.92	213.9	4.47	5.24	0.25	2.01
8-175	水泥珍珠岩 1∶8	10 m^3	0.0019	643.2	1451.05	0	250.25	1.21	2.73	0	0.47
8-184	聚苯乙烯泡沫塑料板厚 30 mm 点粘	100 m^2	0.0094	272.64	1461	0	106.07	2.56	13.74	0	1
人工单价		小计						19.47	73.03	0.35	8.34
64 元/工日		未计价材料费						0			
清单项目综合单价								101.18			

材料费明细	主要材料名称、规格、型号	单位	数量	单价/元	合价/元	暂估单价/元	暂估合价/元
	水泥 32.5			t	0.0332	335	11.13
	砂子中粗			m^3	0.0429	60	2.58
	其他材料费			—	59.31	—	0
	材料费小计			—	73.03	—	0

续表 9.22

工程名称:×××公司办公楼　　　　标段:　　　　第4页　共7页

项目编码		010101003001		项目名称		块料楼地面				计量单位	m^2
清单综合单价组成明细											
定额编号	定额名称	定额单位	数量	单价				合价			
				人工费	材料费	机械费	管理费和利润	人工费	材料费	机械费	管理费和利润
7-155	聚氨酯涂膜二遍厚1 mm 平面	100 m^2	0	326.4	2253.1	0	140.76	0	0	0	0
7-203 换	楼地面、屋面找平层细石混凝土在硬基层上厚30 mm(C20-16(32.5 水泥)现浇碎石砼)换为【现浇碎石混凝土 粒径≤16(32.5 水泥)C15】	100 m^2	0.01	461.12	575.28	4.19	198.86	4.61	5.75	0.04	1.99
7-204 换	楼地面、屋面找平层细石混凝土厚度每增减10 mm(C20-16(32.5 水泥)现浇碎石砼)换为【现浇碎石混凝土 粒径≤16(32.5 水泥)C15】	100 m^2	0.02	150.72	191.11	1.35	65	3.01	3.82	0.03	1.3
7-206 换	楼地面、屋面找平层水泥砂浆在混凝土或硬基层上厚20 mm(1:3 水泥砂浆)实际厚度(mm):15 换为【水泥砂浆 1:2】	100 m^2	0.01	327.68	365.91	15.98	146.56	3.28	3.66	0.16	1.47
借1-36(借)	地板砖楼地面 规格(mm)300×300	100 m^2	0.0101	2170.24	3319.9	58.57	904.99	21.85	33.42	0.59	9.11
人工单价		小计						32.75	46.66	0.82	13.86
64 元/工日		未计价材料费						0			
清单项目综合单价								94.09			
材料费明细	主要材料名称、规格、型号					单位	数量	单价/元	合价/元	暂估单价/元	暂估合价/元
	主要材料名称、规格、型号										
	水泥 32.5					t	0.0353	335	11.83		
	砂子中粗					m^3	0.0639	60	3.84		
	其他材料费							—	30.94	—	0
	材料费小计							—	46.66	—	0

续表 9.22

工程名称:×××公司办公楼　　　　标段:　　　　第 5 页　共 7 页

项目编码		010101003001		项目名称		水泥砂浆台阶面				计量单位	m^2
清单综合单价组成明细											
定额编号	定额名称	定额单位	数量	单价				合价			
				人工费	材料费	机械费	管理费和利润	人工费	材料费	机械费	管理费和利润
1-128	原土打夯	100 m^2	0.01	61.44	0	7.9	13.73	0.61	0	0.08	0.14
借 1-129(借)	台阶面层 水泥砂浆 混凝土面	100 m^2	0.01	2255.36	828.26	27.76	974.62	22.55	8.28	0.28	9.75
借 1-136(借)	地面垫层 3:7 灰土	10 m^3	0.03	474.88	769.82	28.02	203.31	14.24	23.09	0.84	6.1
借 1-152 换	地面垫层 混凝土 换为【现浇碎石混凝土 粒径≤40(32.5 水泥)C15】	10 m^3	0.006	608	1591.75	8.78	260.3	3.65	9.55	0.05	1.56
人工单价		小计						41.06	40.91	1.25	17.54
64 元/工日		未计价材料费						0			
清单项目综合单价								100.76			
材料费明细	主要材料名称、规格、型号					单位	数量	单价/元	合价/元	暂估单价/元	暂估合价/元
	水泥 32.5					t	0.0366	335	12.26		
	砂子中粗					m^3	0.0551	60	3.3		
	其他材料费							—	25.35	—	0
	材料费小计							—	40.91	—	0

续表 9.22

工程名称：×××公司办公楼　　　　标段：　　　　第 6 页　共 7 页

项目编码		010101003001		项目名称		散水				计量单位	m^2
清单综合单价组成明细											
定额编号	定额名称	定额单位	数量	单价				合价			
				人工费	材料费	机械费	管理费和利润	人工费	材料费	机械费	管理费和利润
1-128	原土打夯	100 m^2	0.01	61.44	0	7.9	13.73	0.61	0	0.08	0.14
借 1-136(借)	地面垫层 3∶7 灰土	10 m^3	0.015	474.88	769.82	28.02	203.31	7.12	11.55	0.42	3.05
借 1-154(借)	散水、坡道混凝土垫层	10 m^3	0.005	855.04	1889.28	19.36	366.06	4.28	9.45	0.1	1.83
借 1-155(借)	散水 混凝土面一次抹光	100 m^2	0.01	383.36	166.35	5.89	166.04	3.83	1.66	0.06	1.66
人工单价		小计						15.85	22.66	0.66	6.68
64 元/工日		未计价材料费						0			
清单项目综合单价								45.84			
材料费明细	主要材料名称、规格、型号					单位	数量	单价/元	合价/元	暂估单价/元	暂估合价/元
	水泥 32.5					t	0.0199	335	6.66		
	砂子中粗					m^3	0.0255	60	1.53		
	模板料					m^3	0.0008	1215	0.97		
	其他材料费							—	13.56	—	0
	材料费小计							—	22.66	—	0

续表 9.22

工程名称：×××公司办公楼　　　　标段：　　　　第 7 页　共 7 页

项目编码		010101003001		项目名称		夹板装饰门			计量单位		m^2
清单综合单价组成明细											
定额编号	定额名称	定额单位	数量	单价				合价			
				人工费	材料费	机械费	管理费和利润	人工费	材料费	机械费	管理费和利润
借 4-5(借)	装饰木门无亮单扇	100 m^2	0.01	3022.72	27463.22	196.82	1190.19	30.23	274.63	1.97	11.9
借 5-1(借)	单层木门油调和漆 一底油二调和漆	100 m^2	0.01	1302.4	819.61	0	651.2	13.02	8.2	0	6.51
借 4-77(借)	弹子锁安装	10 个	0.0504	50.56	140	0	19.91	2.55	7.06	0	1
人工单价		小计						45.8	289.89	1.97	19.42
64 元/工日		未计价材料费						0			
清单项目综合单价								357.08			
材料费明细	主要材料名称、规格、型号				单位	数量	单价/元	合价/元	暂估单价/元	暂估合价/元	
	其他材料费						—	289.89	—	0	
	材料费小计						—	289.89	—	0	

参考文献

[1]中华人民共和国住房与城乡建设部. GB 50500—2008 建设工程工程量清单计价规范. 北京：中国计划出版社,2008.

[2]河南省建筑工程标准定额站. 河南省建设工程工程量清单综合单价:2008. 北京:中国计划出版社,2008.

[3]中华人民共和国住房与城乡建设部.《建设工程工程量清单计价规范》宣贯辅导教材. 北京：中国计划出版社,2008.

[4]崔秀琴,肖钧. 建筑工程计量与计价. 武汉:华中科技大学出版社,2010.

[5]于庆展. 建筑与装饰装修工程工程量清单计价. 郑州:河南科学技术出版社,2010.

[6]肖明和,简红. 建筑工程计量与计价. 北京:北京大学出版社,2009.

[7]全国造价工程师执业资格考试培训教材编审组. 工程造价计价与控制:2009. 北京:中国计划出版社,2009.

[8]王朝霞编. 建筑工程定额与计价. 3 版. 北京:中国电力出版社,2009.

[9]中国建设工程造价管理协会. 建筑工程造价管理基础知识. 北京:中国计划出版社,2007.

[10]宋建学. 建筑工程计量与计价. 郑州:郑州大学出版社,2007.

[11]代学灵,林家农. 建筑工程计量与计价. 郑州:郑州大学出版社,2007.

[12]祈慧增. 工程量清单计价招投标案例. 郑州:黄河水利出版社,2007.

[13]王秀册,于香梅. 建筑工程定额与预算. 北京:清华大学出版社,2006.